Die Staumauern

Theorie und wirtschaftlichste Bemessung

mit besonderer Berücksichtigung der Eisen-
betontalsperren und Beschreibung
ausgeführter Bauwerke

von

Dr.-Ing. N. Kelen

Mit 307 Textabbildungen und
Bemessungstafeln

Springer-Verlag Berlin Heidelberg GmbH

1926

ISBN 978-3-662-23955-1   ISBN 978-3-662-26067-8 (eBook)
DOI 10.1007/978-3-662-26067-8

Geleitwort.

Alles technische Entwerfen des wissenschaftlich gebildeten Ingenieurs unserer Zeit ist seinem innersten Wesen nach wirtschaftliches Entwerfen. Nicht: „wie mache ich es überhaupt", sondern: „wie mache ich es, unter Einhaltung der gegebenen physikalischen und sozialen Bedingungen, mit möglichst geringem Aufwand an Baustoff, Arbeit und Zeit" ist die Frage, die strenggenommen im Untergrunde jeder einfachsten statischen Berechnung und jeder konstruktiven Skizze ruht und — von jeher geruht hat, seit die menschliche Technik sich über die primitivsten Anfänge (Baumbrücken, Einbaumschiffe) — hinweg zu organisierten Gebilden (Sprengwerken, Gerippeschiffen) erhoben hat. Den letzten Jahrzehnten war es vorbehalten, mit wachsender Intensivierung der Wirtschaft und damit parallel gehender weiterer Entwicklung gegliederter Konstruktionen (z. B. Fachwerke, Rahmen, Gewölbe) die dabei sich aufdrängenden konstruktionswirtschaftlichen Richtlinien und Gesetze klarer zu erkennen, tiefer zu erforschen und ihre Wirkungen und Forderungen schärfer zu erfassen. So entstanden Arbeiten über die Theorien des wirtschaftlichen Trassierens, über den wirtschaftlichen Entwurf und Ausbau von Betriebsanlagen (Wasserwerken, Elektrizitätswerken, Wasserkraftanlagen, Massenförderwerken, Baubetrieben u. a. m.) und über die wirtschaftliche Ausgestaltung von Konstruktionen (Stützmauerprofilen, Stockwerksrahmen, Brücken mit vielen Öffnungen u. a. m.). Zu der letztgenannten Gruppe von Arbeiten gehört die vorliegende. Sie behandelt das wissenschaftlich noch wenig beackerte Gebiet der Gewölbestaumauern. Ausgehend von einer teilweise neuen elastizitätstheoretischen Entwicklung der Beanspruchungsverhältnisse des dreifach statisch unbestimmten Kreiszylindergewölbes unter Wasserdruck, Wärme- und Schwindwirkungen, gelangt der Verfasser zunächst zu neuen Formeln von besonderer Einfachheit und allgemeinster Anwendungsfähigkeit. So erreicht er es, geschickt gewählte kennzeichnende Schlüsselwerte der Beanspruchungen tabellenmäßig ein für allemal auszurechnen und zusammenzustellen. In den dabei sich ergebenden Kurventafeln steckt eine sehr große und wertvolle Vorarbeit, die allein schon dem vorliegenden Buch großen praktischen Wert verleihen würde. Indes liefert der Verfasser im zweiten und hauptsächlichen Teil seiner Arbeit noch eine eigene, genaue, konstruktionswirtschaftliche Analyse der aus gleichen Gewölben und Zwischenpfeilern zusammengesetzten Staumauern, der sogenannten Gewölbereihendämme und dehnt seine Berechnungen und Tafeldarstellungen auch auf die Ermittelung der wirtschaftlichsten Durchbildung solcher Bauwerke (Pfeilerzahl und -stärke, Pfeilerform, Gewölbeneigung und Zentriwinkel) aus, womit er weitere umfangreiche Vorarbeit für den praktisch tätigen Konstrukteur geleistet hat.

So bildet die Kelensche Arbeit ein wertvolles Glied in der sich immer weiter entwickelnden Reihe konstruktionswirtschaftlicher Studien, deren künftige Auswertung

zur Schaffung einer einheitlichen und umfassenden Theorie des wirtschaftlichen
Entwerfens als eine wichtige Zukunftsaufgabe der gesamttechnischen Wissenschaft
erscheint. Zugleich aber bildet diese Arbeit eine unmittelbar nutzbare, wichtige Gabe
an die praktisch tätigen Konstruktionsingenieure, in deren Hand sie dazu beitragen
möge, die Anwendung der gegliederten Staumauerformen zu erleichtern und in tech-
nischer und wirtschaftlicher Hinsicht aufs äußerste zu vervollkommnen. Damit ge-
winnt die Leistung des Verfassers auch eine nicht gering zu schätzende volkswirt-
schaftliche Bedeutung, indem sie auf dem wichtigen Gebiete der Speicher-Wasser-
wirtschaft dem Fortschritt den Weg zu bahnen an ihrem Teil mithilft.

Dr.-Ing. Dr. techn. h. c. **Adolf Ludin**
ord. Professor a. d. Technischen Hochschule zu Berlin.

Vorwort.

Das letzte Staumauerunglück, von dem das Dezzotal am 1. Dezember 1923 heimgesucht wurde und dem 500 Menschenleben zum Opfer fielen, hat das Problem der Sicherheit der Staumauern von neuem aufgeworfen. Die Katastrophe war in kurzer Zeit in allen Fachkreisen der Welt bekannt geworden und gab zu regen Erörterungen Veranlassung, die den schon vorher bestandenen Streit um die Vorzüge oder Nachteile der geschlossenen oder aufgelösten Ausführung von Staumauern aufs neue zu heftigem Austrag brachten.

Übrigens ist der Einsturz der Glenotalsperre nicht die Ursache, sondern nur eine Gelegenheit gewesen, den Kampf gegen den einen oder andern Staumauertyp zu verschärfen; hat doch dieser Unfall an und für sich mit der konstruktiven und wirtschaftlichen Daseinsberechtigung der aufgelösten Bauweise, der man ihn von mancher Seite zur Last glaubte legen zu müssen, nicht das Geringste zu tun. Vielmehr hat jede neue Bauweise ganz allgemein in den Anhängern des Herkömmlichen ihre natürlichen Gegner, wie dies z. B. bei der Einführung des Flußeisens im Brückenbau und beim Aufkommen der Eisenbetonbauweise der Fall war. Es kann an dieser Stelle ruhig behauptet werden, daß die moderne Staumauer gar keine Gefahr für die Sicherheit in sich birgt. Doch gilt für sie genau dasselbe, was für alle Ingenieurbauwerke zu beachten ist: sie müssen unter allen Umständen sorgfältig und richtig ausgeführt werden. Bei einem richtigen Projekt und sorgfältiger Bauausführung sind alle heute üblichen Staumauern gleich sicher.

Allerdings fehlen, obwohl schon ziemlich viele aufgelöste und Gewölbestaumauern ausgeführt worden sind, doch noch wichtige Grundlagen für ihre Planung, vor allem eine umfassende Theorie über die statische Berechnung und über die wirtschaftlichsten Abmessungen solcher Sperren. Hier eine Lücke zu schließen, war der Zweck des vorliegenden Buches, das durch Herleitung gebrauchsfertiger Formeln und ihre graphische Darstellung die Möglichkeit eröffnen soll, beim Entwurf in kürzester Zeit einen sicheren Überblick über die zu erwartenden statischen und wirtschaftlichen Verhältnisse zu erlangen, und zwar ohne jene zeitraubende Voruntersuchungen, die bei größeren Aufgaben bisher oft monatelange Arbeit nötig machten.

Sämtliche Formeln sind unter Benutzung von Verhältniszahlen abgeleitet bzw. angegeben worden. Dieser Umstand bedeutet einen ziemlichen Vorteil, da man an keine Einheiten gebunden ist. Als Verhältniszahlen wurden — der Anschaulichkeit halber — die den betreffenden Größen entsprechenden griechischen Buchstaben gewählt, z. B. n ist die Bogenstärke und v ist die auf die halbe theoretische Bogenspannweite l bezogene Bogenstärke. Wo eine solche Bezeichnung nicht möglich war, da ist der betreffende Wert mit einem Strich versehen worden, z. B. σ_t bedeutet die Temperaturspannung und σ'_t die auf die Temperaturänderung t bezogene, also die 1^0 C entsprechende Spannung. In dieser Weise ist es möglich, nicht nur Tonnen-Meter oder Kilogramm-Zentimeter usw. Einheiten beliebig zu wählen, sondern es steht nichts im Wege, die Einheiten fremder Länder, z. B. das englische oder amerikanische Pfund-Fuß-System anzuwenden. Allerdings wäre es erwünscht, daß auch diese Länder endlich auf das Meter-System übergingen. Es ist jedoch vor allem in den Diagrammen nicht stets gelungen, vom Maßsystem unabhängig zu werden. So kommt z. B. bei den Diagrammen, welche die Temperaturspannungen angeben, der Elastizitätsmodul E des Betons vor. In diesem Falle wurde das Tonnenmetersystem gewählt, und dies empfiehlt sich auch bei allen übrigen Berechnungen, da in diesem System das spezifische Gewicht des Wassers $= 1$ wird. Da der Eisenbetonbau bei Spannungsberechnungen an das Kilogrammzentimetersystem gewöhnt ist, können bei der Berechnung der Eisenbetonquerschnitte diese Einheiten gewählt werden; es wird nicht sonderlich stören, im Laufe der Berechnung die Einheiten zu ändern.

Um durch die oft verwickelten Formeln die Berechnung nicht langweilig und zeitraubend zu machen und um Rechnungsfehler zu vermeiden, wurden zu allen wichtigsten Berechnungen Bemessungstafeln ausgearbeitet, mit deren Hilfe die gewünschten Abmessungen bzw. Spannungen unmittelbar ermittelt werden können.

Das vorliegende Buch ermöglicht so nicht nur die rascheste Berechnung der Staumauern, sondern die ebenso rasche und unmittelbare Ermittelung aller wirtschaftlich günstigsten Abmessungen; außerdem dürfte es eine geeignete Unterlage zu einer zukünftigen, sicher sehr erwünschten Normalisierung der Staumauern bilden können.

Schließlich möchte diese Arbeit durch die genaue Darstellung des Einflusses der verschiedenen Veränderlichen auf die Kräfte und Spannungsverhältnisse zur Klärung der statischen Sicherheit der modernen Staumauern beitragen. Wenn das vorliegende Werk durch eine wesentliche Erleichterung des Entwurfs den modernen Talsperrenbau fördert, so ist sein Zweck erfüllt.

Bei der Besprechung ausgeführter Bauwerke habe ich auf die Gewölbereihendämme den größten Wert gelegt, während von den Gewölbestaumauern und Ambursendämmen nur die wichtigsten Bauwerke behandelt worden sind, und auch von diesen nur solche, deren Veröffentlichungen mir zur Zeit zugänglich waren. Von den Staumauern älterer Form, den Gewichtsmauern, von denen einige sehr schöne Bauwerke in der letzten Zeit ausgeführt wurden, habe ich keine Beispiele mit aufgenommen. Diesbezüglich sei auf die bekannten Bücher von Ziegler und Wegmann, ferner auf die einschlägige Zeitschriftenliteratur verwiesen.

Das vorliegende Buch bildet die erweiterte Ausarbeitung meiner von der Technischen Hochschule Charlottenburg genehmigten Dissertation: „Grundlagen zur Theorie und Berechnung aufgelöster Staumauern".

Herrn Professor Dr.-Ing. Dr. techn. h. c. Ludin sei dafür wärmster Dank ausgesprochen, daß er mir bei den Vorarbeiten seine wissenschaftliche Sammlung zur Verfügung gestellt hat; desgleichen den Herren Privatdozent Dr.-Ing. Rudolf Mayer, Karlsruhe und Regierungsbaumeister Gölz, Darmstadt, für die Durchsicht der Arbeit. Gleichen Dank möchte ich auch dem Verlag und der Druckerei abstatten, die keine Mühe gescheut haben, um den erheblichen Anforderungen, welche die Herstellung des Satzes und der Ausstattung des Buches an sie stellten, gerecht zu werden.

Berlin und Heidelberg, im Mai 1926.

N. Kelen.

Inhaltsverzeichnis.

Einleitung.

In unserem Wirtschaftsleben spielt die Wassernutzung eine äußerst wichtige Rolle. Das Wasser dient den verschiedensten Zwecken: der Bewässerung, der Schiffahrt, der Krafterzeugung, der Trinkwasserversorgung usw. Für die Energiewirtschaft hat der Ausbau der Wasserkräfte eine besonders hohe Bedeutung. Dieser Teil der Wasserwirtschaft hat sich in der Hauptsache während des Krieges und in der Zeit nach dem Kriege ganz bedeutend entwickelt. Das gilt nicht nur für die Länder, bei denen die Ausnützung der Wasserkräfte eine Lebensnotwendigkeit ist, da sie die zur Krafterzeugung nötige Kohle nicht besitzen, wie z. B. Italien, die Schweiz, sondern auch für die Länder, in denen Kohle reichlich vorhanden ist, wie z. B. die Vereinigten Staaten. Unsere schlechten wirtschaftlichen Verhältnisse zwingen uns, außerordentlich sparsam vorzugehen und alle zur Verfügung stehenden Mittel mit der größten Sparsamkeit und Wirtschaftlichkeit zu verwenden.

Eine sehr große Schwierigkeit bei der Heranziehung unserer Wasservorräte ist in der Hauptsache darin zu suchen, daß der Wasserabfluß dem Bedarf nur sehr schwer und meistens nur künstlich angepaßt werden kann. Die Wasserführung der Flüsse verändert sich stark. In der Trockenperiode sind viele Flüsse, besonders in ihrem oberen Lauf fast gänzlich ohne Wasser, während sie demgegenüber in der Hochwasserperiode ungeheure Wassermengen zu Tal führen, ein Umstand, der sehr leicht den größten Schaden verursachen kann. Flüsse, die eine so veränderliche Wasserführung zeigen, sind nicht selten. Als Beispiel sei der Tirsofluß in Sardinien erwähnt, der im Sommer fast ganz trocken ist, nur 1—2 cbm in der Sekunde führt, während in der Regenperiode mehr als 1000 cbm in der Sekunde zum Abfluß kommen. Ein derartiges Hochwasser läßt dann stehendes Gewässer und Sümpfe zurück, welche die in jener Gegend so häufige Malaria verursachen[1]). Solche Verhältnisse, welche die höchsten Gefahren in sich bergen, machen es zur dringenden Notwendigkeit, den Abflußvorgang mehr oder weniger umfangreich zu regeln. Ein derartiger Eingriff in die natürlichen Wasserverhältnisse bedingt meistens ausgedehnte Ingenieurarbeiten. Schon die Errichtung einer kleinen Wasserkraftanlage erfordert häufig große Arbeitsleistung. Es muß Vorkehrung für die Möglichkeit einer Tagesspeicherung getroffen werden oder es ist ein Wochenbecken zu erstellen, um auch die außerhalb der Betriebsstunden abfließenden Wassermengen ausnutzen zu können. Bei einer planmäßigen Wasserwirtschaft in größerem Rahmen ist es schon erforderlich, nicht nur diese kleinen Schwankungen auszugleichen, die lediglich durch den Betrieb selbst hervorgerufen werden, sondern auch danach zu streben, einen möglichst großen Teil des während des ganzen Jahres abfließenden Wassers auszunutzen. Es ist also ein Jahresbecken notwendig. Will man die während des ganzen Jahres abfließenden Wassermengen für den Betrieb gewinnen, so muß der

---

[1]) Kelen, N: Die Ausnützung der Wasserkräfte Sardiniens und die Tirsotalsperre. Deutsche Wasserwirtschaft 1924, Heft 3.

Inhalt des Staubeckens derart bemessen werden, daß die jährliche mittlere Abflußmenge ausgenutzt werden kann. Das genügt jedoch auch nicht in allen Fällen, denn
es gibt trockene und regenreiche Jahre, und, falls das Staubecken für die mittlere
Jahreswassermenge eines trockenen Jahres bemessen ist, wird das Wasser in einem
niederschlagreichen Jahre teilweise unausgenutzt abfließen müssen. Daher findet man
heute Bestrebungen, das Staubecken auf die größte mittlere Jahreswassermenge auszubauen.

Da natürliche Staubecken (Seen) im allgemeinen selten vorhanden sind, ist es notwendig, solche Speicherräume künstlich zu schaffen. Das erfolgt mittels Talsperren.
Wenn die Abflußmengen der Täler heute noch wenig geregelt sind, so ist die Ursache
neben anderen Gründen hauptsächlich in den sehr hohen Baukosten zu
suchen. Diese Kosten wachsen natürlich mit dem Umfang der Arbeiten, insbesondere mit der Höhe der
Sperren. Es ist daher selbstverständlich, daß man hauptsächlich in den

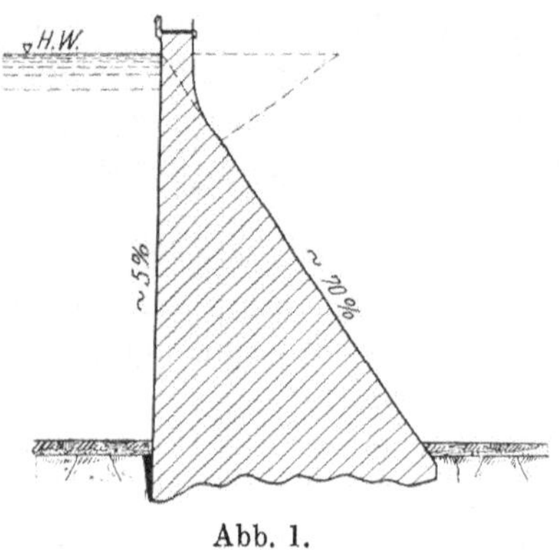

Abb. 1.

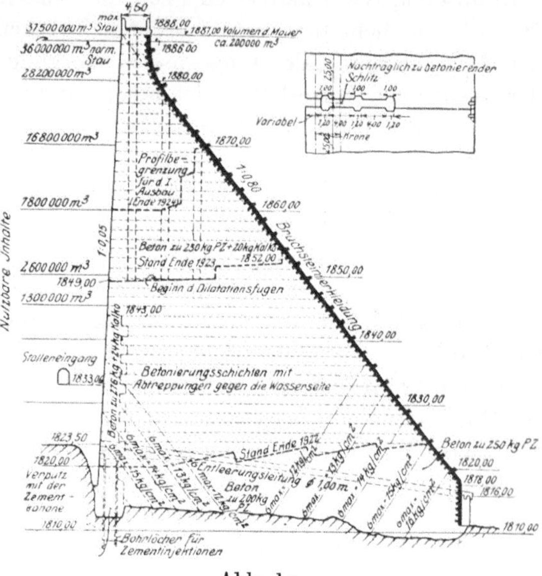

Abb. 1 a.

Talsperre Barberine (Schweiz).

letzten Jahren bestrebt ist, die Baukosten der Talsperren möglichst herabzumindern.
Die Verbilligung derartiger Bauten kann durch eine richtige Bauorganisation und durch
eine zweckentsprechende Wahl der Form der Talsperre erreicht werden. Die modernen amerikanischen Baumethoden (z. B. das Gußbetonverfahren) zeigen, daß durch
eine richtige Bauorganisation große Ersparnisse gemacht werden können.

Was die Form der Talsperren anbelangt, so kann man sie im wesentlichen in
zwei Hauptarten einteilen, und zwar in Talsperren aus losem Material und in solche
aus festem Material. Die zuerst erwähnte Form wird aus Erde, Schotter, Kies, Trockenmauerwerk usw. errichtet. Das Baumaterial des zweiten Typs ist Steinmauerwerk oder
heute größtenteils Beton oder Eisenbeton. Das sind die Staumauern im eigentlichen
Sinne des Wortes. Die vorliegende Arbeit wird sich mit ihnen ausführlich beschäftigen.

Die einfachste und am meisten verbreitete Form der Staumauer ist die massive Staumauer oder Gewichtsstaumauer (Abb. 1 und 1a). Der Name erklärt sich daher, daß diese
Mauer lediglich durch ihr Eigengewicht dem Wasserdruck widersteht. In diesen
Schwergewichtsmauern ist das Material besonders in den oberen Teilen nur sehr wenig
ausgenutzt. Verschiedene konstruktive Umbildungen bei dieser Schwergewichtsmauer befassen sich damit, eine größere Wirtschaftlichkeit durch Materialersparnis

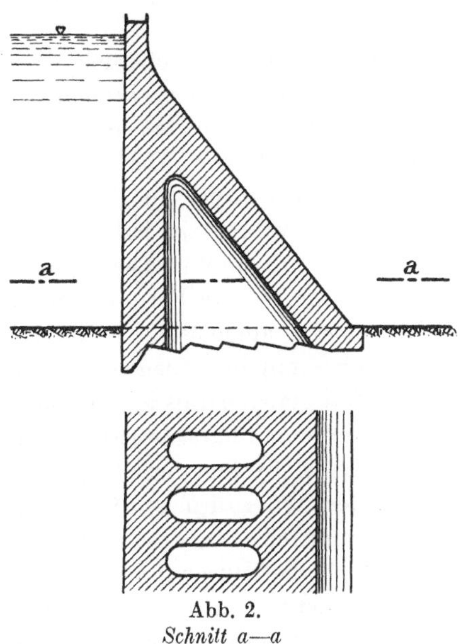

Abb. 2.
Schnitt a—a

Abb. 2a.
Staumauer Rochemolles, Italien (Entwurf).

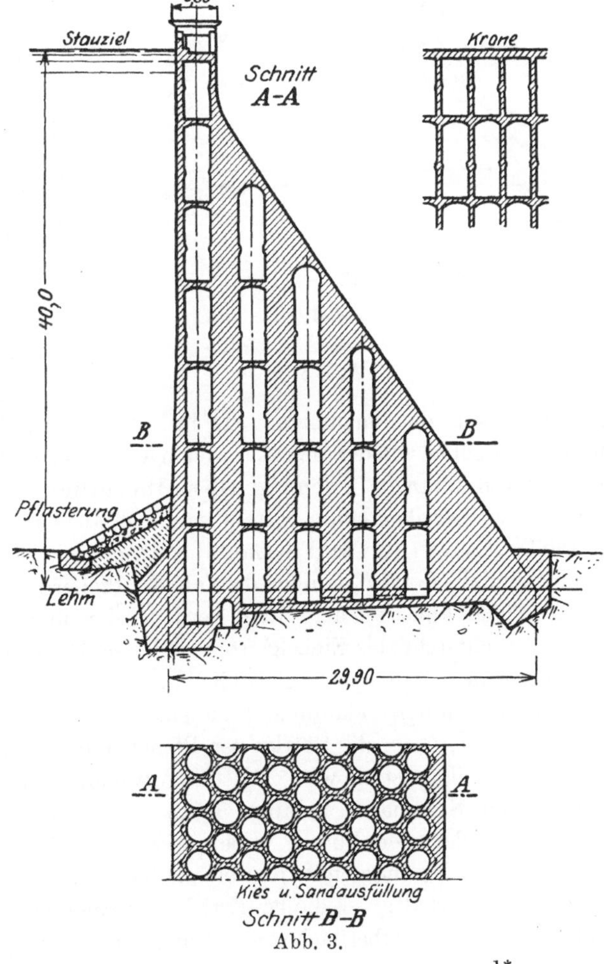

Abb. 3.

zu erzielen. Von solchen Vorschlägen ist das sog. System Figari (Abb. 2 und 2a) zu erwähnen, das die Aussparung von größeren Hohlräumen im Inneren der Mauer vorsieht. Nach diesem System ist soeben eine Staumauer bei Porretta in den Apenninen in Italien fertiggestellt worden (Abb. 240). Ein anderer Vorschlag stammt von Gutzwiler, der die ganze Mauer in bienenwabenförmige, sechseckige oder kreisförmige Zellen einteilt (siehe Abb. 3). Nach dem zweiten Vorschlag ist bis jetzt noch keine Staumauer ausgeführt worden. Eine wesentliche Abweichung von den erwähnten Formen bildet die Gewölbestaumauer, bei der der Wasserdruck nicht nur auf die Talsohle, sondern auch auf die seitlichen Talwände mittels Gewölbewirkung übertragen wird (Abb. 4). Bei diesen Staumauern ist das Material ungleich besser ausgenützt als bei den vorher erwähnten Staumauern. Man erkennt das äußerlich schon daran, daß die untere Stärke dieser Staumauern nur ein Drittel oder noch weniger von

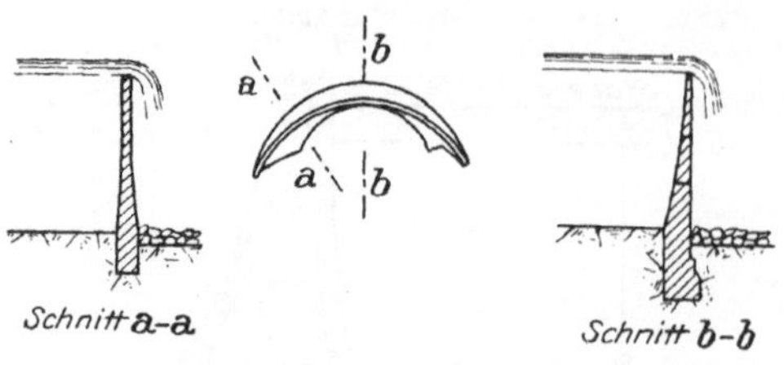

Abb. 4. Amsteg (Schweiz).

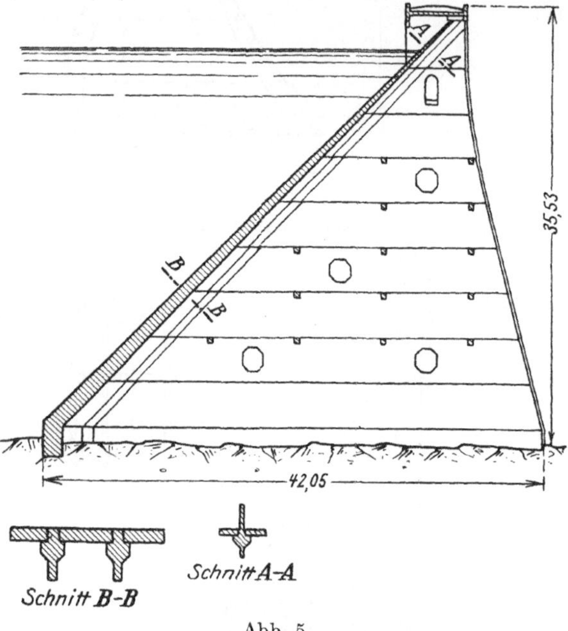

Abb. 5.

der einer entsprechenden Schwergewichtsmauer beträgt. Die Gewölbestaumauern haben sich in der Praxis vorzüglich bewährt, sie haben einen sehr hohen Grad von Wirtschaftlichkeit erreicht. Eine weitere Form der Staumauer ist die aufgelöste Staumauer. Insbesondere mit ihr sollen sehr große Materialersparnisse erreicht werden. Charakteristisch für dieses System ist folgendes: Der Wasserdruck wird nicht unmittelbar auf das Fundament bzw. die Talwände übertragen, sondern er wird zunächst von der Stauwand aufgenommen. Diese überträgt den Druck auf die Pfeiler, durch welche dann die Kräfte auf den Untergrund abgeleitet werden. Solche Staumauern werden in zwei verschiedenen Arten ausgeführt. Je nach der Form der Stauwand unterscheidet man aufgelöste Staumauern mit ebener Stauwand (Abb. 5), und solche, bei denen die Stauwand durch Gewölbe gebildet wird. Die ersten stellen eine typische Form des Eisenbetonbaus dar, man nennt sie im allgemeinen Ambursendämme, weil sie fast ausschließlich von der amerikanischen Ambursen Hydraulic Co. ausgeführt werden. Die letzteren kommen in den sog. Gewölbereihendämmen zur Ausführung. Ein solcher Gewölbereihendamm besteht demnach aus einer Reihe von Gewölben, die sich auf Pfeiler stützen (Abb. 6). Ein Gewölbereihendamm stellt die allgemeinste Form einer Staumauer dar. Beträgt nämlich die Zahl der Pfeiler nur zwei, wobei es gleichgültig ist, ob diese Pfeiler künstlich hergestellt werden, oder ob sie durch die Talwände gebildet werden, so entsteht das Einzelgewölbe, oder schlechthin die Gewölbestaumauer. Ist der Zentriwinkel der Gewölbe gleich Null, so gehen die Gewölbe in Platten über, es entsteht also der Ambursendamm und schließlich wird die Gewölbestaumauer zur Schwergewichtsmauer, wenn die Stärke der Pfeiler in der ganzen Höhe konstant ist und sie gleich dem Pfeilerabstand wird. Was die Anwendungsmöglichkeiten der verschiedenen Abarten der Staumauer anlangt, kann man nicht dieser oder jener Form unter allen Umständen den Vorzug geben. Es sind hingegen sehr viele Beweggründe, die den einen oder anderen Typ zweckmäßig erscheinen lassen. Vor allem sind es die geologischen Verhältnisse, die bei Errichtung einer Talsperre von größter Wichtigkeit sind. Aber auch die Oberflächengestaltung eines Tales spielt bei der Auswahl der Form eine sehr wichtige Rolle. Wenngleich auch die Gewölbestaumauern nach dem heutigen Stand des Talsperrenbaus immer noch die wirtschaftlichsten sind, so können doch solche Staumauern nicht in allen Tälern gebaut werden. Derartige Staumauern eignen sich vor allem für Talformen, bei denen die Seitenwände möglichst steil in die Höhe gehen, und dort, wo das Tal nicht allzubreit und flach ist. Natürlich müssen bei Errichtung einer Gewölbestaumauer die Seitenwände aus sehr gutem, widerstandsfähigem Fels bestehen. Von ausschlaggebender Bedeutung ist bei der Wahl der Staumauerform auch die Frage der Material- und Transportkosten, ferner noch inwieweit die erforderliche Zahl von gelernten Arbeitern zur Verfügung steht usw.

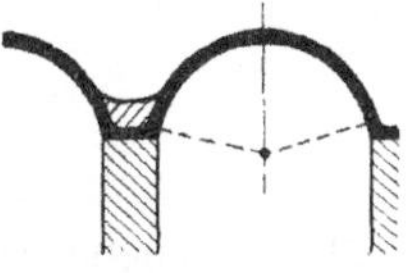

Schnitt B—B.

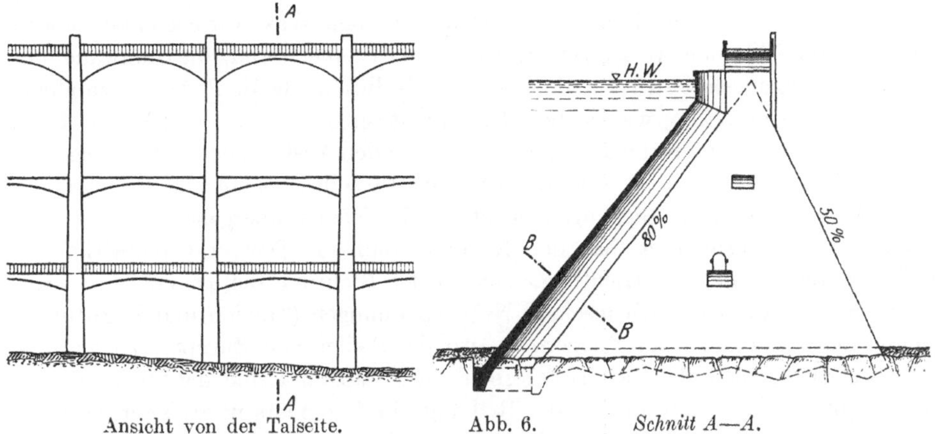

Ansicht von der Talseite.   Abb. 6.   *Schnitt A—A.*

Da, wie erwähnt, ein Gewölbereihendamm die allgemeinste Form einer Staumauer darstellt, kann aus den abgeleiteten Formeln die Anwendung auf die Spezialfälle ohne weiteres erfolgen. Die Gewölbestaumauern können auf Grund des Kap. II berechnet werden, während Kap. III auch für die Schwergewichtsmauer Gültigkeit hat.

I. Ebene Stauwände.

Da die ebene Stauwand auf reine Biegung beansprucht wird, kommt hier nur eine biegungsfeste Konstruktion in Frage, und zwar — um ein dauerndes Werk zu schaffen — ausschließlich Eisenbeton. Um die aus dem Wasserdruck entstehenden beträchtlichen Feldmomente zu verringern, wäre es naheliegend, die Stauwand mit den Pfeilern biegungsfest zu verbinden, oder sie als durchlaufende Platte auszubilden. Bei gleichen Spannweiten, wie es stets der Fall ist, gibt es — was den Wasserdruck anbelangt — keinen Unterschied zwischen diesen beiden Ausbildungen, da infolge der in bezug auf die Pfeilerachse vorhandenen Symmetrie selbst bei einer steifen, rahmenartigen Verbindung kein Biegungsmoment in die Pfeiler übergehen würde. Eine biegungsfeste Verbindung hat den Nachteil, daß aus Temperatureinwirkungen die Pfeiler auch in der Querrichtung, d. h. in der Richtung der Dammachse beansprucht wären, was zu unerwünschten Nebenspannungen (Torsion und Zug) führen könnte, insbesondere an der Wasserseite, wo der Pfeiler von Zugspannungen nicht immer frei ist. Aber selbst bei durchgehender Stauwand sind die Pfeiler ähnlich beansprucht, da die Platte infolge der Reibung, die besonders in größerer Tiefe beträchtlich wird, sich nicht frei ausdehnen bzw. zusammenziehen kann. Ein anderer Nachteil einer solchen Anordnung ist, daß über den Pfeilern negative Biegungsmomente entstehen, so daß die Zugspannungen an der Wasserseite auftreten. Erscheinen hier Zugrisse, so dringt Wasser ein, wodurch die Eiseneinlagen gegen Rost nicht mehr gesichert sind, und die Erweiterung der Risse kann evtl. zur Zerstörung des ganzen Bauwerkes führen. Bei durchlaufender Stauwand entstehen außerdem Temperatur- und Schwindspannungen in der Richtung der Dammachse, wobei die Schwindspannungen und die durch Temperaturabfall verursachten Spannungen ebenfalls Zugrisse verursachen können.

Ebene Stauwände werden daher meistens als einfach gelagerte Platten ausgeführt. Dadurch wird nicht nur die erwähnte Rißgefahr vermieden, sondern es werden durch eine solche Konstruktion auch für den Arbeitsvorgang wesentliche Erleichterungen erfüllt, da der Bau der Stauwand an irgendeiner Stelle zwischen zwei beliebigen Pfeilern unterbrochen werden kann; die einzelnen Felder sind ja so voneinander unabhängig. Das Betonieren der Platten braucht auch nicht an Ort und Stelle zu erfolgen, sie können neben der Staumauer hergestellt und in fertigem Zustande verlegt werden, während man die Stoßfugen nachträglich ausgießen kann. Bei einer solchen Konstruktion kann man mit dem Pfeilerabstand wegen der mit der Spannweite quadratisch zunehmenden Biegungsmomente nicht zu weit gehen, die Pfeiler werden also verhältnismäßig dünn und eine Verstärkung derselben ist an der Wasserseite notwendig, um eine genügende Auflagerfläche für die Platten zu erzielen.

Die Stauwand wird durch Wasserdruck, ferner durch die zur wasserseitigen Pfeilerböschung normale Komponente des Eigengewichtes der Stauwand beansprucht; die wirtschaftlichen Abmessungen des Pfeilers, seine Stand- und Gleitsicherheit erfordern nämlich, wie wir dies im III. Kapitel sehen werden, im allgemeinen eine Neigung der Wasserseite gegen die Vertikale. In dem Folgenden wird stets vorausgesetzt, daß die Stauwand zwischen zwei Pfeilern frei aufgelagert ist. Berücksichtigt man zuerst den Wasserdruck allein, dessen Wert $\gamma_0 h$ ist, wo h die Wassertiefe an der geprüften Stelle und γ_0 das spezifische Gewicht des Wassers bedeuten, sei die Plattenhöhe(-breite) die Einheit (Abb. 7) und die theoretische Spannweite l_1 (Abb. 8), so beträgt das größte Biegungsmoment in der Feldmitte

$$M_W = \frac{\gamma_0 h l_1^2}{8}. \tag{1}$$

Da in diesem Falle die Zugspannungen an der Talseite entstehen, ist das Auftreten von Rissen nicht bedenklich, daher braucht die Zugspannung im Beton nicht nachgeprüft zu werden.

Die Nutzstärke der Platte n', d. h. der Abstand des Schwerpunktes der Eiseneinlagen von dem gedrückten Rand, sowie auch die Bewehrung f_e ist — bei Ausschließung der Betonzugfestigkeit — bekanntlich bei der Einheitsbreite der Quadratwurzel des Biegungsmomentes proportional, also

$$n' = \alpha \sqrt{M_W} \tag{2}$$

und

$$f_e = \beta \sqrt{M_W}, \tag{3}$$

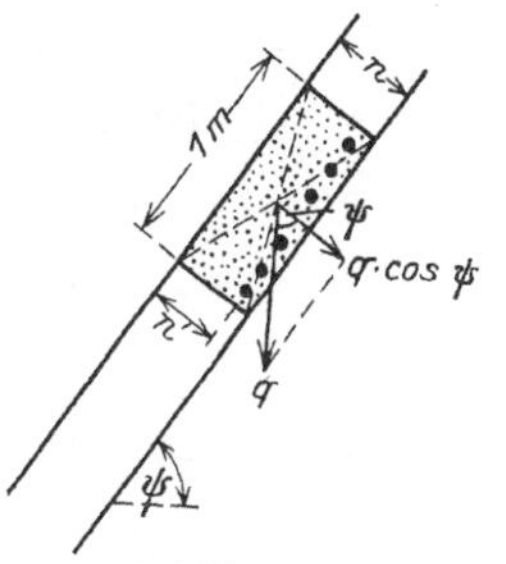

wo f_e ebenfalls auf die Einheitsbreite bezogen ist. Sei eine zulässige Eisenzugspannung von $\sigma_e = 1000$ kg/cm² zugrunde gelegt, es sei ferner $\dfrac{E_e}{E_b} = 15$, entsprechend den deutschen Eisenbetonvorschriften, so hat man für α und β bei einer zulässigen Betondruckspannung von σ_b folgende Werte:

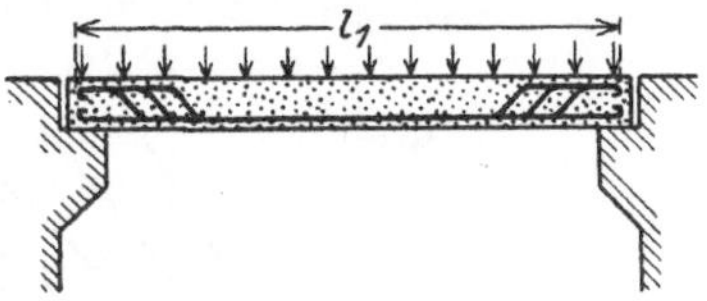

Abb. 7.

Abb. 8.

Tabelle 1.

Zur Bestimmung der Plattenabmessungen bei $\sigma_e = 1000$ kg/cm²				
$\sigma_b =$ 20	25	30	35	40 kg/cm²
$\alpha =$ 0,217	0,180	0,155	0,137	0,123
$\beta =$ 5,00	6,13	7,21	8,25	9,26
$\dfrac{x}{n'} =$ 0,231	0.273	0,310	0,344	0,375

Die Beiwerte α und β sind so angegeben, daß man die Nutzstärke n' in m, die Eisenbewehrung für 1 m Breite in cm² erhält, wenn das Moment M_W in tm eingesetzt wird. x ist die Stärke der Druckzone. Setzt man Gl. (1) in die Gl. (2) und (3) ein, so erhält man

$$n' = \alpha \sqrt{\frac{\gamma_0 h l_1^2}{8}} = \alpha \sqrt{\frac{\gamma_0}{8}} \sqrt{h}\, l_1,$$

oder mit $\gamma_0 = 1$ t/m³

$$n' = 0,354\, \alpha \sqrt{h}\, l_1 \quad \text{in m}, \tag{2a}$$

und entsprechend

$$f_e = 0,354\, \beta \sqrt{h}\, l_1 \quad \text{in cm}^2, \tag{3a}$$

wo h und l in m einzusetzen sind.

In den Abb. 9 und 10 sind die n' und f_e Werte für die oben angegebenen Betondruckspannungen gezeichnet. Diese Werte beziehen sich auf $l_1 = 1$ m, so daß sie nachher mit der theoretischen Spannweite multipliziert werden müssen. Die so erhaltene Plattenstärke bzw. Bewehrung entspricht den angenommenen Spannungen nicht genau, da das Eigengewicht der Platte noch nicht berücksichtigt ist; man nimmt also eine größere Stärke und etwas stärkere Bewehrung an, und mit Berücksichtigung des Eigengewichtes kontrolliert man die Spannungen.

Will man unmittelbar die genauen Wandstärken und Eisenbewehrung ermitteln, so muß das Eigengewicht zusammen mit dem Wasserdruck berücksichtigt werden. Das Gewicht der Platte von der Einheitsbreite beträgt pro lfd. m

$$q = \gamma_1 \, n,$$

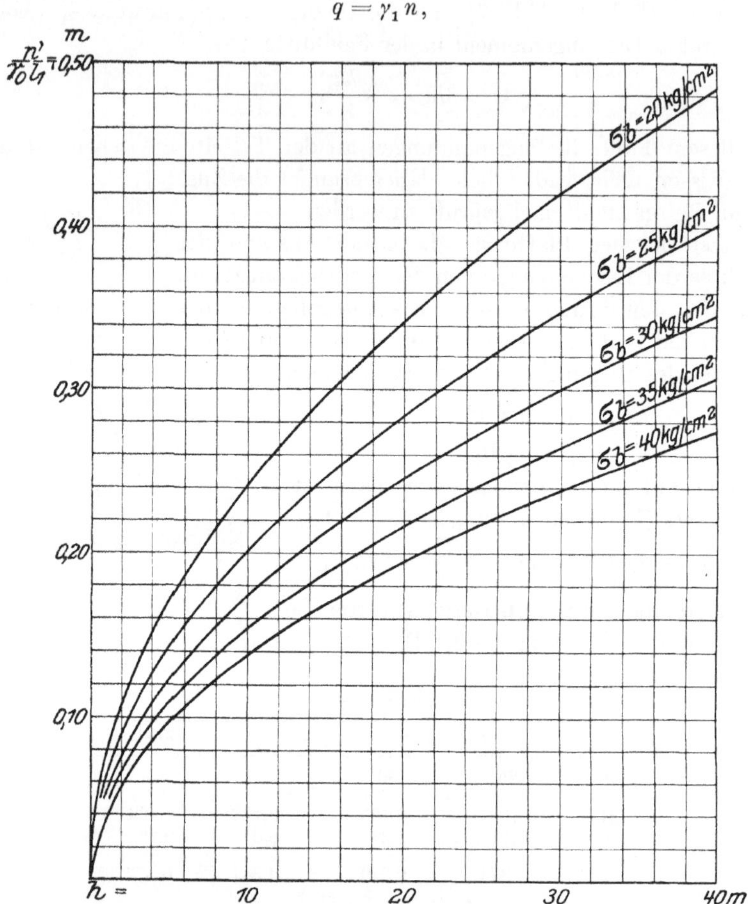

Abb. 9. Nutzstärke der Platte in Meter. Die abgelesenen Werte müssen noch mit l_1 multipliziert werden.

wo γ_1 das spezifische Gewicht des Eisenbetons $= 2,4$ t/m³ ist. Von dieser Belastung kommt nur die Normalkomponente in Frage und sie beträgt

$$q \cos \psi = \gamma_1 \, n \cos \psi.$$

Man kann diese Belastung auch als Eigengewicht einer Eisenbetonplatte von der Stärke n mit einem spezifischen Gewicht von $\gamma_1' = \gamma_1 \cos \psi$ auffassen, so daß die gleichmäßig verteilte Last aus Eigengewicht $\gamma_1' n$ beträgt. Der Wert des größten Biegungsmomentes ist jetzt

$$M = \tfrac{1}{8} (\gamma_1' n + \gamma_0 h) \, l_1^2.$$

Setzt man $n = n' + e$, wo e den Abstand des Schwerpunktes der Eiseneinlagen vom Rand der Zugzone bedeutet, so beträgt die Quadratwurzel des Biegungsmomentes

$$\sqrt{M} = \frac{1}{\sqrt{8}} \, l_1 \sqrt{\gamma_1' n' + \gamma_1' e + \gamma_0 h}.$$

$\gamma_1'e$ kann gegenüber $\gamma_0 h$ ohne weiteres vernachlässigt werden, es wird also

$$\sqrt{M} = \frac{1}{\sqrt{8}} l_1 \sqrt{\gamma_1' n' + \gamma_0 h}, \tag{4}$$

wo n' vorläufig noch unbekannt ist. Nach Gl. (2) ist dann

$$n' = \alpha \sqrt{M} = \frac{1}{\sqrt{8}} \alpha l_1 \sqrt{\gamma_1' n' + \gamma_0 h}.$$

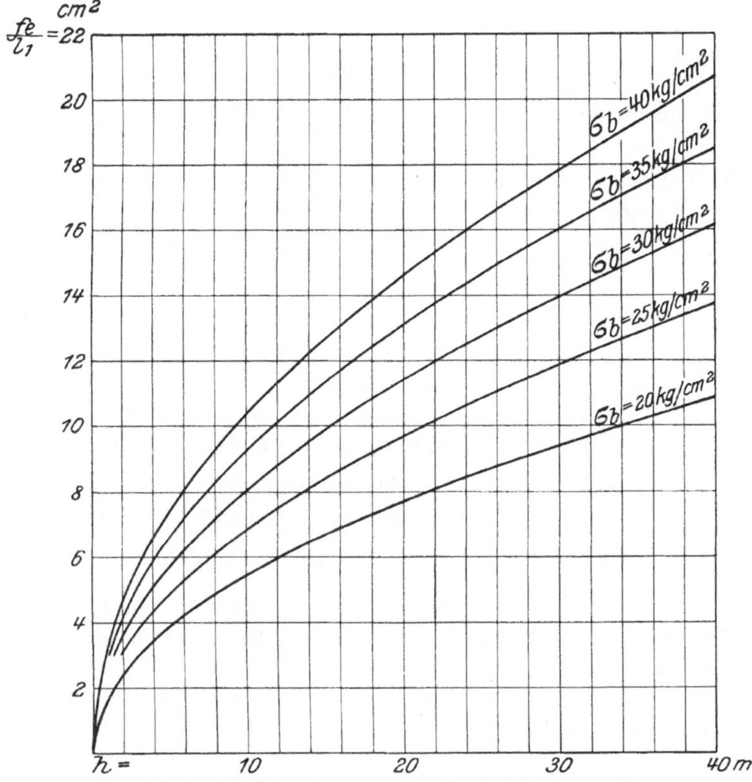

Abb. 10. Eisenbewehrung pro lfd. m Platte. Die abgelesenen Werte müssen noch mit l_1 multipliziert werden.

Quadriert man beide Seiten dieser Gleichung, so wird

$$n'^2 - \tfrac{1}{8} \alpha^2 l_1^2 \gamma_1' n' - \tfrac{1}{8} \alpha^2 l_1^2 \gamma_0 h = 0, \tag{5}$$

woraus n' berechnet werden kann. Den so gefundenen Wert setzt man dann in Gl. (4) ein, wodurch $\sqrt{M}$ bekannt wird, und die Bewehrung kann aus der Formel

$$f_e = \beta \sqrt{M}$$

berechnet werden.

Über die Schubspannungen bzw. die schrägen Zugspannungen an den Plattenenden ist nichts Bemerkenswertes zu sagen; die Ermittelung der Schubbewehrung (Bügel und aufgebogenes Eisen) erfolgt ebenso wie bei allen frei aufliegenden Platten.

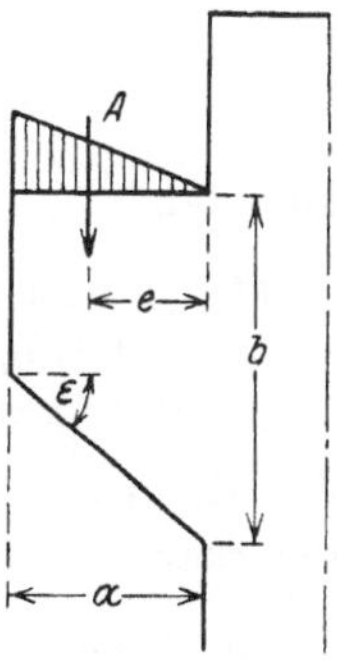

Es muß noch die nötige Bewehrung im Pfeilerkopf ermittelt werden. Es wird angenommen, daß die Auflagerreaktion A (Abb. 11) sich über die Auflagerfläche dreieckförmig verteilt. Es soll zuerst das Biegungsmoment bei der Einspannung, wo die Querschnitts-

Abb. 11.

höhe b beträgt, ermittelt werden. Die Auflagerreaktion ist

$$A = \frac{p\,l_1}{2} = \frac{l_1}{2}\,(\gamma_0 h + \gamma_1' n) \quad \text{und} \quad e = \frac{2}{3}\,a\,^1).$$

Wird $a = \dfrac{n}{2}$ gesetzt, so ist $e = \dfrac{2}{3}\cdot\dfrac{n}{2} = \dfrac{n}{3}$.

Das Biegungsmoment beträgt nun

$$M = A\cdot e = \frac{l_1}{2}\,(\gamma_0 h + \gamma_1' n)\,\frac{2}{3}\,a = \frac{l_1 a}{3}\,(\gamma_0 h + \gamma_1' n).$$

Dann ermittelt man die Betondruckspannung, da die Nutzhöhe b' gegeben ist, mit Hilfe der Formel $\alpha = \dfrac{b'}{\sqrt{M}}$ und die nötige Eisenbewehrung aus $f_e = \beta \sqrt{M}$, sowie auch den Nullinienabstand x. Der Hebelarm der inneren Kräfte beträgt $z = b' - \dfrac{x}{3}$ und die Schubspannung [2]

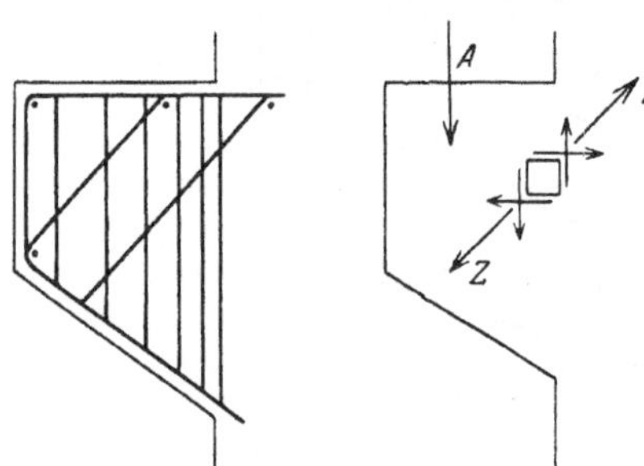

Abb. 12. Schubspannung und Schubbewehrung bei positivem Wert von τ_0.

$$\tau_0 = \frac{A - \dfrac{M}{b'}\,\mathrm{tg}\,\varepsilon}{z}.$$

Ist ε groß, so wird τ_0 gering sein, und kann sogar einen negativen Wert annehmen.

Beispiel: Die Dammhöhe sei 30 m. Für den untersten Querschnitt, also für $h = 30$ m sei die zulässige Betondruckspannung $\sigma_b = 30$ kg/cm². In Abb. 9 findet man den Wert $\dfrac{n'}{l_1} = 0,30$ und in Abb. 10: $\dfrac{f_e}{l_1} = 14$. Für eine theoretische Spannweite von $l_1 = 5,00$ m beträgt also die Nutzstärke der Platte $n' = 5,00\cdot 0,30 = \mathbf{1,50\ m}$ und die Bewehrung pro lfd. m $f_e = 5,00\cdot 14 = \mathbf{70\ cm^2}$.

Es sei nun $\cos\psi = 0,6$, dann ist $\gamma_1' = \gamma \cos\psi = 2,4\cdot 0,6 = 1,44$ t/m³. Aus Abb. 9 ist $\alpha = 0,155$ und nach Gl. (5)

$$n'^2 - \frac{1}{8}\cdot 0,155^2\cdot 5,00^2\cdot 1,44\,n' - \frac{1}{8}\cdot 0,155^2\cdot 5,00^2\cdot 1\cdot 30 = 0.$$

Daraus ergibt sich $n = \mathbf{1,554\ m}$. Die Abweichung des aus dem Diagramm entnommenen Wertes gegenüber dem genauen Wert beträgt also $\dfrac{1,554 - 1,50}{1,554}\cdot 100 = \mathbf{3,5\ \%}$. Mit $e = 5,6$ cm wird $n = 1,61$ m

Nach Gl. (4) ist dann

$$\sqrt{M} = \frac{1}{\sqrt{8}}\cdot 5,00\,\sqrt{1,44\cdot 1,554 + 1\cdot 30} = 10,04\ \text{tm},$$

und damit $f_e = 7,21\cdot 10,04 = \mathbf{72,4\ cm^2}$. Die Abweichung ist hier $\dfrac{72,4 - 70}{72,4}\cdot 100 = \mathbf{3,3\%}$. Gewählt wird 12 R.E. $\varnothing$ 28 mm $F_e = 73,92$ cm².

Die Plattenstärke und die Eisenbewehrung wird dann in mehreren Höhen ermittelt. An der Krone nimmt man eine Mindeststärke z. B. 0,30 m an. Will man der Einfachheit halber eine lineare Änderung der Plattenstärke erzielen, so kann die Betondruckspannung in den oberen Schnitten nicht von vornherein angegeben

---

werden. In diesem Falle ist n' und h bekannt und aus der Abb. 9 kann σ_b abgelesen werden; dabei nehme man etwas kleinere Nutzstärke an, da in den Abb. 9 und 10 das Eigengewicht nicht berücksichtigt worden ist. Für den so gefundenen Wert von σ_b kann dann aus Abb. 10 die nötige Eisenbewehrung abgelesen werden.

Sei z. B. die Mindeststärke der Platte 0,30 m und prüfen wir den Schnitt in 20 m Tiefe. Hier beträgt die Plattenstärke

$$n = 0,30 + (1,61 - 0,30)\frac{20}{30} = 1,17 \text{ m},$$

und mit $e = 5$ cm, $n' = 1,12$ m. Für die Benutzung der Abb. 9 nehme man $n' = 1,10$ m, dann wird — wenn man von der Änderung der theoretischen Spannweite, die infolge Abnahme der Pfeiler- und Plattenstärke eintritt, absieht — $\dfrac{n'}{l_1} = \dfrac{1,10}{5,00} = 0,22$. Dem entspricht in Abb. 9 der Wert $\sigma_b = 34$ kg/cm². Ähnlicherweise findet man bei $h = 10$ m eine Betonspannung von über 40 kg/cm². Man sieht also, daß in diesem Falle in den höheren Schnitten die zulässige Spannung von σ_b überschritten ist, nur in der Nähe der Krone werden diese Spannungen wieder geringer, da bei $h = 0$ der Wert von $n = 0$ sich ergibt, während hier $n = 0,30$ angenommen wurde. Man wird also von dieser einfachen Plattenausbildung mit Rücksicht auf die Wirtschaftlichkeit absehen müssen, sonst erhält man überflüssig große Plattenstärke unten oder oben, da in keinem Schnitte der Stauwand die zulässige Betondruckspannung überschritten werden darf.

Die Anwendung der ebenen Stauwand ist infolge des kleinen Pfeilerabstandes sehr beschränkt. Eine Ersparung kann derartig erfolgen, daß man — entsprechend der Eisenbetonbauweise — die Stauwand in größerer Wassertiefe als Plattenbalken mit wagrecht laufenden Rippen ausbildet, Die Plattenstärke wird dabei zweckmäßigerweise mit der Druckzone gleichgesetzt, d. h. die Platte hört bei der neutralen Achse auf.

Für die rasche Ermittelung der so gewählten Plattenstärke sind in Tabelle 1 die Werte von $\dfrac{x}{n}$, angegeben. In diesem Falle können die Abb. 9 und 10 benutzt werden, während das Eigengewicht in den Gl. (4) und (5) entsprechend reduziert werden muß. Eine kleinere Plattenstärke ist mit Rücksicht auf die Wasserdichtheit nicht zu empfehlen.

II. Das Gewölbe.

Im vorigen Kapitel haben wir gesehen, daß die Anwendung einer ebenen Stauwand einen geringen Pfeilerabstand bedingt. Für die Wirtschaftlichkeit des Baues wird es jedoch meistens günstiger sein, wenn der Pfeilerabstand größer ist, da hierdurch die Schalungskosten herabgesetzt werden. Das Betonieren und Verlegen der Eiseneinlagen wird ebenfalls billiger, wenn weniger Pfeiler vorhanden sind, also eine geringere Anzahl Arbeitsstellen eingerichtet zu werden brauchen usw. Außerdem werden die Pfeilerstärken bei kleinem Pfeilerabstand sehr gering, man wird daher mit Rücksicht auf eine Knickgefahr mehrere Versteifungsträger anordnen müssen. Will man jedoch die Pfeiler nicht allzu schwach dimensionieren, dann ergeben die schlechter ausgenützten Pfeilermassen eine geringe Wirtschaftlichkeit.

Doch auch die Stauwand eines Ambursenwehres bietet nicht immer wirtschaftliche Vorteile, und deshalb ist man auf die statisch und wirtschaftlich günstigere Gewölbestauwand übergegangen. Man wird im allgemeinen jedoch nicht behaupten können, daß ein Gewölbereihendamm unter allen Umständen wirtschaftlicher ist als ein Ambursendamm, sondern es muß — wie in der Einleitung erwähnt — von Fall zu Fall der zu wählende Staumauertyp entschieden werden. Bei derselben Spannweite, z. B. von 5,00 m wird, unter sonst gleichen Umständen, die Gewölbestauwand viel dünner sein als die Ambursenwand. Die beiden französischen aufgelösten Staumauern Selune und Belle Isle geben ein Beispiel hierzu. Eine solche Stauwand erfordert jedoch mehr Arbeit, kompliziertere Schalung usw., so daß diese Leistungen evtl. höhere Kosten verursachen können als die erreichte Materialersparnis beträgt.

Wenn die Talform und die Beschaffenheit des Untergrundes, besonders der Talwände es gestatten, wird ein Einzelgewölbe am wirtschaftlichsten sein. Diese Vorbedingungen sind jedoch oft nicht vorhanden, so daß die Möglichkeit der Ausführung einer auf Pfeiler gelegten Gewölbereihe erwogen werden muß.

Was die statische Berechnung des Gewölbes anlangt, so sollen folgende Annahmen gemacht werden:

1. Man teilt das Gewölbe mittels zur Gewölbeachse normalgerichteter Ebenen in einzelne Gewölbeelemente ein. Die Höhe eines solchen Teiles wird $= 1$ gesetzt.

2. Das so herausgeschnitten gedachte Gewölbeelement betrachtet man als einen beiderseits starr eingespannten Bogen.

Es soll gleich bemerkt werden, daß sowohl die erste wie die zweite Annahme strenggenommen nicht gültig ist. Wenn man nur ein Bogenelement prüft, so wird dadurch vorausgesetzt, daß diese Bogen ihre Deformationen voneinander ganz unabhängig ausführen können. Das ist jedoch nicht der Fall und daher wird es notwendig sein, in einem Kapitel über die Stützmauerwirkung auf die Frage noch näher einzugehen. Was die Gültigkeit der zweiten Voraussetzung über die Auflagerungsverhältnisse des Bogens betrifft, so müssen wir beide Ausführungsformen des Gewölbes, nämlich die Gewölbestaumauer und den Gewölbereihendamm näher betrachten. Eine Gewölbestaumauer ist eigentlich in den Fels nicht fest eingespannt. Um ein gutes Widerlager zu erzielen, wird der Fels auf dem Widerlager entsprechend bearbeitet und so abgestuft, daß die Auflagerfläche möglichst radial ist. Das Gewölbe selbst wird aber nicht fest in den Felswänden etwa mittels Eiseneinlagen oder dgl. verankert. Dadurch ist auch die Möglichkeit geboten, eine kleine Deformation ausführen zu können. Diese Formänderung wird, falls sie in Wirklichkeit tatsächlich eintreten kann, auf die Ergebnisse der Berechnungen einen günstigen Einfluß ausüben. Anders liegen die Verhältnisse beim Gewölbereihendamm. Hier wird stets vorausgesetzt, daß die Gewölbe gleiche Spannweiten haben, was bei den modernen Gewölbereihendämmen auch immer der Fall ist. Dadurch erreicht man eine Symmetrie in der Konstruktion. Da die Belastung ebenfalls immer symmetrisch ist, wird eine Seitenverschiebung der Pfeiler, d. h. der Gewölbewiderlager, nicht eintreten. Sind die Gewölbe, wie das meistens der Fall ist, in die Pfeiler fest eingespannt, dann ist die zweite Annahme strenggenommen gültig, während bei einer anderen Ausbildungsart die Auflagerbedingungen rechnerisch erfaßbar sind. Bei der Berechnung des Gewölbes wird die durch die Scherkraft hervorgerufene Deformation vernachlässigt, wie bei Gewölben im allgemeinen zulässig ist. Die Krümmung des Gewölbes braucht nicht besonders berücksichtigt zu werden, da in allen vorkommenden typischen Fällen die Gewölbestärke im Verhältnis zum Krümmungsradius nicht allzu groß ist. Als Gewölbeachse werden wir die Mittellinie des Gewölbes annehmen, ohne Rücksicht auf die Bewehrung der Eisenbetonkonstruktion, wie das in allen statisch unbestimmten Systemen des Eisenbetonbaues allgemein üblich und zuzulässig ist.

1. Die günstigste Bogenform.

Zunächst ist die Frage zu beantworten, wie der Bogenquerschnitt gestaltet werden soll, um die statisch und wirtschaftlich günstigsten Abmessungen und dabei eine konstruktiv möglichst einfache Form zu erzielen.

Vorläufig soll nur die Frage erörtert werden, nach welchem Gesichtspunkt man die Bogenmittellinie ausbildet, ferner, ob eine gleichbleibende oder eine veränderliche Bogenstärke zu wählen ist. Die Vorbedingung ist dabei, daß der Bogen beiderseits eingespannt ist. Unter den in Frage kommenden Belastungen spielt der Wasserdruck die wichtigste Rolle; es soll der auf dem ganzen äußeren Umfang des Querschnittes gleichmäßig verteilte Wasserdruck berücksichtigt werden. Gleichwie es bei Brücken nicht möglich ist, die Bogenform der Verkehrslast anzupassen, weil die letztere veränderlich ist, so können auch in unserem Falle nicht alle äußeren Wirkungen berücksichtigt werden, da die meisten veränderlich sind (Wasserspiegellage, Temperatur).

Ein gleichmäßiger Wasserdruck wirkt normal auf die Flächenelemente des äußeren Bogenmantels und ruft in jedem Querschnitt eine Normalkraft hervor, die die einzelnen Bogenelemente zusammenzudrücken versucht. Wenn dieser Vorgang, nämlich die Zusammendrückung der Bogenelemente, ungehindert geschehen kann, so verkürzt sich die Bogenmittellinie und damit auch die Spannweite des Bogens. Ist der Bogen dagegen an den Kämpfern fest eingespannt, so kann eine Verkürzung der Spannweite nicht stattfinden, es entsteht also ein nach außen hin gerichteter Horizontalschub und damit auch Biegungsmomente und dementsprechend zusätzliche Biegungsspannungen (auch Deformationsspannungen genannt, da sie durch die elastische Formänderung des Bogens bzw. durch deren Verhinderung hervorgerufen werden). Der Horizontalschub und die dadurch hervorgerufenen Biegungsmomente sind nicht zu vermeiden; es muß also versucht werden, der Bogenmittellinie eine solche Form zu geben, daß in dem Bogen keine Biegungsmomente entstehen, wenn die Verkürzung der Bogenelemente möglich wäre. Das kann erreicht werden durch die Wahl eines statisch bestimmten Grundsystems, bei dem die Bogenkämpfer sich frei bewegen können, und zwar am zweckmäßigsten in radialen Auflagerflächen

(Abb. 13). Es gilt dann, eine solche Bogenform zu suchen, bei der im statisch bestimmten Hauptsystem die Drucklinie mit der Bogenmittellinie zusammenfällt.

Bekanntlich besitzt der Kreisbogen diese Eigenschaft; es muß jedoch bewiesen werden, ob nur der Kreisbogen den obigen Forderungen entspricht, oder ob es noch andere Kurven gibt, die dieselbe Eigenschaft haben. Es sei zwischen den beiden gegebenen Punkten A und B eine beliebige Kurve ACB eingeschaltet, auf die ein gleichmäßiger Wasserdruck p wirkt (Abb. 14a).

Auf ein Bogenelement ds wirkt der Druck $dP = p \cdot ds$ normal auf das Element. Zeichnet man diese elementaren Druckkräfte dP nacheinander von A bis B vom Punkt A' aus auf (Abb. 14b), so erhält man die Kraftlinie $A'C'B'$, die im Falle eines gleichmäßigen Wasserdruckes mit der Kurve ACB übereinstimmt, wenn $p = 1$ gesetzt wird, bloß ist sie um $\dfrac{\pi}{2}$ umgedreht. Die Auflagerreaktionen seien A_o und B_o,

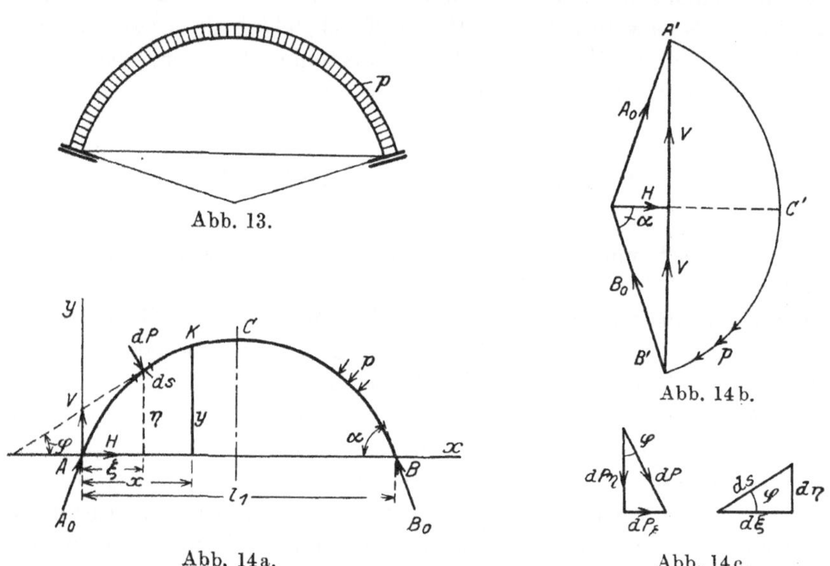

Abb. 13.

Abb. 14b.

Abb. 14a.

Abb. 14c.

die wegen der Symmetrie der Größe nach einander gleich sind. Die lotrechte und wagerechte Komponente einer Auflagerreaktion seien V und H. Die Bedingung ist nun, daß das Biegungsmoment in jedem Punkt des Bogens $= 0$ sein muß. Wir berechnen also das Moment M für einen beliebigen Punkt K des Bogens und setzen dann $M = 0$; aus dieser Bedingung ergibt sich dann die Gleichung der gesuchten Kurven. Die Komponenten von dP nach den zwei Koordinatenrichtungen x und y sind (s. Abb. 14c):

$$dP_\xi = dP \sin \varphi = p\,ds \sin \varphi = p\,d\eta\,,$$
$$dP_\eta = dP \cos \varphi = p\,ds \cos \varphi = p\,d\xi\,.$$

Das Moment in bezug auf K ist also:

$$M = Vx - Hy - \int_0^x dP_\eta (x - \xi) - \int_0^y dP_\xi (y - \eta) = 0\,. \tag{6}$$

Nach Einsetzen der Werte von dP_ξ und dP_η in Gl. (6) wird

$$M = Vx - Hy - p\int_0^x (x - \xi)\,d\xi - p\int_0^y (y - \eta)\,d\eta = 0\,.$$

In dieser Gleichung sind x und y konstante Größen. Nach Auswertung der Integrale erhält man:

$$M = Vx - Hy - px^2 + \frac{1}{2}px^2 - py^2 + \frac{1}{2}py^2 = 0,$$

oder abgekürzt:

$$M = Vx - Hy - \frac{1}{2}px^2 - \frac{1}{2}py^2 = 0. \tag{7}$$

Hier sind noch die Werte von V und H erforderlich

$$V = \frac{1}{2}\int_0^{l_1} dP_\eta = \frac{1}{2}\int_0^{l_1} p \cdot d\xi = \frac{1}{2}pl_1,$$

und nach Abb. 14b

$$H = V\,\mathrm{ctg}\,\alpha = \frac{1}{2}pl_1\,\mathrm{ctg}\,\alpha.$$

Setzt man diese Werte in Gl. (7) ein, so erhält man

$$M = \frac{1}{2}pl_1 x - \frac{1}{2}p\frac{l_1}{\mathrm{tg}\,\alpha}\cdot y - \frac{1}{2}px^2 - \frac{1}{2}py^2 = 0,$$

oder durch $-\frac{1}{2}p$ dividiert

$$x^2 + y^2 - l_1 x + \frac{l_1}{\mathrm{tg}\,\alpha}\cdot y = 0.$$

Diese Gleichung kann noch in folgender Form geschrieben werden:

$$x^2 - l_1 x + \frac{l_1^{\,2}}{4} - \frac{l_1^{\,2}}{4} + y^2 + \frac{l_1}{\mathrm{tg}\,\alpha}\cdot y + \frac{l_1^{\,2}}{4\,\mathrm{tg}^2\,\alpha} - \frac{l_1^{\,2}}{4\,\mathrm{tg}^2\,\alpha} = 0,$$

und zusammengezogen

$$\left(x - \frac{l_1}{2}\right)^2 + \left(y + \frac{l_1}{2\,\mathrm{tg}\,\alpha}\right)^2 = \frac{l_1^{\,2}}{4}\left(1 + \frac{1}{\mathrm{tg}^2\,\alpha}\right). \tag{8}$$

Die rechte Seite der Gl. (8) ist aber konstant und damit erkennt man in Gl. (8) die Gleichung eines Kreises mit den Mittelpunktkoordinaten $\frac{l_1}{2}$ und $-\frac{l_1}{2\,\mathrm{tg}\,\alpha}$ und mit dem Halbmesser $r = \frac{l_1}{2}\sqrt{1 + \frac{1}{\mathrm{tg}^2\,\alpha}}$.

Dadurch ist also bewiesen, daß der Kreisbogen die einzige Kurve ist, für die bei dem gewählten Grundsystem die Seillinie aus dem gleichmäßigen Wasserdruck mit der Bogenmittellinie zusammenfällt.

Bei der obigen Ableitung der Bogenmittellinie wurde vorausgesetzt, daß der Wasserdruck unmittelbar auf die Mittellinie wirkt. Das ist natürlich praktisch nicht möglich, da der Bogen eine gewisse Wandstärke hat, der Wasserdruck wirkt also auf den äußeren Gewölbemantel. In diesem Falle gelten obige Ableitungen nur dann, wenn die äußere Kurve, auf die der Wasserdruck wirkt, und die Bogenmittellinie konzentrische Kreise sind. In diesem Falle muß der Wasserdruck p nur im Verhältnis $\frac{r_a}{r}$ erhöht werden, wo r_a den äußeren und r den mittleren Kreishalbmesser bedeutet. Daraus folgt, daß obige Ableitungen nur für konstante Wandstärke gelten. Bei veränderlicher Wandstärke kann also nie genau erreicht werden, daß in jedem Querschnitte des Hauptsystems das Biegungsmoment gleich 0 ist.

Die meisten ausgeführten Gewölbe- und Gewölbereihendämme sind tatsächlich mit Kreisringquerschnitt ausgebildet. Es sei jedoch bemerkt, daß mit dieser Untersuchung das Problem noch nicht abgeschlossen ist. Nimmt der Krümmungshalbmesser gegen die Kämpfer hin ab und die Bogenstärke zu, so kann u. U. eine etwas günstigere Spannungsverteilung erreicht werden. Wir wollen jedoch den Kreisringquerschnitt behalten, weil bei dieser Form tatsächlich der Fall eintreten kann, daß nicht nur im Grundsystem, sondern in dem beiderseits eingespannt ausgeführten Bogen nur Druckkräfte und keinerlei Biegungsmomente entstehen. Dies ist der Fall, wenn gleichzeitig mit dem gleichmäßigen Wasserdruck eine solche gleichmäßige Erwärmung des Bogens stattfindet, daß die statisch unbestimmten Horizontalschübe, die aus den zwei Wirkungen entstehen, sich gegenseitig aufheben, während dies bei einer anderen Kurve oder bei veränderlicher Wandstärke nie möglich ist. Hat man den Kreisquerschnitt als den vorteilhaftesten erkannt, so bleibt noch immer die Bestimmung der wirtschaftlich günstigsten Bogenabmessungen — der Bogenstärke und des Zentriwinkels — übrig, die am Ende dieses Kapitels behandelt wird. In dieser Weise ist es auch möglich, die übrigen Belastungen zu berücksichtigen. Ist man schließlich zu den günstigsten Abmessungen gelangt, so wird man noch immer auf Grund der erhaltenen Ergebnisse einige kleinere Änderungen vornehmen können, um zu versuchen, ob eine Verbesserung der Spannungsverhältnisse (jedoch nicht auf Kosten der Wirtschaftlichkeit) erreicht werden kann. Eine solche zeitraubende Untersuchung erübrigt sich jedoch im allgemeinen, zumal der Kreisbogen, auch mit Rücksicht auf die Schalung, wohl die einfachste Kurve darstellt.

Schließlich ist noch die Frage zu beantworten, ob bei Gewölbereihen ein wagerechter oder ein zur Gewölbeachse normaler Schnitt geprüft werden soll. Da der Wasserdruck auf dem kürzesten Wege auf die Pfeiler übertragen wird, also normal zur Gewölbeachse, versteht es sich von selbst, daß auch die entsprechenden Schnitte den Berechnungen zugrunde zu legen sind. In den Fachkreisen ist öfter gestritten worden, welche Annahme die richtige ist. Es würde kaum jemandem einfallen, bei einem Tonnengewölbe, dessen Achse wagerecht ist und bei dem die äußeren Kräfte in senkrechten Ebenen wirken, einen anderen als senkrechten Schnitt zu prüfen (z. B. Brücke, Tunnel usw.) Bei den schiefstehenden Gewölben eines Gewölbereihendammes wirkt allein das Eigengewicht nicht normal zur Gewölbeachse. Das Eigengewicht kann jedoch in Kräfte zerlegt werden, die normal zur Gewölbeachse gerichtet sind und solche, die in den Pfeiler oder unmittelbar in das Fundament übergehen. Aber nicht das Eigengewicht — es ist den anderen Kräftewirkungen gegenüber gering — veranlaßt die obigen Erläuterungen, sondern der Umstand, daß der Wasserdruck in den Normalschnitten veränderlich ist; infolge der schiefen Lage des Gewölbes liegt der Kämpfer tiefer als der Scheitel.

Würde man aber einen wagerechten Schnitt prüfen, so ist der Wasserdruck auch in diesem Falle kein gleichmäßiger, da die elementaren Druckkräfte nicht in der gewählten wagerechten Ebene liegen, sondern normal auf den Flächenelementen stehen. Die Abweichung der Druckrichtung von der wagerechten ist im Scheitel am größten und in den Kämpfern am kleinsten, und da bei dem gewählten Schnitt nur die in die wagerechte Schnittebene fallenden Komponenten in Frage kommen, hat man hier auch mit einem veränderlichen, gegen die Kämpfer hin zunehmenden Wasserdruck zu rechnen.

Im folgenden wird also stets angenommen, daß die zur wasserseitigen Böschung normalen Schnitte des Gewölbes Kreisbogen mit gleichbleibender Wandstärke sind.

2. Statische Berechnung des Gewölbes.

Das Gewölbe wird durch folgende Kräfte beansprucht:

a) Gleichmäßiger Wasserdruck,

b) gleichmäßige Temperaturänderungen,

c) Schwinden des Betons,

d) Temperaturunterschied zwischen Außen- und Innenfläche des Gewölbes,

Bei Gewölbereihendämmen außerdem:

e) Ungleichmäßiger, zusätzlicher Wasserdruck, verursacht durch die Neigung der Gewölbeachse gegen die Vertikale,

f) die zur wasserseitigen Böschung normale Komponente des Eigengewichtes.

Da der Bogen, sowie sämtliche Belastungen (Kräftewirkungen) symmetrisch sind, ist er zweifach statisch unbestimmt. Die Formel für die Berechnung eines solchen Bogens ist zwar allgemein bekannt, doch sei die Ableitung der Vollständigkeit halber kurz mitgeteilt.

Denkt man sich den symmetrischen Bogen (Abb. 15) an einer beliebigen Stelle a durchgeschnitten, so müssen die statisch unbestimmbaren Größen so beschaffen sein, daß zwischen den beiden unendlich naheliegenden Querschnitten bei a weder eine relative Drehung noch eine relative Verschiebung stattfindet. Seien die zwei statisch unbestimmten Größen der Horizontalschub H_e und das Biegungsmoment M_e, beide in dem mit a starr

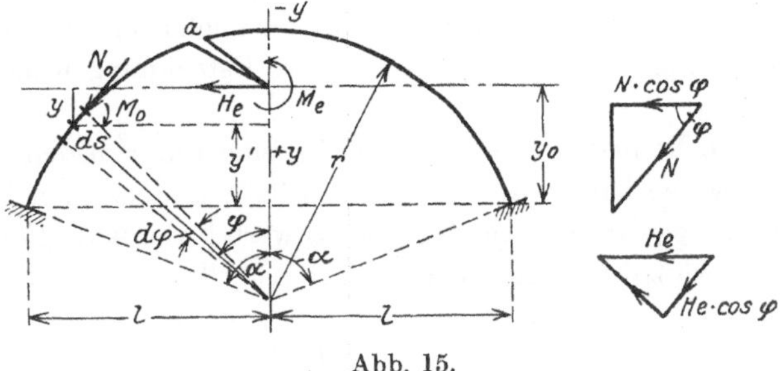

Abb. 15.

verbunden gedachten elastischen Schwerpunkte des Bogens angreifend. Die Bedingung, daß keine relative Drehung eintritt, lautet bei konstantem Elastizitätsmodul E und Trägheitsmoment J:

$$\frac{1}{EJ}\int M\,ds = 0 \qquad \text{oder} \qquad \int M\,ds = 0\,.$$

Hierbei stellt M das Biegungsmoment in einem beliebigen Punkte des Bogens mit der Ordinate y dar. Sein Wert beträgt — wenn M_0 das Moment in demselben Punkte im Grundsystem bedeutet —

$$M = M_0 + M_e + H_e \cdot y,$$

und damit lautet die erste Elastizitätsgleichung:

$$\int M_0\,ds + M_e \int ds + H_e \int y\,ds = 0\,.$$

Die Integration ist über den ganzen Bogen auszudehnen. Wenn H_e im elastischen Schwerpunkt angreift, wird $\int y\,ds = 0$ und damit beträgt die erste statisch unbestimmte Größe:

$$M_e = -\frac{\int M_0\,ds}{\int ds}\,. \tag{9}$$

Die zweite Bedingung lautet, daß die Horizontalverschiebung der beiden Endteile bei a Null sein muß, also

$$\frac{1}{EJ}\int M\,ds\,y + \frac{1}{EF}\int N\,ds\cos\varphi = 0\,.$$

Hierbei bedeutet F die Querschnittsfläche und N die Normalkraft in dem durch die Ordinate y gekennzeichneten Punkte. Die Normalkraft beträgt:

$$N = N_o + H_e \cdot \cos \varphi .$$

N_o ist die Normalkraft im Hauptsystem. Es wird also

$$\frac{1}{J} \int M_o \, ds \cdot y + \frac{M_e}{J} \int ds \cdot y + \frac{H_e}{J} \int y^2 \, ds + \frac{1}{F} \int N_o \cos \varphi \cdot ds + \frac{H_e}{F} \int \cos^2 \varphi \cdot ds = 0 .$$

Mit Rücksicht auf den elastischen Schwerpunkt verschwindet das Glied $\dfrac{M_e}{J} \int ds \cdot y$, so daß die Formel für die zweite statisch unbestimmte Größe wird:

$$H_e = - \frac{\dfrac{F}{J} \int M_o \, y \cdot ds + \int N_o \cos \varphi \cdot ds}{\dfrac{F}{J} \int y^2 \, ds + \int \cos^2 \varphi \cdot ds} . \tag{10}$$

Die dritte statisch unbestimmbare Größe wäre die im elastischen Schwerpunkt angreifende Vertikalkraft. Wählt man nun das Grundsystem selbst auch symmetrisch, abweichend von Abb. 15, die auch leicht möglich sein wird, so verschwindet dieser dritte Wert, so daß für unsere Berechnungen die Gl. (9) und (10) maßgebend sind.

Die Nenner der Gl. (9) und (10) sind nur von den Abmessungen des Bogens abhängig, sie haben also bei jeder Belastung denselben Wert und deshalb können sie für die gewählte Bogenform ausgewertet werden. Für Kreisform mit dem halben Zentriwinkel α beträgt der Nenner der Gl. (9)

$$\int ds = \int_{-\alpha}^{+\alpha} r \cdot d\varphi = 2\,r\,\alpha . \tag{11}$$

Zur Auswertung des Nenners der Gl. (10) braucht man den Wert von y. Er beträgt nach Abb. 15

$$y = r \cdot \cos \alpha + y_0 - r \cos \varphi , \tag{12}$$

wo y_0 die Höhe des elastischen Schwerpunktes über die Kämpferlinie bedeutet und beträgt bekanntlich für konstantes J

$$y_0 = \frac{\int y' \, ds}{\int ds} .$$

Nach Abb. 15 beträgt die Ordinate über die Kämpferlinie: $y' = r \cos \varphi - r \cos \alpha = r (\cos \varphi - \cos \alpha)$ und mit Berücksichtigung der Gl. (11), ferner daß $ds = r\,d\varphi$, wird

$$y_0 = \frac{r^2 \int\limits_{-\alpha}^{+\alpha} (\cos \varphi - \cos \alpha) \, d\varphi}{2\,r\,\alpha} = \frac{r}{2\,\alpha} \left[2 \sin \alpha - 2\,\alpha \cdot \cos \alpha \right] = r \left(\frac{\sin \alpha}{\alpha} - \cos \alpha \right) . \tag{13}$$

Nach Einsetzung dieses Wertes in Gl. (12) erhält man

$$y = r \cos \alpha + r \left(\frac{\sin \alpha}{\alpha} - \cos \alpha \right) - r \cos \varphi = r \left(\frac{\sin \alpha}{\alpha} - \cos \varphi \right) . \tag{14}$$

Beträgt die konstante Wandstärke des Bogens n, so wird bei einem Bogenring, dessen Länge die Einheit ist, $F = n$ und $J = \dfrac{n^3}{12}$ und damit

$$\frac{F}{J} = \frac{n}{n^3 : 12} = \frac{12}{n^2} . \tag{15}$$

Das erste Glied des Nenners der Gl. (10) wird also

$$\frac{F}{J}\int y^2 \cdot ds = \frac{12}{n^2}\cdot r^2 \int\limits_{-\alpha}^{+\alpha}\left(\frac{\sin\alpha}{\alpha}-\cos\varphi\right)^2\cdot r\cdot d\varphi =$$

$$= \frac{12\,r^3}{n^2}\left[\frac{\sin^2\alpha}{\alpha^2}\int\limits_{-\alpha}^{\alpha} d\varphi - 2\frac{\sin\alpha}{\alpha}\int\limits_{-\alpha}^{\alpha}\cos\varphi\cdot d\varphi + \int\limits_{-\alpha}^{\alpha}\cos^2\varphi\cdot d\varphi\right].$$

Es ist nun

$$\int\limits_{-\alpha}^{\alpha}\cos\varphi\cdot d\varphi = 2\sin\alpha$$

und

$$\int\limits_{-\alpha}^{\alpha}\cos^2\varphi\cdot d\varphi = \frac{1}{2}\sin 2\alpha + \alpha.$$

Daraus ergibt sich nach Einsetzen dieser Werte nach Vereinfachung

$$\frac{F}{J}\int y^2\cdot ds = \frac{12\,r^3}{n^2}\left(\frac{1}{2}\sin 2\alpha + \alpha - 2\frac{\sin^2\alpha}{\alpha}\right) = \frac{12\,r^3}{n^2}\cdot k_4\,, \tag{16}$$

wenn die Konstante $k_4 = \frac{1}{2}\sin 2\alpha + \alpha - 2\frac{\sin^2\alpha}{\alpha}$ eingeführt wird.

Das zweite Glied des Nenners beträgt

$$\int\cos^2\varphi\cdot ds = r\int\limits_{-\alpha}^{\alpha}\cos^2\varphi\cdot d\varphi = r\left(\frac{1}{2}\sin 2\alpha + \alpha\right) = r\cdot k_5\,, \tag{17}$$

wo $k_5 = \frac{1}{2}\sin 2\alpha + \alpha$.

Es ist aber viel zweckmäßiger, anstatt des Bogenradius r die halbe theoretische Spannweite l des Bogens einzuführen und im folgenden soll auch stets mit diesem Maß gerechnet werden. Außerdem soll die auf die halbe Spannweite bezogene Bogenstärke eingeführt werden,

$$\boxed{n = v\cdot l} \qquad \text{oder} \qquad v = \frac{n}{l}. \tag{18}$$

Aus Abb. 15 ist $r = \dfrac{l}{\sin\alpha}$ und damit können die Gl. (11), (13), (16) und (17) in folgender Form geschrieben werden:

$$\int ds = \frac{2\,\alpha}{\sin\alpha}\cdot l\,, \tag{11a}$$

$$y_0 = l\left(\frac{1}{\alpha} - \operatorname{ctg}\alpha\right), \tag{13a}$$

$$\frac{F}{J}\int y^2\,ds = \frac{12}{v^2\sin^3\alpha}\cdot l\,k_4\,, \tag{16a}$$

$$\int\cos^2\varphi\cdot ds = \frac{1}{\sin\alpha}\cdot l\cdot k_5\,. \tag{17a}$$

Nach Einsetzung der Gl. (11a), (16a) und (17a) in die Gl. (9) und (10) erhält man:

$$\boxed{M_e = -\frac{\int M_o\cdot ds}{\dfrac{2\,\alpha}{\sin\alpha}\cdot l}} \tag{19}$$

und

$$H_e = -\frac{\dfrac{F}{J}\displaystyle\int M_o\,y\cdot ds + \displaystyle\int N_o\cos\varphi\cdot ds}{\left(\dfrac{12}{\nu^2\sin^3\alpha}k_4 + \dfrac{1}{\sin\alpha}\cdot k_5\right)l} . \qquad (20)$$

Das statisch bestimmte System (Hauptsystem) wird so gewählt, daß die statisch unbestimmten Größen am einfachsten ermittelt werden können. Aus diesem Gesichtspunkte können die Belastungen in zwei Gruppen eingeteilt werden, und zwar A gleichmäßiger Wasserdruck, gleichmäßige Temperaturänderung und Schwinden, B veränderlicher Wasserdruck und Eigengewicht. Der Temperaturunterschied zwischen Außen- und Innenfläche kann sowohl der einen wie auch der anderen Gruppe angehören.

Das Hauptsystem der Gruppe A bildet ein an beiden Enden frei gelagerter Bogen mit radialen Auflagerflächen (Abb. 13), in dem auf Einwirkung der zu dieser Gruppe gehörigen Belastungen kein Biegungsmoment entsteht. Das Hauptsystem der Gruppe

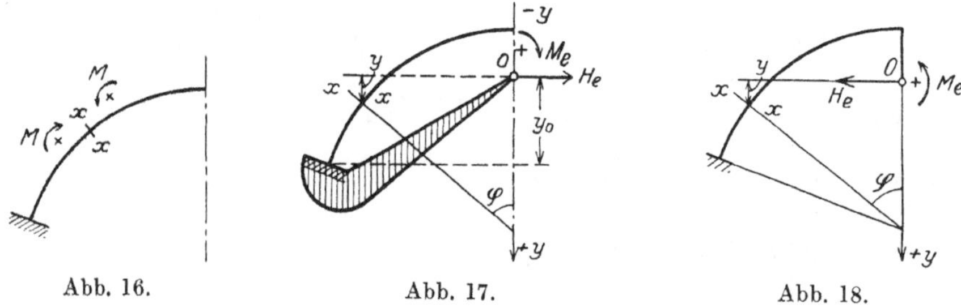

Abb. 16.   Abb. 17.   Abb. 18.

B entsteht dadurch, daß der Bogen im Scheitelpunkt durchgeschnitten wird, so daß man es mit zwei eingespannten krummen Balken(Konsolen) zu tun hat. Dadurch ergibt sich aber ein wesentlicher Unterschied zwischen den beiden Hauptsystemen. Ist nämlich der elastische Schwerpunkt mit den Widerlagern verbunden, und berechnet man mit Hilfe dieser Größen die Kräfte bzw. das Biegungsmoment im Kämpfer, so sind die so ermittelten Werte Auflagerkräfte (bzw. Kräftepaare), also Reaktionen. Wird dagegen der elastische Schwerpunkt mit dem Scheitelpunkt, also mit dem Bogen selbst verbunden, so liefern die statisch unbestimmbaren Größen aktive Kräfte. Dieser Umstand hat also einen wesentlichen Einfluß auf die Vorzeichen.

Vorzeichenbestimmung. Die Normalkraft in einem beliebigen Querschnitte sei als Druck positiv. Das in einem beliebigen Querschnitte auftretende Biegungsmoment sei positiv, wenn es an der Außenfläche (Wasserseite) des Bogens Druckspannungen hervorruft. In einem beliebigen Querschnitte $x - x$ (Abb. 16) entstehen Druckspannungen an der Außenseite, wenn das Moment links vom Querschnitt rechtsdrehend und rechts vom Querschnitt linksdrehend angreift. Man kann also auch sagen, daß in einem Querschnitte das Biegungsmoment positiv ist, wenn die links vom Querschnitt wirkenden Kräfte im Sinne des Uhrzeigers drehen.

Als statisch unbestimmte Größen werden in beiden Gruppen das Biegungsmoment M_e und der Horizontalschub H_e gewählt. In einem beliebigen Querschnitt $x - x$ gelten das Moment und die Normalkraft bei der Gruppe A als links vom Querschnitt angreifende Kräfte. Bei dem gewählten Koordinatensystem (Abb. 17) muß also H_e als von links nach rechts wirkende Kraft als positiv angenommen werden, weil $H_e \cdot \cos\varphi$ so Druckkraft bedeutet und im Querschnitt $x - x$ ein positives Moment darstellt. Ebenso muß M_e rechtsdrehend als positiv angenommen werden. Bei der Gruppe B (Abb. 18) liegen die Verhältnisse umgekehrt, da hier der Punkt 0 mit dem Bogen verbunden ist; das Biegungsmoment im Querschnitte $x - x$ und die Normalkraft gelten hier als rechts vom Querschnitt wirkende Kräfte.

a) Gleichmäßiger Wasserdruck.

Es soll ein Bogen mit der konstanten Wandstärke n und Zentriwinkel $2\,\alpha$ untersucht werden[1]). Seine Länge (längs der Böschung gemessen) sei die Einheit. Der Bogen sei mit dem gleichmäßigen Wasserdruck p belastet. Auf das äußere Bogenelement ds' wirkt also eine normale Kraft $dP = p\,ds'$. Soll diese Kraft auf das mittlere Bogenelement ds bezogen werden, so ist $dP = p\,\dfrac{r_a}{r}\,ds$, wo r_a und r den äußeren bzw. mittleren Radius bedeuten. Der Wasserdruck kann also so aufgefaßt werden,

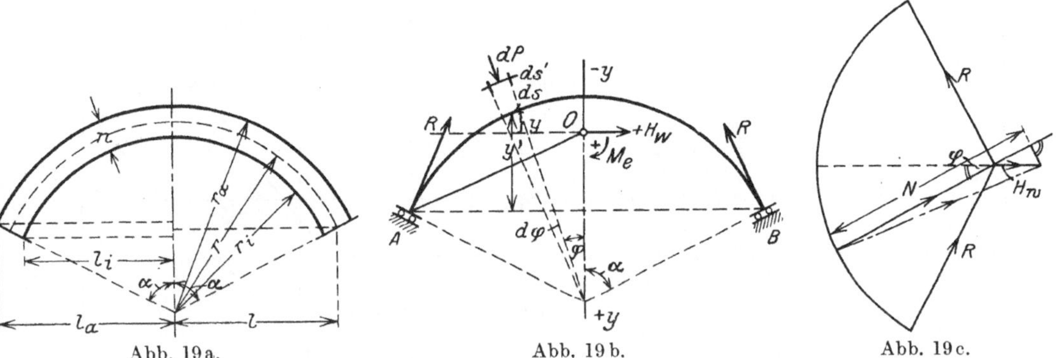

Abb. 19a.　　　　　Abb. 19b.　　　　　Abb. 19c.

als ob er unmittelbar auf die Bogenmittellinie wirken würde mit einem spezifischen Druck von $p' = p\,\dfrac{r_a}{r}$. Im statisch bestimmten Hauptsystem (Abb. 19a) entsteht in jedem Querschnitte des Bogens eine konstante Druckkraft von der Größe R. Ist $p' = 1$, so stimmt die Kraftfigur mit der Bogenmittellinie vollständig überein, in diesem Falle wäre also $R = r$. Ist dagegen $p' \neq 1$, so sind die zwei Kurven der Abb. 19b und 19c ähnlich, woraus folgt, daß $R = p'r$. Da $p' = p\,\dfrac{r_a}{r}$ ist, so wird

$$R = p\,\frac{r_a}{r}\,r = pr_a.$$

Da in dem gewählten Hauptsystem nur reine Druckkräfte auftreten, ist das Moment M_o in jedem Querschnitte Null, und dadurch wird nach Gl. (19)

$$\boxed{M_e = 0}.$$

Die einzige Unbekannte ist damit der im elastischen Schwerpunkte angreifende Horizontalschub H_e. Jetzt ist $N_o = R = pr_a$ und, da $M_o = 0$, erhält man Gl. (20)

$$H_e = -\frac{pr_a \int \cos\varphi\,ds}{\left(\dfrac{12}{v^2 \sin^3\alpha}\cdot k_4 + \dfrac{1}{\sin\alpha}\cdot k_5\right)l}. \tag{21}$$

---

[1]) Vgl. Mörsch: Berechnung kreisförmiger Gewölbe gegen Wasserdruck. Schweiz. Bauzeitg. Bd. 51, S. 233, 1908; ferner Guidi: Sulle dighe a volte multiple. Annali 1923, Bd. V, Heft 2.

Der Wasserdruck beträgt $p = \gamma_0 h$, wo γ_0 das spezifische Gewicht des Wassers und h die Tiefe des äußeren Scheitelpunktes des geprüften Gewölbequerschnittes unter dem Wasserspiegel bedeutet. Der äußere Bogenhalbmesser ist

$$r_a = r + \frac{n}{2} = \frac{l}{\sin\alpha} + \frac{\nu l}{2} = \left(\frac{1}{\sin\alpha} + \frac{\nu}{2}\right) l.$$

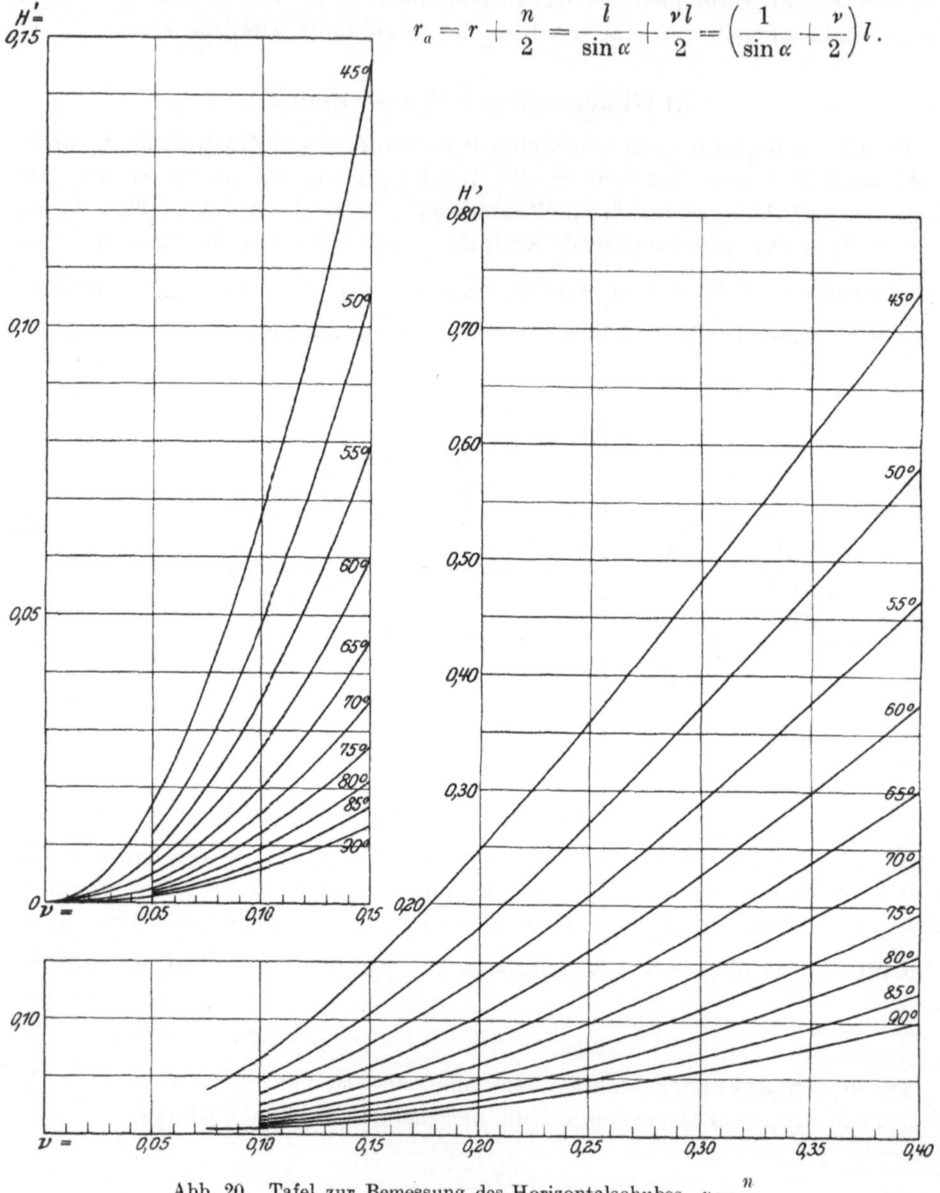

Abb. 20. Tafel zur Bemessung des Horizontalschubes. $\nu = \dfrac{n}{l}$.

Führt man die in den späteren Berechnungen häufig vorkommende Bezeichnung ein:

$$\lambda = \frac{1}{\nu \sin\alpha} + \frac{1}{2}, \tag{22}$$

so wird $\quad \boxed{r_a = \lambda \nu l}\quad$ und, da $\displaystyle\int_{-\alpha}^{\alpha} \cos\varphi \cdot ds = 2r\sin\alpha = 2\frac{l}{\sin\alpha}\cdot\sin\alpha = 2\,l,$

so geht Gl. (21) über in:

$$H_e = -\frac{2\,\lambda\,\nu}{\dfrac{12}{\nu^2\sin^3\alpha}\cdot k_4 + \dfrac{1}{\sin\alpha}\cdot k_5}\,\gamma_0\,h\,l = -\frac{2\,\lambda\,\nu\sin\alpha}{\dfrac{12\,k_4}{\nu^2\sin^2\alpha} + k_5}\cdot\gamma_0\,h\,l.$$

Bezeichnet man die soeben gefundene statisch unbestimmte Größe zur Unterscheidung der aus den anderen Kräftewirkungen entstehenden Horizontalschüben mit H_w, so erhält man

$$\boxed{H_w = -H'\,\gamma_0\,h\,l,} \tag{23}$$

wo

$$\boxed{H' = \frac{2\,\lambda\,\nu\sin\alpha}{\dfrac{12\,k_4}{\nu^2\sin^2\alpha} + k_5}} \tag{24}$$

nur von den Veränderlichen ν und α abhängig ist. Die Werte von k_4 und k_5 sind in den Gl. (16) und (17) angegeben, während λ aus Gl. (22) zu entnehmen ist. Die Werte von H' von $\alpha = 45^0$ bis $\alpha = 90^0$, also vom Viertelkreis- bis zum Halbkreisbogen und bis $\nu = 0{,}4$ sind in Abb. 20 und die λ-Werte in Abb. 21 graphisch aufgetragen.

Das negative Vorzeichen von H_w bedeutet, daß dieser Horizontalschub jetzt im entgegengesetzten Sinne wirkt, als ursprünglich in Abb. 19b angenommen wurde, also nach außen und das ist auch selbstverständlich, wenn man bedenkt, daß H_w der durch die Normalkräfte bedingten Verkürzung des Bogens entgegenwirkt.

Ermittelung der Biegungsmomente. Da im Grundsystem in jedem Querschnitt nur Druckkräfte wirken, beträgt das Moment in einem beliebigen Querschnitt $x - x$ (Abb. 22a)

$$M = H_w\cdot y,$$

wo y vom elastischen Schwerpunkt zu messen ist.

Die Momente, projiziert auf die y-Achse, ändern sich linear, wie aus Abb. 22a hervorgeht.

Die größten Momente werden im Scheitel und in den Kämpfern entstehen, und das überhaupt größte Moment tritt in dem Querschnitt auf, der vom elastischen Schwerpunkt am fernsten liegt. Da in den späteren Berechnungen dieser Querschnitt zugrunde gelegt wird, muß zuerst untersucht werden, ob er im Scheitel oder in den Kämpfern liegt. Zu diesem Zwecke berechnen wir das Verhältnis $\dfrac{y_1}{y_0}$ für die verschiedenen Werte von α

$$\frac{y_1}{y_0} = \frac{f - y_0}{y_0} = \frac{f}{y_0} - 1.$$

Es ist aber $f = r\,(1 - \cos\alpha) = \dfrac{l}{\sin\alpha}\,(1 - \cos\alpha) = l\left(\dfrac{1}{\sin\alpha} - \operatorname{ctg}\alpha\right)$ und nach Gl. (13a) ist $y_0 = l\left(\dfrac{1}{\alpha} - \operatorname{ctg}\alpha\right)$, so daß $\dfrac{y_1}{y_0}$ sich berechnet zu

$$\frac{y_1}{y_0} = \frac{\dfrac{1}{\sin\alpha} - \operatorname{ctg}\alpha}{\dfrac{1}{\alpha} - \operatorname{ctg}\alpha} - 1. \tag{25}$$

Die Werte von $\dfrac{y_1}{y_0}$ sind in der folgenden Tabelle zusammengestellt:

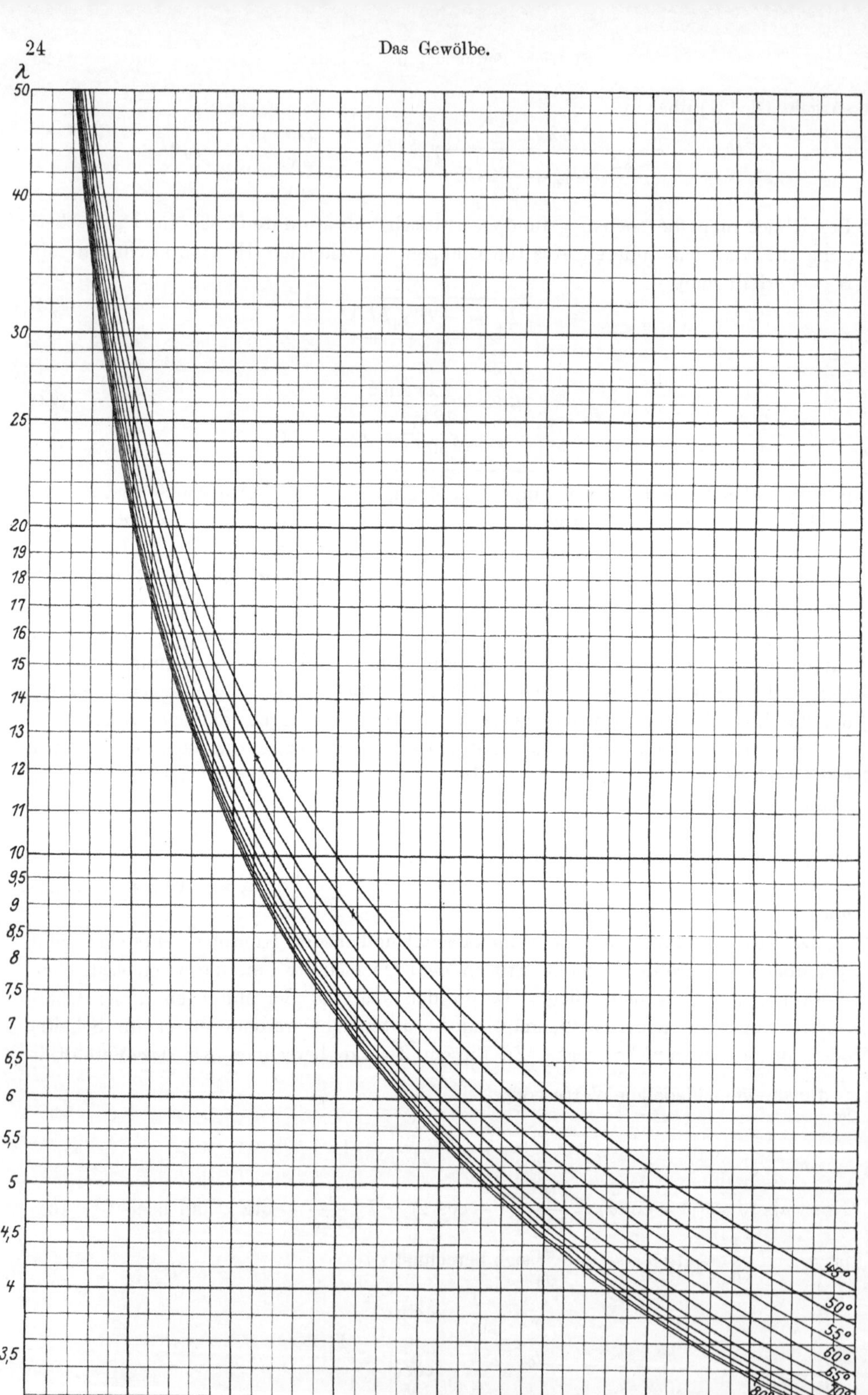

Abb. 21. Hilfswerte λ (s. Gl. 22). $\nu = \dfrac{n}{l}$.

Tabelle 2.

$\alpha =$	45^0	50^0	55^0	60^0	65^0	70^0	75^0	80^0	85^0	90^0
$\dfrac{y_1}{y_0} =$	0,5159	0,5198	0,5242	0,5291	0,5345	0,5405	0,5470	0,5543	0,5622	0,5708

Aus der Tabelle sieht man, daß die Werte von $\dfrac{y_1}{y_0}$ von $\alpha = 45^0$ bis $\alpha = 90^0$ zwischen etwa 0,52 und 0,57 liegen, y_1 ist also stets kleiner als y_0 und zwar etwa die Hälfte. Dementsprechend entsteht das größte Biegungsmoment im Kämpfer, während das Scheitelmoment etwa halb so groß ist. Obige Tabelle dient gleichzeitig zur Berechnung des Scheitelmomentes, wenn das Kämpfermoment bekannt ist, da $\dfrac{y_1}{y_0}$ gleichzeitig das Verhältnis $\dfrac{\text{Scheitelmoment}}{\text{Kämpfermoment}}$ darstellt; es ist also $M_s = -\dfrac{y_1}{y_0} M_k$.

Der für gleichmäßigen Wasserdruck maßgebende Querschnitt ist also der Kämpferquerschnitt. Ähnlich liegen die Verhältnisse — wie wir später sehen werden — bei gleichmäßiger Temperaturänderung und Schwinden des Betons, und, da diese drei

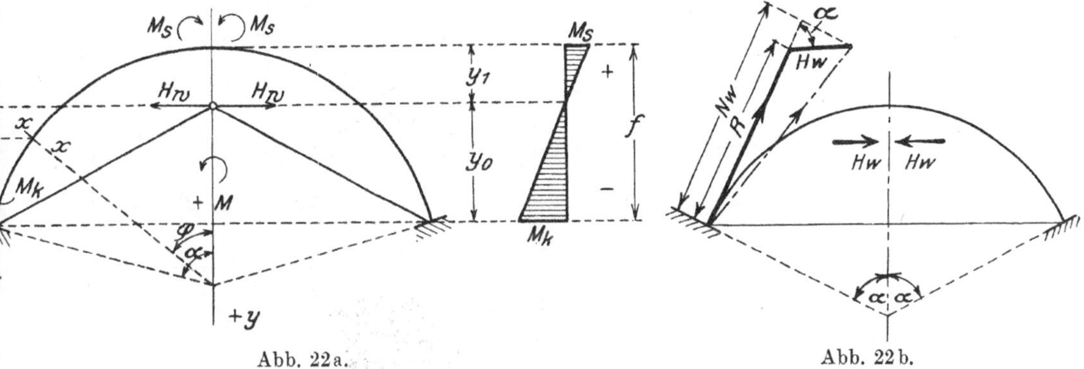

Abb. 22a.   Abb. 22b.

Wirkungen meistens die größten Beanspruchungen hervorrufen, wird den späteren Berechnungen das Kämpfermoment zugrunde gelegt. Dieses Kämpfermoment sei M_w, wenn es durch gleichmäßigen Wasserdruck hervorgerufen wird. Aus diesem ist dann das Scheitelmoment mit Hilfe der Tabelle 2 ohne weiteres zu berechnen.

Die Größe des Kämpfermomentes beträgt

$$M_w = H_w y_0 .$$

Setzt man

$$y_0 = l y_0' , \tag{26}$$

wo — nach Gl. (13a) —

$$y_0' = \frac{1}{\alpha} - \operatorname{ctg} \alpha \tag{26a}$$

nur eine Funktion von α ist. Dann erhält man mit Berücksichtigung der Gl. (23)

$$M_w = - \gamma_0 h l H' l y_0' = - \gamma_0 h l^2 H' y_0' .$$

Es sei ferner — ähnlich wie bei Gl. (23) und (24) —

$$\boxed{M' = H' y_0'} , \tag{27}$$

wo M' nur von α und ν abhängig ist. Nach Einführung dieses Wertes berechnet sich das Kämpfermoment zu

$$\boxed{M_w = - \gamma_0 h l^2 M'} . \tag{28}$$

M' ist aus Abb. 23 zu entnehmen.

Die Auflagerreaktion R_w ergibt sich als Resultierende der beiden Komponenten R und H_w. Die Normalkraft des Kämpferquerschnittes erhält man durch Projektion von R_w auf die Normale. Nach Abb. 22b ist

$$N_w = R + H_w \cos\alpha,$$

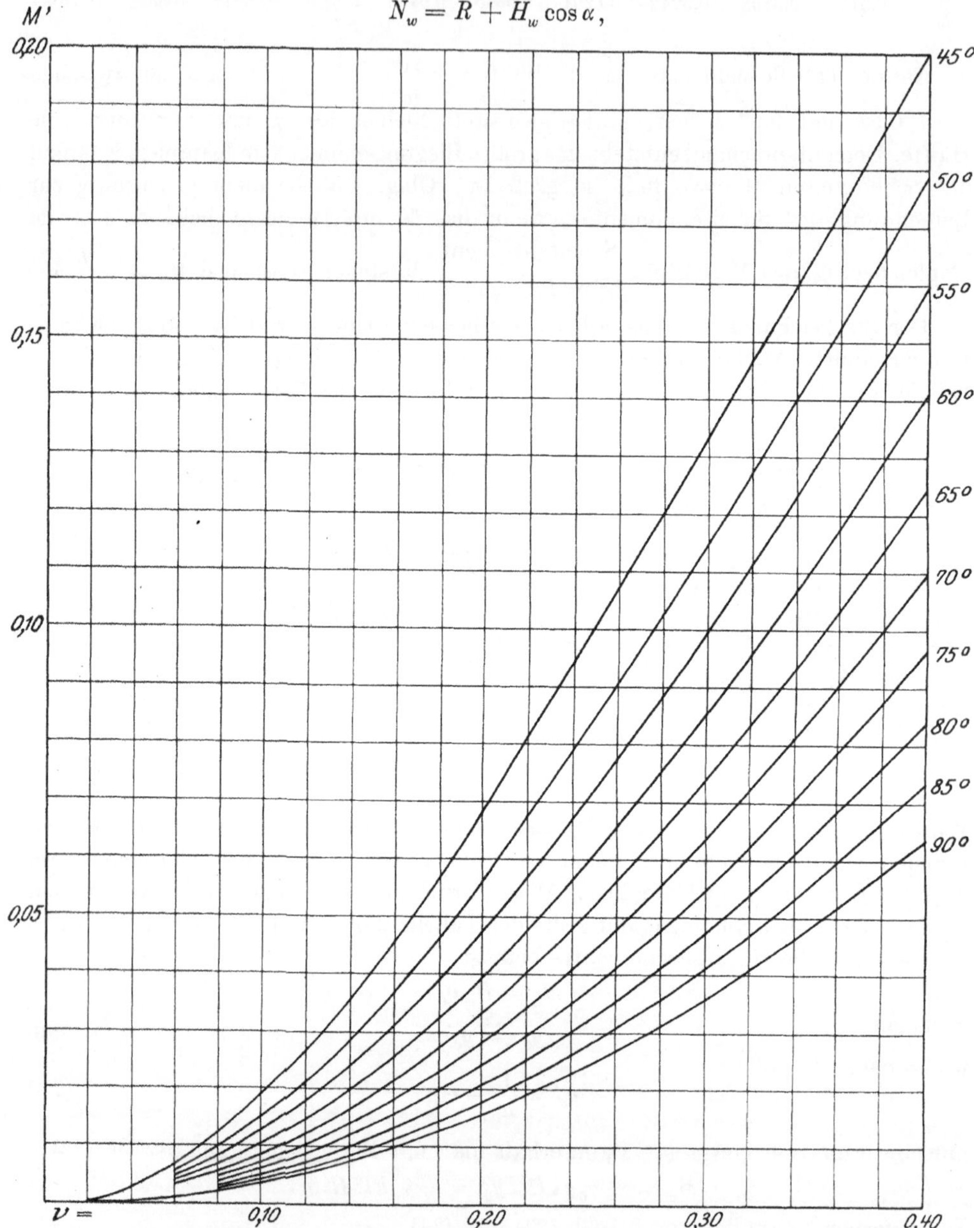

Abb. 23. Tafel zur Bemessung des Biegungsmomentes im Kämpfer aus gleichmäßigem Wasserdruck und aus gleichmäßiger Temperaturänderung. $\nu = \dfrac{n}{l}$.

wo H_w mit seinem Vorzeichen einzusetzen ist. Aus gleichmäßigem Wasserdruck ist H_w negativ, der Horizontalschub verringert also die Bogenkraft.

Es ist aber, wie die Gl. (21) ergab, $R = p\,r_a = \gamma_0 h\,\lambda\,\nu l$ und wenn noch die Gl. (23) berücksichtigt wird, so erhalten wir

$$N_w = \gamma_0 \, h \, \lambda \, \nu \, l - \gamma_0 \, h \, l \, H' \cos \alpha$$

$$\boxed{N_w} = (\lambda \nu - H' \cos \alpha) \, \gamma_0 \, h \, l = \boxed{N_w' \gamma_0 \, h \, l} \, , \tag{29}$$

wenn

$$\boxed{N_w' = \lambda \nu - H' \cos \alpha} \tag{30}$$

gesetzt wird.

Ermittelung der Spannungen. Setzt man vorläufig einen homogenen Querschnitt voraus, so berechnen sich die Randspannungen zu

$$\sigma = \frac{N_w}{F} \pm \frac{M_w}{W} \, ,$$

wo F die Querschnittfläche und W das Widerstandsmoment bedeutet. Es ist $F = n$ und $W = \dfrac{n^2}{6}$, obige Gleichung geht demnach über in

$$\sigma = \frac{N_w}{n} \pm \frac{6 \, M_w}{n^2} = \frac{N_w}{\nu \, l} \pm \frac{6 \, M_w}{\nu^2 \, l^2} \, .$$

Das obere Vorzeichen gilt stets für die Wasserseite des Bogens, da die Normalkraft als Druck positiv ist und ein positives Moment Druckspannungen an der Wasserseite hervorruft. Setzt man die Werte von N_w und M_w aus den Gl. (29) und (28) in Gl. (30) ein, so findet man mit $\sigma = \sigma_w$:

$$\sigma_w = \frac{\gamma_0 \, h \, l \, N_w'}{\nu \, l} \mp \frac{6 \, \gamma_0 \, h \, l^2 \, M'}{\nu^2 \, l^2} \, ,$$

$$\sigma_w = \frac{1}{\nu} \left(N_w' \mp \frac{6 \, M'}{\nu} \right) \gamma_0 \, h = \gamma_0 \, h \, \sigma_w' \, , \tag{31}$$

$$\boxed{\sigma_w' = \frac{1}{\nu} \left(N_w' \mp \frac{6 \, M'}{\nu} \right)} \, . \tag{32}$$

Da das obere Vorzeichen für die Wasserseite gilt, ergibt sich die größte Druckspannung aus gleichmäßigem Wasserdruck an der Innenfläche des Kämpfers. Tritt der Fall ein, daß $N_w' > \dfrac{6 \, M'}{\nu}$, so treten an der Wasserseite Zugspannungen auf.

Die Kämpferspannungen σ_w' sind in den Abb. 24 und 25 graphisch dargestellt, und zwar Abb. 24 gibt die größten, talseitigen Randspannungen an, während aus Abb. 25 die kleinsten wasserseitigen Randspannungen zu entnehmen sind. Wie aus den Diagrammen zu sehen ist, nehmen die Spannungen σ_w' mit zunehmender Wandstärke rasch ab, so daß bei gleichem Werte von σ_w ein größerer gleichmäßiger Wasserdruck entsprechend größere Bogenstärken verlangt. Die größten talseitigen Randspannungen nehmen außerdem mit zunehmendem Zentriwinkel ab, so daß für diese Spannungen der Zentriwinkel 90^0, also die Halbkreisform statisch am günstigsten ist. Bei den wasserseitigen Randspannungen liegen die Verhältnisse scheinbar umgekehrt, da diese mit abnehmendem Zentriwinkel kleiner werden. Tatsächlich ist aber auch hier ein größerer Zentriwinkel statisch günstiger. Sind nämlich bei gegebenem α und ν beide Spannungen positiv, also Druckspannungen, so ist die größte von ihnen, also die talseitige, maßgebend, und dementsprechend ist der günstigste Zentriwinkel 90^0. Es kann aber auch vorkommen, wie Abb. 25 zeigt, daß die wasserseitigen Randspannungen einen negativen Wert annehmen, und solche sind möglichst zu vermeiden, da Zugspannungen, besonders wenn sie an der Wasserseite auftreten, zur Rissebildung führen können. Aus Temperaturänderungen werden Zugspannungen unbedingt auftreten, um so wichtiger ist es, daß solche aus gleichmäßigem Wasserdruck vermieden werden. Wie aus Abb. 25

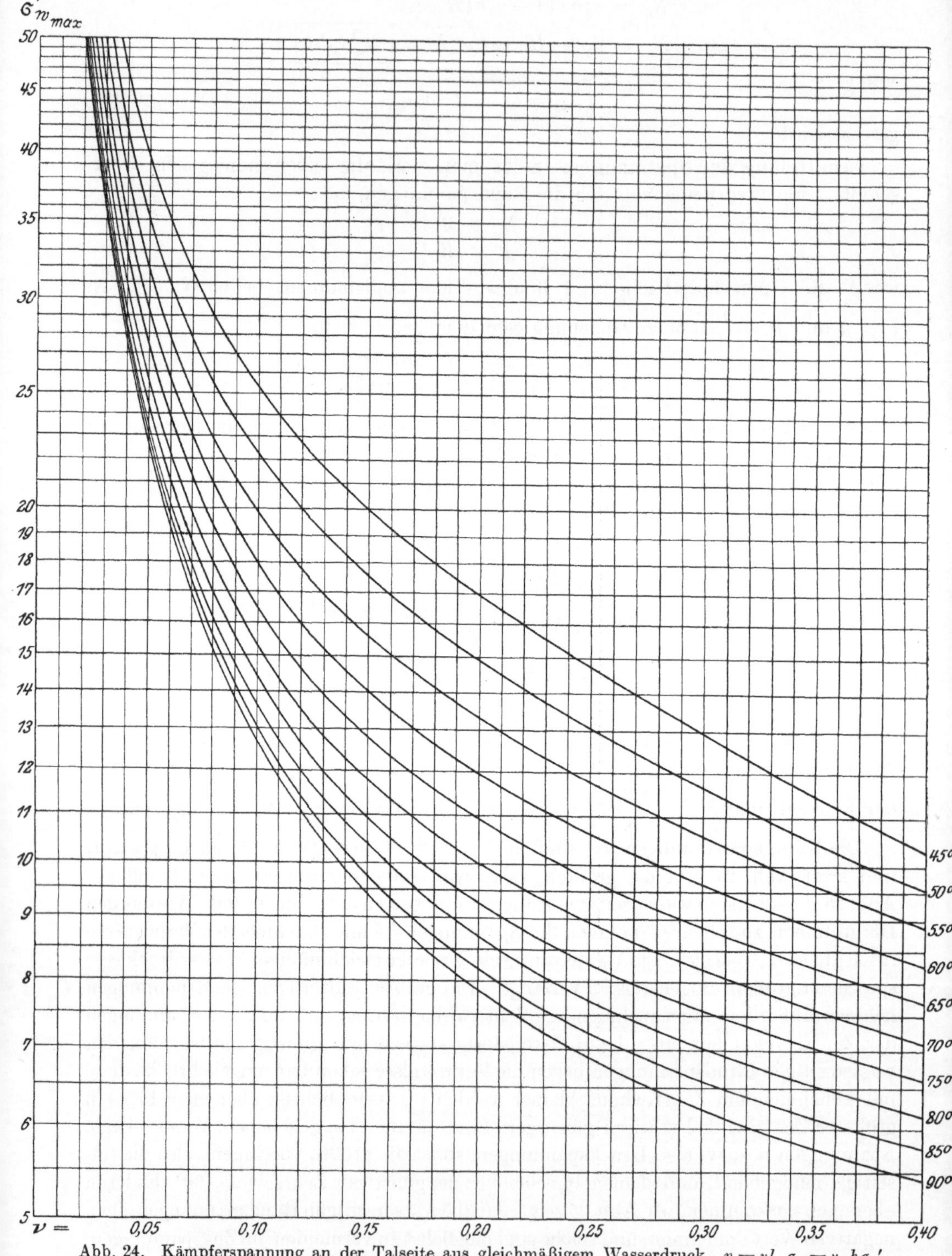

Abb. 24. Kämpferspannung an der Talseite aus gleichmäßigem Wasserdruck. $n = \nu l$, $\sigma_w = \gamma_0 h \sigma_w'$.

ersichtlich ist, sind die Zugspannungen um so größer, je kleiner der Zentriwinkel und je größer die Wandstärke ist. Zwecks Vermeidung von Zugspannungen wird sich

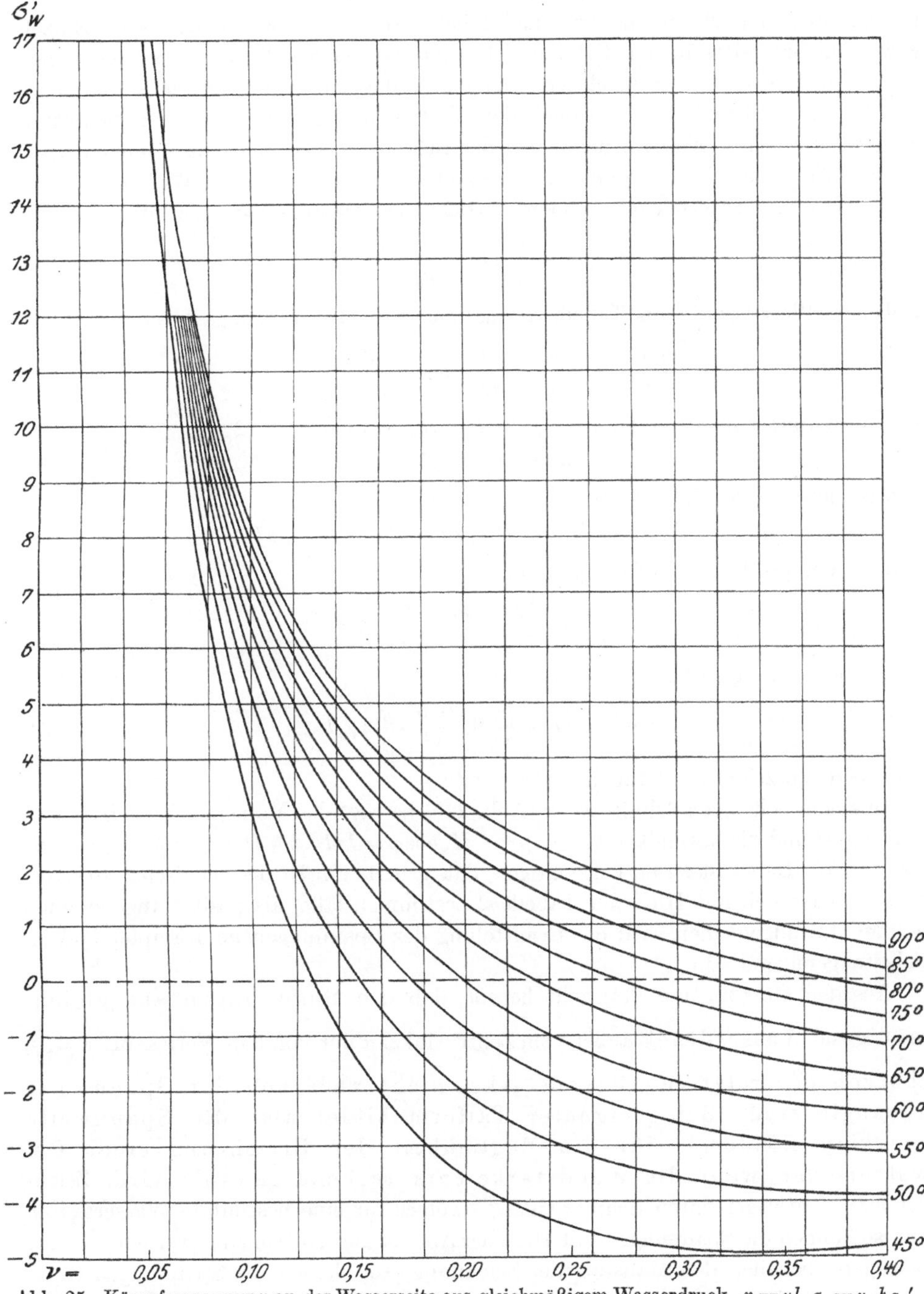

Abb. 25. Kämpferspannung an der Wasserseite aus gleichmäßigem Wasserdruck. $n = \nu l$, $\sigma_w = \gamma_0 h \sigma_w'$.

also empfehlen, einen größeren Zentriwinkel zu wählen. Bis zu einer relativen Bogenstärke von $\nu = 0,4$ treten bei einem Zentriwinkel von $\alpha > 82^0$ keine Zugspannungen auf, während bei $\alpha = 60^0$, was bei Gewölben und Gewölbereihen sehr häufig angewendet wird, schon bei $\nu = 0,2$ Zugspannungen auftreten; solche Konstruktionen müssen also als ungünstig bezeichnet werden. Bei Gewölbereihendämmen ist es immer möglich, den Zentriwinkel beliebig zu wählen, während dies bei Einzelgewölben, besonders in den tieferen Schnitten, wegen der Talform im allgemeinen große Schwierigkeiten verursacht und man gewöhnlich kaum über 50°—60° gehen kann. Bei Einzelgewölben hat man jedoch den Vorteil, daß gerade in tieferen Schnitten ein großer Teil des Wasserdruckes von der Stützmauerwirkung aufgenommen wird.

Es sollen noch die Spannungen im Scheitel aus gleichmäßigem Wasserdruck ermittelt werden. Das Biegungsmoment beträgt hier, wie aus obigem zu entnehmen ist,

$$M_{sw} = -\frac{y_1}{y_0} M_w = \frac{y_1}{y_0} M' \gamma_0 h l^2,$$

wobei der Wert von $\frac{y_1}{y_0}$ aus Tabelle 2 erhalten wird. Die Biegungsspannung beträgt

$$\frac{6 M_{sw}}{n^2} = 6 \frac{y_1}{y_0} M' \frac{l^2}{n^2} \gamma_0 h = \frac{6 M'}{v^2} \cdot \frac{y_1}{y_0} \gamma_0 h.$$

Die Normalkraft im Kämpfer ist $N_{sw} = R + H_w$, wo nach Gl. (22)

$$R = p r_a = \gamma_0 h \lambda v l, \tag{33}$$

und gemäß Gl. (23) $H_w = -H' \gamma_0 h l$, danach wird

$$N_{sw} = \lambda v l \gamma_0 h - H' \gamma_0 h l = (\lambda v - H') \gamma_0 h l$$

und die entsprechende Normalspannung

$$\frac{N_{sw}}{n} = \frac{N_{sw}}{v l} = \left(\lambda - \frac{H'}{v}\right) \gamma_0 h.$$

Die Randspannungen berechnen sich also zu

$$\sigma_{sw} = \left(\lambda - \frac{H'}{v} \pm \frac{6 M'}{v^2} \cdot \frac{y_1}{y_0}\right) \gamma_0 h. \tag{34}$$

Das obere Vorzeichen gilt für die Wasserseite.

In einem beliebigen Schnitt $x—x$ (Abb. 22a) beträgt das Moment $M_x = H_w \cdot y = -H' y \gamma_0 h l$ und die Normalkraft $N_x = p r_a + H_w \cos\varphi = \lambda v l \gamma_0 h - H' \cos\varphi \gamma_0 h l = (\lambda v - H' \cos\psi) \gamma_0 h l$. Dabei ist zu berücksichtigen, daß y unterhalb des elastischen Schwerpunktes (der sich mit Hilfe der Tabelle 2 bestimmen läßt) als positiv angenommen wurde. Im allgemeinen wird die Ermittelung der Spannungen im Kämpfer und im Scheitel genügend sein.

Aus den Gl. (32) und (33) geht hervor, daß die Spannungen aus gleichmäßigem Wasserdruck außer vom Zentriwinkel α nur von dem Verhältnis $v = \frac{n}{l}$, also von der relativen Bogenstärke, nicht aber von der Spannweite abhängig sind. Bei geeigneter Talform bildet also die Spannweite gar kein Hindernis für die Möglichkeit der Errichtung einer Gewölbemauer, wenn die Wandstärke entsprechend gewählt wird. Zeichnet man den wagerechten Schnitt eines Gewölbes für eine bestimmte Wassertiefe h auf, so können die Spannungen mit Hilfe der Abb. 24 und 25 ermittelt werden. Ändert man ganz beliebig den Maßstab der Zeichnung, so bleiben die Spannungen trotzdem unverändert.

Beispiel 1. Es sei die theoretische Spannweite des Gewölbes einer aufgelösten Staumauer $2 l = 14,00$ m, also $l = 7,00$ m. Bei einer Tiefe von $h = 40$ m unter dem Wasserspiegel soll eine maximale Druckspannung aus gleichmäßigem Wasserdruck von $\sigma_w = 300$ t/m² zugelassen sein. Es ist also $\sigma_w' = \frac{\sigma_w}{\gamma_0 h} = \frac{300}{40} = 7,5$. Diesem Wert entspricht in Abb. 24 bei $\alpha = 90°$: $v = 0{,}213$, die Bogenstärke beträgt also in 40 m

Tiefe: $n = v\,l = 0,213 \cdot 7,00 =$ rd. 1,50 m. Die Spannung an der Wasserseite des Kämpfers beträgt nach Abb. 25 für $v = 0,213 : \sigma_w' = 2,8$, also $\sigma_w = 2,8 \cdot 40 = 112$ t/m².

Beispiel 2. Ein Einzelgewölbe hat eine Kronenstärke von 1,50 m. Die theoretische Spannweite an der Krone beträgt $2\,l = 120$ m, also $l = 60$ m und der Zentriwinkel $\alpha = 80°$. In 60 m Tiefe ist $\alpha = 60°$, $l = 35,00$ m und $n = 14,00$ m, es ist also $v = \dfrac{n}{l} = \dfrac{14,00}{35,00} = 0,40$, dem entspricht in Abb. 24 bei $\alpha = 60°$, $\sigma_w' = 8,2$, also $\sigma_w = \sigma_w'\gamma_0 h = 8,2 \cdot 60 = 492$ t/m², fast 50 kg/cm². Die wasserseitige Spannung im Kämpfer beträgt (Abb. 25): $\sigma_w' = -2,3$, also $\sigma_w = -2,3 \cdot 60 = -138$ t/m², rund 14 kg/cm² Zugspannung. Wäre es praktisch möglich, einen Zentriwinkel von 90° beizubehalten, so würden die Spannungen folgendermaßen reduziert: maximale Druckspannung im Kämpfer an der Talseite (aus Abb. 24 ist $\sigma_w' = 5,4$) $5,4 \cdot 60 = 324$ t/m² und an der Wasserseite ($\sigma_w' = 0,6$) $0,6 \cdot 60 = 36$ t/m². Bei den meist ausgeführten Gewölbestaumauern ist der untere Zentriwinkel meistens noch viel geringer als hier angenommen wurde. Berücksichtigt man dazu noch die Temperaturwirkung, so ergeben sich ganz erhebliche Zugspannungen an der Wasserseite, während solche Staumauern ohne Bewehrung ausgeführt werden. Solche Spannungen treten jedoch infolge der Stützmauerwirkung nicht auf. Aus diesem Beispiel geht also hervor, daß die Annahme, gemäß welcher bei Bogenstaumauern nur die Gewölbewirkung berücksichtigt werden braucht, unhaltbar ist, da bei solcher Annahme in fast jeder, bisher ausgeführten Gewölbemauer gefährliche Risse hätten auftreten müssen, was aber durch die Tatsachen nicht bestätigt worden ist.

In dem ersten Beispiele nehmen wir eine lineare Änderung der Bogenstärke von der Krone bis zur Gründung an. Sei die Gewölbestärke in der Höhe des Wasserspiegels (theoretisch) gleich Null gesetzt, dann beträgt die Bogenstärke in halber Höhe, also bei $h = 20$ m: $n = \dfrac{1,50}{2} = 0,75$ m. Die theoretische Spannweite ist 14,00 m, also $l = 7,00$ m, damit ist $v = \dfrac{0,75}{7,00} = 0,107$. In Abb, 24 findet man bei $\alpha = 90°$ den Wert $\sigma_w' = 12$, es wird also $\sigma_w = 12 \cdot 20 = 240$ t/m². Diese Spannung ist also günstiger als die in 40 m Tiefe zugelassene 300 t/m². An der Wasserseite findet man aus Abb. 24: $\sigma_w' = 7,7$, also $\sigma_w = 7,7 \cdot 20 = 154$ t/m², die dagegen größer ist als in 40 m Tiefe. Würde man von einer praktisch nötigen Kronenstärke, z. B. 0,40 — 0,50 m ausgehen, so wären die Spannungen in halber Höhe noch kleiner. Wir sehen also, daß, während bei ebener Stauwand unter Zugrundelegung einer zulässigen Spannung am unteren Teile der Staumauer in den meisten oberen Querschnitten der Platte diese Spannung überschritten wurde, wenn eine lineare Änderung der Wandstärke zugrunde gelegt war, bei einer Gewölbestauwand die Verhältnisse umgekehrt liegen, da hier bei einer linearen Änderung der Bogenstärke in allen oberen Schnitten aus gleichmäßigem Wasserdruck günstigere Spannungsverhältnisse eintreten werden. Die wasserseitigen Kämpferspannungen werden u. U. zwar größer, deren Größe ist aber nicht maßgebend, da die talseitigen Spannungen stets größer sind; dagegen bedeutet dieser Umstand eine gewisse Sicherheit. Wenn nämlich in dem untersten Querschnitt schon keine Zugspannung an der Wasserseite auftrat, dann wird eine solche für die oberen Schnitten noch viel weniger zu befürchten sein.

Die Scheitelspannungen bei diesem Gewölbe berechnen sich nach Gl. (33) zu

$$\sigma_{sw} = \left(\lambda - \frac{H'}{v} \pm \frac{6\,M'}{v^2} \cdot \frac{y_1}{y_0}\right)\gamma_0 h.$$

Für $\alpha = 90^0$, $r = 0{,}213$ erhält man aus Abb. 21: $\lambda = 5{,}1$, aus Abb. 20: $H' = 0{,}013$, aus Abb. 23: $M' = 0{,}0175$ und schließlich aus der Tabelle 2: $\dfrac{y_1}{y_0} = 0{,}5708$. Es wird somit

$$\sigma_{sw} = \left(5{,}1 - \frac{0{,}013}{0{,}213} \pm \frac{6 \cdot 0{,}0175}{0{,}213^2} \cdot 0{,}5708\right) \cdot 40 = 201{,}6 \pm 52{,}9 \ \text{t/m}^2.$$

Die Spannung an der Wasserseite des Scheitels beträgt also

$$201{,}6 + 52{,}9 = 254{,}5 \ \text{t/m}^2 = 25{,}4 \ \text{kg/cm}^2,$$

und an der Talseite

$$201{,}6 - 52{,}9 = 148{,}7 \ \text{t/m}^2 = 14{,}9 \ \text{kg/cm}^2.$$

b) Einfluß der Temperaturänderungen und des Schwindens.

Die Temperaturschwankungen spielen bei einem Gewölbe eine äußerst wichtige Rolle, da aus ihrer Einwirkung die gefährlichsten Beanspruchungen entstehen können, nämlich Zugspannungen. Diese machen es unter Umständen erforderlich, das Gewölbe mit einer starken Bewehrung zu versehen. Zuerst soll die Frage erwogen werden, welche Temperaturen den Berechnungen zugrunde zu legen sind. Dazu müssen vor allem die Temperaturverhältnisse an der Baustelle bekannt sein. Das Bauwerk wird bei einer mittleren sog. Bautemperatur errichtet, so daß die Temperaturschwankungen von dieser Temperatur aus zu messen sind. Zur Ermittelung der Spannungen ist es also nötig, 1. über die Bautemperatur und 2. über die in die Berechnung einzuführenden maximalen bzw. minimalen Temperaturen im klaren zu sein. Was die Bautemperatur anlangt, kann eigentlich nicht die während des Baues herrschende mittlere Lufttemperatur maßgebend sein, weil der Beton bekanntlich während des Abbindevorgangs seine Temperatur erhöht. Bei Bauwerken wurden solche Temperaturerhöhungen von 10 bis 30° C und mehr beobachtet. Die Abbindewärme bzw. die Temperaturerhöhung ist vor allem von der Qualität des verwendeten Zements, von dem Mischungsverhältnis, von dem Anmachwasser usw. abhängig. Es soll an dieser Stelle auf diese Erscheinungen nicht näher eingegangen werden, sondern auf die Arbeit von Dr. ing. W. Lydtin (Dissertation Karlsruhe) hingewiesen, die sich sehr eingehend mit diesem Problem befaßt[1]). Als Beispiel mögen hier die Beobachtungen an der Montsalvens-Sperre am Jogne-Fluß in der Schweiz angeführt sein, die in der erwähnten Arbeit ebenfalls zitiert werden[2]). In dem Beton von 300 kg Zement auf 1,2 m^3 Zuschlag wurde bei einer äußeren mittleren Temperatur von 15° C eine Temperaturerhöhung von 25° C in 28 Stunden beobachtet. Nach der Erreichung der höchsten Temperatur kühlt sich der Beton allmählich ab und bei diesem Abkühlungsvorgang entstehen entsprechende Spannungen infolge der ungleichmäßigen Verteilung der Temperatur in dem Querschnitt. Ist die Formänderung des Betons verhindert, wie dies bei den eingespannten Gewölben der Fall ist, so können beträchtliche Zugspannungen auftreten, die unter Umständen Rißbildungen zur Folge haben. Die Rißbildungsgefahr ist um so größer, je größer die Wandstärke und je kleiner die Betonzugfestigkeit im Verhältnis zur Druckfestigkeit ist. Um diese Spannungen zu vermindern, empfiehlt es sich, nach Möglichkeit Arbeitsfugen in den Gewölben während des Baues freizulassen, die dann nachträglich einbetoniert werden. Als Temperaturschwankungen brauchen nur die Temperaturänderungen in die Berechnung eingeführt zu werden, die tatsächlich in dem

---

[1]) S. „Der Bauingenieur" 1924, H. 23/24.

[2]) Bulletin Technique de la Suisse Romande 1922, Sonderdruck. S. auch letztes Kapitel.

Bauwerk auftreten. Mit dem Einfluß der äußeren Temperaturschwankungen auf die inneren Temperaturverhältnisse des Betons beschäftigt sich ebenfalls die oben angeführte Arbeit von Lydtin. Auf Grund der bisherigen Beobachtungen kann etwa folgendes mitgeteilt werden: 1. Tagesschwankungen machen sich bemerkbar

In 10 cm Tiefe mit etwa $50^0/_0$ der Außentemperatur,

„ 30 cm   „   „   „ $5—10^0/_0$ der Außentemperatur,

„ 50 cm   „   „   „ $2—3\ ^0/_0$ der Außentemperatur.

2. Jahresschwankungen aus Tagesmitteln machen sich bemerkbar

In 30—50 cm Tiefe mit etwa $80^0/_0$,

„   70 „   „   „   „ $75^0/_0$,

„   1 m   „   „   „ $70^0/_0$,

„   2 m   „   „   „ $35^0/_0$.

Der Einfluß der Tagesschwankungen ist also so gering, daß sie bei den Berechnungen nicht berücksichtigt zu werden brauchen, da sie sich nur ganz in der Nähe der Oberfläche bemerkbar machen. Die Verteilung der Temperaturen innerhalb der Staumauer ist nicht linear. Aus den Spannungen in der Boonton-Staumauer wurde von Merriman folgende Formel für die Temperaturverteilung aufgestellt:

$$R = \frac{\varDelta T}{3\sqrt[3]{D}},$$

wo $\varDelta T$ den größten Temperaturunterschied der Tagesmittel eines Jahres bedeutet, D ist die Entfernung des betreffenden Punktes von der Oberfläche in m und R ist die Temperaturschwankung in der Tiefe D von der Oberfläche. Diese Formel soll Gültigkeit von $D = 0{,}15 — 6$ m haben. Danach verteilt sich also die Temperatur im Innern einer Mauer nach einer Parabel dritten Grades[1]. Außer den Änderungen der Lufttemperatur wäre noch die Wirkung der Sonnenstrahlung zu berücksichtigen, falls die Staumauer so liegt, daß eine derartige Wirkung beträchtliche Werte annehmen kann, z. B. wenn die Talseite der Staumauer an der Südseite liegt. In diesem Falle würde man natürlich auch größere Temperaturschwankungen einführen müssen. Auf der Wasserseite sind die Temperaturschwankungen bei vollem Becken nicht so bemerkbar, denn die Temperatur des Wassers paßt sich der Außentemperatur nicht vollkommen an. Die Temperaturschwankungen im Wasser nehmen mit der Wassertiefe ab. So wurde z. B. an der Oberfläche des Genfer Sees im Winter eine Temperatur von $6{,}4^0$ C und im Sommer $20{,}6^0$ C beobachtet, in 60 m Tiefe dagegen im Winter $5{,}1^0$ und im Sommer $5{,}6^0$ C. Während also an der Oberfläche der Temperaturunterschied zwischen Sommer- und Wintertemperatur $14{,}2^0$ betrug, war er in 60 m Tiefe nur $0{,}5^0$ C.

Ähnliche Beobachtungen sind auch in anderen Seen gemacht worden[2]. Als minimale Temperatur an der Wasserseite bei vollem Becken braucht nicht weniger als 0^0 C in die Berechnung eingeführt zu werden. Bei größerer Wassertiefe genügt es sogar, nur bis zu $+ 4^0$ C zu gehen, bei der die Dichtigkeit des Wassers den Höchstwert erreicht. Niedrigere Temperaturen sollten nur bei leerem Becken angenommen werden. Das Wasser bringt also einen gewissen Temperaturausgleich mit sich, indem es die allzu starke Abkühlung der Staumauer im Winter und die starke Erwärmung derselben im Sommer verhindert. Auch wegen dieses Umstandes brauchen nicht allzu große Temperaturschwankungen in die Berechnung eingeführt zu werden.

---

[1] S. Ritter, Hugo, Dr. Ing.: Die Berechnung von bogenförmigen Staumauern, Karlsruhe 1913.

[2] Über die Eisbildung und den Wärmehaushalt der Gewässer. Zentralbl. Bauverw. 1925, H. 33.

Die Temperaturschwankung hat eine entsprechende Deformation des Gewölbes zur Folge, und der wesentliche Unterschied zwischen der übrigen Belastung und der Temperaturschwankung ist eben der, daß die Belastung (in unserem Falle der Wasserdruck) auch nach erfolgter Formänderung weiter besteht, während der Einfluß der Temperaturänderung aufhört, wenn die entsprechende Formänderung eintreten kann. Wir haben das Gewölbe zwar als beiderseits eingespanntes Gewölbe vorausgesetzt; diese Annahme trifft allerdings strenggenommen nicht zu, da eine genaue Einspannung nie erreicht werden kann. Die volle Deformation, die erforderlich wäre, um die Einwirkung der Temperatur vollständig auszuschalten, wird zwar nicht erfolgen, es wird jedoch ein Zwischenfall eintreten, nämlich eine Deformation, welche die Temperaturschwankungen vermindert, aber noch immer gewisse Spannungen übrigläßt. Dasselbe gilt übrigens auch für den gleichmäßigen Wasserdruck, wo die infolge der Einspannung des Bogens entstehenden Biegungsspannungen mit der Deformation abnehmen. Mit Rücksicht auf das oben Gesagte wird es genügen, eine Temperaturänderung von $\pm 10^{\,0}\,\mathrm{C}$ in der Ebene bzw. in mittlerer Meereshöhe und etwa $\pm 15^{\,0}\,\mathrm{C}$ Temperaturschwankung im Hochgebirge in die Berechnung einzuführen, falls nicht ganz besondere örtliche Verhältnisse vorliegen, die eine Abweichung von diesen Werten erforderlich machen.

Mit Rücksicht auf die ungleichmäßige Verteilung der Temperatur in dem Querschnitt, ferner auf den Umstand, daß eine Seite des Gewölbes sich möglicherweise mehr erwärmt als die andere, werden zwei Arten von Temperaturspannungen zu berechnen sein, und zwar 1. die gleichmäßige Temperaturänderung, die aus einer im ganzen Querschnitt konstanten Änderung der Anfangstemperatur entsteht, und 2. aus der ungleichmäßigen Temperaturverteilung bzw. aus dem Temperaturunterschied, der zwischen der neutralen Faser und einem anderen Punkt des Querschnittes herrscht. Aus der letzteren Wirkung entstehen Spannungen schon während des Abbindevorgangs, wie bereits erwähnt wurde, und dazu kommen noch die Spannungen, die infolge einseitiger Erwärmung (z. B. Sonnenbestrahlung) oder Abkühlens entstehen. Wenn wir von der Hookeschen Annahme Gebrauch machen, die besagt, daß in jedem Punkte des Querschnittes die Spannungen den Formänderungen proportional sind, so herrscht keine lineare Spannungsverteilung, weder bei der Abkühlung während des Abbindevorgangs, noch bei der einseitigen Erwärmung. Der Abbindeprozeß hat jedoch keine große Dauer im Verhältnis zu dem Schwindvorgang und da in den ersten Zeiten des Abbindevorgangs der Beton noch plastisch ist, kann angenommen werden, daß ein gewisser Ausgleich im Innern des Körpers stattfindet. Die Spannungen, die aus dieser letzten Wirkung entstehen, werden wir unberücksichtigt lassen. Für den zweiten Einfluß, nämlich für die einseitige Erwärmung des Gewölbes werden wir die Näherungsannahme machen, daß die so entstandenen Spannungen sich linear ändern. Diese Näherungsannahme wird für die Gewölbe einer aufgelösten Staumauer, die eine verhältnismäßig kleine Wandstärke hat, eher zutreffend sein, als für Gewölbestaumauern mit verhältnismäßig größerer Wandstärke. Entstehen tatsächlich etwas größere Spannungen als die berechneten, so wird dagegen der günstige Umstand, daß mit steigenden Formänderungen der Elastizitätsmodul des Betons und also auch die entsprechenden Spannungen kleiner werden, nicht berücksichtigt.

Die Wirkung des Schwindens bzw. des Quellens des Betons ist statisch ein ähnlicher Vorgang wie der Einfluß der Temperaturschwankungen. Wenn der Beton an der Luft erhärtet, so findet eine Verkürzung des Betonkörpers statt, während bei Erhärtung unter Wasser eine Ausdehnung desselben stattfindet. Wird diese Verkürzung bzw. Ausdehnung verhindert, so entstehen Spannungen im Beton, die sich genau so berechnen lassen, wie die Temperaturspannungen. Bei dem Schwinden des Betons ist allerdings ein Ausgleich der Spannungen wegen des nicht plastischen Zustandes kaum zu erwarten, da der Schwindvorgang auf Grund von Versuchen viel langsamer vor sich geht als die innere Temperaturänderung infolge des Abbindens. Nach der erwähnten Arbeit von Lydtin vollzieht sich der Schwindvorgang ungefähr 700 mal langsamer als der innere Temperaturabfall. Auf Grund von Versuchen ist das Schwindmaß, ebenso wie die Abbindewärme, je nach dem Mischungsverhältnis, Qualität des Zements und des Anmachwassers verschieden. Im allgemeinen kann ein mittlerer Wert von 0,3 mm auf 1 m Länge für das erste Erhärtungsjahr angenommen werden. Da die Wärmeausdehnungszahl des Betons $\omega = 0,00001$ beträgt, entspricht dieses Schwindmaß der hohen Temperaturabnahme von 30^0 C, Mit Rücksicht auf einen Ausgleich am Anfang des Abbindevorgangs wird in den amtlichen Bestimmungen über die Ausführung von Bauwerken in Beton und Eisenbeton für das Schwindmaß ein Temperaturabfall von 15^0C, also etwa die Hälfte vorgeschrieben. Aber auch dieser Wert verursacht recht große Spannungen. Es muß also möglicherweise dafür gesorgt werden, das z. B. mit Offenlassen von Arbeitsfugen die von dem Schwinden verursachte Verkürzung des Betonkörpers größtenteils erfolgen kann. Es ist aber sehr wichtig, Spannungen, die aus Tem-

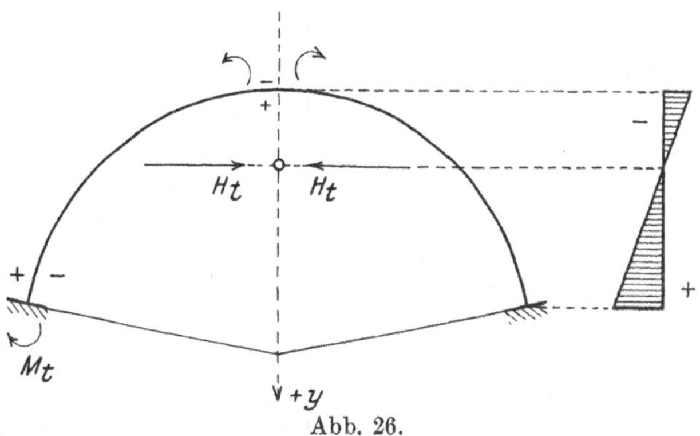

Abb. 26.

peraturänderungen und Schwinden entstehen, an tatsächlich ausgeführten Bauwerken zu messen, da solche Messungsergebnisse für die späteren Berechnungen von der größten Bedeutung sind. Die Wichtigkeit solcher Messungen ist auch tatsächlich erkannt worden und heutzutage werden bei jeder bedeutenden Talsperre entsprechende Einrichtungen zur Messung der Temperaturen und der Spannungen eingebaut.

Gleichmäßige Temperaturänderung. Tritt ein gleichmäßiger Temperaturabfall des ganzen Bogens gegenüber der Bautemperatur um t^0 ein, so liegen die Verhältnisse ähnlich wie im Falle eines gleichmäßigen Wasserdruckes; der einzige Unterschied ist der, daß im Grundsystem aus Temperaturwirkung nicht nur kein Biegungsmoment, sondern auch keine Normalkraft entsteht. Dementsprechend ist die einzige von der gleichmäßigen Temperaturänderung hervorgerufene Kraft der im elastischen Schwerpunkt des Bogens wirkende Horizontalschub H_t (Abb. 26). Um dies zu beweisen, und um den Wert von H_t zu ermitteln, denkt man an die Ermittelung der statisch unbestimmten Größen aus gleichmäßigem Wasserdruck. Die im Grundsystem auftretende, in jedem Querschnitt konstante Normalkraft R verursacht eine Verkürzung eines jeden Bogenelements ds um Δds_w, die zur Verkürzung der ganzen Bogenspannweite $2\,l$ führen sollte. Da die Einspannung diese Verkürzung verhindert, tritt ein Horizontalschub H_w im elastischen Schwerpunkt auf.

Bei einem gleichmäßigen Temperaturabfall liegt derselbe Fall vor. Ein jedes Bogenelement ds will sich um Δds_t verkürzen, nur ist diese Verkürzung nicht durch die Normalkraft R, sondern durch den Temperaturabfall t verursacht. H_w und H_t verhalten sich also zueinander wie Δds_w zu Δds_t. Nun ist aber

$$\frac{\Delta ds_w}{ds} = \frac{R}{EF}$$

und

$$\frac{\Delta ds_t}{ds} = \omega t,$$

wo ω die Wärmedehnungszahl des Betons bedeutet. Dividiert man die zwei Gleichungen, so wird

$$\frac{\Delta ds_t}{\Delta ds_w} = \frac{H_t}{H_w} = \frac{EF}{R}\,\omega t.$$

E bedeutet hierbei den Elastizitätsmodul des Betons.

Berücksichtigt man die Gl. (23) und (33), ferner, daß $F = n = \nu l$ ist, so ergibt sich

$$H_t = \pm\,\frac{E\omega}{\lambda}\,t\,l\,H'.$$

Bei Temperaturzunahme gilt das positive Vorzeichen. Im folgenden sei stets vorausgesetzt, daß bei Temperaturabfall t negativ und bei Temperaturerhöhung positiv ist, so kann das Vorzeichen weggelassen werden. Man erhält für den Horizontalschub folgende Formel:

$$\boxed{\,H_t = \frac{E\omega}{\lambda}\,t\,l\,H'\,}, \tag{35}$$

t ist mit seinem Vorzeichen einzusetzen.

Abb. 27 enthält die $\dfrac{E\omega}{\lambda}$-Werte unter Zugrundelegung von $\omega = 0{,}00001$ und $E = 2\,000\,000$ t/m², also $E\omega = 20$ in t, m und C° Einheiten.

Das maximale Moment entsteht auch in diesem Falle im Kämpfer und beträgt

$$M_t = H_t y_0,$$

oder mit Berücksichtigung der Gl. (26), (27) und (35)

$$\boxed{\,M_t = \frac{E\omega}{\lambda}\,t\,l^2\,M'\,}. \tag{36}$$

M' ist aus Abb. 23 zu entnehmen.

Die Normalkraft im Kämpfer berechnet sich zu

$$\boxed{\,N_t = H_t \cos\alpha = \frac{E\omega}{\lambda}\,t\,l\,H' \cos\alpha\,}. \tag{37}$$

Bei positivem t stellt N_t eine Druckkraft dar. Die Spannungen im Kämpfer ergeben sich auf Grund der Gl. (30) zu

$$\sigma_t = \frac{N_t}{\nu l} \pm \frac{6\,M_t}{\nu^2 l^2}.$$

Das obere Vorzeichen gilt für die Wasserseite. Nach Einsetzen der Werte von M_t und N_t aus Gl. (36) und (37) erhält man

$$\boxed{\,\sigma_t = \frac{1}{\nu}\left(H' \cos\alpha \pm \frac{6\,M'}{\nu}\right)\frac{E\omega}{\lambda}\,t\,}. \tag{38}$$

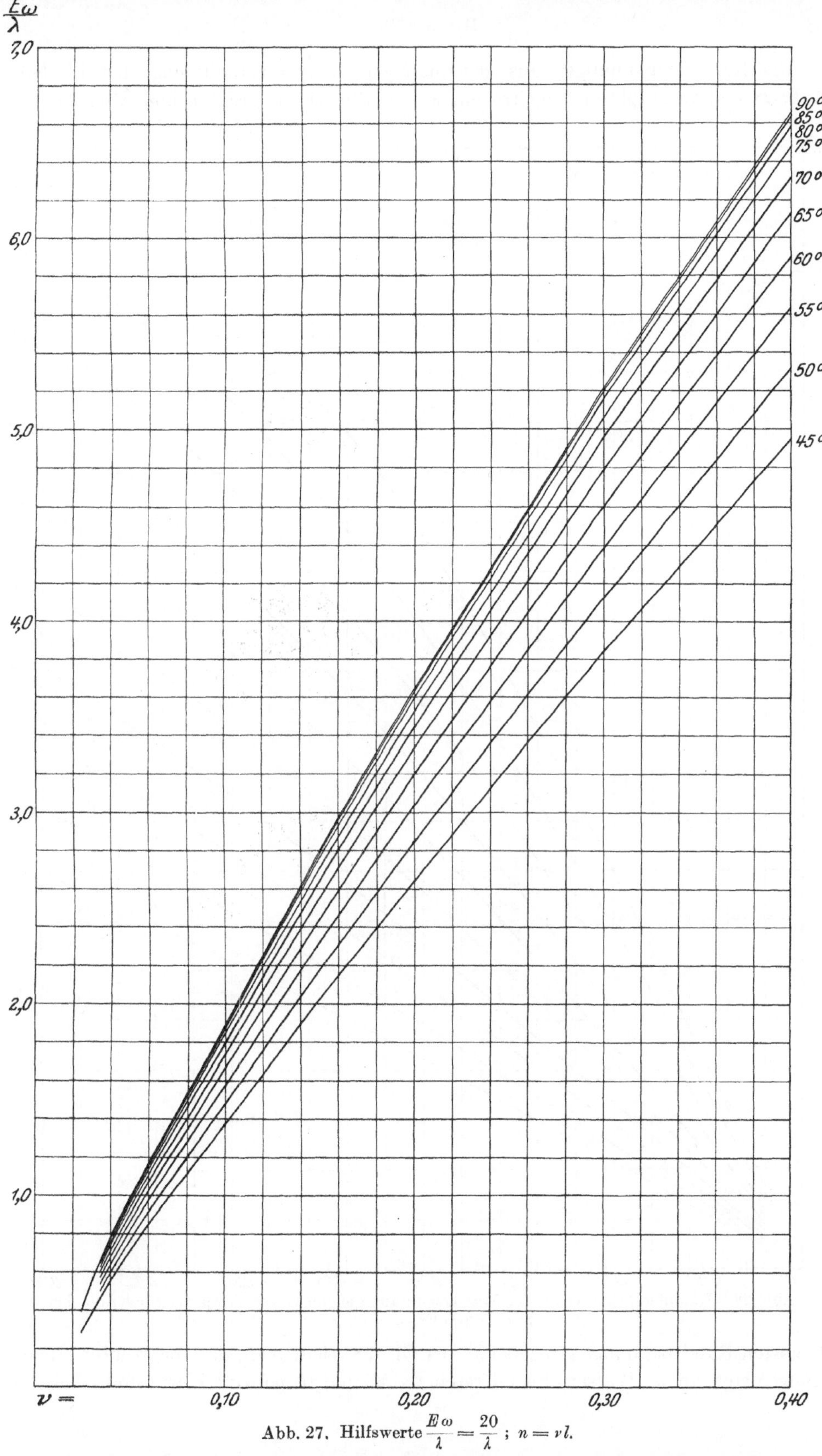

Abb. 27. Hilfswerte $\dfrac{E\,\omega}{\lambda} = \dfrac{20}{\lambda}$; $n = v\,l.$

Die Kämpferspannungen aus gleichmäßiger Temperaturänderung sind in den Abb. 28 und 29 graphisch aufgetragen, wobei Abb. 28 die größten und Abb. 29 die

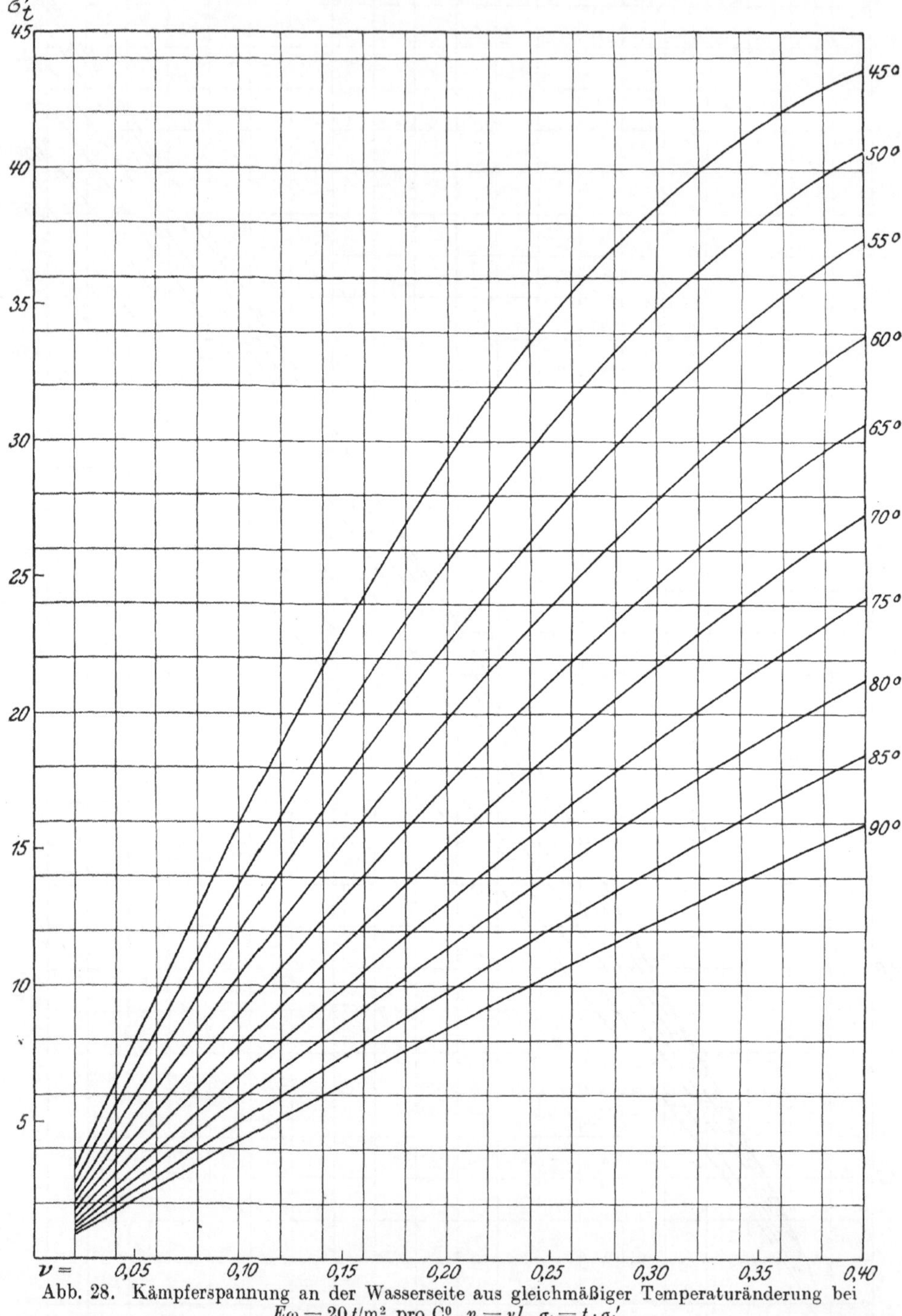

Abb. 28. Kämpferspannung an der Wasserseite aus gleichmäßiger Temperaturänderung bei $E\omega = 20\,t/\mathrm{m}^2$ pro C^0. $n = vl$, $\sigma_t = t \cdot \sigma'_t$.

kleinsten Randspannungen angeben. Aus Gl. (38) sieht man, daß die größten Spannungen stets an der Wasserseite auftreten, da M' und H' positive Werte sind. Abb. 28

gibt also die wasserseitigen Randspannungen an, die im Falle einer Temperaturzunahme Druckspannungen und bei Temperaturabnahme Zugspannungen sind. Abb. 29 enthält die talseitigen Randspannungen, die bei positivem t Zug- und bei negativem t Druckspannungen bedeuten. Aus dem Verlauf der Spannungskurven sieht man, daß die Temperaturspannungen um so größer sind, je flacher der Bogen und je größer die Wandstärke ist. Mit Rücksicht auf die Temperaturspannungen ist

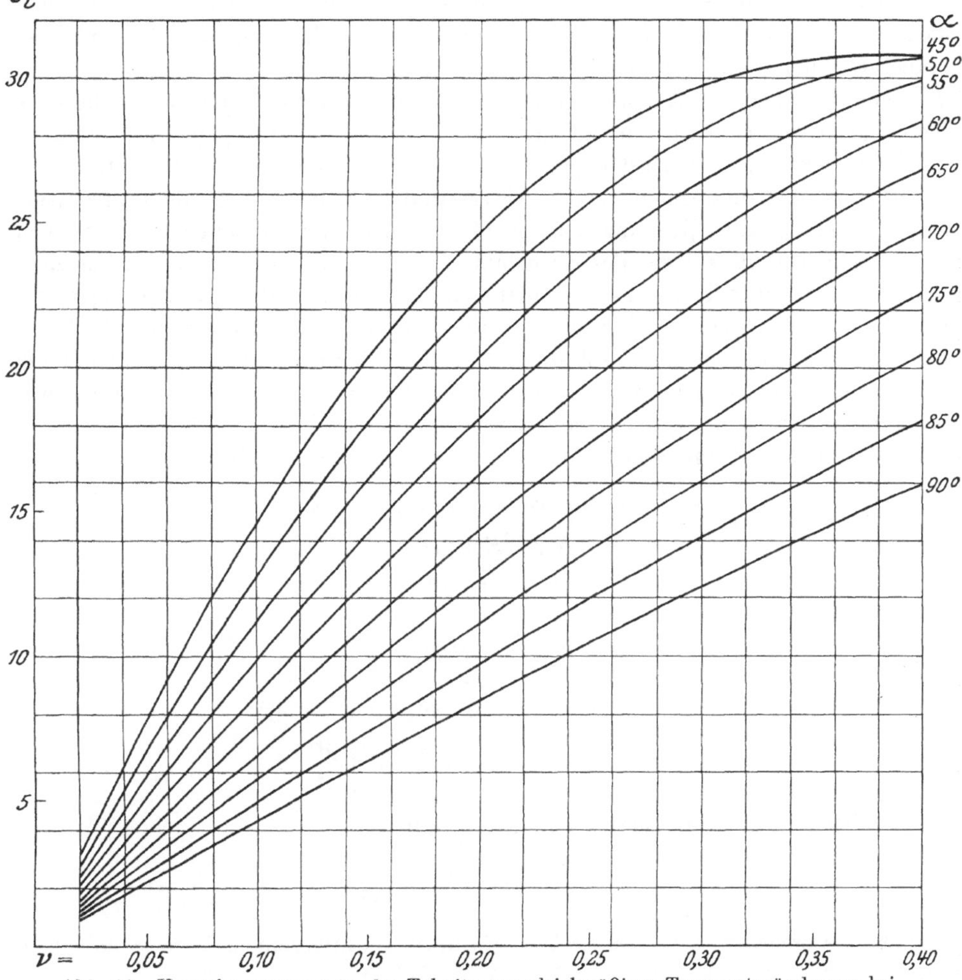

Abb. 29. Kämpferspannung an der Talseite aus gleichmäßiger Temperaturänderung bei $E\omega = 20\ t/m^2$ pro C^0. $n = \nu l$, $\sigma_t = t \cdot \sigma_t'$.

also der Halbkreis ($\alpha = 90°$) die günstigste Form. Außerdem können die Temperaturspannungen dadurch herabgesetzt werden, daß man eine möglichst kleine Bogenstärke wählt. Andererseits verlangt aber der Wasserdruck eine größere Bogenstärke, da die von dem gleichmäßigen Wasserdruck herrührenden Spannungen mit steigender Bogenstärke abnehmen. Es wird also eine Grenze geben, wo die Summe der Wasserdruck- und Temperaturspannungen ein Minimum geben. Diese Frage werden wir bei der Ermittelung der wirtschaftlich günstigsten Bogenabmessungen noch näher behandeln.

Zu den Abb. 28 und 29 wurde ein Elastizitätsmodul des Betons von $E = 2\,000\,000\ t/m^2$ angenommen, der als ein mittlerer Druckelastizitätsmodul gelten kann. Für Zug ist E

bekanntlich kleiner, besonders bei größeren Zugspannungen. Bei einer Zugspannung von über 15 kg/cm² kann für E im Mittel etwa die Hälfte, also $E = 1\,000\,000\,\text{t/m}^2$ in die Formel eingesetzt werden. Findet man in einem gegebenen Falle größere Zugspannungen aus Temperaturänderung, die von der Zugfestigkeit des Betons (20—25 kg/cm²) nicht weit liegen, so könnte mit weniger als der Hälfte der in Abb. 28 und 29 enthaltenen Spannungen gerechnet werden, soweit sie Zugspannungen bedeuten. Von einer solchen Spannungsreduktion werden wir jedoch keinen Gebrauch machen, vor allem mit Rücksicht auf die Unsicherheiten, die über die Annahme der Anfangstemperatur, der Temperaturschwankungen und der Verteilung der Temperatur im Querschnitt herrschen. Wir werden diesen günstigen Umstand, daß bei wachsender Zugfestigkeit der Elastizitätmodul und damit die Temperaturspannung abnimmt, als eine Sicherheit gegenüber den gemachten, vereinfachenden Annahmen betrachten.

Die Schwindspannungen werden — wie erwähnt — zu den sich aus der Temperaturabnahme ergebenden Spannungen hinzugefügt. Dieses Zusammentreffen übt einen ungünstigen Einfluß auf die Beanspruchung des Materials aus, indem daraus Zugspannungen an der Wasserseite entstehen. Treten hier Risse auf, so kann, wie bereits erwähnt, Druckwasser in das Innere des Gewölbes eindringen und die Rostbildung der Eiseneinlagen veranlassen. Der Frost kann ebenfalls in diesem Falle in das Innere des Körpers eindringen und zur Erweiterung der Risse führen, wodurch die Sicherheit des ganzen Bauwerkes gefährdet wird.

Die Normalkraft im Scheitel beträgt $N_{st} = H_t$ und die Normalspannung an dieser Stelle $\dfrac{N_{st}}{n} = \dfrac{H_t}{n} = \dfrac{H_t}{vl}$ oder mit Berücksichtigung der Gl. (35)

$$\frac{N_{st}}{n} = \frac{E\,\omega}{\lambda}\,t\,\frac{H'}{v}\,.$$

Das Scheitelmoment ist

$$M_{st} = -\frac{y_1}{y_0}\,M_t,$$

bzw. die Biegungsspannung mit Hilfe der Gl. (36)

$$\frac{6\,M_{st}}{n^2} = \frac{6\,M_{st}}{v^2\,l^2} = -\,6\,\frac{E\,\omega}{\lambda}\,t\,\frac{y_1}{y_0}\,\frac{M'}{v^2}\,.$$

Die Randspannungen im Scheitel betragen mithin

$$\sigma_{st} = \frac{E\,\omega}{\lambda}\,t\left(\frac{H'}{v} \mp 6\,\frac{y_1}{y_0}\,\frac{M'}{v^2}\right). \tag{39}$$

Das obere Vorzeichen gilt für die Wasserseite, t ist mit seinem Vorzeichen einzusetzen.

Temperaturunterschied zwischen Außen- und Innenfläche des Bogens. Es herrsche an der Wasserseite eine Temperatur von t_1, an der Talseite eine solche von t_2; nimmt man nun an, daß der Temperaturabfall — wie erwähnt — in der Bogenwand einem linearen Gesetze folgt, so herrscht in der neutralen Faser eine Tempetur von $\dfrac{t_1 + t_2}{2}$. Der Unterschied dieser mittleren Temperatur gegenüber der Bautemperatur wurde im vorigen Abschnitt berücksichtigt, so daß es sich hier nur um den Temperaturunterschied $t_1 - t_2$ handelt. In diesem Falle ist also die neutrale Faser als spannungslos anzusehen, es findet keine Verlängerung derselben statt und es entsteht auch kein Horizontalschub. Die einzige Kraftwirkung, die hier auftritt, ist das für alle Querschnitte gleiche Kräftepaar $M_{\Delta t}$.

Legt man einen homogenen Querschnitt zugrunde und nimmt man an, daß die Wasserseite des Bogens um Δt wärmer ist als die Innenseite, also um $\dfrac{\Delta t}{2}$ wärmer als die neutrale Faser, und schneidet man ein unendlich kleines Bogenelement mit der Länge ds aus, so würde sich die wasserseitige Faser um $\dfrac{\Delta\,ds}{2}$ verkürzen (Abb. 30).

Diese Längenänderungen sind aber infolge der starren Einspannung an den Widerlagern verhindert, deshalb entstehen an der Wasserseite Druck- und an der Innenseite Zugspannungen. Die Längenänderung der äußeren Fasern beträgt:

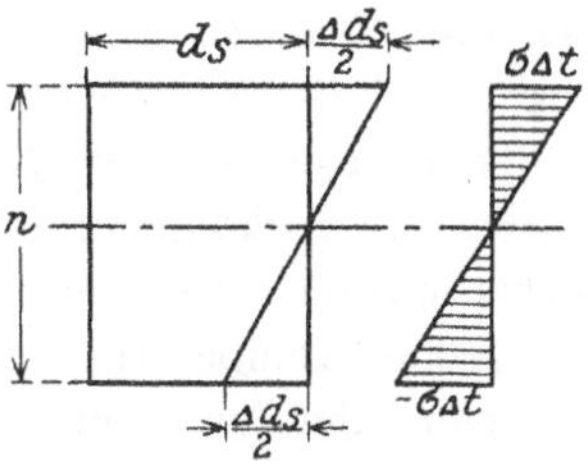

$$\frac{\Delta\,ds}{2} = \omega\,\frac{\Delta t}{2}\,ds, \qquad \text{oder} \qquad \frac{\dfrac{\Delta\,ds}{2}}{ds} = \frac{1}{2}\,\omega\,\Delta t.$$

Abb. 30.

Nach dem Hookeschen Gesetz ist aber die entsprechende Spannung

$$\sigma_{\Delta t} = E\,\varepsilon,$$

wo ε die spezifische Dehnung bedeutet und in unserem Falle ist $\varepsilon = \dfrac{\dfrac{\Delta\,ds}{2}}{ds}.$

Demnach wird

$$\boxed{\;\sigma_{\Delta t} = \frac{1}{2}\,E\,\omega\,\Delta t\;}. \qquad\qquad (40)$$

Andererseits ist aber die Randspannung

$$\sigma_{\Delta t} = \frac{M_{\Delta t}}{W} = \frac{6\,M_{\Delta t}}{n^2}. \qquad\qquad (40\,\text{a})$$

Aus den Gl. (40) und (40a) folgt:

$$M_{\Delta t} = \frac{1}{12}\,E\,\omega\,n^2\,\Delta t = \frac{1}{12}\,E\,\omega\,v^2\,l^2\,\Delta t.$$

Setzt man

$$\boxed{\;M'_{\Delta t} = \frac{1}{12}\,E\,\omega\,v^2\;}, \qquad\qquad (41)$$

so beträgt das Moment in jedem Querschnitte des Bogens

$$\boxed{\;M_{\Delta t} = M'_{\Delta t}\,l^2\,\Delta t\;}, \qquad\qquad (42)$$

während die Spannungen nach Gl. (40) zu berechnen sind. Bei $E\omega = 20$ t/m² pro C° wird

$$M'_{\Delta t} = \frac{5}{3}\,v^2$$

und $\qquad \sigma_{\Delta t} = 10\,\Delta t$ in t/m² $\qquad$ oder $\qquad \boxed{\;\sigma_{\Delta t} = \Delta t \text{ im kg/cm}^2\;}.$

Wir haben also eine sehr einfache Formel zur Berechnung der Randspannungen, nämlich:

Bei einem Elastizitätsmodul von $2\cdot10^6$ t/m² sind die Spannungen in kg/cm² ausgedrückt gleich dem Temperaturunterschied Δt (in C°), und zwar entstehen an der wärmeren Seite Druckspannungen.

Eine veränderliche Temperaturänderung wird man in die Berechnung nur dann einführen, wenn sie die Spannungen ungünstig beeinflußt. Eine derartige Wirkung ist vorhanden, sobald die Erwärmung der Talseite im Winter erfolgt; denn in diesem Falle addieren sich die wasserseitigen Zugspannungen mit den von der gleichmäßigen Temperaturabnahme hervorgerufenen Zugspannungen. Im Sommer wird dagegen eine Erwärmung der Wasserseite einen ungünstigen Einfluß hervorrufen. Der erste Fall ist ungünstiger als der zweite, weil die wasserseitigen Zugspannungen aus den erwähnten Gründen gefährlicher sind als die talseitigen. Eine Erwärmung der Talseite im Winter, wenn also die neutrale Faser ihre tiefste Temperatur schon erreicht hat, könnte durch Sonnenbestrahlung eintreten. Die Wasserseite der Staumauer wird jedoch in dieser Zeit wärmer sein, da die Wassertemperatur im Winter höher ist als die Lufttemperatur. Nur wenn das Staubecken dauernd leer wäre, könnte ein solcher Fall vorkommen; das ist aber ebenfalls nicht wahrscheinlich, weil das Staubecken während des Winters meistens voll ist. Im Sommer, wenn die neutrale Faser ihre größte Temperatur erreicht hat, entstehen Zugspannungen an der Talseite des Kämpfers, die durch eine Erwärmung der Wasserseite gegenüber der Talseite erhöht werden können. Dieser Fall kann eintreten, wenn die Wasserseite der Staumauer einer Sonnenbestrahlung ausgesetzt ist, ferner wenn das Staubecken dauernd leer ist, was im Sommer tatsächlich eintreten kann.

Im Scheitel liegen die Verhältnisse umgekehrt. Hier entstehen die Zugspannungen an der Wasserseite bei Temperaturzunahme und an der Talseite bei Temperaturabnahme, die durch eine Erwärmung der Wasserseite im Winter bzw. der Talseite im Sommer erhöht werden können. Bei einer Erwärmung infolge Sonnenbestrahlung muß natürlich zuerst untersucht werden, ob eine solche Wirkung infolge der Lage der Staumauer (ob sie südlich oder nördlich liegt) tatsächlich eintreten kann.

Aus den Gl. (38) und (40) erkennt man, daß die Spannungen aus gleichmäßiger und veränderlicher Temperaturänderung (und aus Schwinden) ebenso, wie aus gleichmäßigem Wasserdruck von der Bogenspannweite unabhängig und nur Funktionen der relativen Wandstärke v sind.

Beispiel. Im Beispiel 1 auf S. 30 lag ein Gewölbe vor von $l = 7,00$ m und $\alpha = 90^0$, das in 40 m Tiefe eine Bogenstärke von 1,50 m bzw. eine relative Bogenstärke von $v = 0,213$ hatte. Die Wandstärke an der Krone sei mit $n = 0,40$ m angenommen, hier ist also $v = \dfrac{0,40}{7,00} = 0,0572$. Die Temperaturschwankungen sollen $\pm\ 15^0$C betragen. Für $\alpha = 90^0$ stimmen die Spannungskurven der Abb. 28 und 29 überein da bei Halbkreis die Tangente im Kämpfer mit der y-Achse parallel gerichtet ist, so daß die Komponente von H_t in dieser Richtung, also die Normalkraft $= 0$ ist. Für die Krone, also für $v = 0,0572$ erhält man aus Abb. 28 oder 29 den Wert $\sigma_t' = 2,4$, es wird also $\sigma_t = 15 \cdot 2,4 = 36,0$ t/m², und zwar bei Temperaturzunahme Druckspannung an der Wasserseite und Zug an der Talseite, bei Temperaturabnahme umgekehrt.

In 40 m Tiefe erhält man für $v = 0,213$ den Wert $\sigma_t' = 9,0$, also $\sigma_t = 9,0 \cdot 15 = 135$ t/m², beinahe das 4-fache der Temperaturspannung an der Krone. Der Einfluß der Wandstärke auf die Temperaturspannungen ist also deutlich zu erkennen. Will man das Schwinden mit einer Temperaturabnahme von 15⁰C — entsprechend den deutschen Eisenbetonbestimmungen — berücksichtigen, so ist mit einem doppelten Temperaturabfall zu rechnen. Die wasserseitigen Zugspannungen betragen demnach an der Krone $2 \cdot 36,0 = 72,0$ t/m² und in 40 m Tiefe $135 \cdot 2 = 270$ t/m².

Man erhält also derart hohe Zugspannungen, daß eine Eisenbewehrung des Gewölbes unbedingt notwendig ist.

Liegt die Wasserseite der Staumauer südlich, so muß bei leerem Becken noch mit einer wasserseitigen Erwärmung gerechnet werden. Wird $\Delta t = 5^0\,C$ gesetzt, so betragen die Randtemperaturen über der Anfangstemperatur $+ 12{,}5^0C$ bzw. $+ 17{,}5^0C$, wenn man annimmt, daß die neutrale Faser ihre größte Temperatur bei $t = + 15\,^0C$ bereits erreicht hat (Abb. 31). Die Randspannungen aus dieser Wirkung ergeben sich also zu $+ 5$ kg/cm² $= + 50$ t/m² an der Wasserseite und $- 50$ t/m² an der Talseite, so daß die Gesamtspannungen aus Temperaturzunahme $\pm (135 + 50) = \pm 185$ t/m² betragen. Die Temperaturspannungen sind in folgender Tabelle zusammengestellt:

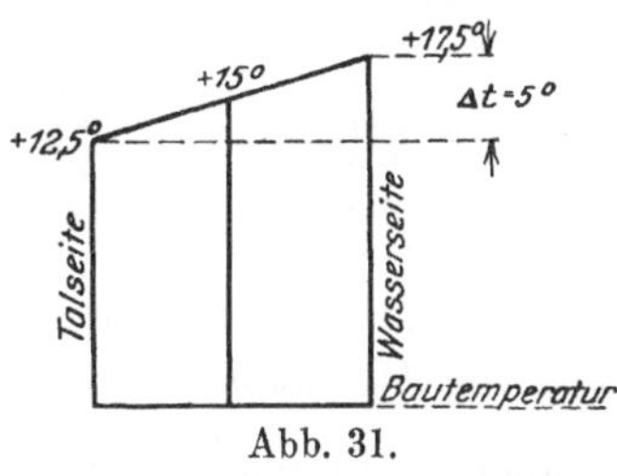

Abb. 31.

	Wasserseite	Talseite
Temperaturzunahme	$+ 185$ t/m²	$- 185$ t/m²
Temperaturabnahme und Schwinden	$- 270$ „	$+ 270$ „

Es sollen noch die Scheitelspannungen in 40 m Tiefe ermittelt werden. Für $\alpha = 90^0$ und $\nu = 0{,}213$ ist $H' = 0{,}013$, $M' = 0{,}0175$ und $\dfrac{y_1}{y_0} = 0{,}5708$ gefunden worden, während die Abb. 27 den Wert $\dfrac{E\omega}{\lambda} = 3{,}84$ ergibt. Nach Gl. (39) wird also

$$\sigma_{st} = 3{,}84 \cdot t \left(\frac{0{,}013}{0{,}213} \mp 6 \cdot 0{,}5708 \cdot \frac{0{,}0175}{0{,}213^2} \right) = - 4{,}83\,t \text{ bzw. } + 5{,}30\,t.$$

Für Temperaturzunahme ist $t = + 15^0$, die Spannungen sind also $- 15 \cdot 4{,}83 = - 72{,}5$ t/m² an der Wasserseite und $+ 15 \cdot 5{,}30 = + 79{,}5$ t/m² an der Talseite. Kann eine Sonnenbestrahlung an der Talseite erfolgen, so kommt zu obigen Spannungen, wenn $\Delta t = 5^0C$ gesetzt wird, noch $+ 50$ t/m² an der Talseite bzw. $- 50$ t/m² an der Wasserseite. Für Temperaturabfall und Schwinden ist $t = - 30^0C$, also die Spannungen $4{,}83 \cdot 30 = + 144{,}9$ t/m² an der Wasserseite bzw. $- 5{,}30 \cdot 30 = - 159{,}0$ t/m² an der Talseite. Dazu kommt noch für die Abkühlung an der Talseite im Winter bei $\Delta t = 5^0\,C$ eine talseitige Spannung von $- 50$ t/m² bzw. an der Wasserseite $+ 50$ t/m². Die Temperaturspannungen im Scheitel sind in folgender Tabelle zusammengefaßt:

	Wasserseite	Talseite
Temperaturzunahme	$- 122{,}5$ t/m²	$+ 129{,}5$ t/m²
Temperaturabnahme und Schwinden .	$+ 194{,}9$ „	$- 209{,}0$ „

Bei der Ableitung der günstigsten Bogenform wurde erwähnt, daß es bei Kreisform mit konstanter Bogenstärke immer möglich ist, den durch den gleichmäßigen Wasserdruck hervorgerufenen Horizontalschub H_w durch einen, von einer entsprechenden Temperaturzunahme herrührenden H_t zu Null zu machen. Zu jedem Wasserdruck $\gamma_0 h$ gehört also eine bestimmte Temperaturzunahme t derart, daß $H_w + H_t = 0$. In diesem Falle tritt in jedem Querschnitte des Bogens nur die Normalkraft $p r_a$ bzw. die entsprechende Normalspannung auf. Die Gl. (23) und (35) gestatten uns die Ermittelung der zusammengehörigen Werte von h und t. Die Summe von H_w und H_t soll zu Null werden, das ergibt nach Einsetzen der Gl. (23) und (35)

$$- H' \gamma_0 h l + \frac{E\omega}{\lambda} t l H' = 0,$$

und daraus

$$t = \gamma_0 h : \frac{E\omega}{\lambda}, \tag{43}$$

oder mit $\gamma_0 = 1$ und $E\omega = 20$, $t = \dfrac{\lambda h}{20}$. In der folgenden Tabelle sind für $\alpha = 90^0$ die zusammengehörigen Werte von h und t bei verschiedener relativer Wandstärke ν angegeben:

Tabelle 3. Der Bedingung $H_w + H_t = 0$ entsprechende h und t-Werte bei $\alpha = 90^0$

$\nu =$		0,05	0,08	0,10	0,15	0,20	0,30	0,40
$h = 1$ m	$t^0 =$	1,02	0,65	0,52	0,36	0,28	0,19	0,15
$h = 10$ m	$t^0 =$	10,25	6,50	5,25	3,58	2,75	1,92	1,50
$h = 20$ m	$t^0 =$	20,50	13,00	10,50	7,16	5,50	3,84	3,00
$h = 30$ m	$t^0 =$	30,75	19,50	15,75	10,74	8,25	5,76	4,50
$h = 40$ m	$t^0 =$	41,00	26,00	21,00	14,32	11,00	7,68	6,00
$h = 50$ m	$t^0 =$	51,25	32,50	26,25	17,90	13,75	9,60	7,50

In Tabelle 3 sind die höheren t-Werte nicht maßgebend, da z. B. bei einer Wassertiefe von $h = 50$ m die relative Wandstärke viel höher als 0,05 sein muß. Im behandelten Beispiele bei $h = 40$ m, $\nu = 0,213$ war $\lambda = 5,1$, dem entspricht $t = \dfrac{5,1 \cdot 40}{20} = 10,2^0$C. Bei einer Temperaturerhöhung von $t = 10,2^0$ C gegenüber der Bautemperatur entsteht also in diesem Bogen bei vollem Becken gar kein Horizontalschub, es treten daher in jedem Querschnitt nur Druckspannungen auf. Wie aus der Tabelle 3 ersichtlich ist, liegen die t-Werte — abgesehen von den höheren Werten, die keine praktische Bedeutung haben — stets innerhalb der möglichen Grenzen.

c) Veränderlicher Wasserdruck[1]).

Das Gewölbe einer aufgelösten Staumauer ist, außer den bisher behandelten, noch anderen Belastungen ausgesetzt, die lediglich daraus entstehen, daß die Gewölbeachse eine Neigung gegen die Vertikale erhält. Eine solche Ausbildung der Staumauer ist hauptsächlich mit Rücksicht auf die Gleitsicherheit der Pfeiler erforderlich. Die derart entstandene Belastung ist der veränderliche Wasserdruck, ferner die zur Wasserseite normale Komponente des Eigengewichtes der Stauwand.

Infolge Neigung des Gewölbes entsteht also außer dem gleichmäßigen Wasserdruck, der vom höchsten Wasserspiegel bis zum Scheitelpunkt des Querschnittes (Abb. 32) zu messen ist, ein zusätzlicher, veränderlicher Wasserdruck, der im Scheitel Null ist und mit y und also auch mit z linear zunimmt; er erreicht seinen größten Wert am Kämpfer und beträgt hier $p_0 = \gamma_0 h_0$. In einem beliebigen Punkt, der durch den Winkel ξ von der Bogensymmetrieebene gekennzeichnet ist, beträgt der Wasserdruck p, und er berechnet sich infolge der linearen Verteilung zu

$$p = p_0 \frac{y}{h_0} = p_0 \frac{z}{f_a}.$$

Es ist aber $f_a = \dfrac{h_0}{\cos \psi}$ und $z = r_a - r_a \cos \xi = r_a (1 - \cos \xi)$; es wird somit

$$p = p_0 \frac{r_a (1 - \cos \xi)}{h_0} \cos \psi = r_a (1 - \cos \xi) \gamma_0 \cos \psi,$$

da $p_0 = \gamma_0 h_0$. Sei $\boxed{\gamma_0 \cos \psi = \gamma_0'}$ gesetzt, das bei konstanter Böschung ebenfalls konstant ist, so beträgt der spezifische Wasserdruck

$$p = \gamma_0' r_a (1 - \cos \xi). \tag{44}$$

---

[1]) Vgl. auch Hellström: Gewölbereihendamm von Melby. Teknisk Tidskrift 1923, H. 8.

Auf das äußere Flächenelement ds_a, dessen Länge (normal zur Querschnittsebene) die Einheit betragen soll, wirkt der Wasserdruck

$$dP = p\,ds_a = \gamma_0'\,r_a\,(1 - \cos \xi)\,ds_a .$$

Sämtliche Berechnungen sollen aber auf die Bogenmittellinie, also auf ein Element ds bezogen werden

$$\frac{ds_a}{ds} = \frac{r_a}{r} \qquad \text{oder} \qquad ds_a = \frac{r_a}{r}\,ds ,$$

und damit beträgt der Wasserdruck für ds in der Bogenmittellinie

$$dP = \gamma_0'\,\frac{r_a^{\,2}}{r}\,(1 - \cos \xi)\,ds .$$

Setzt man noch $ds = r\,d\xi$, so wird

$$dP = \gamma_0'\,r_a^{\,2}(1 - \cos \xi)\,d\xi \qquad (45)$$

und wirkt normal auf das Flächenelement, der Kraftvektor geht also durch den Bogenmittelpunkt.

Die Berechnung der statisch unbestimmten Größen erfolgt mit Hilfe der Gl. (19) und (20).

Zuerst muß das Moment M_0 und die Normalkraft N_0 aus dem statisch bestimmten System ermittelt werden. Das Moment aus der Kraft dP in bezug auf den Punkt K beträgt

$$dM_0 = -\,dP\,\overline{KL} .$$

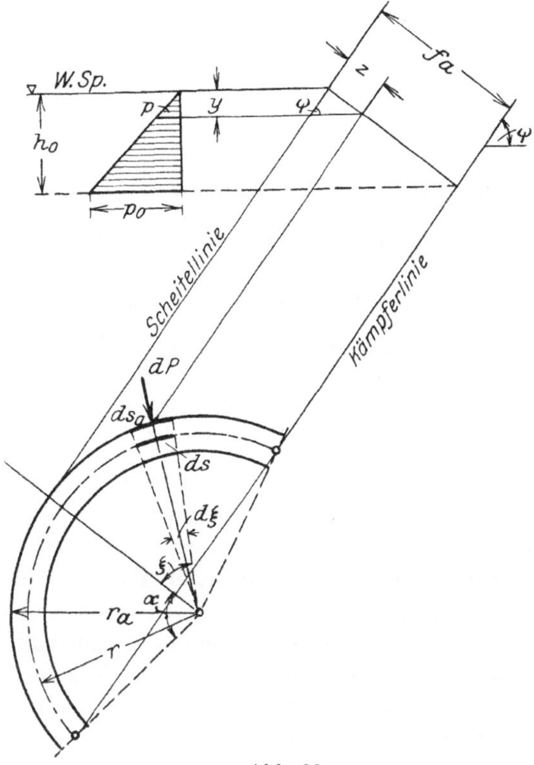

Abb. 32.

Der Abstand $\overline{KL}$ ist gemäß Abb. 33: $\overline{KL} = r \sin (\varphi - \xi)$, während dP in Gl. (45) gegeben ist. Es wird also

$$dM_0 = -\,\gamma_0'\,r_a^{\,2}\,r\,(1 - \cos \xi)\sin (\varphi - \xi)\,d\xi ,$$

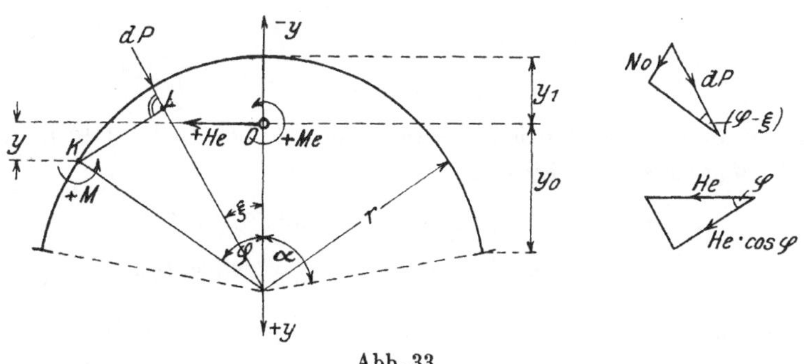

Abb. 33.

und das Gesamtmoment im Punkt K das Integral obiger Gleichung von $\xi = 0$ bis $\xi = \varphi$

$$M_0 = -\,\gamma_0'\,r_a^{\,2}\,r \int_0^{\varphi} (1 - \cos \xi)\sin (\varphi - \xi)\,d\xi ,$$

wo φ während der Integration konstant bleibt. Um die Integration ausführen zu können, muß M_0 in anderer Form geschrieben werden:

$$M_0 = - \gamma_0' r_a^2 r \int_0^\varphi (1 - \cos \xi)(\sin \varphi \cos \xi - \cos \varphi \sin \xi)\, d\xi =$$

$$= - \gamma_0' r_a^2 r \left[\sin \varphi \int_0^\varphi \cos \xi \, d\xi - \cos \varphi \int_0^\varphi \sin \xi \, d\xi - \sin \varphi \int_0^\varphi \cos^2 \xi \, d\xi + \right.$$

$$\left. + \cos \varphi \int_0^\varphi \sin \xi \cos \xi \, d\xi \right] =$$

$$= - \gamma_0' r_a^2 r \left[\sin^2 \varphi + \cos \varphi (\cos \varphi - 1) - \sin \varphi \left(\frac{1}{2} \sin \varphi \cos \varphi + \frac{1}{2} \varphi\right) + \cos \varphi \cdot \frac{1}{2} \cdot \sin^2 \varphi \right].$$

Nach Vereinfachung erhält man

$$M_0 = - \gamma_0' r_a^2 r \left(1 - \cos \varphi - \frac{1}{2} \varphi \sin \varphi\right). \tag{46}$$

Um die weiteren Berechnungen zu erleichtern, sei vorläufig $1 - \cos \varphi - \frac{1}{2} \varphi \sin \varphi = f_\varphi$ gesetzt, dann ist

$$M_0 = - \gamma_0' r_a^2 r f_\varphi. \tag{46a}$$

Die Normalkraft N_0 kann auf Grund folgender Überlegung einfach ermittelt werden. N_0 ist für den Punkt K die in die Tangentialrichtung fallende Komponente des resultierenden Wasserdruckes zwischen K und dem Scheitelpunkt. Da ein jedes Kraftteilchen dP durch den Bogenmittelpunkt gerichtet ist, muß auch der resultierende Wasserdruck durch diesen Punkt gehen. Man zerlege die Resultierende in zwei Komponenten, die im Mittelpunkt des Kreisbogens angreifen. Die eine Komponente T fällt in die Richtung des Radius zum Punkt K, die andere steht normal darauf und diese ist nichts anderes als die gesuchte Normalkraft N_0. Berechnet man das Biegungsmoment M_0 in bezug auf K, so ist das Moment von T gleich Null, da diese Kraft durch K geht, so daß das Moment beträgt

$$M_0 = - N_0 r,$$

und da M_0 aus Gl. (46) schon bekannt ist, so berechnet sich die Normalkraft auf

$$N_0 = - \frac{M_0}{r} = \gamma_0' r_a^2 \left(1 - \cos \varphi - \frac{1}{2} \varphi \sin \varphi\right) \tag{47}$$

oder mit

$$1 - \cos \varphi - \frac{1}{2} \varphi \sin \varphi = f_\varphi, \tag{48}$$

$$N_0 = \gamma_0' r_a^2 f_\varphi. \tag{47a}$$

Die Gl. (19) und (20) finden jetzt wieder Anwendung. Zu Gl. (19) braucht man das Integral $\int M_0 ds$ oder nach Einsetzen der Gl. (46a)

$$\int M_0 ds = - \gamma_0' r_a^2 r \int f_\varphi ds = - \gamma_0' r_a^2 r^2 \int f_\varphi d\varphi,$$

$$\int f_\varphi \cdot d\varphi = \int d\varphi - \int \cos \varphi \, d\varphi - \frac{1}{2} \int \varphi \sin \varphi \, d\varphi.$$

Die Integrationsgrenzen sind $-\alpha$ und $+\alpha$. Die Auswertung des Integrals ergibt

$$\int_{-\alpha}^{+\alpha} f_\varphi \cdot d\varphi = 2\alpha + \alpha \cos \alpha - 3 \sin \alpha. \tag{48a}$$

Es ist also nach Gl. (19)

$$M_e = \frac{\gamma_0' r_a^2 r^2 (2\alpha + \alpha \cos \alpha - 3 \sin \alpha)}{\dfrac{2\alpha}{\sin \alpha} \cdot l}.$$

Berücksichtigt man, daß $r = \dfrac{l}{\sin \alpha}$, ferner nach Gl. (22): $r_a = \lambda\,v\,l$ und setzt man

$$1 + \frac{1}{2}\cos \alpha - \frac{3}{2}\,\frac{\sin \alpha}{\alpha} = k_1 \tag{49}$$

so erhält man für M_e den Ausdruck

$$M_{ew} = \gamma_0{}' \frac{(\lambda v)^2}{\sin \alpha}\, l^3 k_1 \;. \tag{50}$$

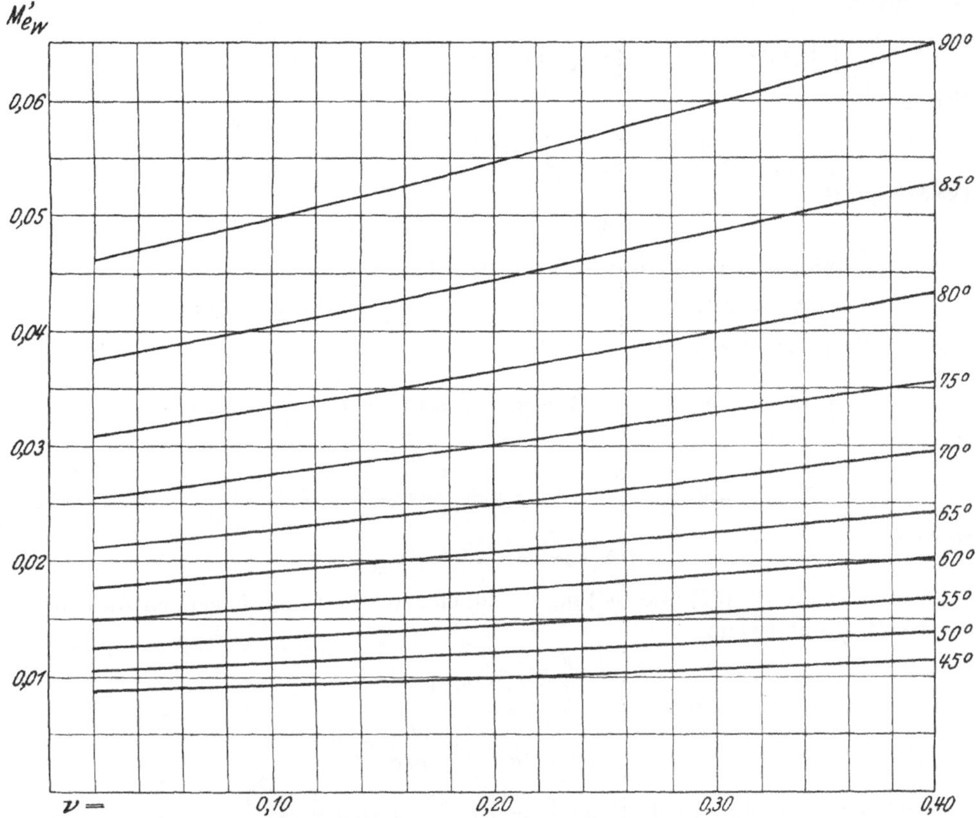

Abb. 34. Werte des Kräftepaares M_e aus veränderlichem Wasserdruck. $n = v\,l$, $M_{ew} = \gamma_0{}' \cdot l^3 \cdot M_{ew}'$.

Die Werte von $M_{ew}' = \dfrac{M_{ew}}{\gamma_0' l^3}$ sind in der Abb. 34 graphisch aufgetragen.

Zur Berechnung von H_e braucht man gemäß Gl. (20) 2 Integrale, in denen nur noch die Ordinate y als Funktion von φ ausgedrückt werden muß. Gemäß Gl. (14) ist

$$y = r\left(\frac{\sin \alpha}{\alpha} - \cos \varphi\right).$$

Jetzt können die in Gl. (20) vorkommenden Integrale berechnet werden. Mit Hilfe der Gleichung (46a) und (14) ist

$$\int M_0\, y\, ds = -\,\gamma_0' r_a{}^2 r \int f_\varphi \cdot y\, ds = -\,\gamma_0' r_a{}^2 r^2 \int f_\varphi\, y\, d\varphi =$$

$$= +\,\gamma_0' r_a{}^2 r^3 \left[\int f_\varphi \cdot \cos \varphi \cdot d\varphi - \frac{\sin \alpha}{\alpha}\int f_\varphi\, d\varphi\right].$$

Da $f_\varphi = 1 - \cos \varphi - \dfrac{1}{2}\,\varphi \sin \varphi$ ist, so wird

$$\int f_\varphi \cos \varphi\, d\varphi = \int \cos \varphi\, d\varphi - \int \cos^2 \varphi\, d\varphi - \frac{1}{2}\int \varphi \sin \varphi \cos \varphi\, d\varphi.$$

Die Auswertung des Integrals ergibt von $\varphi = -\alpha$ bis $\varphi = +\alpha$ den Wert

$$\int_{-\alpha}^{+\alpha} f_\varphi \cdot \cos\varphi\, d\varphi = 2\sin\alpha - \frac{5}{8}\sin 2\alpha - \alpha + \tfrac{1}{4}\alpha\cos 2\alpha. \tag{48b}$$

Das zweite Integral $\int f_\varphi\, d\varphi$ ist in Gl. (48a) gegeben. Demzufolge wird also

$$\int M_0\, y\, ds = \gamma_0' r_a^2 r^3 \left[2\sin\alpha - \frac{5}{8}\sin 2\alpha - \alpha + \frac{1}{4}\alpha\cos 2\alpha - \frac{\sin\alpha}{\alpha}(2\alpha + \alpha\cos\alpha - 3\sin\alpha)\right],$$

oder zusammengezogen

$$\int M_0\, y\, ds = \gamma_0' r_a^2 r^3 \left[-\frac{9}{8}\sin 2\alpha + \frac{1}{4}\alpha\cos 2\alpha + 3\frac{\sin^2\alpha}{\alpha} - \alpha \right].$$

Sei

$$\frac{9}{8}\sin 2\alpha + \alpha - \frac{1}{4}\alpha\cos 2\alpha - 3\frac{\sin^2\alpha}{\alpha} = k_2 \tag{51}$$

gesetzt, so ist

$$\int M_0\, y\, ds = -\gamma_0' r_a^2 r^3 k_2. \tag{52}$$

Das zweite Integral der Gl. (20) wird nach Gl. (47a)

$$\int N_0 \cos\varphi\, ds = \gamma_0' r_a^2 \int f_\varphi \cdot \cos\varphi \cdot ds = \gamma_0' r_a^2 r \int f_\varphi \cos\varphi\, d\varphi,$$

und mit Berücksichtigung der Gl. (48b)

$$\int N_0 \cos\varphi\, ds = \gamma_0' r_a^2 r \left(2\sin\alpha - \frac{5}{8}\sin 2\alpha - \alpha + \frac{1}{4}\alpha\cos 2\alpha \right).$$

Sei

$$2\sin\alpha - \frac{5}{8}\sin 2\alpha - \alpha + \frac{1}{4}\alpha\cos 2\alpha = k_3, \tag{53}$$

so wird

$$\int N_0 \cos\varphi\, ds = \gamma_0' r_a^2 r k_3. \tag{54}$$

Setzt man die Gl. (52) und (54) in Gl. (20) ein, so erhält man folgenden Ausdruck für den Horizontalschub

$$H_e = -\frac{-\dfrac{F}{I}\gamma_0' r_a^2 r^3 k_2 + \gamma_0' r_a^2 r k_3}{\left(\dfrac{12}{v^2\sin^3\alpha}\cdot k_4 + \dfrac{1}{\sin\alpha}\cdot k_5\right) l}.$$

Berücksichtigt man wieder, daß $\dfrac{F}{I} = \dfrac{12}{n^2} = \dfrac{12}{v^2 l^2}$, ferner $r = \dfrac{l}{\sin\alpha}$ und $r_a = \lambda v l$, so lautet die Formel für den statisch unbestimmten Horizontalschub, der mit H_{ew} bezeichnet werden möge, nach entsprechender Vereinfachung:

$$H_{ew} = \frac{\dfrac{12}{v^2}\dfrac{k_2}{\sin^2\alpha} - k_3}{\dfrac{12}{v^2}\dfrac{k_4}{\sin^2\alpha} + k_5} \cdot (\lambda v)^2 \gamma_0' l^2. \tag{55}$$

Um die umständliche Berechnung, die diese Formel verursacht, zu vermeiden, sind die Werte von $H_{ew}' = \dfrac{H_{ew}}{\gamma_0' l^2}$ bis $v = 0{,}4$ und von $\alpha = 45^0$ bis $\alpha = 90^0$ in Abb. 35 graphisch aufgetragen.

Das Biegungsmoment in einem beliebigen Punkt K von der Ordinate y beträgt

$$M = M_0 + M_{ew} + H_{ew}\cdot y,$$

wo nach Gl. (46a)

$$M_0 = -\gamma_0' r_a^2 r \cdot f_\varphi,$$

oder mit $r = \dfrac{l}{\sin \alpha}$ und $r_a = \lambda \nu l$

$$M_0 = - \gamma_0' \frac{(\lambda \nu)^2}{\sin \alpha} l^3 \cdot f_\varphi \, . \tag{56}$$

Die Werte für f_φ von $\alpha = 0^0$ bis $\alpha = 90^0$ sind in der Tabelle 4 zusammengestellt. Mit deren Hilfe kann M_0 für einen beliebigen Querschnitt leicht ermittelt werden. M_{ew} und H_{ew} sind aus den Abb. 34 und 35 zu entnehmen, y ergibt sich aus Gl. (14)

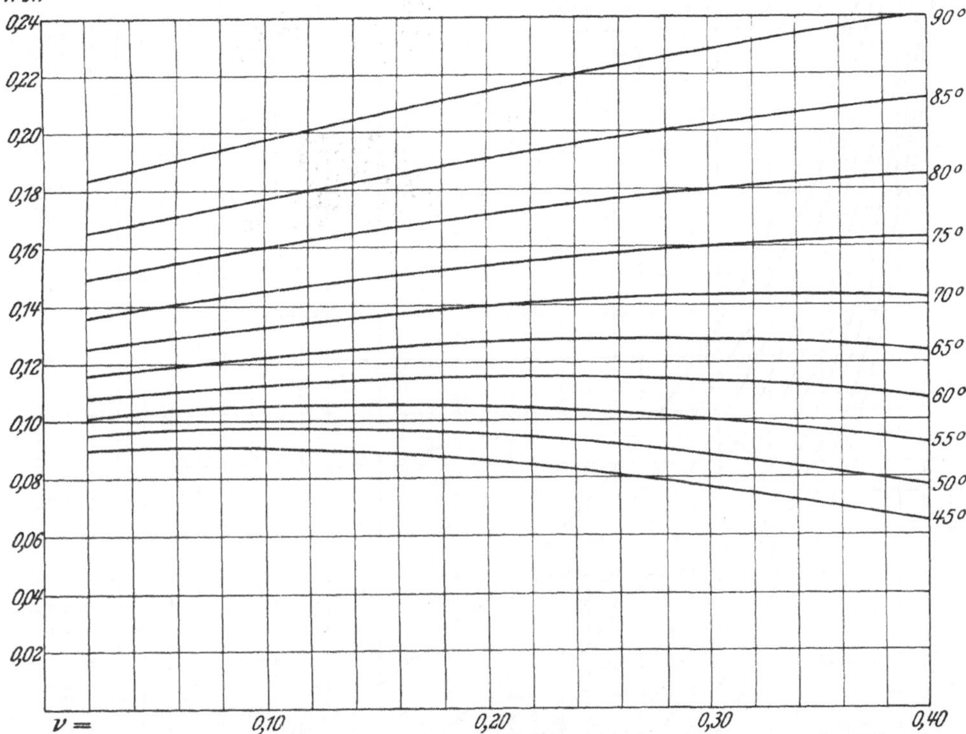

Abb. 35. Horizontalschub aus veränderlichem Wasserdruck. $n = \nu l$, $H_{ew} = \gamma_0' l^2 \cdot H'_{ew}$.

Tabelle 4. Hilfswerte f_φ.

$\varphi^0 = 0$	5	10	15	20	25	30	35	40	45
$f\varphi = 0$	0,000002	0,000038	0,000195	0,000614	0,001491	0,003075	0,005659	0,009580	0,015213
$\varphi^0 = 0$	50	55	60	65	70	75	80	85	90
$f\varphi = 0$	0,022962	0,033259	0,046550	0,063295	0,083954	0,108984	0,138826	0,173902	0,214602

Das Biegungsmoment beträgt also mit $y = r\left(\dfrac{\sin \alpha}{\alpha} - \cos \varphi\right) = l\left(\dfrac{1}{\alpha} - \dfrac{\cos \varphi}{\sin \alpha}\right)$

$$M = \left[- \frac{(\lambda \nu)^2}{\sin \alpha} \cdot f_\varphi + M'_{ew} + H'_{ew}\left(\frac{1}{\alpha} - \frac{\cos \varphi}{\sin \alpha}\right) \right] \gamma_0' l^3 \, . \tag{57}$$

Die Normalkraft in einem beliebigen Schnitte beträgt

$$N = N_0 + H_{ew} \cdot \cos \varphi \, ,$$

wo nach Gl. (47a)

$$N_0 = \gamma_0' r_a^2 \cdot f_\varphi = \gamma_0'(\lambda \nu)^2 l^2 \cdot f_\varphi \tag{58}$$

sich mit Hilfe der Tabelle 4 ebenfalls leicht ermitteln läßt. Man erhält also

$$N = [(\lambda \nu)^2 \cdot f_\varphi + H'_{ew} \cdot \cos \varphi] \gamma_0' l^2 \, . \tag{59}$$

Die Randspannungen berechnen sich dann zu

$$\sigma = \frac{N}{v\,l} \pm \frac{6\,M}{v^2\,l^2}.$$

Das obere Vorzeichen gilt für die Wasserseite.

Das Biegungsmoment, die Normalkraft und die Spannungen im Kämpfer erhält man, wenn man in obigen Gleichungen $\varphi = \alpha$ setzt. Diese Spannungen sind in

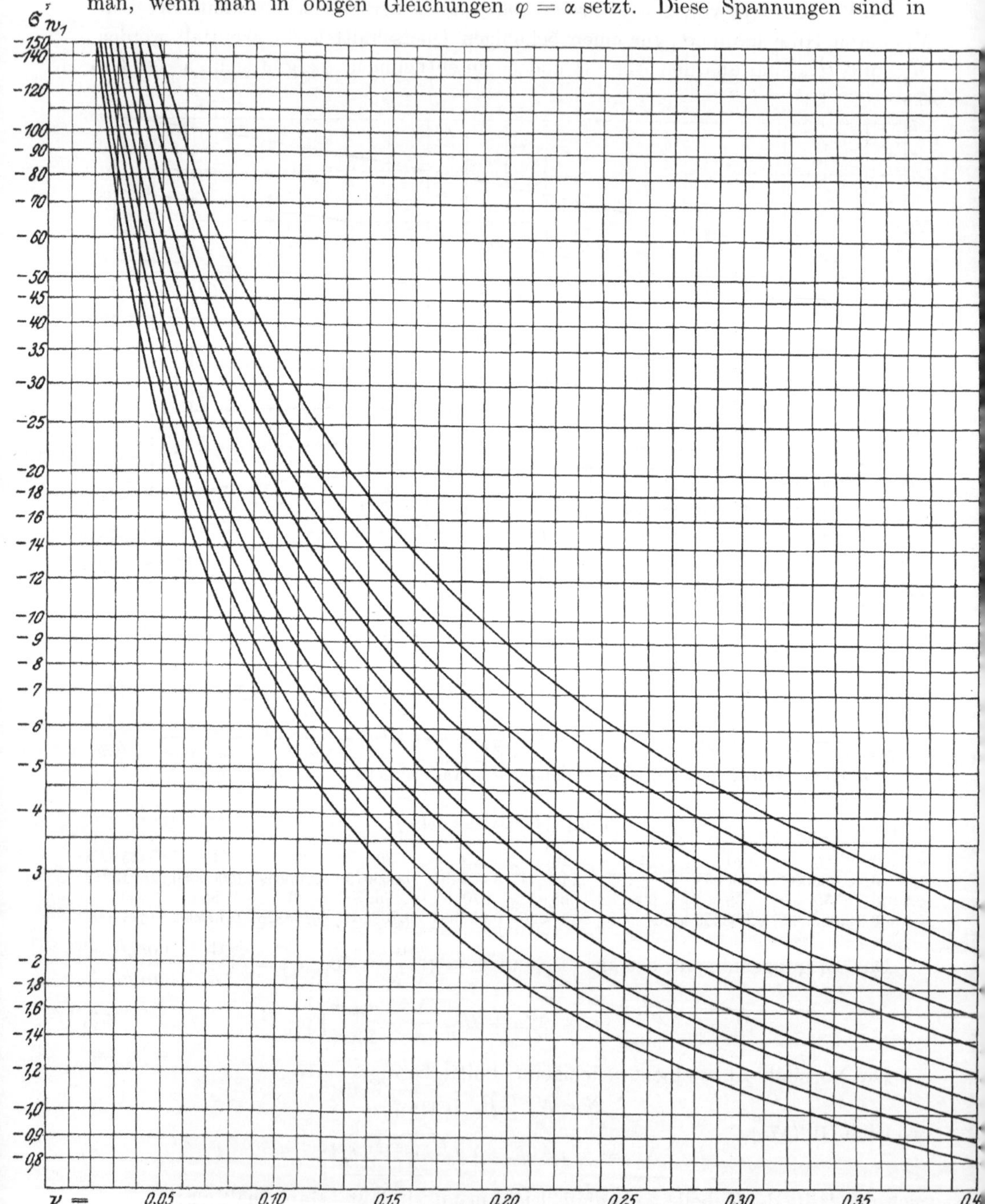

Abb. 36. Kämpferspannungen an der Wasserseite aus veränderlichem Wasserdruck. $n = v\,l$, $\sigma_{w1} = \gamma'_0\,l\sigma_{w1}'$.

Abb. 36 und 37 graphisch aufgetragen, und zwar enthält Abb. 36 die mit den wasserseitigen Spannungen σ_{w1} proportionalen Größen $\sigma'_{w1} = \dfrac{\sigma_{w1}}{\gamma'_0\,l}$ und Abb. 37 die entsprechenden Werte für die Talseite.

Aus diesen Abbildungen kann der Einfluß des veränderlichen Wasserdruckes wie folgt zusammmengefaßt werden:

1. An der Wasserseite des Kämpfers entstehen Zug-, an der Talseite Druckspannungen. Die letzteren addieren sich mit den von dem gleichmäßigen Wasserdruck

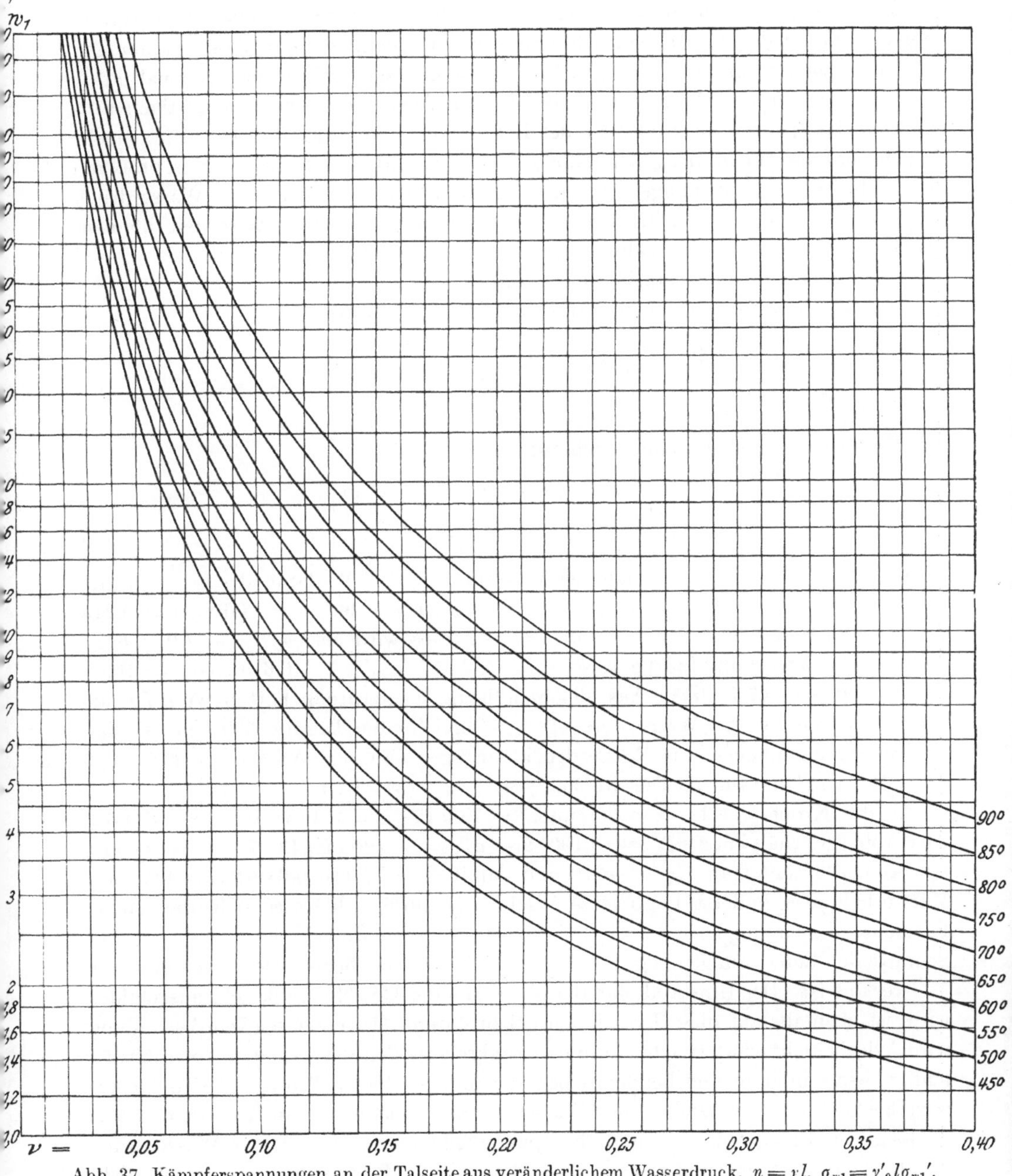

Abb. 37. Kämpferspannungen an der Talseite aus veränderlichem Wasserdruck. $n = rl,\ \sigma_{n1} = \gamma'_0\,l\,\sigma_{n1}'$.

4*

erzeugten Druckspannungen, während die wasserseitigen Zugspannungen die entsprechenden Spannungen aus gleichmäßigem Wasserdruck vermindern, sie sogar in Zugspannungen verwandeln können, falls sie von vornherein schon nicht solche waren.

2. Die Spannungen aus veränderlichem Wasserdruck nehmen mit abnehmender Bogenstärke und mit wachsendem Zentriwinkel zu. Bei $\alpha = 90^0$ werden diese Spannungen am größten, im Gegensatz zu den Spannungen aus gleichmäßigem Wasserdruck und aus Temperaturänderung.

3. Da die in Abb. 36 und 37 enthaltenen Werte noch mit $\gamma_0' l$ multipliziert werden müssen, um zu den tatsächlichen Spannungen zu gelangen, sind diese Spannungen von der Bogenspannweite l nicht mehr unabhängig, sie wachsen proportional mit l.

Der veränderliche Wasserdruck übt also im allgemeinen einen ungünstigen Einfluß auf die Spannungsverhältnisse des Bogens aus. Dieser Einfluß tritt um so mehr in den Vordergrund, als der gleichmäßige Wasserdruck abnimmt. Während in größeren Wassertiefen die Spannungen aus dem zusätzlichen, veränderlichen Wasserdruck gegenüber jenen aus gleichmäßigem Wasserdruck vernachlässigt werden können, werden die ersteren in der Nähe der Mauerkrone von größerem Einfluß sein, zumal an dieser Stelle die Bogenstärke am geringsten ist.

Das Biegungsmoment im Scheitel beträgt ($\varphi = 0$) nach Gl. (57).

$$M_{sw1} = \left[M_{ew}' + H_{ew}' \left(\frac{1}{\alpha} - \operatorname{ctg} \alpha \right) \right] \gamma_0' l^3,$$

und die Normalkraft

$$N_{sw1} = H_{ew}' \cdot \gamma_0' l^2.$$

Die Randspannungen berechnen sich auf

$$\sigma_{sw1} = \left[\frac{H_{ew}'}{\nu} \pm 6 \cdot \frac{M_{ew}' + H_{ew}' \left(\frac{1}{\alpha} - \operatorname{ctg} \alpha \right)}{\nu^2} \right] \gamma_0' l. \tag{60}$$

Beispiel. Es sei die Neigung der Wasserseite $\psi = 50^0$, dann ist $\cos \psi = 0{,}643$, also $\gamma_0' = 0{,}643\,\mathrm{t/m^3}$. In $h = 40\,\mathrm{m}$ Tiefe sei wieder $\alpha = 90^0$, $l = 7{,}00$ m, $\nu = 0{,}213$ Aus Abb. 36 findet man den Wert $\sigma_{w1}' = -7{,}9$, es wird also $\sigma_{w1} = -7{,}9 \cdot 0{,}643 \cdot 7{,}00 = -35{,}5$ t/m² und für die Talseite aus Abb. 37: $\sigma_{w1}' = +10{,}6$, also $\sigma_{w1} = 10{,}6 \cdot 0{,}643 \cdot 7{,}00 = +47{,}7$ t/m². Aus gleichmäßigem Wasserdruck hatten wir folgende Werte erhalten: für die Wasserseite 112 t/m² und für die Talseite 300 t/m², so daß die Gesamtspannungen aus Wasserdruck betragen: an der Wasserseite 112—35,5 $= +76{,}5$ t/m² und für die Talseite 300 + 47,7 = + 347,7 t/m².

An der Krone war bei $\alpha = 90^0$ und $l = 7{,}00$ m : $n = 0{,}40$ m bzw. $\nu = 0{,}0572$. Aus Abb. 36 erhält man $\sigma_{w1}' = -100$, also $\sigma_{w1} = -100 \cdot 0{,}643 \cdot 7 = -450$ t/m²; aus Abb. 37 findet man $\sigma_{w1}' = +110$ und damit $\sigma_{w1} = +110 \cdot 0{,}643 \cdot 7 = +495$ t/m². Man erhält also äußerst ungünstige Werte. Dadurch erklärt es sich, daß einige Fachleute diesen ungünstigen Einfluß derart umgehen wollen, daß sie wagerechte Schnitte den Berechnungen zugrunde legen möchten, was aber — wie bereits erwähnt — zwecklos ist. Der Umstand, daß der obere Teil der Gewölbe senkrecht ausgebildet wird, ist ebenfalls auf diese Ursache zurückzuführen. Mit einer solchen Ausbildung wird jedoch nicht viel erreicht, da dieser senkrechte Teil der Wand nur verhältnismäßig klein sein kann und bei dem Übergang in den schiefen Teil macht sich der ungünstige Einfluß des veränderlichen Wasserdruckes sofort in vollem Maße bemerkbar.

Es gibt nur zwei Möglichkeiten, die Spannungen aus veränderlichem Wasserdruck günstiger zu gestalten, und zwar 1. die Erhöhung der Bogenstärke und 2. die Wahl eines kleineren Zentriwinkels an der Krone. Beide Maßnahmen führen aber zu der Erhöhung der Temperaturspannungen, so daß man wiederum mit der Erhöhung der Wandstärke und mit der Herabsetzung des Zentriwinkels nicht zu weit gehen darf. Sei z. B. die Wandstärke an der Krone bei $l = 7,00$ m $: n = 0,60$ m und $\alpha = 70^0$, so erhält man für $v = \dfrac{0,60}{7,00} = 0,0857$ aus Abb. 36 den Wert $\sigma_{w1}' = -21,1$, also $\sigma_{w1} = -21,1 \cdot 0,643 \cdot 7,00 = -95,0$ t/m² gegenüber -450 t/m², also etwa $^1/_5$ des früheren Wertes, und an der Talseite findet man zuerst aus Abb, 37: $\sigma_{w1}' = +24,3$ und damit $\sigma_{w1} = 24,3 \cdot 0,643 \cdot 7,00 = +109,3$ t/m² gegenüber $+495$ t/m², also ebenfalls fast $^1/_5$ des früheren Wertes.

Die Spannungen aus veränderlichem Wasserdruck könnten noch dadurch herabgesetzt werden, daß man das Gewölbe steiler baut, wodurch $\cos \psi$ kleiner wird, ferner indem die Spannweite des Bogens, also der Pfeilerabstand, kleiner gemacht wird. Durch solche Änderungen können jedoch die Spannungen nicht so wesentlich herabgesetzt werden wie mit der Änderung von v und α, außerdem sind bei der Wahl der wasserseitigen Böschung und des Pfeilerabstandes die statischen Verhältnisse der Pfeiler bzw. die Wirtschaftlichkeit der ganzen Staumauer maßgebend, wie man aus den späteren Kapiteln ersehen wird.

d) Eigengewicht.

Hier liegt derselbe Fall vor wie bei der Berücksichtigung des Eigengewichtes von Bogenbrücken, nur kommt hier nicht das ganze Eigengewicht, sondern dessen zur wasserseitigen Böschung normale Komponente in Frage. Das Gewicht eines Bogenelementes von der Bogenlänge ds, dessen Länge normal zur Querschnittfläche die Einheit sei, beträgt $\gamma_1 n\, ds$, wenn γ_1 das spezifische Gewicht des Gewölbes bedeutet. Die Normalkomponente beträgt dann (Abb. 38)

$$dP = \gamma_1 n\, ds \cos \psi = \gamma_1' n\, ds,$$

wenn $\boxed{\gamma_1' = \gamma_1 \cos \psi}$ gesetzt wird. dP wirkt in der Richtung der $+y$-Achse. Das Biegungsmoment aus dP im statisch bestimmten Grundsystem in bezug auf einen durch den Winkel φ gekennzeichneten Punkt K beträgt

$$dM_0 = -dP \cdot \overline{KL},$$

wo der Abstand $\overline{KL} = r\,(\sin \varphi - \sin \xi)$ (s. Abb. 38). Setzt man diesen Wert und den Ausdruck für dP in die letzte Gleichung ein, so wird — weil $ds = r\, d\xi$ —

$$dM_0 = -\gamma_1' n\, r^2 (\sin \varphi - \sin \xi)\, d\xi.$$

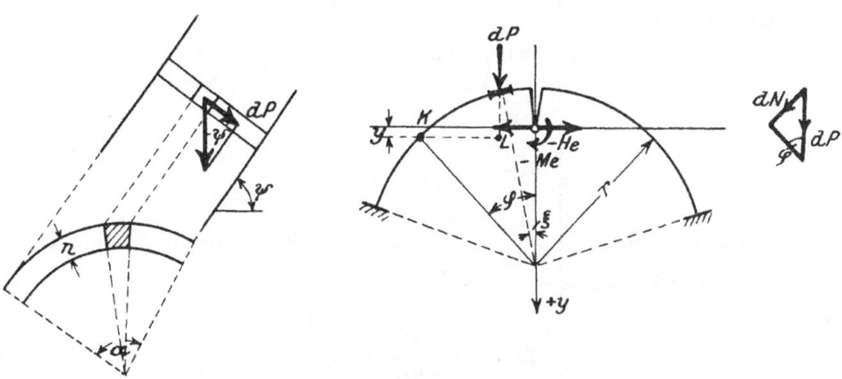

Abb. 38.

Das Biegungsmoment M_0 ist das Integral des obigen Ausdruckes von $\xi = 0$ bis $\xi = \varphi$, also

$$M_0 = - \gamma_1' \, n \, r^2 \, (\varphi \sin \varphi + \cos \varphi - 1) = - \gamma_1' \, n \, r^2 \cdot t_\varphi, \tag{61}$$

wenn

$$\varphi \sin \varphi + \cos \varphi - 1 = t_\varphi \tag{62}$$

gesetzt wird.

Für die statisch unbestimmte Größe M_e gilt — wie früher — Gl. (19). Demgemäß soll $\int M_0 ds$ berechnet werden

$$\int M_0 \, ds = r \int M_0 \, d\varphi = - \gamma_1' \, n \, r^3 \int t_\varphi \cdot d\varphi,$$

$$\int t_\varphi \cdot d\varphi = \int \varphi \sin \varphi \, d\varphi + \int \cos \varphi \, d\varphi - \int d\varphi = [\sin \varphi - \varphi \cos \varphi + \sin \varphi - \varphi]_{-\alpha}^{+\alpha}$$
$$= 2 \, (2 \sin \alpha - \alpha \cos \alpha - \alpha), \tag{62a}$$

also

$$\int_{-\alpha}^{\alpha} M_0 \cdot ds = - \gamma_1' \, n \, r^2 \cdot 2 \, (2 \sin \alpha - \alpha \cos \alpha - \alpha),$$

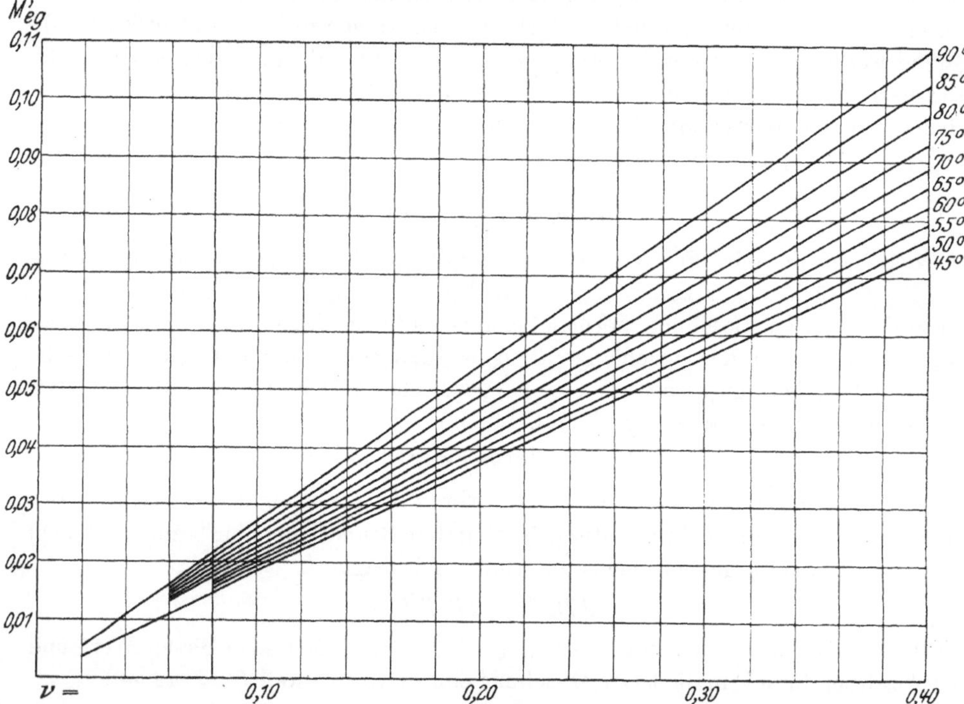

Abb. 39. Werte des Kräftepaares M_e aus Eigengewicht. $n = \nu l$, $M_{eg} = \gamma_1' l^3 \cdot M_{eg}'$.

es wird also nach Gl. (19)

$$M_e = \frac{\dfrac{\gamma_1' \, n \, r^3}{l}}{\sin \alpha} \left(2 \, \frac{\sin \alpha}{\alpha} - \cos \alpha - 1 \right).$$

Setzt man

$$2 \, \frac{\sin \alpha}{\alpha} - \cos \alpha - 1 = k_6 \tag{63}$$

und berücksichtigt man, daß $r = \dfrac{l}{\sin \alpha}$ und $n = \nu l$, so erhält man für die erste statisch unbestimmte Größe den Ausdruck

$$\boxed{M_{eg} = \gamma_1' \, \frac{\nu^2}{\sin \alpha} \cdot l^3 \cdot k_6} \tag{64}$$

Abb. 39 enthält die Werte von $M'_{eg} = \dfrac{M_{eg}}{\gamma'_1 \, l^3}$.

Für die zweite statisch unbestimmte Größe gilt Gl. (20), wozu folgende Integrale berechnet werden sollen:

$$\int M_0 \, y \, ds = r \int M_0 \cdot y \cdot d\varphi = - \gamma'_1 \, n \, r^3 \int t_\varphi \cdot d\varphi \cdot y \, .$$

Nach Einsetzen von y aus Gl. (14) erhält man

$$\int M_0 \, y \, ds = + \gamma'_1 \, n \, r^3 \int t_\varphi \, r \left(\cos \varphi - \frac{\sin \alpha}{\alpha}\right) d\varphi = \gamma'_1 \, n \, r^4 \left[\int t_\varphi \cos \varphi \, d\varphi - \frac{\sin \alpha}{\alpha} \int t_\varphi \, d\varphi \right].$$

Mit Hilfe der Gl. (62) und (62a) ist dann

$$\int M_0 \, y \, ds =$$

$$= \gamma'_1 \, n \, r^4 \left[\int \varphi \sin \varphi \cos \varphi \, d\varphi + \int \cos^2 \varphi \, d\varphi - \int \cos \varphi \, d\varphi - \frac{\sin \alpha}{\alpha} 2 \, (2 \sin \alpha - \alpha \cos \alpha - \alpha) \right]_{-\alpha}^{+\alpha}.$$

Nach Ausführung der Integration ergibt sich:

$$\int M_0 \, y \, ds = \gamma'_1 \, n \, r^4 \left[\frac{7}{4} \sin 2\alpha + \alpha - \frac{1}{2} \alpha \cos 2\alpha - 4 \frac{\sin^2 \alpha}{\alpha} \right].$$

Setzt man

$$\frac{1}{2} \alpha \cdot \cos 2\alpha + 4 \frac{\sin^2 \alpha}{\alpha} - \frac{7}{4} \sin 2\alpha - \alpha = k_7 \, , \tag{65}$$

so ist

$$\int M_0 \, y \, ds = - \gamma'_1 \, n \, r^4 k_7 \, . \tag{65a}$$

Für die Berechnung des zweiten Integrals muß zuerst die Normalkraft im Grundsystem N_0 ermittelt werden. Gemäß Abb. 38 ist

$$d N_0 = d P \sin \varphi = \gamma'_1 \, n \, r \cdot \sin \varphi \cdot d\xi \, ,$$

und

$$N_0 = \int_0^\varphi d N_0 = \gamma'_1 \, n \, r \sin \varphi \int_0^\varphi d\xi = \gamma'_1 \, n \, r \, \varphi \sin \varphi \, . \tag{66}$$

Demnach wird

$$\int N_0 \cos \varphi \, ds = r \int N_0 \cos \varphi \, d\varphi = \gamma'_1 \, n \, r^2 \int_{-\alpha}^{+\alpha} \varphi \cdot \sin \varphi \cdot \cos \varphi \cdot d\varphi =$$

$$= \gamma'_1 \, n \, r^2 \frac{1}{4} \left[\frac{1}{2} \sin 2\varphi - \varphi \cos 2\varphi \right]_{-\alpha}^{\alpha} ,$$

$$\int N_0 \cos \varphi \, ds = \gamma'_1 \, n \, r^2 \left(\frac{1}{4} \sin 2\alpha - \frac{1}{2} \alpha \cos 2\alpha \right).$$

Sei wieder

$$\frac{1}{4} \sin 2\alpha - \frac{1}{2} \alpha \cos 2\alpha = k_8 \, . \tag{67}$$

Setzt man die Gl. (67) und (70) in Gl. (20) ein, so erhält man

$$H_{eg} = - \frac{- \dfrac{F}{J} \gamma'_1 \, n \, r^4 k_7 + \gamma'_1 \, n \, r^2 k_8}{\left(\dfrac{12}{\nu^2 \sin^3 \alpha} \cdot k_4 + \dfrac{1}{\sin \alpha} \cdot k_5 \right) l} \, .$$

Mit $\dfrac{F}{J} = \dfrac{12}{n^2} = \dfrac{12}{\nu^2 \, l^2}$ und mit $r = \dfrac{l}{\sin \alpha}$ erhält man nach Vereinfachung

$$\boxed{\; H_{eg} = \frac{\dfrac{12}{\nu^2} \dfrac{k_7}{\sin^2 \alpha} - k_8}{\dfrac{12}{\nu^2} \dfrac{k_4}{\sin^2 \alpha} + k_5} \cdot \frac{\nu}{\sin \alpha} \cdot \gamma'_1 \, l^2 \;} \tag{68}$$

Die Werte von $H'_{eg} = \dfrac{H_{eg}}{\gamma_1' l^2}$ sind in Abb. 40 graphisch aufgetragen. Das Moment in einem beliebigen Querschnitte beträgt nun $M = M_0 + M_{eg} + H_{eg} \cdot y$, wobei nach Gl. (61):

$$M_0 = -\gamma_1' n r^2 t_\varphi = -\gamma_1' \frac{\nu}{\sin^2 \alpha} \cdot l^3 \cdot t_\varphi,$$

es wird also

$$M = \left[-\frac{\nu}{\sin^2 \alpha} \cdot t_\varphi + M'_{eg} + H'_{eg} \left(\frac{1}{\alpha} - \frac{\cos \varphi}{\sin \alpha} \right) \right] \gamma_1' l^3. \tag{69}$$

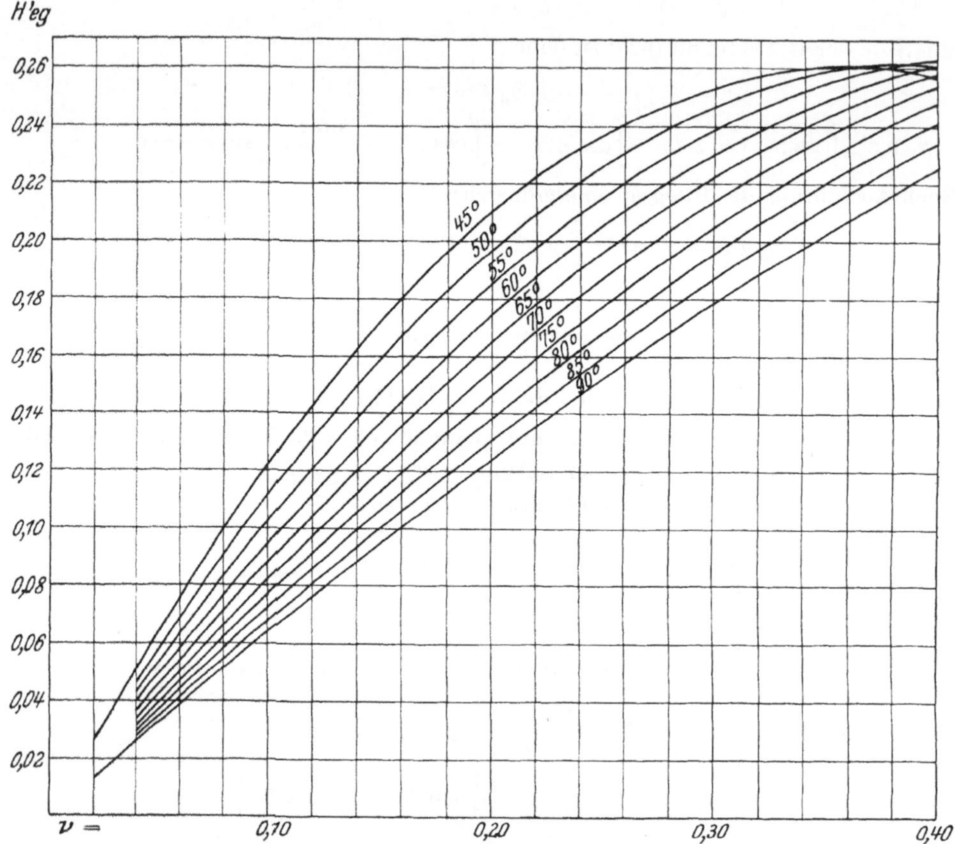

Abb. 40. Horizontalschub aus Eigengewicht. $n = \iota l$, $H_{eg} = \gamma_1' l^2 \cdot H'_{eg}$.

Die Normalkraft ist $N = N_0 + H_{eg} \cdot \cos \varphi$, wo nach Gl. (68)

$$N_0 = \gamma_1' n r \varphi \sin \varphi = \gamma_1' \frac{\nu}{\sin \alpha} l^2 \varphi \sin \varphi,$$

und damit wird

$$N = \left[\frac{\nu}{\sin \alpha} \varphi \sin \varphi + H'_{eg} \cos \varphi \right] \gamma_1' l^2. \tag{69a}$$

Mit Hilfe der Gl. (69) und (69a) können dann die Spannungen leicht ermittelt werden Für die Ermittelung von t_φ dient folgende Tabelle:

Tabelle 5. Werte von t_φ.

$\varphi^0 =$	0	5	10	15	20	25	30	35	40	45
$t_\varphi =$	0	0,003801	0,015115	0,033685	0,059080	0,090710	0,127825	0,169530	0,214795	0,262467
$\varphi^0 =$	0	50	55	60	65	70	75	80	85	90
$t_\varphi =$	0	0,311288	0,359906	0,406900	0,450792	0,490071	0,523213	0,548699	0,565040	0,570796

Für die Ermittelung des Momentes bzw. der Normalkraft im Kämpfer braucht man in Gl. (69) und (69a) nur $\varphi = \alpha$ einzusetzen. Die Abb. 41 enthält die Spannungen $\sigma_g' = \dfrac{\sigma_g}{\gamma_1' l}$ für die Talseite und Abb. 42 die entsprechenden wasserseitigen Spannungen.

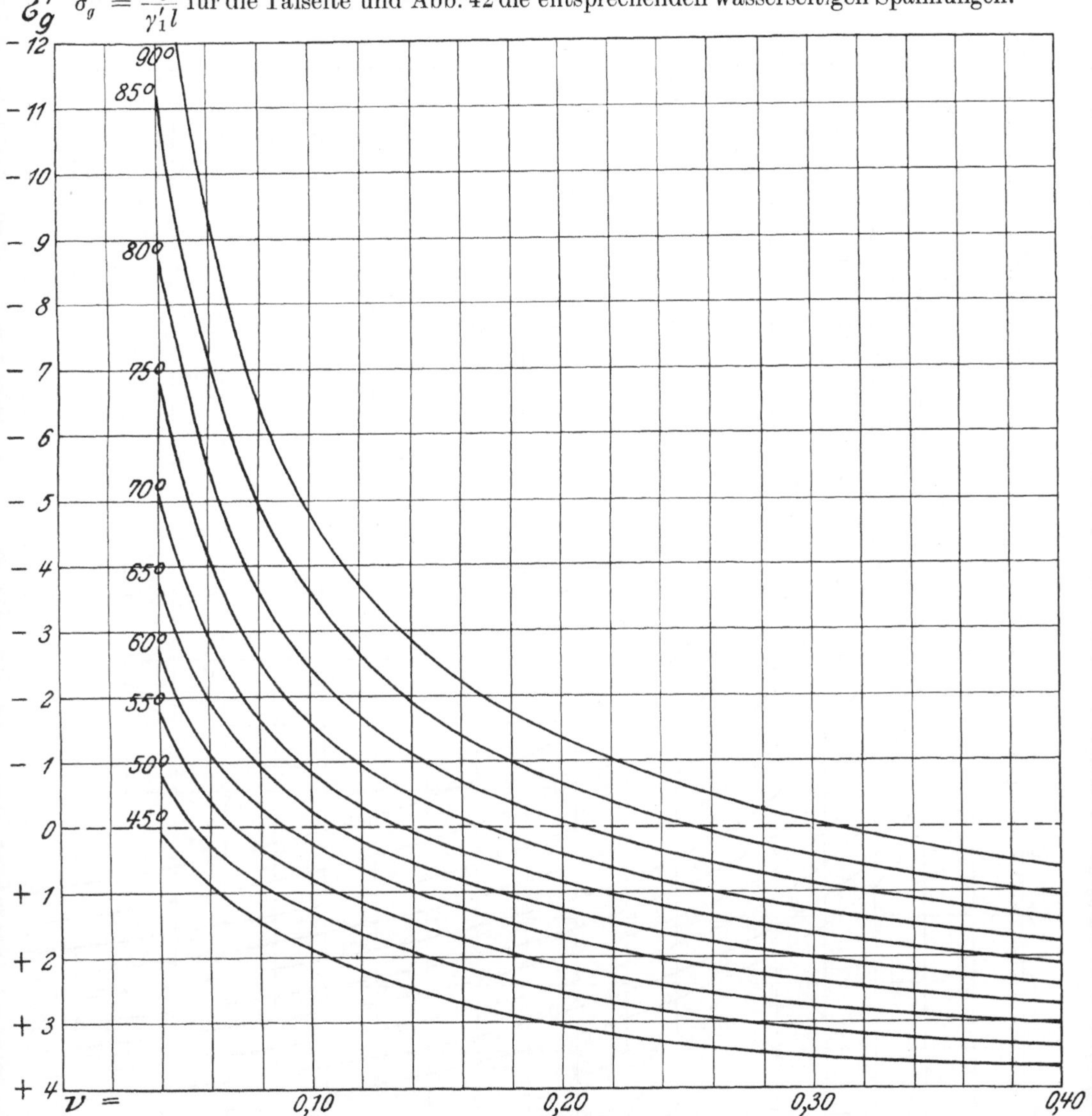

Abb. 41. Kämpferspannungen an der Talseite aus Eigengewicht. $n = \nu l$, $\sigma_g = \gamma_1' l \cdot \sigma_g'$.

Das Biegungsmoment im Scheitel beträgt nach Gl. (69) mit $\varphi = 0$

$$M_{sg} = \left[M_{eg}' + H_{eg}' \left(\frac{1}{\alpha} - \frac{1}{\sin \alpha} \right) \right] \gamma_1' l^3,$$

und die Normalkraft nach Gl. (69a)

$$N_{sg} = H_{eg}' \gamma_1' l^2,$$

und damit betragen die Randspannungen aus Eigengewicht:

$$\sigma_{sg} = \left[\frac{H_{eg}'}{\nu} \pm 6 \cdot \frac{M_{eg}' + H_{eg}' \left(\dfrac{1}{\alpha} - \dfrac{1}{\sin \alpha} \right)}{\nu^2} \right] \gamma_1' l. \tag{70}$$

Die Spannungen wachsen also auch hier linear mit der Spannweite. Aus dem Verlauf der Kämpferspannungen Abb. 41 und 42 sieht man, daß die wasserseitigen Spannungen größtenteils positiv sind, während sie an der Talseite positiven oder

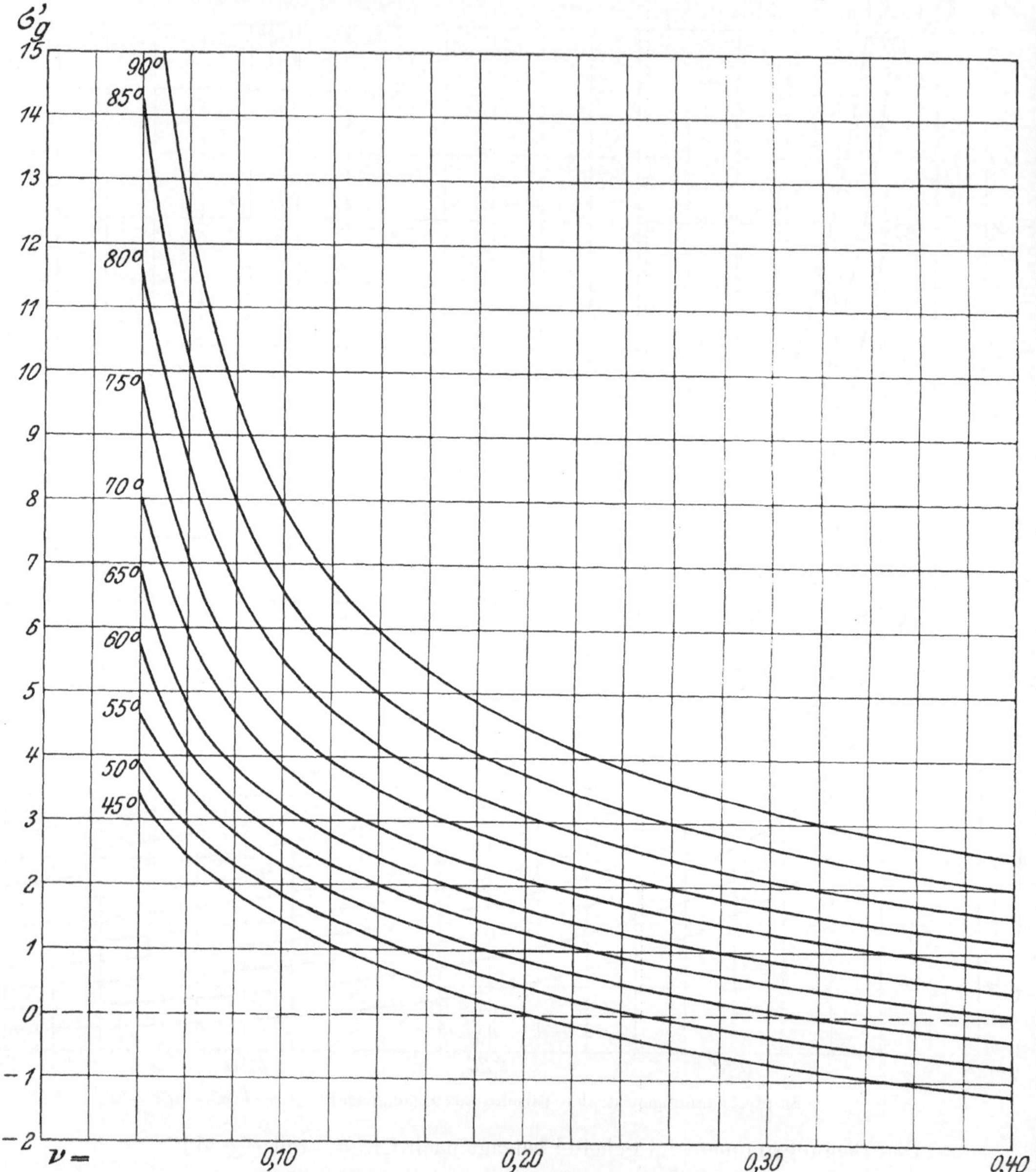

Abb. 42. Kämpferspannungen an der Wasserseite aus Eigengewicht. $n = \nu l$, $\sigma_g = \gamma_1' l \cdot \sigma_g'$.

negativen Wert annehmen können. Das Eigengewicht übt also im allgemeinen einen günstigen Einfluß auf die Spannungsverhältnisse aus.

Beispiel. In $h = 40$ m Tiefe ist $\nu = 0,213$ bei $\alpha = 90°$ und $l = 7,00$ m. Bei einer Neigung von $\cos \psi = 0,643$ und $\gamma_1 = 2,4$ t/m³ ist $\gamma_1' = 0,643 \cdot 2,4 = 1,542$. In Abb. 42 findet man für die Wasserseite $\sigma_g' = 4,25$, also $\sigma_g = 4,25 \cdot 1,542 \cdot 7,00 = 45,9$ t/m² und für die Talseite aus Abb. 41 den Wert $\sigma_g' = -- 1,25 \cdot 1,542 \cdot 7,00$

$= -13{,}6$ t/m². Man sieht also, daß die Spannungen aus Eigengewicht gegenüber den übrigen Spannungen gering sind.

e) Die Stützmauerwirkung.

Wie am Anfang dieses Kapitels schon erwähnt wurde, haben wir von der Annahme Gebrauch gemacht, daß das Gewölbe mittels Normalebenen in einzelne Bogenelemente eingeteilt wird. Ein solcher Bogen wurde unabhängig davon, ob der anschließende Teil auf ihn eine Wirkung ausübt oder nicht, berechnet. Jetzt sollen diejenigen Kräfte bzw. Spannungen untersucht werden, die sich aus dem Umstand ergeben, daß die einzelnen Bogenelemente ihre Deformationen nicht voneinander unabhängig ausführen können. Ein solcher Fall tritt ein, wenn ein Punkt des Gewölbes festgehalten oder irgendwie gehemmt ist, seine Formänderung auszuführen. Infolge des Materialzusammenhanges des ganzen Gewölbes wird dieser Umstand auch auf die anschließenden Gewölbeteile einen Einfluß haben. Eine solche Verhinderung der Deformation ist nun in unserem Falle bei dem Fundament vorhanden. Bei allen Staumauern ist es notwendig, an der Wasserseite des Fundaments eine entsprechend tiefe Herdmauer zu errichten, um die Durchsickerung des Wassers zu verhindern. Diese Herdmauer ist nun in den Fels eingekeilt und dadurch ist die Deformation an dieser Stelle des Gewölbes gehindert. Außerdem übt noch die Reibung zwischen Staumauer und Fundament eine ähnliche Wirkung aus. Daraus folgt, daß in allen Punkten des Gewölbes zusätzliche Spannungen entstehen werden, die um so größer sind, je näher der betreffende Punkt am Fundamente liegt. Dieses Problem erinnert an die Theorie der zylinderförmigen Flüssigkeitsbehälter, bei denen die untere Einspannung berücksichtigt wird[1]). Die Lösung des Problems erfolgt folgendermaßen[2]). Man teilt das der Einfachheit halber senkrecht gedachte Gewölbe in wagerechte und in lotrechte Lamellen ein. Die wagerechten Lamellen sind Bogen, während die lotrechten Lamellen Stützmauerquerschnitte sind. Betrachtet man einen Kreuzungspunkt A in Abb. 43. Auf diesen Punkt wirkt der Wasserdruck p. Ein Teil dieses Wasserdruckes p_g wird nun von der Gewölbewirkung, der restliche Teil p_s von der Stützmauerwirkung aufgenommen. Das Problem ist dann gelöst, wenn z. B. der auf das Gewölbe entfallende Teil des Wasserdrucks bekannt ist. Die Bedingung hierzu ist, daß die Durchbiegung in dem Punkte A einmal aus der Gewölbewirkung und zum zweitenmal aus der Stützmauerwirkung gleich sein muß. Die auf die Stützmauer bezogene Verteilungskurve kann in den oberen Teilen der Staumauer auch negative Werte annehmen, so daß hier der auf das Gewölbe entfallende Wasserdruck größer sein kann als der an dieser Stelle tatsächlich herrschende Wasserdruck.

Die Durchbiegung der Stützmauer in einer Entfernung x von der Einspannung beträgt (Abb. 44a)

$$\delta_x = \int\limits_0^x \frac{M_\xi \cdot d\xi}{E J}(\xi - x),$$

wobei das Moment den Wert hat

$$M_\xi = \int\limits_h^x p_\xi \cdot d\xi\,(\xi - x).$$

---

[1]) S. Handbuch für Eisenbetonbau: Bd. 5., 3. Aufl.: Die statische Berechnung der Flüssigkeitsbehälter. Bearbeitet von Dr. Ing. Dr. Lewe, Berlin.

[2]) S. auch Dr. Ing. H. Ritter: Die Berechnung von bogenförmigen Staumauern. Karlsruhe 1913.

p_ξ ist vorläufig noch unbekannt. Praktisch wird man in der Weise vorgehen, daß man die Belastungslinie durch eine gebrochene Linie ersetzt und die Belastungsordinaten p_1, $p_2 \ldots p_n$ in den Brechungspunkten als Unbekannte einführt. Zwischen den 2 Ordinaten p_{k-1} und p_k (Abb. 44b) teilt man das Feld durch die Diagonale in zwei Dreiecke, die die Flächen: $\frac{1}{2} a p_{k-1}$ und $\frac{1}{2} a p_k$ haben und so bildet man das Moment in bezug auf die verschiedenen Querschnitte, um die Durchbiegungen als Funktionen der Belastungsgrößen zu erhalten.

Um die Durchbiegung des Gewölbes zu ermitteln, kann man näherungsweise die ganze, gleichmäßige Wasserdruckbelastung zugrunde legen. Eine bessere Annäherung erhält man dadurch, daß man die Belastung von den Kämpfern bis zum Scheitel abnehmend annimmt (Abb. 45). Diese Belastungslinie kann nun aus zwei Teilen zusammengesetzt gedacht werden, und zwar aus einer gleichmäßigen Belastung p_1 und aus einer veränderlichen Belastung, die am Scheitel Null ist und an

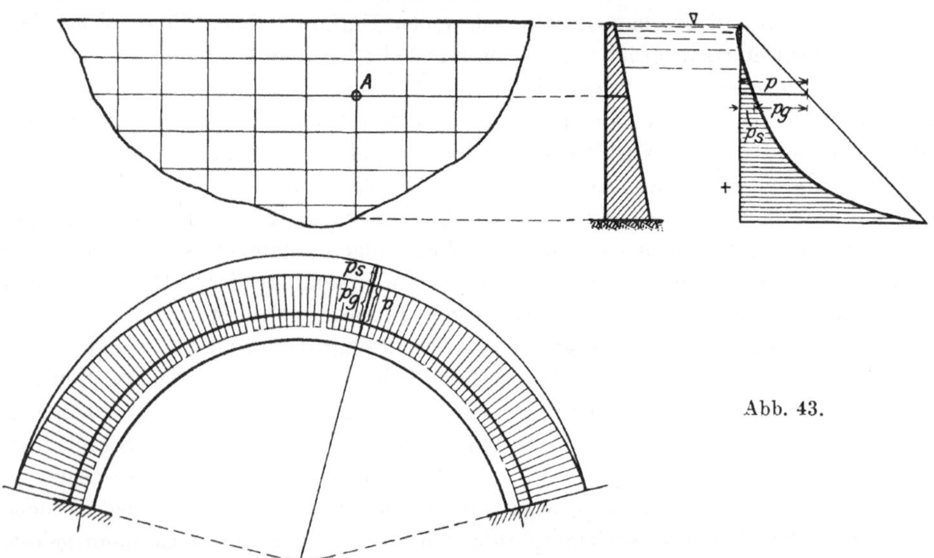

Abb. 43.

den Kämpfern $p_0 = p - p_1$ beträgt. Da die Gesetzmäßigkeit, nach der die letztere sich ändert, unbekannt ist, führt man eine solche Funktion ein, mit deren Hilfe sich die Durchbiegung am einfachsten ermitteln läßt. Im Endresultat wird dieser Umstand keinen wesentlichen Einfluß auf den Verlauf der gesuchten Verteilungslinie ausüben. Der Fall eines gleichmäßigen und veränderlichen Wasserdruckes ist früher schon behandelt, die Biegungsmomente aus diesen Belastungen in einem beliebigen Querschnitte des Bogens sind berechnet und für die rasche Ermittelung dieser Momente sind Diagramme angegeben, die jetzt verwendet werden können. Die gleichmäßige Belastung p_1 muß nunmehr als unbekannt eingeführt werden. Am Kämpfer wirkt der volle Wasserdruck p und der größte Wert des veränderlichen Wasserdruckes $p_0 = p - p_1$ ist ebenfalls von der unbekannten Belastungsordinate p_1 abhängig. Die Biegungsmomente aus gleichmäßigem Wasserdruck sind mit p_1 einfach proportional. Bei veränderlichem Wasserdruck kann $\cos \psi$ (der hier natürlich nur eine mathematische Bedeutung hat) so gewählt werden, daß die Belastungsordinate im Kämpfer p_0 wird und die Biegungsmomente aus veränderlichem Wasserdruck sind dann ebenfalls mit $\cos \psi$ (bzw. mit $\gamma_0' = \gamma_0 \cos \psi$), also auch mit p_0 proportional. Man erhält also für die unbekannten Belastungsgrößen p_1 ausschließlich lineare Gleichungen.

Die Durchbiegung eines Gewölbestreifens in einem Punkte A in radialer Richtung beträgt (Abb. 46)

$$d\,\delta_y = \frac{M\,ds}{EJ}\cdot x,$$

wobei x der Abstand eines beliebigen Punktes ist, für den das Biegungsmoment den Wert M hat. x wird von der Linie AO (Radius) aus gemessen. Die gesamte Durch-

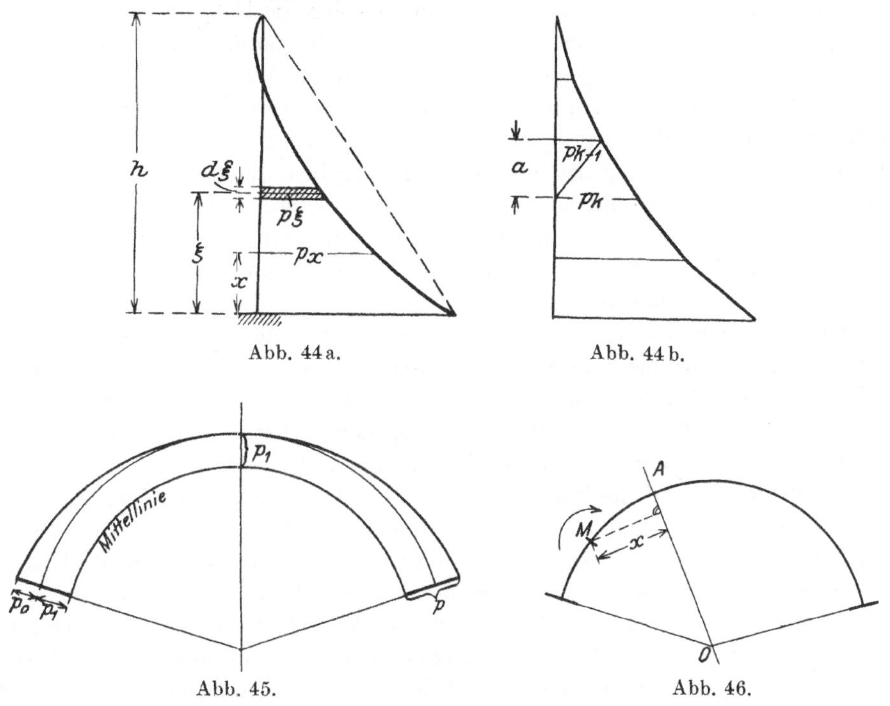

biegung des Bogens im Punkte A ist das Integral des obigen Ausdruckes, also

$$\delta_y = \int \frac{M\cdot ds}{EJ}\cdot x.$$

Die Integration ist über den ganzen Bogen auszudehnen. Das Moment M ist bekannt und auf Grund des Vorhergesagten wird δ_y die unbekannte Größe p_1 enthalten. Die Elastizitätsgleichung findet man, indem man die Durchbiegung aus der Bogenwirkung δ_y und jene aus der Stützmauerwirkung miteinander gleich setzt, also $\delta_y = \delta_x$.

Auf ähnliche Weise können die Spannungen aus Temperaturwirkung ermittelt werden, da die durch die Temperaturschwankungen bedingte Deformation des Gewölbes ebenfalls nicht frei erfolgen kann.

Diese Theorie gilt jedoch nur insoweit, als keine Risse im Gewölbe entstehen. Tritt ein wagerechter Riß auf, so hört an dieser Stelle die Stützmauerwirkung, im Falle eines senkrechten Risses dagegen die Bogenwirkung auf, und zwar gänzlich, wenn die Risse sich auf den ganzen Querschnitt ausdehnen, und teilweise, wenn die Risse im inneren des Querschnittes irgendwo aufhören. An diesen Stellen muß dann ein Knickpunkt in der Durchbiegungslinie entstehen.

Die Frage der Temperatur- und Durchbiegungsmessungen wird in einem späteren Kapitel behandelt werden. Im übrigen sei, was die Berechnung der Stützmauerwirkung anlangt, auf die bisherige Literatur hingewiesen[1]).

Wie aus der Theorie der statisch unbestimmten Tragwerke bekannt ist, geht der größere Teil der Kraft in den Querschnitt über, der steifer ist und umgekehrt. Die Steifigkeit kann dabei entweder erreicht werden durch entsprechende Vergrößerung des Querschnitts oder durch Verhinderung der Deformation. In der Sohle kann eine Deformation aus den erwähnten Gründen nicht stattfinden. Wir können also a priori sagen, daß in der Sohle der ganze Wasserdruck von der Stützmauerwirkung aufgenommen wird. Andererseits ist bei dem Gewölbe die Deformation in den Talwänden, d. h. bei den Widerlagern verhindert, so daß hier der ganze Wasserdruck von der Gewölbewirkung aufgenommen wird. In dieser Weise kann die Verteilung des Wasserdruckes in der Hauptsache vorausbestimmt werden; diese Verteilung ist natürlich nur prinzipiell gültig.

Eine genaue Berechnung ist mit außerordentlichen Schwierigkeiten und mit großem Zeitaufwand verbunden, da eine jede Elastizitätsgleichung mehrere Unbekannten enthält; daher wird es nötig sein, in einem praktischen Falle eine Näherungsberechnung durchzuführen. Für den Fall, daß die Staumauer einigermaßen symmetrisch ist (bei Gewölbestaumauern kommt dies jedoch infolge der unregelmäßigen Form der Täler nicht häufig vor), läßt sich diese Näherungsmethode anwenden. In diesem Falle genügt es, mehrere horizontale, aber nur eine einzige vertikale Teilungslinie anzunehmen. Letztere soll etwa die Scheitellinie des Gewölbes sein. Hierbei erhält man so viele Teilungspunkte, wie horizontale Teilungslinien vorhanden sind. In jedem Punkte ermittelt man aus den Elastizitätsgleichungen den auf die Gewölbewirkung fallenden Anteil des Wasserdruckes. Der Wasserdruck, der von der Stützmauerwirkung aufgenommen wird, kann dann durch einfache Subtraktion gefunden werden. In der Weise ist es möglich, die Kurve für die Stützmauer ziemlich genau zu zeichnen. Für eine horizontale Lamelle sind drei Punkte der Belastungskurve bekannt, und zwar die soeben ermittelte Ordinate der Belastung im Scheitel und zwei Ordinaten im Kämpfer, die gleich dem dort herrschenden ganzen Wasserdruck sind. Es sei hier besonders hervorgehoben, daß der Standpunkt einiger Fachleute unzutreffend ist, die die Meinung vertreten, es wäre nicht nötig, bei Gewölbestaumauern eine so genaue elastizitätstheoretische Untersuchung zu machen, sondern es genüge nur die Bogenwirkung allein zu berücksichtigen. Betrachtet man nämlich die Gewölbewirkung allein, so kommt man in den meisten Fällen zu dem Schluß, daß die Möglichkeit der Errichtung der Staumauer fraglich wird, denn in den unteren Teilen des Gewölbes, hauptsächlich dort, wo der Bogen ziemlich flach, dagegen die Gewölbestärke groß ist, man sehr hohe Beanspruchungen erhalten würde. Bei einer genauen Berechnung können sich indessen wesentlich andere Resultate ergeben.

Anders liegen die Verhältnisse bei Gewölben von aufgelösten Staumauern. Hier ist der Einfluß des Fundaments, d. h. der Stützmauerwirkung wesentlich geringer als bei den Gewölbestaumauern. Erstens deshalb, weil ein verhältnismäßig geringer Teil des Gewölbes mit dem Fundament in Verbindung steht und zweitens, weil die Gewölbelänge im Verhältnis zum Radius und zur Wandstärke hier viel größer ist

---

[1]) Noetzli, F. A.: The relation between deflections and stresses in arch dams. Transactions Bd. 85 S. 284ff. 1922, und Schweiz. Bauzg. vom 5. Aug. 1922. — Smith: Arched Dams. Transactions Bd. 83, S. 2027ff. 1920. — Stucky: Etudes sur les barrages arquées. Bull. Techn. de la Suisse Rom. 1922, ferner die bereits erwähnten Literaturquellen.

als bei Gewölbestaumauern, so daß der Stützmauerquerschnitt eine viel geringere
Steifigkeit besitzt, also nur geringe Kräfte aufzunehmen vermag. In diesem Falle
kann von einer solchen Untersuchung Abstand genommen werden. Es muß bloß berücksichtigt werden, daß in dem unteren Teil des Gewölbes aus der Stützmauerwirkung eventuell Zugspannungen auftreten können. Es ist dabei unbedingt nötig,
die Längsverteilungseisen des Gewölbes in der Nähe des Fundaments zu vermehren,
und sie fest in den Fels zu verankern.

3. Die wirtschaftlich günstigsten Bogenabmessungen.

a) Alleinige Berücksichtigung des gleichmäßigen Wasserdruckes.

Ein Gewölbe erreicht dann seine größte Wirtschaftlichkeit, wenn der Gewölbeinhalt oder die in jeder Wassertiefe vorhandene Querschnittfläche des Bogens
ein Minimum wird. Veränderliche Größen sind hierbei die relative Bogenstärke $v = \dfrac{n}{l}$
und der halbe Zentriwinkel α. Der Querschnitt wird als homogen vorausgesetzt. Ist
die größte im Bogen auftretende Druckspannung σ_w, so kann das Problem folgendermaßen formuliert werden: Bei gegebener zulässiger Druckspannung σ_w müssen die
Größen v und α so bestimmt werden, daß die Querschnittsfläche B des Bogens ein
Minimum wird.

Die Querschnittsfläche beträgt, nach Abb. 47

$$B = 2\,a\,r\,n = 2\,\alpha\,\frac{l}{\sin\alpha}\,n = 2\,v\,\frac{\alpha}{\sin\alpha}\,l^2 \qquad (71)$$

und, da $l = \text{const.}$, so ist

$$B = B'\,l^2,$$

wo

$$B' = 2\,v\,\frac{\alpha}{\sin\alpha}. \qquad (71\,\mathrm{a})$$

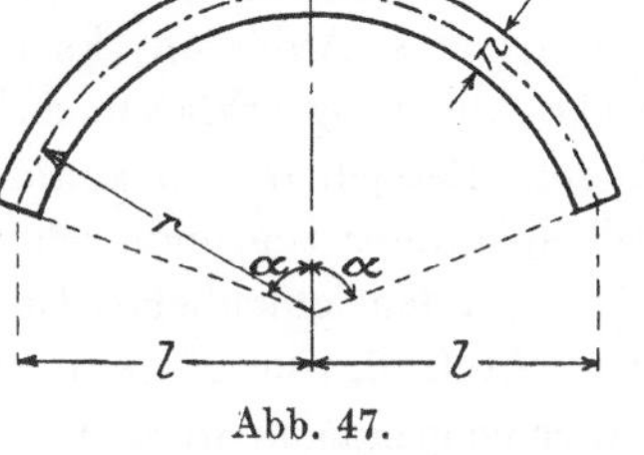

Abb. 47.

Die Aufgabe, den wirtschaftlich günstigsten Zentriwinkel aus dem Wasserdruck
zu ermitteln, wurde schon öfters behandelt, meistens in der Weise, daß man einige
Beispiele ausgearbeitet hat. Diese Lösung kann natürlich keine allgemeine Gültigkeit
haben. Davon abweichend und am bekanntesten ist die analytische Lösung von
L. R. Jorgensen, die jedoch nur die Normalspannung berücksichtigt. Die Jor-
gensensche Ableitung sei hier — unseren Bezeichnungen folgend — wiedergegeben.

Die Normalspannung aus dem gleichmäßigen Wasserdruck p ist: $\sigma = \dfrac{p\,r_a}{n}$, oder

$$n = \frac{p\,r_a}{\sigma} = \frac{p}{\sigma}\left(r + \frac{n}{2}\right) = \frac{p\,l}{\sigma}\left(\frac{1}{\sin\alpha} + \frac{v}{2}\right)$$

Andererseits ist $n = v\,l$, so daß also wird

$$v\,l = \frac{p\,l}{\sigma}\left(\frac{1}{\sin\alpha} + \frac{v}{2}\right)$$

und daraus

$$v = \frac{p}{\sin\alpha\left(\sigma - \dfrac{p}{2}\right)}.$$

Setzt man diesen Wert in Gl. (71) ein, so erhält man

$$B = 2 \cdot \frac{p}{\sin\alpha\left(\sigma - \dfrac{p}{2}\right)} \cdot \frac{\alpha}{\sin\alpha} \cdot l^2.$$

In dieser Gleichung sind p, σ und l gegeben, es sei also die konstante Größe

$$\frac{2\,pl^2}{\sigma - \dfrac{p}{2}} = c\,,$$

so daß man für B den Ausdruck erhält:

$$B = c\,\frac{\alpha}{\sin^2\alpha}\,.$$

Um das Minimum zu erhalten, differentiert man B nach α und setzt den Differentialquotienten $= 0$, also

$$\frac{dB}{d\alpha} = c\,\frac{\sin^2\alpha - 2\alpha\cdot\cos^2\alpha}{\sin^4\alpha} = \frac{c}{\sin^2\alpha}\,(1 - 2\,\alpha\cdot\operatorname{ctg}^2\alpha) = 0\,,$$

woraus sich der Wert ergibt

$$\boxed{2\,\alpha = 133^0\,34'}\,.$$

Dieser Wert ist, wie noch gezeigt werden wird, für eingespannte Bogen nicht zutreffend; denn es ist von vornherein zu erwarten, daß die Einspannungsmomente einen wesentlichen Einfluß auf die Spannungen ausüben[1]). Dieser Einfluß kann sogar — wie wir gesehen haben — unter Umständen so groß sein, daß die Biegungsspannungen größer werden als die Normalspannungen, in welchem Falle Zugspannungen entstehen (s. Abb. 25). Es läßt sich vielleicht durch die oben angeführte sehr einfache Ableitung erklären, daß der Wert für $2\,\alpha$ von 133^0 (bzw. 120^0 bis 140^0, da in diesem Bereich B sich kaum ändert), den meisten Gewölbedämmen und Gewölbereihendämmen zugrunde gelegt wurde. Nützlich war dieses Ergebnis jedoch insoweit, als sie zu dem glücklichen Gedanken der Gewölbestaumauer von konstantem Zentriwinkel führte, worauf weiter unten bei der konstruktiven Ausbildung der Staumauern näher eingegangen werden soll.

Es soll nun die größte durch den gleichmäßigen Wasserdruck hervorgerufene Spannung zugrunde gelegt werden, d. i. die talseitige Randspannung im Kämpfer.

Um das Minimum von B' für einen bestimmten Wert von σ_w zu finden, müßte man aus Gl. (31) ν als Funktion von σ_w und α ausrechnen und das Minimum dieser Funktion für verschiedene σ_w-Werte suchen. In dieser Weise würde man für jede σ_w ein α finden, bei dem B' Minimum wird. Die relative Bogenstärke ν findet man nachher aus Gl. (71), einfacher aber aus Abb. 24.

Eine analytische Lösung des Problems stößt jedoch auf große mathematische Schwierigkeiten, es soll daher der graphische Weg gewählt werden. Die größte Druckspannung aus gleichmäßigem Wasserdruck entsteht — wie bereits erwähnt — im Kämpfer an der Talseite; diese Spannungen sind in Abb. 24 als Funktion von α und ν aufgetragen worden. Wählt man einen bestimmten Wert für σ_w, d. h. schneidet man die Kurven mit einer horizontalen (der Abszissenachse ν parallelen) Linie, so entspricht einem jeden ν-Wert ein bestimmtes α. Setzt man die so bestimmten Werte in Gl. (71a) ein, so findet man B' als alleinige Funktion von α und erhält so eine $B' = f(\alpha)$-Kurve. Zu jedem σ_w gehört eine Kurve. Diese Kurvenschar ist in der Abb. 48 aufgetragen. Um diese Kurven von der Wassertiefe unabhängig zu machen, sind anstatt der tatsächlichen Spannungen σ_w die auf $\gamma_0 h$ bezogenen Spannungen $\sigma_w' = \dfrac{\sigma_w}{\gamma_0 h}$

<hr>

[1]) Die neueren amerikanischen Gewölbestaumauern werden nach Jorgensens Vorschlag mit senkrechten Fugen ausgeführt; in solchen Fällen wird das obige Ergebnis von $2\,\alpha\ 133^0\,34'$ eher zutreffend sein.

zugrunde gelegt worden. Ist nun die zulässige Druckspannung gegeben, so berechnet man σ_w' und sucht — evtl. durch Interpolation — die entsprechende Kurve in Abb. 48 heraus. Das Minimum dieser Kurve ergibt dann den wirtschaftlich günstigsten Zentriwinkel für die untersuchte Höhe h. Die zugehörige relative Bogenstärke ist aus Abb. 24 zu entnehmen.

Aus Abb. 48 ist ersichtlich, daß der günstigste Zentriwinkel mit zunehmender σ_w' kleiner wird. Legt man eine bestimmte maximale Druckspannung dem ganzen Gewölbe zugrunde, so wird mit zunehmender Wassertiefe σ_w' kleiner, da $\sigma_w' = \dfrac{\sigma_w}{\gamma_0 h}$, also σ_w' umgekehrt proportional zu h ist; daraus folgt, daß der Zentriwinkel von oben nach unten zunehmen sollte.

Da der veränderliche Wasserdruck in der Nähe der Krone ebenfalls einen kleineren Zentriwinkel erfordert, so ist die Verringerung von α gegen die Krone hin sowohl statisch wie auch wirtschaftlich begründet. Allerdings steht in der Nähe der Mauerkrone eine ziemlich freie Wahl des Zentriwinkels offen.

Betrachtet man die Kurven der Abb. 48 näher, so bemerkt man, daß diese mit wachsender σ_w' immer flacher werden, besonders in der Nähe ihrer Minimalwerte, so daß bei höheren σ_w'-Werten α_{min} nicht so genau festgestellt zu werden braucht. Aus

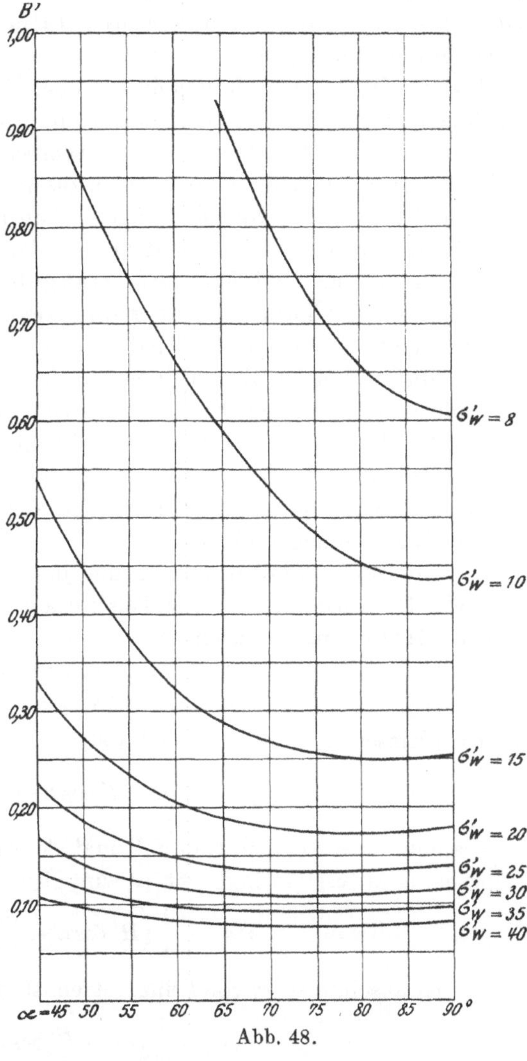

Abb. 48.

der Abbildung ist ersichtlich, daß der günstigste Zentriwinkel 2α aus gleichmäßigem Wasserdruck zwischen 150° und 180° liegt ($\alpha = 75°$ bis 90°).

b) Berücksichtigung des gleichmäßigen Wasserdruckes und der gleichmäßigen Temperaturschwankung.

Die größte Zugspannung entsteht an der Wasserseite bei Temperaturabnahme und Schwinden, an der Luftseite bei Temperaturzunahme. Abgesehen davon, daß im letzten Falle die Zugspannung sich als Unterschied der Biegungs- und Normalspannung, im ersten Falle als Summe der beiden Spannungen ergibt, wird der Temperaturabfall und das Schwinden zusammen größer sein als die Temperaturerhöhung allein. Eine Ausnahme könnte entstehen, wenn die Staumauer in den Tropen bei niedriger Mitteltemperatur erbaut würde. Doch auf diesen Ausnahmefall braucht man keine Rücksicht zu nehmen, wenn man bedenkt, daß Zugspannungen an der Wasserseite wesentlich ungünstiger sind als an der Luftseite. Die maßgebende größte Zugspannung entsteht also an der Wasserseite durch die Einwirkung des Temperaturabfalls und Schwindens.

Die größte Druckspannung tritt an der Wasserseite auf unter Wirkung des Wasserdruckes und der Temperaturzunahme, an der Talseite bei Wasserdruck, Temperaturabnahme und Schwinden. Die Druckspannung an der Talseite ist aber immer größer als an der Wasserseite, selbst wenn die Temperaturzunahme allein so groß wäre wie die Temperaturabnahme und Schwinden zusammen. Man kann sich aus den Abb. 24, 25, 28 und 29 leicht davon überzeugen. Außerdem treten voller Wasserdruck und hohe Temperatur gleichzeitig nicht auf, da das Staubecken im Sommer, also in der Trockenperiode, nie voll ist. Die maßgebende Druckspannung entsteht demnach an der Talseite unter der Gesamtwirkung des Wasserdruckes, Temperaturabfalles und Schwindens.

Über die maximalen Zugspannungen, die ebenfalls durch Temperaturabfall und Schwinden entstehen, gibt die Abb. 28 Auskunft. Daraus ist ersichtlich, daß bei gegebener Wandstärke der Wert $\alpha = 90^0$ die kleinste Spannung liefert. Die Bogenstärke selbst kann aber aus dieser Abbildung nicht festgestellt werden, nur erkennt man, daß die Bogenstärke möglichst gering sein soll, denn dementsprechend werden auch die Zugspannungen kleiner.

Die Wandstärke wird also auf Grund der maximalen zulässigen Druckspannung ermittelt. Die Spannung an der Talseite aus gleichmäßigem Wasserdruck beträgt nach Gl. (31) (unteres Vorzeichen)

$$\sigma_w = \frac{1}{\nu}\left(N_w' + \frac{6\,M'}{\nu}\right)\gamma_0\,h$$

oder nach Einsetzen von N_w' aus Gl. (30)

$$\sigma_w = \frac{1}{\nu}\left(\lambda\nu - H'\cos\alpha + 6\frac{M'}{\nu}\right)\gamma_0\,h\,.$$

Die Spannung aus Temperaturabfall und Schwinden ist in Gl. (38) gegeben. Hier kommt ein negatives t in Betracht, es wird also

$$\sigma_t = -\frac{1}{\nu}\left(H'\cos\alpha - \frac{6\,M'}{\nu}\right)\frac{E\,\omega}{\lambda}\,t,$$

wo jetzt der absolute Wert von t einzusetzen ist. Ist nun

$$\sigma_w' = \frac{1}{\nu}\left(\lambda\nu - H'\cos\alpha + \frac{6\,M'}{\nu}\right)$$

und

$$\sigma_t' = \frac{1}{\nu}\left(-H'\cos\alpha + \frac{6\,M'}{\nu}\right)\frac{E\,\omega}{\lambda}$$

so beträgt die Gesamtdruckspannung

$$\sigma_{wt} = \sigma_w + \sigma_t = \sigma_w'\gamma_0 h + \sigma_t't = \left(\sigma_w' + \sigma_t'\frac{t}{\gamma_0\,h}\right)\gamma_0\,h \tag{72}$$

Im tm-System ist $\gamma_0 = 1$ und damit geht Gl. (72) über in

$$\sigma_{wt} = \left(\sigma_w' + \sigma_t'\frac{t}{h}\right)h \tag{72a}$$

In den Abb. 49 bis 56 sind die $\sigma_{wt}' = \dfrac{\sigma_{wt}}{h}$-Werte für $\dfrac{t}{h} = 0,25$ bis 3 graphisch aufgetragen. Zeichnet man auf Grund dieser Diagramme die Volumenkurven für bestimmte Spannungen, so erhält man ein ähnliches Bild, wie Abb. 48. Bei kleineren Spannungen wird der günstigste Zentriwinkel $\alpha = 90^0$ sein, bei höheren Spannungen ergibt sich $\alpha < 90^0$ [1]). Betrachtet man nämlich die Spannungskurven, so ist daraus ersichtlich, daß der horizontale Abstand der Kurven um so kleiner wird, je höher die Spannung ist; bei höheren Spannungen drängen sich die Kurven stark aneinander. Aus diesem Umstand kann der Verlauf der Volumenkurven vorausbestimmt werden.

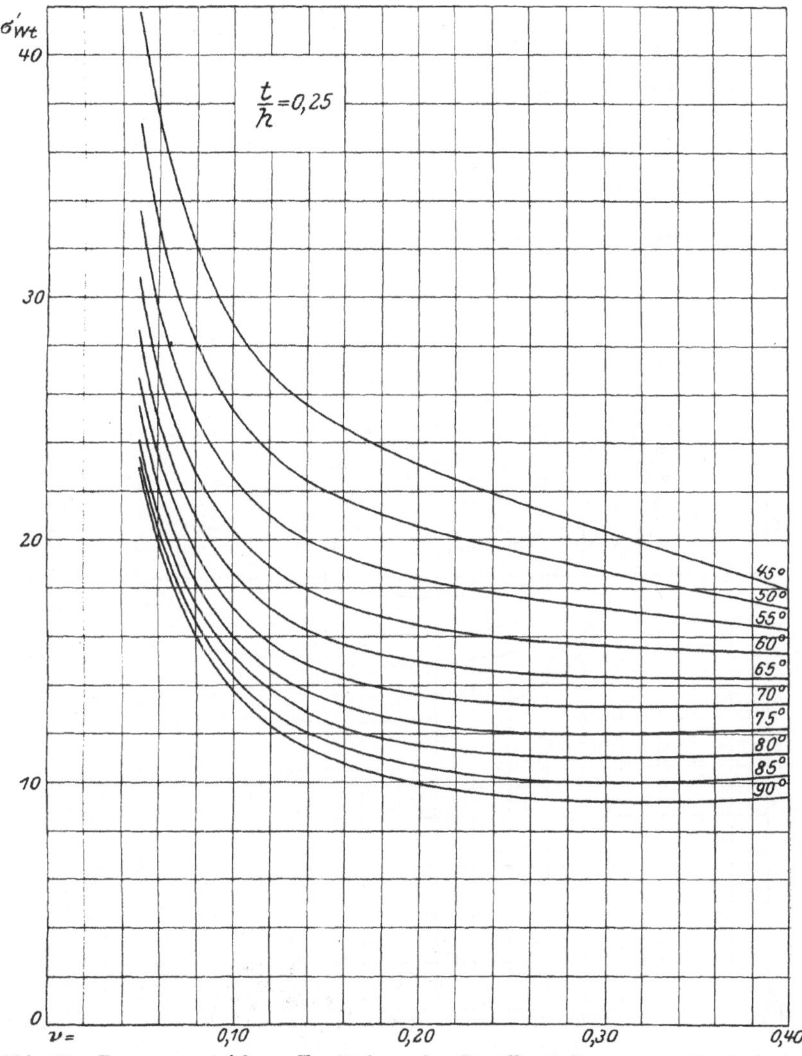

Abb. 49. Bemessungstafel zur Ermittelung der Gewölbestärke. $\sigma_{wt} = \sigma_{wt}' \, \gamma_0 h$, $n = \nu l$.

Schneidet man die Spannungskurven durch eine wagerechte, d. h. $\sigma' =$ konstante Linie, so sind die Schnittpunkte dieser Linie mit den Kurven bei kleinem σ' verhältnismäßig weit voneinander. Diese Schnittpunkte geben aber die relative Bogenstärken ν an. Wenn also die Schnittpunkte weiter voneinander liegen, so bedeutet das, daß eine verhältnismäßig große Zunahme der Bogenstärke nötig ist, um von

---

[1]) An dieser Stelle handelt es sich um die auf h bezogene Spannungen σ_{wt}', die hier schlechthin als „Spannungen" bezeichnet werden mögen.

einem α-Wert zu dem nächsten kleineren α-Wert zu gelangen. Das Volumen B ist aber das Produkt aus Bogenlänge und Wandstärke, und eine Volumenverminderung kann entweder durch Verminderung der Wandstärke oder der Bogenlänge, also bei konstantem l des Zentriwinkels erreicht werden. Sind also die erwähnten Schnitt-

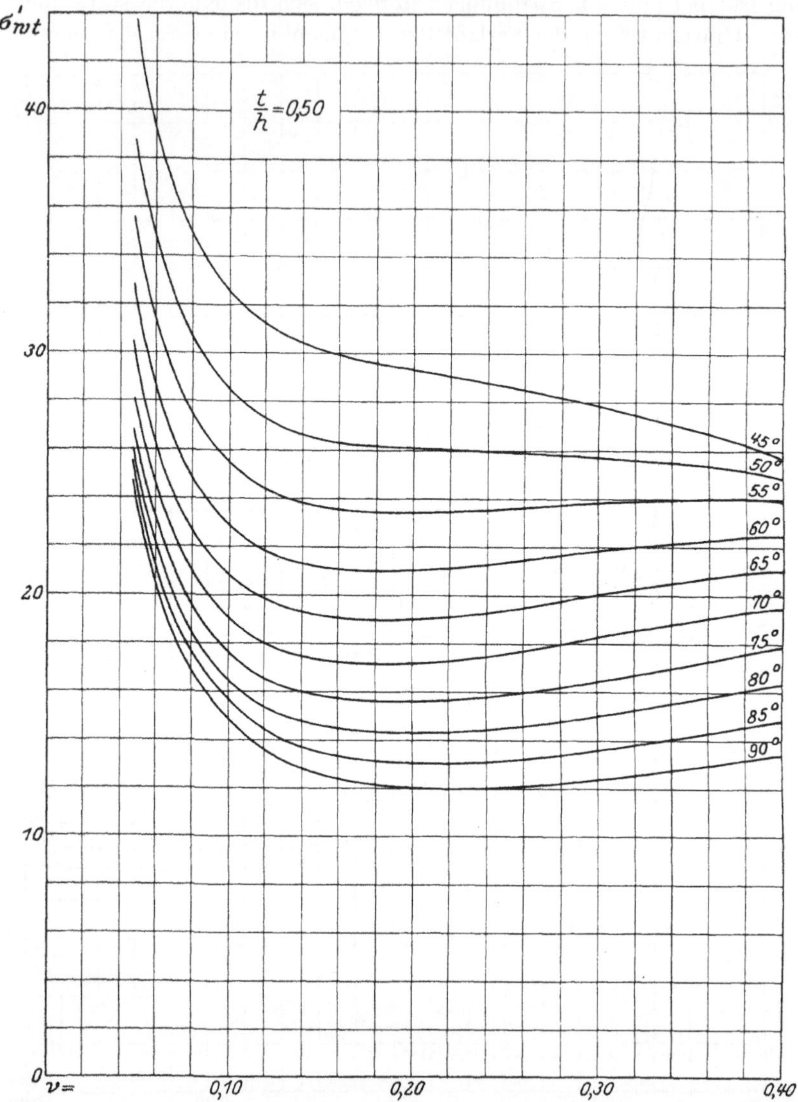

Abb. 50. Bemessungstafel zur Ermittelung der Gewölbestärke. $\sigma_{nt} = \sigma_{nt}' \gamma_0 h$, $n = rl$.

punkte verhältnismäßig weit voneinander, so ist der Einfluß der Zunahme der Wandstärke auf das Volumen stärker als der Einfluß der Abnahme des Zentriwinkels, in diesem Falle erhöht sich das Volumen mit abnehmendem α. Liegen dagegen die Schnittpunkte sehr nahe zusammen, was bei höheren Spannungen der Fall ist, so ändert sich v kaum, wenn man von einem α zum nächsten übergeht, so daß an solchen Stellen der Zentriwinkel einen größeren Einfluß auf das Volumen hat. In diesem Falle wird also das Minimum bei α < 90° liegen. Eine solche Volumenkurve ist aber, wie aus

Abb. 48 ersichtlich, sehr flach. Das hat zur Folge, daß eine Abweichung vom Minimum, also die Wahl eines ~~eines~~ anderen α-Wertes, nur kaum bemerkbare Änderung des Volumens verursacht, besonders bei größeren α-Werten (s. Abb. 48).

Aus diesen Überlegungen geht hervor, daß man selbst bei hohen zulässigen Span-

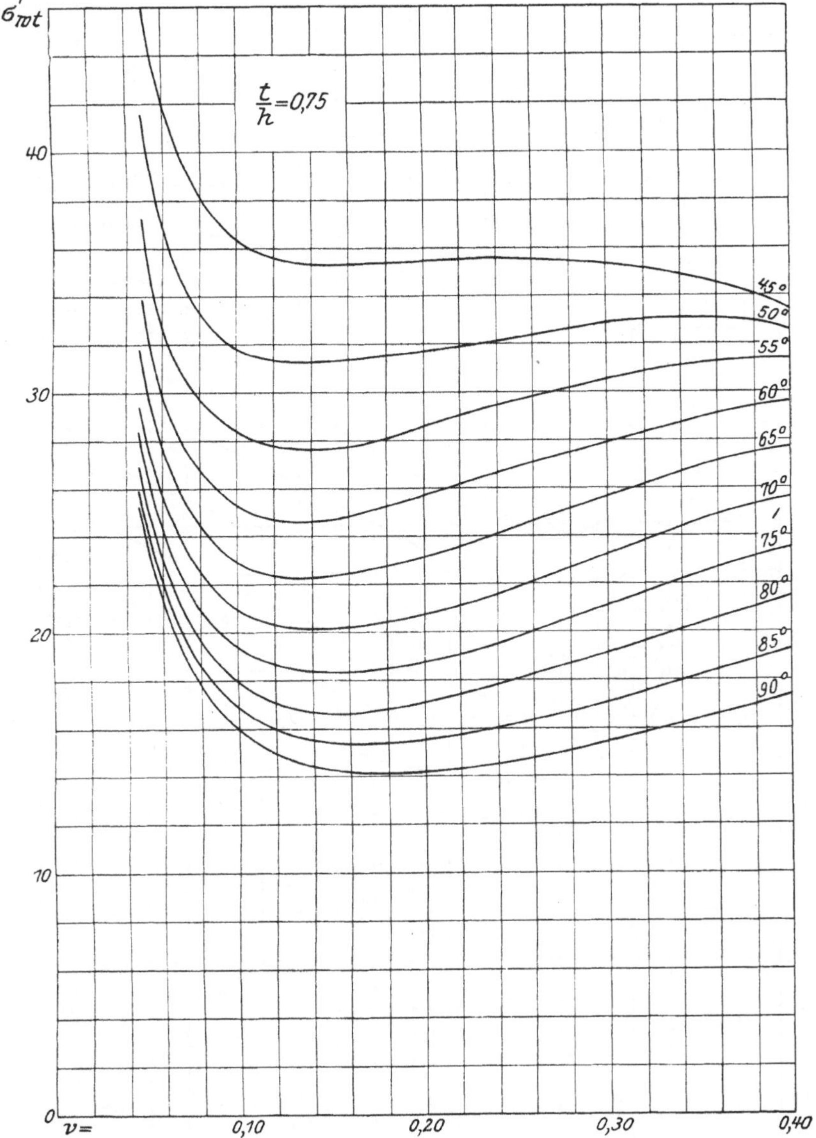

Abb. 51. Bemessungstafel zur Ermittelung der Gewölbestärke. $\sigma_{wt} = \sigma_{wt}' \gamma_0 h$, $n = vl$.

nungen σ_{wt} durch Wahl eines größeren Zentriwinkels, sogar von $\alpha = 90°$, von der wirtschaftlich günstigsten Abmessung sich wenig entfernt. Höhere Spannungen werden aber kaum gewählt werden können, denn es muß — wie der Gebrauch der Abbildungen zeigen wird — noch immer eine ziemlich hohe Betondruckspannung zugelassen werden, um überhaupt zu brauchbaren Werten zu gelangen. Sei beispielsweise die Mauerhöhe 40 m und die Temperaturabnahme und Schwinden zusammen 30°C, dann ist $\dfrac{t}{h} = \dfrac{30}{40} = 0,75$.

Diesem Wert entspricht die Abb. 51. Die kleinste, im Diagramm überhaupt vorkommende Spannung beträgt $\sigma'_{wt} = 14$, also $\sigma_{wt} = \sigma'_{wt} \cdot h = 14 \cdot 40 = 560$ t/m². Das ist schon ein sehr hoher Wert, der allerdings durch Eisenbewehrung noch herab-

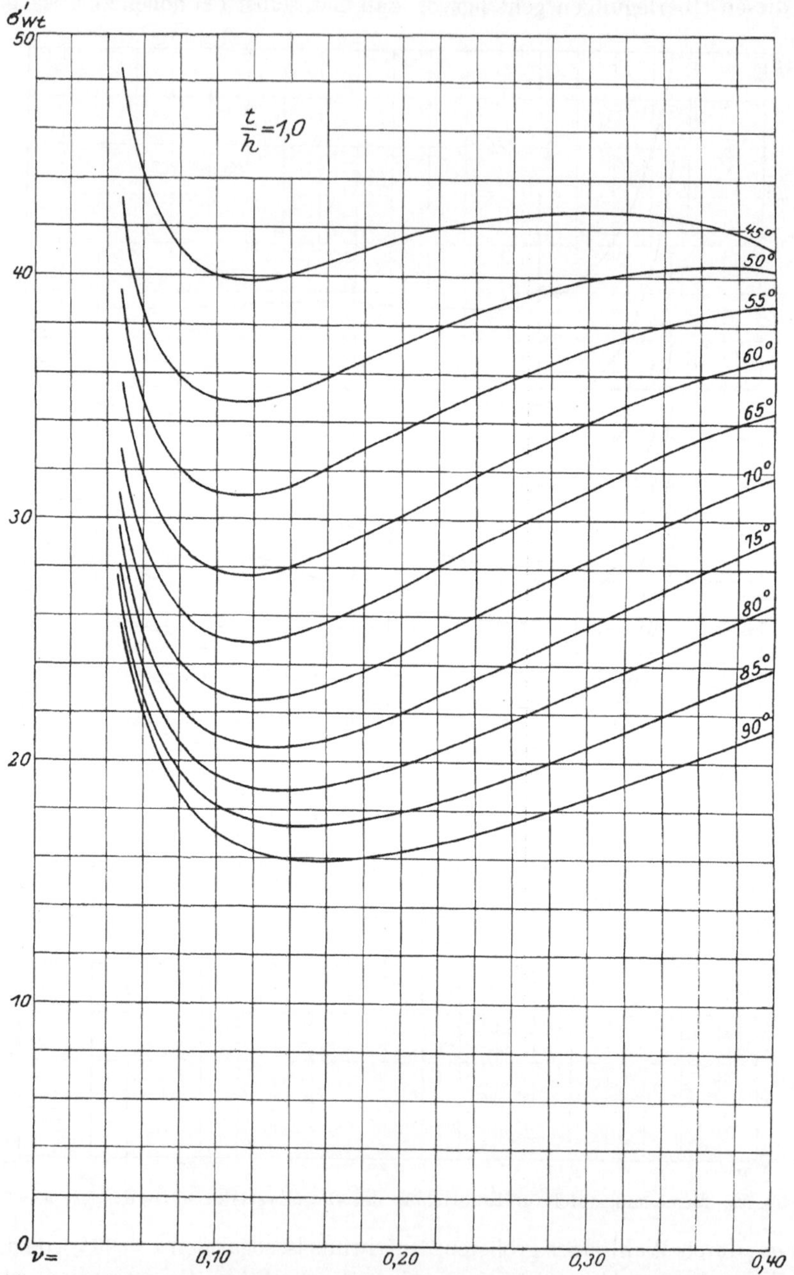

Abb. 52. Bemessungstafel zur Ermittelung der Gewölbestärke. $\sigma_{wt} = \sigma'_{wt}\,\gamma_0\,h.$ $n = \nu l.$

gedrückt wird. Die Spannung bei der die Kurven schon so nahe kommen, daß der wirtschaftlichste Zentriwinkel von $\alpha = 90°$ abzuweichen beginnt, liegt etwa bei $\sigma'_{wt} = 25$. Diesem Wert entspricht $\sigma_{wt} = 25 \cdot 40 = 1000$ t/m², also ein Wert, der bei dem heutigen Stande der Betontechnik nicht zugelassen werden kann.

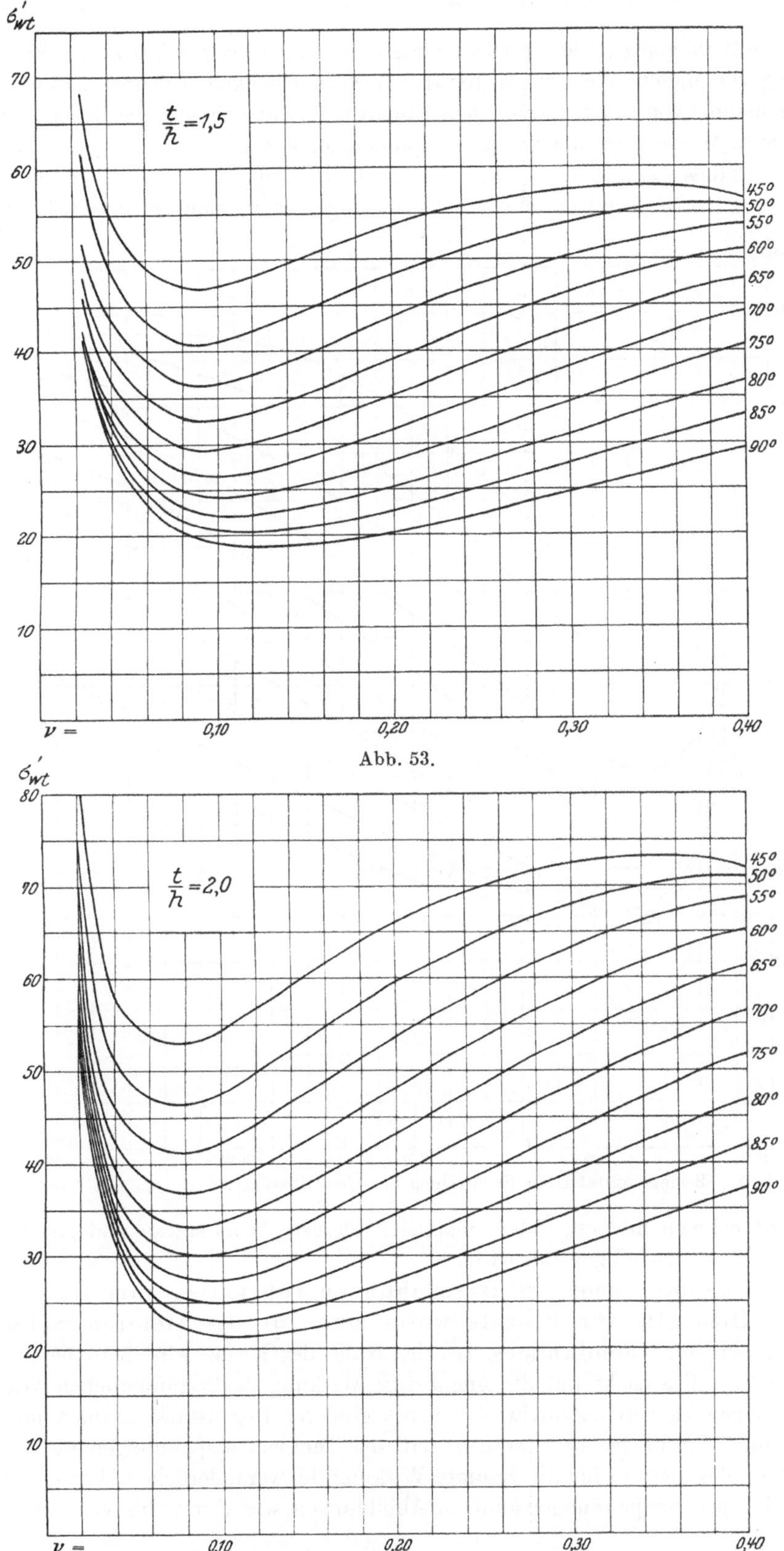

Abb. 53 u. 54. Bemessungstafel zur Ermittelung der Gewölbestärke. $\sigma_{wt} = \sigma_{wt}' \gamma_0 h.\; n = \nu l.$

Für die Wahl von $\alpha = 90°$ spricht schließlich noch eine weitere Tatsache. Eine Abweichung von diesem Wert zugunsten der Wirtschaftlichkeit bedeutet nämlich eine kleine Zunahme von v, um durch einen kleineren Zentriwinkel α die Bogenlänge zu vermindern. Mit zunehmendem v und mit abnehmendem α wachsen aber die Zugspannungen, wie dies aus Abb. 28 ersichtlich ist. Da die Zugspannungen bei Staumauern weitaus ungünstiger sind als die Druckspannungen, wird man auf diesen Umstand

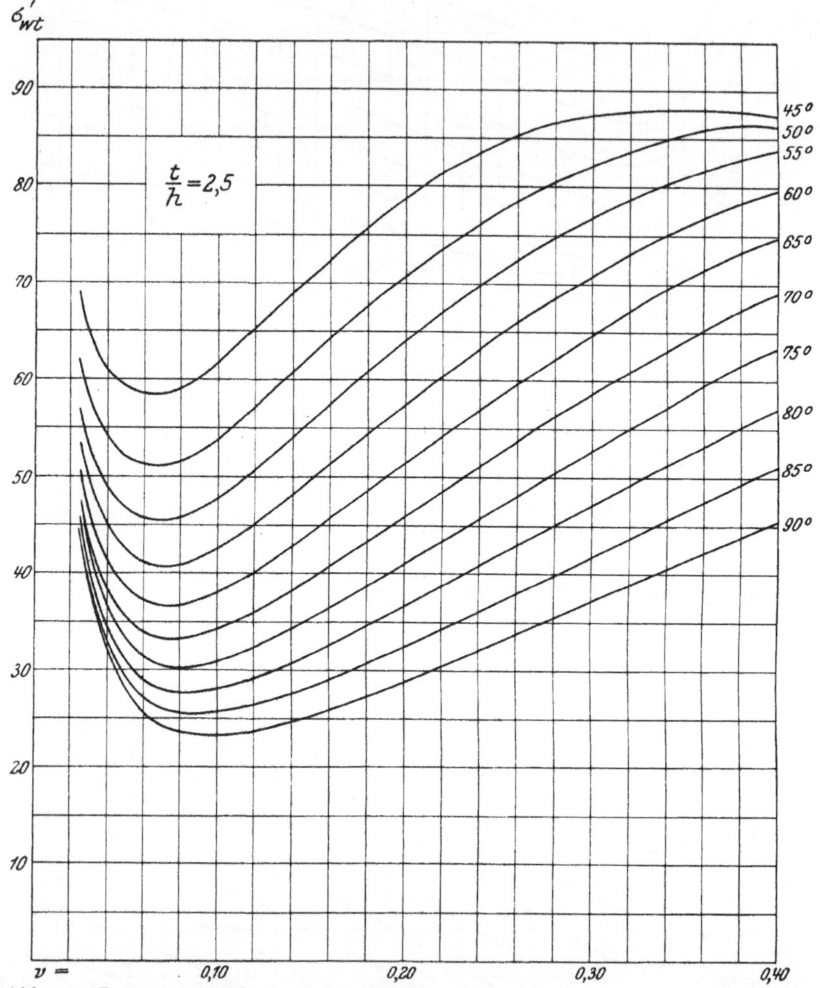

Abb. 55. Bemessungstafel zur Ermittelung der Gewölbestärke. $\sigma_{wt} = \sigma_{wt}'\gamma_0 h,\ n = vl.$

Rücksicht nehmen müssen, indem möglichst kleinste Wandstärke und gleichzeitig der größte Zentriwinkel gewählt wird.

Das Ergebnis unserer Untersuchungen führt also zum Halbkreisbogen. Dies gilt für Einzelgewölbe und für die tieferen Schnitte eines Gewölbereihendammes. In der Nähe der Krone wird man bei diesem letzteren, mit Rücksicht auf die ungünstige Wirkung des veränderlichen Wasserdruckes, einen kleineren Zentriwinkel nebst größerer Bogenstärke wählen müssen. Hierbei muß darauf geachtet werden, daß die Temperaturspannungen nicht allzu hoch sind. Man könnte für die gesamte Wirkung des veränderlichen Wasserdruckes und der Temperaturspannungen ähnliche Abbildungen, wie Abb. 49 bis 56 ausarbeiten,

z. B. für cos $\psi = 0{,}6$. Diese Abbildungen könnten dann für die Bemessung der Bogenstärke an der Krone dienen, während die Abb. 49 bis 56 für die untere Gewölbestärke maßgebend sind. Von der Wiedergabe solcher Abbildungen soll jedoch Abstand genommen werden. Es wird aber leicht sein, mit Hilfe der Abb. 28, 29 und 36, 37 durch 2—3maliges Probieren die günstigsten Bogenabmessungen zu erhalten.

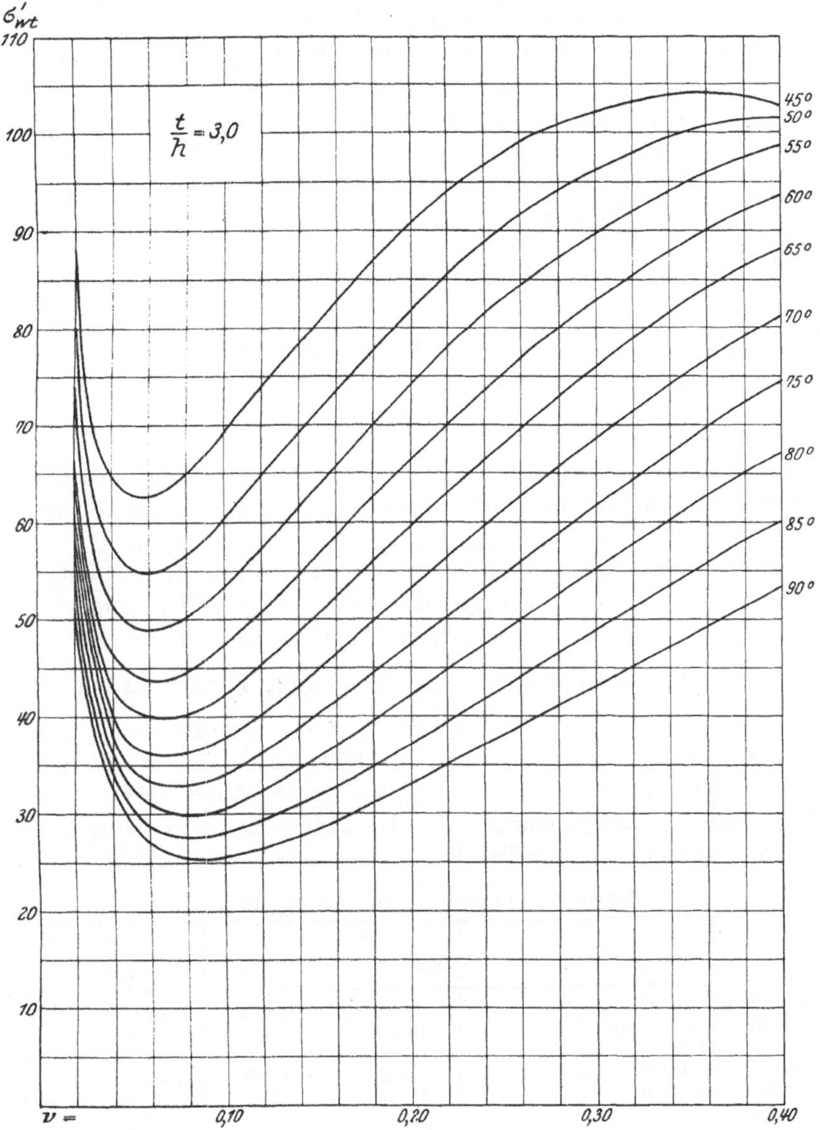

Abb. 56. Bemessungstafel zur Ermittelung der Gewölbestärke. $\sigma_{wt} = \sigma_{wt}'\gamma_0 h$, $n = vl$.

Die Wandstärke wird mit Hilfe der Abb. 49 bis 56 bestimmt und so kann auch die größte Zugspannung aus Abb. 28 ohne weiteres abgelesen werden. Diese Spannungen sind natürlich nicht endgültig, denn sie werden teilweise durch die übrigen Kraftwirkungen (Eigengewicht usw.) und durch die Eisenbewehrung wesentlich geändert. Doch werden sie immerhin für die Wahl der Stärke der Bewehrung eine gute Unterlage geben.

4. Dimensionierung des Gewölbes.

Zur Dimensionierung des Bogens muß zuerst die Spannweite $2\,l$ gegeben sein. Das kann nach Bestimmung des wirtschaftlich günstigsten Pfeilerabstandes und der Pfeilerabmessungen, die in den späteren Kapiteln behandelt werden, ohne Schwierigkeit erfolgen. Dabei wird im allgemeinen nicht die theoretische Spannweite $2\,l$, sondern die äußere oder innere Spannweite $2\,l_a$ bzw. $2\,l_i$ gegeben (s. Abb. 57). Da bei den Berechnungen die theoretische Spannweite erforderlich ist, muß sie zuerst aus der inneren bzw. äußeren Spannweite abgeleitet werden.

Aus Abb. 57 können folgende Beziehungen abgelesen werden:

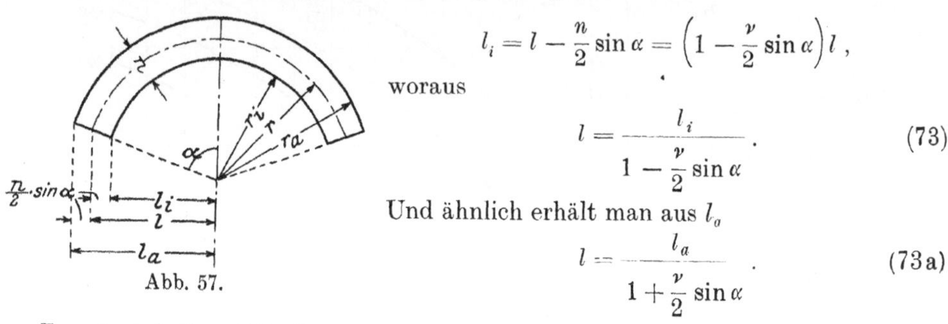

$$l_i = l - \frac{n}{2}\sin\alpha = \left(1 - \frac{v}{2}\sin\alpha\right)l\,,$$

woraus

$$l = \frac{l_i}{1 - \dfrac{v}{2}\sin\alpha}\,. \tag{73}$$

Und ähnlich erhält man aus l_a

$$l = \frac{l_a}{1 + \dfrac{v}{2}\sin\alpha}\,. \tag{73a}$$

Abb. 57.

Zuerst wird die größte Bogenstärke im untersten Teile der Staumauer festgestellt. Dazu müssen die Wassertiefe, der größte zu erwartende Temperaturabfall samt Schwinden und die zulässige Druckspannung gegeben sein. Die letztere nimmt man etwas höher an als die normale zulässige Druckspannung, da sie von der Eisenbewehrung noch berabgedrückt wird. Bei größerer Mauerhöhe wird — wie es die Benutzung der Abb. 49 bis 56 zeigt — die Annahme eines höheren Wertes sowieso notwendig sein. Aus den gegebenen Werten berechnet man $\dfrac{t}{h}$ für den tiefsten Querschnitt und findet mit Hilfe der Abb. 49 bis 56 den zu der angenommenen Druckspannung gehörenden Wert von v, nachdem $\alpha = 90^{\circ}$ angenommen wird. Da auch l bekannt ist — gegebenenfalls mit Hilfe der Gl. (73) oder (73a) — so beträgt die Wandstärke $n = vl$. Dann werden die größten Randspannungen aus den ungünstigsten Wirkungen ermittelt. Zu diesem Zwecke diene folgende Tabelle:

Tabelle 6. Vorzeichen der Spannungen.

Kraftwirkung	Kämpfer		Scheitel	
	Wasserseite	Talseite	Wasserseite	Talseite
Gleichmäßiger Wasserdruck	Druck *)	**Druck**	**Druck**	Druck*
Gleichmäßige Temperaturzunahme	**Druck**	Zug	Zug	**Druck**
Gleichmäßige Temperaturabnahme	**Zug**	Druck	Druck	**Zug**
Veränderlicher Wasserdruck	Zug	**Druck**	Zug*)	**Druck**
Erwärmung der Wasserseite	Druck	Zug	Druck	Zug
Erwärmung der Talseite	Zug	Druck	Zug	Druck

Mit fetten Buchstaben sind die größten Randspannungen gedruckt. Die mit *) versehenen Spannungen können ihr Vorzeichen, namentlich bei kleinerem Zentriwinkel und größerer Wandstärke, wechseln. Das Eigengewicht kann sowohl an der Talseite wie an der Wasserseite positive oder negative Spannungen ergeben. Für die größte Druckspannung wird gleichmäßiger und veränderlicher Wasserdruck, desgleichen der Temperaturabfall maßgebend sein. Dann ermittelt man die wasserseitigen Spannungen aus den gleichzeitigen Wirkungen, die im allgemeinen Zugspannungen ergeben werden.

Beträgt die größte Druckspannung σ_{max} und die kleinste σ_{min}, so berechnet sich die Normalkraft und Biegungsmoment im Kämpfer bei 1 m Breite zu

$$N = \frac{n}{2}\,(\sigma_{max} + \sigma_{min})$$

bzw.

$$M = \frac{n^2}{12}\,(\sigma_{max} - \sigma_{min})\,{}^{[1]}.$$

Hierbei sind die Spannungen mit ihrem Vorzeichen einzusetzen. Die Spannungsberechnung für den Eisenbetonquerschnitt erfolgt mit Berücksichtigung der Betonzugfestigkeit. Man wird den Querschnitt mit doppelter Bewehrung versehen, da aus Temperaturschwankungen Zugspannungen an beiden Seiten entstehen können. Für eine symmetrische Bewehrung erhält man die Spannungen für Biegung mit Axialkraft:

$$\sigma_{normal} = \frac{N}{n + 30\,f_e}$$

und

$$\sigma_{biegung} = \frac{M}{\dfrac{n^2}{6} + \dfrac{60}{n}\left(\dfrac{n}{2} - c\right)^2 f_e},$$

und daraus die größte Betondruckspannung.

$$\sigma_{b\,d} = \sigma_{normal} + \sigma_{biegung},$$

bzw. die größte Betonzugspannung

$$\sigma_{b\,z} = \sigma_{normal} - \sigma_{biegung}.$$

Für die obigen Formeln würde ein für Druck und Zug gleicher Elastizitätsmodul des Betons angenommen, und zwar $E_b = \dfrac{E_e}{15}$. f_e ist der Querschnitt der Eisenbewehrung an einer Seite pro lfd. m, also die Hälfte der Gesamtbewehrung. c bedeutet hier den Abstand des Schwerpunktes der Eiseneinlagen vom nächsten Rand. Die Formeln beziehen sich auf 1 m Breite, dementsprechend soll auch f_e in qm eingesetzt werden. Die Aufgabe wird nun sein, f_e derart zu wählen, daß $\sigma_{b\,d}$ bzw. $\sigma_{b\,z}$ auf den zulässigen Wert herabgesetzt werden. Man wird, besonders bei größerer Staumauerhöhe, eine recht hohe Betondruckspannung zulassen müssen. In solchen Fällen, bei denen alle äußeren Kräfte berücksichtigt werden, ist die Grenze für die zulässige Betondruckspannung hinaufgesetzt. $\sigma_{b\,z}$ muß kleiner sein als die Betonzugfestigkeit, um Risse zu vermeiden. Für guten Beton mit entsprechendem Mischungsverhältnis kann eine Zugfestigkeit von etwa 25 kg/cm² angenommen werden (Zugversuche mit Achterkörpern ergeben bekanntlich etwa die Hälfte dieses Wertes; das liegt jedoch an der Art der Versuche und an der Form der Probekörper, die an den Rändern mehr beansprucht sind als in der Mitte des Querschnittes).

Schlußfolgerungen.

Aus der Untersuchung der Temperatur- und Schwindwirkungen haben wir gesehen, daß diese Einflüsse zu ungünstigen Zugspannungen führen, die bei dem Kämpfer gerade an der Wasserseite entstehen, also doppelt gefährlich sind. Wären die Spannungen tatsächlich so groß, wie das die Berechnungen zeigen, so müßten in jeder Gewölbestaumauer gefährliche Risse auftreten. Doch die ausgeführten Bei-

---

[1]) Mörsch: Der Eisenbetonbau. 5. Aufl., Bd. 1, 1. Hälfte, S. 386 ff.

spiele bestätigen das nicht. Denn obwohl bis jetzt schon viele Gewölbestaumauern gebaut wurden, haben sich an diesen Mauern noch keine gefährlichen Risse gezeigt, im Gegenteil, während schon Staumauern und Dämme aller Typen eingestürzt sind, ist die Gewölbestaumauer die einzige Bauart, die stets noch allen Kräftewirkungen zu widerstehen vermochte[1]).

Die Ursache dieser Abweichung der tatsächlichen Verhältnisse von der Theorie ist in der Hauptsache darin zu suchen, daß die Berechnungen — wie erwähnt — eine starre Einspannung voraussetzen, während dies bei Gewölbestaumauern nicht der Fall ist. Eine sehr kleine Deformation genügt, die Staumauer von Zugspannungen zu entlasten. Zwischen dem Wasserdruck einerseits, der meistens nur Druckspannungen verursacht und den Temperatur- und Schwindwirkungen andererseits besteht — wie erwähnt — der wesentliche Unterschied, daß wenn eine Deformation des Gewölbes schon eingetreten ist, die Druckspannungen aus dem Wasserdruck auch weiterhin vorhanden sind, während das Gewölbe von Temperaturänderungen und Schwindwirkungen entlastet wird.

Hinsichtlich des Schwindens zeigen Versuche, daß dieser Zustand nur dann eintritt, wenn der Beton sich an der Luft erhärtet. Erfolgt die Erhärtung unter Wasser, so tritt an Stelle des Schwindens ein Quellen des Betons ein; dieses Quellen ruft im Beton die gleichen Erscheinungen hervor, wie eine Temperaturzunahme. Eine solche Wirkung wäre wesentlich günstiger als die Schwindwirkung, weil dadurch die Zugspannungen herabgesetzt würden: Man sollte also unbedingt mit künstlichen Mitteln dafür sorgen, daß während der Erhärtung des Betons das Gewölbe feucht gehalten wird, und zwar solange bis der Stau erfolgt. Nach erfolgtem Stau bleibt dann das Gewölbe stets unter Wasser. Doch steht nur die Bergseite des Gewölbes mit dem Wasser in Berührung, während die Talseite trocken ist. Hierdurch tritt eine zusammengesetzte Wirkung auf; der Beton auf der Talseite zieht sich zusammen, während er sich auf der Wasserseite ausdehnt, die Wirkung ist also ähnlich wie eine Erwärmung der Wasserseite. Zur Klärung dieser Frage wären allerdings Versuche notwendig. Vorläufig können wir in Ermangelung von entsprechenden Versuchen eine lineare Spannungsverteilung annehmen.

Um Temperatur- und Schwindspannungen herabzusetzen, läßt man Arbeitsfugen im Gewölbe offen, auch während des Winters, damit sich das Gewölbe bei Temperaturabnahme und beim Schwinden zusammenziehen kann. Diese Fugen sollte man dann unmittelbar nach dem Winter, möglichst noch bei niedrigem Thermometerstand vollbetonieren. Da als Anfangs- bzw. Bautemperatur diejenige Temperatur gilt, bei der die Fugen ausgegossen werden, ist in diesem Falle eine größere Temperaturzunahme und ein entsprechend kleiner Temperaturabfall in die Berechnung einzuführen. Außerdem wird in diesem Falle auch genügen, das Schwinden mit etwa — 5° C zu berücksichtigen. Dadurch erhöhen sich die Druckspannungen, die aber — wie erwähnt — weniger gefährlich sind, während die Zugspannungen jetzt an der Talseite des Kämpfers auftreten werden. Im Scheitel erscheinen die Zugspannungen zwar nunmehr an der Wasserseite, doch diese Scheitelspannungen sind wesentlich kleiner.

Eine Bewehrung des Gewölbes, hauptsächlich bei Gewölbereihendämmen, wird sich immer empfehlen, selbst wenn es rechnerisch nicht nötig wäre.

Beispiel: Es sei der Pfeilerabstand eines Gewölbereihendammes $L = 15,00$ m. Die Pfeilerstärke an der Krone soll 1,50 m und in 40 m Tiefe 4,00 betragen. Die Ge-

---

[1]) Jorgensen: The Record of 100 Dam Failures. J. of Electricity, 15. März 1920.

wölbe sollen so ausgebildet werden, daß die talseitige Kämpferlinie derselben mit den Pfeilerkanten zusammenfällt (Abb. 58).

Für die Staumauer mögen folgende Annahmen gelten: Die Wasserseite liegt nördlich, die Sonnenstrahlen treffen also die Talseite. Die größten Temperaturschwankungen seien $\pm\, 10^0$ C. Die Wasserseite der Mauer wird während des Baues dauernd feucht gehalten, daher sei das Schwinden mit einer gleichmäßigen Temperaturänderung von $-\, 10^0$ C (die gesamte Temperaturabnahme beträgt damit 20^0 C) und mit einer Erwärmung der Wasserseite um 5^0 C berücksichtigt. Die Neigung der Wasserseite des Gewölbes beträgt $\cos \psi = 0{,}6$.

Es soll der tiefste Querschnitt $a — a$ dimensioniert werden (Abb. 59).

Gewählt wird $\alpha = 90^0$. Die lichte Weite des Gewölbes beträgt $l_i = \dfrac{15{,}0}{2} - \dfrac{4{,}0}{2}$

$= 5{,}50$ m. Für $\dfrac{t}{h} = \dfrac{20}{40} = 0{,}50$ gibt die Abb. 50 die Wandstärke an. Wenn man zunächst eine Druckspannung von $\sigma_{wt} = 400$ t/m^2 zugrunde legt, dann ist $\sigma'_{wt} = \dfrac{\sigma_{wt}}{h}$

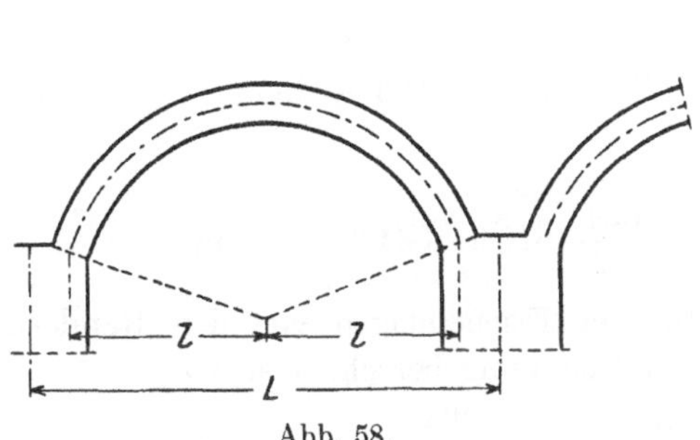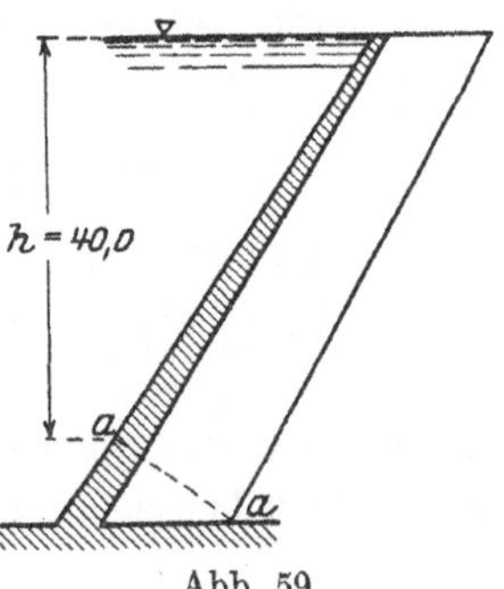

Abb. 58.Abb. 59.

$= \dfrac{400}{40} = 10$. Für diesen Wert findet man in Abb. 50 keine Kurve mehr. Es muß also der in dieser Abbildung befindliche Minimalwert von $\sigma_{wt}' = 12$ angenommen werden. Diesem Wert entspricht $v = 0{,}20$ bis $0{,}23$, da die Kurve hier sehr flach ist. Natürlich wird der kleinste Wert, nämlich $v = 0{,}20$, gewählt. Die halbe theoretische Spannweite beträgt nach Gl. (73)

$$l = \frac{5{,}50}{1 - \dfrac{0{,}20}{2} \cdot 1} = 6{,}12 \text{ m}.$$

Die größte Druckspannung tritt an der Talseite auf und ergibt sich aus gleichmäßigem Wasserdruck und Temperaturabnahme zu: $\sigma_{wt} = \sigma_{wt}' \cdot h = 12 \cdot 40$ $= 480$ t/m^2. Dazu kommt nach Tabelle 6 der veränderliche Wasserdruck, der ebenfalls Druckspannung an der Talseite erzeugt. Für $v = 0{,}2$ und $\alpha = 90^0$ findet man aus Abb. 37 den Wert $\sigma_{w1}' = 11{,}65$, es wird also $\sigma_{w1} = \sigma_{w1}' \gamma_0' l = 11{,}65 \cdot 0{,}6 \cdot 6{,}12$ $= 42{,}7$ t/m^2, da $\gamma_0' = \gamma_0 \cos \psi = 0{,}6$. Eine Erwärmung der Talseite im Winter kommt — wie erwähnt — nicht in Frage. Die Erwärmung der Wasserseite aus Schwinden um $\Delta t = 5^0$ C erzeugt Zugspannung an der Talseite, wirkt also günstig, deshalb wollen wir sie vorläufig nicht berücksichtigen. Aus Abb. 42 findet man für Eigengewicht $\sigma_g' = -\, 1{,}34$, es wird also bei $\gamma_1 = 2{,}4$ t/m^3 $\sigma_g = -\, 1{,}34 \cdot 2{,}4 \cdot 0{,}6 \cdot 6{,}12 = -\, 11{,}8$ t/m^2. Die gesamte Druckspannung an der Talseite beträgt also:

$$\sigma_{max} = (\sigma_w + \sigma_t) + \sigma_{w1} + \sigma_g = 480 + 42{,}7 - 11{,}8 = 510{,}9 \text{ t/m}^2.$$

An der Wasserseite treten gleichzeitig folgende Spannungen auf:

1. Gleichmäßiger Wasserdruck. Aus Abb. 25 ist $\sigma_w' = +3,18$, also $\sigma_w = \sigma_w' \gamma_0 h = 3,18 \cdot 40 = 127,2\ \text{t/m}^2$.

2. Temperaturabnahme. Abb. 28 gibt: $\sigma_t' = 8,4$, also für $t = -20^0$ wird $\sigma_t = -8,4 \cdot 20 = -168\ \text{t/m}^2$.

3. Veränderlicher Wasserdruck. Abb. 36 gibt den Wert: $\sigma_{w1}' = -9,05$, woraus sich ergibt: $\sigma_{w1} = \sigma_{w1}' \gamma_0' l = -9,05 \cdot 0,6 \cdot 6,12 = -33,2\ \text{t/m}^2$.

4. Eigengewicht. Aus Abb. 41 entnimmt man $\sigma_g' = +4,48$, womit $\sigma_g = \sigma_g' \cdot \gamma_1' \cdot l = 4,48 \cdot 2,4 \cdot 0,6 \cdot 6,12 = 39,45\ \text{t/m}^2$.

Die Gesamtspannung an der Wasserseite beträgt somit:

$$\sigma_{\min} = 127,2 - 168 - 33,2 + 39,45 = -34,6\ \text{t/m}^2\,.$$

Eine größte Betonzugspannung von etwa $3,5\ \text{kg/cm}^2$ kann ruhig zugelassen werden. Die Druckspannung von $\sigma_{max} = 510,9\ \text{t/m}^2 = 51,1\ \text{kg/cm}^2$ sei dagegen auf einen kleineren Wert mittels doppelter, symmetrischer Eisenbewehrung herabgesetzt werden.

Die Bogenstärke beträgt $n = v \cdot l = 0,20 \cdot 6,12 = 1,24\ \text{m}$. Die Normalkraft berechnet sich zu

$$N = \frac{n}{2}\,(\sigma_{\max} + \sigma_{\min}) = \frac{1,24}{2}\,(510,9 - 34,6) = 295\ \text{t}$$

und das Biegungsmoment zu

$$M = \frac{n^2}{12}\,(\sigma_{\max} - \sigma_{\min}) = \frac{1,24^2}{12}\,(510,9 + 34,6) = 70\ \text{tm}\,.$$

Die Entfernung des Schwerpunktes der Eiseneinlagen von den Rändern soll $c = 6\ \text{cm} = 0,06\ \text{m}$ betragen. Die Normalspannung berechnet sich zu

$$\sigma_{\text{normal}} = \frac{N}{n + 30\,f_e} = \frac{295}{1,24 + 30\,f_e}\,,$$

und die Biegungsspannung zu

$$\sigma_{\text{biegung}} = \frac{M}{\dfrac{n^2}{6} + \dfrac{60}{n}\left(\dfrac{n}{2} - c\right)^2 f_e} = \frac{70}{\dfrac{1,24^2}{6} + \dfrac{60}{1,24}\left(\dfrac{1,24}{2} - 0,06\right)^2 f_e} = \frac{70}{0,257 + 15,2\,f_e}\,.$$

Die größte Betondruckspannung beträgt also

$$\sigma_{b\,d} = \sigma_{\text{normal}} + \sigma_{\text{biegung}} = \frac{295}{1,24 + 30\,f_e} + \frac{70}{0,257 + 15,2\,f_e}\,.$$

In Abb. 60 ist der Verlauf von $\sigma_{b\,d}$ als Funktion der Eisenbewehrung dargestellt. Daraus ist ersichtlich, daß die Herabsetzung der Betondruckspannung auf $\sigma_{b\,d} = 45\ \text{kg/cm}^2$ eine Bewehrung von $f_e = 33\ \text{cm}^2$, dagegen $\sigma_{b\,d} = 40\ \text{kg/cm}^2$ die recht hohe Bewehrung $f_e = 67\ \text{cm}^2$ erfordert. Man wird also einen guten Beton herstellen und eine größte Druckspannung von $\sigma_{b\,d} = 45\ \text{kg/cm}^2$ zulassen müssen. Da in dieser Spannung der gleichmäßige Wasserdruck und die Temperaturabnahme, also $\sigma_{w\,t}$ die größte Rolle spielt (die Spannung betrug $48\ \text{kg/cm}^2$), kann diese Beanspruchung durch Vergrößerung der Bogenstärke nicht herabgesetzt werden. Abb. 50 zeigt, daß dadurch nur das Gegenteil erreicht wird, da bei größerem v die Spannungen größer werden.

Man kann dem nur begegnen, indem der Einfluß des Schwindens und der Temperaturabnahme durch dauernde Feuchthaltung der Wasserseite und durch Offenlassen von Dehnungsfugen soweit wie möglich verringert wird.

Bemerkenswert ist, daß eine Erwärmung der Wasserseite um $\Delta t = 6\,^{\circ}\mathrm{C}$ dieselbe Wirkung auf die Spannungen hat wie die zuvor berechnete Bewehrung, da infolge dieser Erwärmung die talseitige Spannung ebenfalls auf 45 kg/cm² herabgesetzt wird. Die größte Zugspannung ergibt sich aus Temperaturabnahme + Schwinden. Dieser Fall braucht jedoch, mit Rücksicht darauf, daß das Staubecken im Winter stets gefüllt sein wird, nicht berücksichtigt zu werden. Da aber im Sommer das Becken leer sein kann, soll noch nachgeprüft werden, ob die größten Zugspannungen, die im Sommer bei leerem Becken an der Talseite entstehen, die zulässige Höchstgrenze nicht überschreiten.

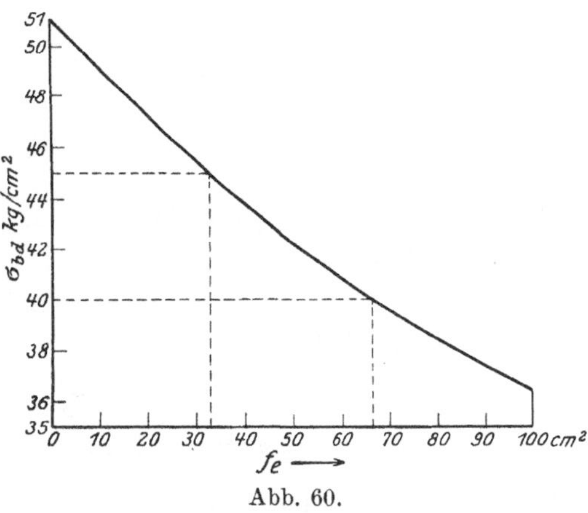
Abb. 60.

Aus Abb. 29 findet man $\sigma_t' = -8,4$, also für $t = +10\,^{\circ}\mathrm{C}$ ist $\sigma_t = -8,4 \cdot 10 = -84\ \mathrm{t/m^2}$. Diese Zugspannung ist etwa $^1/_3$ der Zugfestigkeit eines guten Betons und erfordert keine Eisenbewehrung. Mit den Eiseneinlagen wird die Spannung noch wesentlich herabgesetzt. Für das Eigengewicht fanden wir den Wert von $\sigma_g = -11,8\ \mathrm{t/m^2}$, die Gesamtspannung an der Talseite beträgt also

$$\sigma_{\min} = -84,0 - 11,8 = -95,8\ \mathrm{t/m^2}.$$

An der Wasserseite beträgt die Druckspannung aus Temperaturzunahme ebenfalls 84,0 t/m², da bei $\alpha = 90\,^{\circ}$ die Normalkraft (die in diesem Falle der Horizontalschub H_t ist) verschwindet. σ_t bedeutet jetzt Druckspannung. Aus Eigengewicht haben wir den Wert $\sigma_g = +39,45\ \mathrm{t/m^2}$ gefunden, die Gesamtspannung an der Wasserseite beträgt mithin

$$\sigma_{\max} = +84,0 + 39,45 = +123,45\ \mathrm{t/m^2}.$$

Dann ist

$$N = \frac{1,24}{2}(123,45 - 95,8) = 16,52\ \mathrm{t}$$

und

$$M = \frac{1,24^2}{12}(123,45 + 95,8) = 28,1\ \mathrm{tm}.$$

Es ist $f_e = 33\ \mathrm{cm^2} = 0,0033\ \mathrm{m^2}$ und $c = 0,06\ \mathrm{m}$. Demnach wird

$$\sigma_{\mathrm{normal}} = \frac{16,52}{1,24 + 30 \cdot 0,0033} = 12,3\ \mathrm{t/m^2},$$

$$\sigma_{\mathrm{biegung}} = \frac{28,1}{\dfrac{1,24^2}{6} + \dfrac{60}{1,24}\left(\dfrac{1,24}{2} - 0,06\right)0,0033} = 81,0\ \mathrm{t/m^2},$$

$$\sigma_{b_d} = 12,3 + 81,0 = 93,3\ \mathrm{t/m^2} \qquad \sigma_{b_z} = 12,3 - 81,0 = -68,7\ \mathrm{t/m^2}.$$

Die Zugspannung ist demnach durch die Eisenbewehrung auf 6,9 kg/cm² herabgesetzt worden.

In ähnlicher Weise ermittelt man die größten Spannungen und die nötige Eisenbewehrung im Scheitel und dann wiederholt man die Berechnung in einem, an der Krone gelegenen Querschnitt. Hier wird mit Rücksicht auf den veränderlichen Wasserdruck ein kleinerer Zentriwinkel (etwa $\alpha = 75\,^{\circ}$) und eine entsprechende Wandstärke gewählt.

Formelsammlung zum Gewölbe.

Bezeichnungen:

l = halbe theoretische Bogenspannweite,

n = Bogenstärke,

α = halber Zentriwinkel,

$$\nu = \frac{n}{l}.$$

Hilfswerte:

$$\lambda = \frac{1}{\nu \sin \alpha} + \frac{1}{2} \quad \text{(Abb. 21)},$$

$$H' = \frac{2\,\lambda\nu \sin \alpha}{\dfrac{12\,k_4}{\nu^2 \sin^2 \alpha} + k_5} \quad \text{(Abb. 20)},$$

$$\frac{E\omega}{\lambda} = \frac{20}{\lambda} \quad \text{(Abb. 27)},$$

$$\gamma_0' = \gamma_0 \cos \psi,$$
$$f_\varphi = 1 - \cos \varphi - \tfrac{1}{2}\,\varphi \sin \varphi \quad \text{(Tab. 4)},$$

$$M_{ew}' = \frac{(\lambda\nu)^2}{\sin \alpha} \cdot k_1 \quad \text{(Abb. 34)},$$

$$H_{ew}' = \frac{\dfrac{12}{\nu^2} \cdot \dfrac{k_2}{\sin^2 \alpha} - k_3}{\dfrac{12}{\nu^2} \cdot \dfrac{k_4}{\sin^2 \alpha} + k_5} \cdot (\lambda\nu)^2 \quad \text{(Abb. 35)},$$

$$\gamma_1' = \gamma_1 \cos \psi,$$
$$t_\varphi = \varphi \sin \varphi + \cos \varphi - 1 \quad \text{(Tab. 5)},$$

$$M_{eg}' = \frac{\nu^2}{\sin \alpha} \cdot k_6 \quad \text{(Abb. 39)}.$$

$$H_{eg}' = \frac{\dfrac{12}{\nu^2} \cdot \dfrac{k_7}{\sin^2 \alpha} - k_8}{\dfrac{12}{\nu^2} \cdot \dfrac{k_4}{\sin^2 \alpha} + k_5} \quad \text{(Abb. 40)}.$$

Gleichmäßiger Wasserdruck:

Normalkraft im Hauptsystem $R = \gamma_0 h \lambda \nu l$,

Horizontalschub $H_w = -\gamma_0 h l H'$

$$y = r\left(\frac{\sin \alpha}{\alpha} - \cos \varphi\right),$$

Biegungsmoment im Schnitte $x - x$ (Abb. 17 oder 18), $M = H_w \cdot y$,

Normalkraft im Schnitte $x - x$, $N = R + H_w \cos \varphi$.

Kämpferspannungen s. Abb. 24,25.

Gleichmäßige Temperaturänderung:

Horizontalschub $H_t = \dfrac{E\omega}{\lambda} t l H'$,

Biegungsmoment im Schnitte $x - x : M = H_t \cdot y$,

Normalkraft im Schnitte $x - x : N = H_t \cos \varphi$,

Kämpferspannungen s. Abb. 28, 29.

Veränderliche Temperaturänderung:

Biegungsmoment $M_{\Delta t} = \frac{1}{12} E \omega v^2 l^2 \Delta t$.

Spannung $\sigma_{\iota t} = \frac{1}{2} E \omega \Delta t$.

Veränderlicher Wasserdruck:

Biegungsmoment im Schnitte $x-x$: $M = \left[-\dfrac{(\lambda v)^2}{\sin \alpha} \cdot f_q + M'_{ew} + H'_{ew} \left(\dfrac{1}{\alpha} - \dfrac{\cos \varphi}{\sin \alpha} \right) \right] \gamma'_0 l^3$,

Normalkraft im Schnitte $x-x$: $N = [(\lambda v)^2 f_q\ H'_{ew} \cdot \cos \varphi] \gamma'_0 l^2$.

Kämpferspannungen s. Abb. 36, 37.

Eigengewicht:

Biegungsmoment im Schnitte $x-x$: $M = \left[-\dfrac{v}{\sin^2\alpha} \cdot t_q + M'_{eg} + H'_{eg} \left(\dfrac{1}{\alpha} - \dfrac{\cos \varphi}{\sin \alpha} \right) \right] \gamma'_1 l^3$,

Normalkraft im Schnitte $x-x$: $N = \left[\dfrac{v}{\sin^2\alpha} \cdot \varphi \sin \varphi + H'_{eg} \cos \varphi \right] \gamma'_1 l^2$.

Kämpferspannungen s. Abb. 41, 42.

Spannung an der Wasserseite: $\sigma = \dfrac{N}{v\,l} + \dfrac{6\,M}{v^2\,l^2}$,

Spannung an der Talseite: $\sigma = \dfrac{N}{v\,l} - \dfrac{6\,M}{v^2\,l^2}$.

Im Scheitel ist $\varphi = 0$.

III. Der Pfeiler.

Der Pfeiler widersteht dem von der Stauwand auf ihn übertragenen Wasserdruck, er bildet die Verallgemeinerung der Gewichtsstaumauern. Was die äußere Formgebung des Pfeilers anbelangt, treten hier größere Schwierigkeiten auf als bei einer Gewichtsmauer; es sollen nicht nur die zur Dammachse normalen Querschnitte, sondern auch andere Abmessungen festgelegt werden. Bei den Gewichtsstaumauern ergaben sich früher schon für die Querschnittsgestaltung verschiedene Möglichkeiten; dementsprechend sind denn auch volle Mauern mit den verschiedensten Querschnittsformen ausgeführt worden, bis man nach vielen Variationen auf den einfachen Dreieckquerschnitt zurückkam. Noch mehr Möglichkeiten bietet die Ausbildung der Pfeiler einer aufgelösten Staumauer. Legt man hier auch ein bestimmtes Profil (normal zur Dammachse) fest, so kann man doch immer noch die Wandstärke nach verschiedenen Gesetzen ausbilden.

Die einfachste Pfeilerform wäre ein dreieckiges Profil mit gleichbleibender Wandstärke. Diese Ausbildung ist aber besonders bei größeren Höhen nicht zweckmäßig und wird deshalb in der Praxis nur selten angewendet. Wählt man dagegen die obere Wandstärke kleiner und die untere größer, wobei die Änderung der Wandstärke einem linearen Gesetz folgt, so kann man bei gleichem Materialaufwand (also bei gleichem Mauergewicht), die untere wagerechte Fläche, mit der der Pfeiler auf dem Fundament lastet, größer gestalten und dementsprechend die Spannungen an dieser Stelle niedriger halten. Die einzige Änderung, die hierbei eintritt, ist die, daß der Pfeilerschwerpunkt ein wenig nach unten rückt; jedoch übt dieser Umstand keinen wesentlichen Einfluß auf die statischen Verhältnisse des Pfeilers aus.

Der Pfeilerquerschnitt in der Dammachse kann noch anders gestaltet sein. Folgt nämlich die Zunahme der Wandstärke nicht einem linearen, sondern z. B. einem quadratischen Gesetz, sind also die Pfeiler von der Talseite gesehen parabolisch (oder hyperbolisch) ausgebildet, so kann damit ebenfalls bei gleichem Materialaufwand die untere wagerechte Pfeilerfläche größer ausgebildet werden. Die Zunahme der Wandstärke ist nämlich in diesem Falle oben kleiner und wächst nach unten hin, so daß man schließlich zu einer größeren unteren Pfeilerstärke gelangt, als wenn die Wandstärke linear zunimmt. In dieser Weise sind z. B. die Pfeiler des Tirsodammes ausgebildet. Hier ist jedoch die Kurve, um die Ausführung zu erleichtern, durch eine gebrochene Linie ersetzt worden.

Eine weitere Entwicklung der Pfeilergestaltung ist schließlich noch darin zu erblicken, daß kein dreieckförmiges, sondern ein Trapezprofil zugrunde gelegt wird. Die Mauer muß ja oben eine gewisse Kronenbreite haben. Bei Gewichtsstaumauern wird trotzdem von der Dreieckform ausgegangen und der Einfluß der Krone als ein zusätzlicher Körper später so berücksichtigt, daß die Mauer an der Wasserseite eine kleine Neigung (2—5%) erhält, um Zugspannungen zu vermeiden. Dieses nachträgliche „Aufsetzen" des Kronenkörpers ist bei massiven Mauern leicht möglich, da sie an der Wasserseite beinahe senkrecht sind, während sie an der Luftseite eine große Böschung (70—75%) haben. Bei den aufgelösten Staumauern kann eine solche Ausbildung ebenso leicht erfolgen, doch wird die Kronenausbildung anders sein wie bei der massiven Mauer; denn die Pfeiler haben meistens eine größere wasserseitige und kleinere talseitige Böschung. Demgemäß ist es hier für die Wirtschaftlichkeit notwendig, einen Teil der Krone schon über der wasserseitigen Böschung des Grunddreieckes anzuordnen. Die Frage soll bei der konstruktiven Ausbildung der Gewölbereihendämme noch weiter erörtert werden.

Um eine allzu verwickelte Konstruktionsform und Berechnung zu vermeiden, desgleichen um eine spätere Normalisierung von Anfang an zu berücksichtigen, ist im folgenden stets ein Dreieckprofil mit nach unten hin linear zunehmender Wandstärke zugrunde gelegt. Die aus praktischen Gründen notwendigen Änderungen dieser Form werden nachträglich berücksichtigt.

1. Allgemeine Theorie des Pfeilers.

Wie in der Einleitung erwähnt, ist dieses Problem identisch mit der Theorie der Schwergewichtsmauern, die im Laufe der Zeit ja schon oft behandelt wurde. Die erste genaue elastizitätstheoretische Untersuchung stammt von Maurice Lévy[1]). Lévy untersucht einen keilförmigen (dreieckförmigen) Körper. Der Wasserdruck reicht bis zur Spitze des Dreiecks, die Mauerhöhe und die Länge der Mauer in der Richtung der Dammachse wurden als unendlich groß vorausgesetzt. Die erste Annahme läßt den Einfluß des Fundamentes unberücksichtigt, während bei der zweiten Annahme der Einfluß der Talwände vernachlässigt wird. Die zweite Annahme kann auch so ausgedrückt werden, daß nur ein solches Element der Staumauer betrachtet wird, welches durch Ausschneiden aus dem Körper mittels zweier parallelen, normal zur Dammachse gerichteten Ebenen entsteht.

Infolge der Temperaturschwankungen und des Schwindens treten nämlich Kräfte und Spannungen in der Richtung der Dammachse auf, die zu Zusatzspannungen

---

[1]) Sur l'équilibre élastique d'un barrage en maçonnerie à section triangulaire. Comptes rendus de l'Académie des Sciences. Paris 1898.

führen können. So kommt es, daß in manchen massiven Staumauern Risse beobachtet worden sind. Gegen die Entstehung dieser Risse werden entweder Dehnungsfugen in etwa 20 bis 30 m Entfernung in die Mauer eingebaut oder die ganze Staumauer wird im Grundriß bogenförmig angeordnet. Da diese Krümmung im Grundriß im allgemeinen nur gering ist, ist es zweifelhaft, ob bei einem so großen Querschnitt, wie ihn eine Schwergewichtsmauer hat, eine Gewölbewirkung tatsächlich zustande kommt. Bei entsprechender Krümmung kann sich eine Bogenwirkung im oberen Teil der Staumauer, wo die Mauerstärke verhältnismäßig gering ist, ausbilden, während in der Nähe des Fundaments die Reibung zwischen Mauersohle und Fundament die Entstehung der Risse verhindert.

Lévy hat also ebenen Spannungszustand vorausgesetzt und er hat berücksichtigt: den von der Spitze nach unten hin linear zunehmenden Wasserdruck und das Eigengewicht der Mauer. Er hat seine Untersuchung noch auf einen dritten Fall ausgedehnt, nämlich den, daß der Wasserspiegel im Staubecken höher steht als die Spitze des Dreiecks. ·In dem ersten untersuchten Falle hat er gefunden, daß die Naviersche Annahme für einen dreieckförmigen Körper streng genommen gültig ist. Nimmt man dazu noch das Hooksche Gesetz, so folgt aus beiden Annahmen die lineare Spannungsverteilung.

Nach Lévy erschien die Untersuchung von J. H. Mitchell, die mit der Ermittlung des Einflusses der Mauerkrone die Lévysche Theorie sehr gut ergänzt[1]). Er beschäftigt sich mit dem Fall, daß an der Spitze des Dreiecks eine beliebig gerichtete Kraft angreift. Unabhängig von diesen Untersuchungen hat Dr. Fillunger, Wien, die Staumauertheorie behandelt. Er hat dieselben Voraussetzungen gemacht wie Maurice Lévy. Interessant ist, daß er in seiner Arbeit von Polarkoordinaten Gebrauch macht. Neu an dieser Arbeit ist die Untersuchung des Einflusses eines an der Spitze des Dreiecks angreifenden Kräftepaares[2])[3]).

Die auf eine Staumauer wirkenden Kräfte kann man sich folgendermaßen zusammengesetzt denken: 1. dreieckförmige Belastung, von der Spitze des Dreiecks ausgehend, 2. Eigengewicht, 3. gleichmäßig verteilte Belastung, die aus dem Wasserdruck entsteht, wenn der Wasserspiegel höher ist als die Spitze des Dreiecks, 4. eine senkrechte Kraft an der Spitze des Dreiecks, 5. eine wagerechte Kraft an der Spitze des Dreiecks und 6. ein Kräftepaar ebenfalls an der Spitze des Dreiecks. Die drei letzteren Kräfte stellen den Einfluß der Mauerkrone dar. Der 1. bis 3. Fall ist von Lévy untersucht worden, der 4. und 5. von Mitchell und der 6. von Fillunger. Das Resultat dieser Untersuchungen ist, daß im 1. und 2 Falle das lineare Spannungsverteilungsgesetz strenggenommen gültig ist; im 3. Fall ist die Abweichung von der Navierschen Annahme nur ganz unbedeutend. Für die drei letzten Fälle sollen die Ergebnisse der Untersuchungen von Fillunger kurz wiedergegeben werden. Er hat einen dreieckförmigen Körper nach Abb. 61 untersucht. Wie aus dieser Abbildung ersichtlich, ist die Neigung an der Wasser- und Talseite sehr flach, außerdem hat die Krone dieselbe Höhe wie die Staumauer selbst. Das Gewicht der Mauerkrone (vertikale Kraft an der Spitze des Dreiecks) führt zu Spannungen, die von der Navierschen Annahme ab-

---

[1]) Mitchell hat seine Untersuchungen in den Proceedings of the London Math. Soc. Bd. 32, 1900 veröffentlicht.

[2]) Fillunger: Über die Anwendung des Trapezgesetzes zur statischen Berechnung von Talsperren. Öst. Wochenschr. f. d. öff. Baudienst 1913, H. 45.

[3]) Fillunger: Neuere Grundlagen für die statische Berechnung von Talsperren. Z. öst. Ing.- u. Arch.-V. 1914, H. 23.

weichen. Die größte Normalspannung liegt in der Mitte, während die Schubspannung ihren Größtwert an zwei Stellen erreicht, die sich etwa in den Drittelpunkten des Querschnitts befinden. Der untersuchte Querschnitt ist der wagerechte Schnitt. Der auf die Krone wirkende Wasserdruck (horizontale Kraft) führt ebenfalls zu einer Abweichung von der Navierschen Annahme. Die größten Druckspannungen entstehen etwa an den Drittelpunkten, die Schubspannung beträgt in der Mitte des Querschnitts 0 und sie erreicht ihren maximalen Wert ungefähr an den zwei äußeren Viertelpunkten. Da die Resultierende aus dem Gewicht der Mauerkrone und aus dem auf diese wirkenden Wasserdruck im allgemeinen nicht durch die Spitze des Dreiecks geht (wie in diesem Fall auch), so erfolgt noch die Einführung eines Drehmomentes. Diese Untersuchung führt ebenfalls zu einer Abweichung von obiger Annahme. Die größten Druckspannungen treten etwa an den Drittelpunkten auf, während die Schubspannungen ihren Höchstwert in der Mitte des Querschnitts erreichen. Bei der Berechnung wurde ein spez. Gewicht der Mauer von 2,4 angenommen. Die Übereinanderlagerung der berechneten Spannungen ergaben, daß die größte Druckspannung in der Mitte des Querschnitts auf-

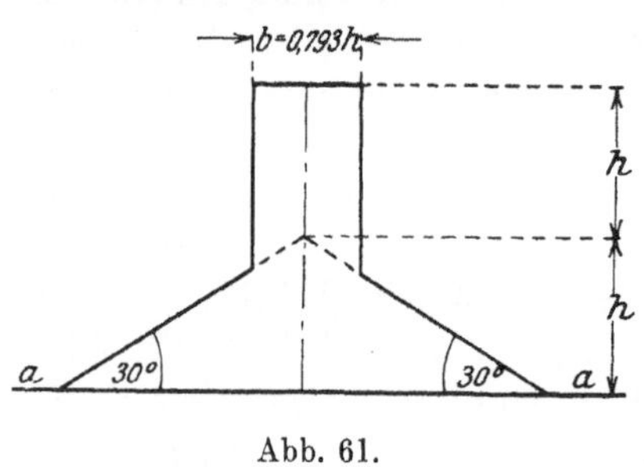
Abb. 61.

tritt und um etwa 10 %/$_0$ größer ist als diejenige Normalspannung, die sich aus dem linearen Spannungsverteilungsgesetz berechnet. Fillunger hat hierbei einen äußerst ungünstigen und in der Praxis nie vorkommenden Fall untersucht, ein Profil mit sehr flachen Böschungen und mit außerordentlich hoher und breiter Krone; selbst in diesem Falle hat er nur eine Abweichung von 10 %/$_0$ gefunden. Man kann deshalb ruhig behaupten, daß selbst mit Berücksichtigung der Krone die Navier sche Annahme eine sehr gute Annäherung liefert.

Aus zahlreichen Versuchen ist allgemein bekannt, daß das Hooksche Gesetz für Stein und Beton, also für spröde Stoffe, nicht mehr gilt. Die Abweichung von diesem Gesetz innerhalb der normalen Materialbeanspruchungen ist aber verhältnismäßig gering (wenn es sich nicht um Zugspannungen handelt). Es kann also von dieser Annahme ebenfalls Gebrauch gemacht werden, wie das ja in der Statik überall üblich ist.

Die Versuche der beiden englischen Ingenieure Atcherley und Pearson sollen noch erwähnt werden[1]). Auf Grund dieser Versuche kam man zu dem unmöglichen Ergebnis, daß am talseitigen Fuß der Staumauer bei vollem Becken Zugspannungen auftreten müßten. Diese Annahme wurde von den Versuchsausführenden auch theoretisch bewiesen. Die Theorie hatte allerdings falsche Grundlagen, da die Verteilung der Schubspannungen unrichtig angenommen wurde; Atcherley und Pearson hatten nämlich eine lineare Normalspannungsverteilung und gleichzeitig eine parabelförmige Schubspannungsverteilung vorausgesetzt. Die Versuche wurden nachgeprüft von W. Otley und W. Brightmore[2]), ferner von S. Wilson und W. Gore[3]). Es stellte sich heraus, daß Zugspannungen in der Staumauer im allgemeinen nicht auftreten oder nur in äußerst geringem Maße am wasserseitigen Fuße. Es zeigte sich

---

[1]) On some disregarded points in the stability of masonry dams. Min. Proc. Inst. Civ. Engs. vol. 162, S. 456.

[2]) On stresses in masonry dams. Min. Proc. Inst. Civ. Engs. vol. 172, S. 89.

[3]) Stresses in dams. Ebenda S. 107.

ferner, daß Abweichungen von der Lévyschen Theorie, d. h. vom linearen Spannungsverteilungsgesetz ausschließlich an der Sohle auftreten und auch da nur vereinzelt.

Veranlaßt durch diese Versuche hat Karl Wolf in Wien eine weitere Untersuchung gemacht[1]). Wolf hat ebenfalls einen ebenen Spannungszustand vorausgesetzt und seine Untersuchungen auf Grund der Saint-Venantschen Theorie durchgeführt. Er hat aber dem Einfluß des Fundaments Rechnung getragen. Die Lévysche Theorie ergibt nämlich, daß die Mauer sich in das Felsfundament einpressen muß, während nach Meinung von Wolf solche Deformationen des Felsens nicht wahrscheinlich sind. Nach Wolf kommt man der Wirklichkeit näher, wenn der Untergrundfels als starr vorausgesetzt wird. Dazu hat er einen dreieckförmigen Körper untersucht mit senkrechter Wasserseite, die Talseite ist unter 45° geneigt; er ist hierbei zu folgenden Ergebnissen gekommen: Am Untergrund, in dem tiefsten wagerechten Querschnitt, ist die Verteilung der Normalspannung nicht geradlinig. Diese Spannung ist in der Mitte am größten und an den Rändern ist sie kleiner als die nach der Lévyschen Theorie berechnete Normalspannung. Die Schubspannung ist im untersten Querschnitt ebenfalls nicht geradlinig verteilt. Sie erreicht ihren höchsten Wert in der Nähe der Talseite, dann biegt die Kurve ein wenig ab, so daß die Schubspannung am talseitigen Mauerfuß kleiner ist als im Falle einer linearen Verteilung. Die Schubspannung in halber Höhe der Staumauer weicht kaum vom Trapezgesetz ab. Im allgemeinen sind die Abweichungen nicht sehr stark, nur die Schubspannung zeigt — wie erwähnt — eine größere Abweichung an der Talseite. Die Ergebnisse der Wolfschen Untersuchungen sind auch nicht ganz einwandfrei. Er hat zwar fast eine genaue Übereinstimmung mit den Versuchsergebnissen der oben genannten englischen Ingenieure gefunden; doch ist das nicht von großer Bedeutung; man darf nämlich nicht vergessen, daß die Versuche mit verhältnismäßig kleinen Körpern ausgeführt worden sind. Für diese Versuche kann der Untergrund bzw. die Unterlage, auf der die Versuchskörper aufgestellt sind, tatsächlich als starr angenommen werden. Bei einer ausgeführten Staumauer jedoch, besonders bei größerer Höhe, darf der Fels keineswegs als starrer Körper vorausgesetzt werden. Der Fels ist weder homogen und noch viel weniger isotrop, sondern er ist gespalten, so daß es in den meisten Fällen notwendig erscheint, den Untergrund mittels Zementeinspritzung zu dichten. Oft wird die Deformation des Untergrundes noch mehr ausmachen als sich aus einer elastischen Formänderung ergeben würde, so daß man von der Starrheit des Untergrundes kaum sprechen kann. In der Beschaffenheit des Felsens, ferner auch in den auch in dieser Theorie vernachlässigten anderen Kräftewirkungen, hauptsächlich Schwinden und Temperaturänderungen, sind so große Unsicherheiten vorhanden, daß diese viel mehr ausmachen als die verhältnismäßig kleinen Abweichungen in der Spannungsverteilung.

Nach obigen Ausführungen kann ruhig angenommen werden, daß eine lineare Spannungsverteilung noch am wahrscheinlichsten ist. Wie weit diese Annahme in Wirklichkeit zutrifft, läßt sich infolge der erwähnten Unsicherheiten nicht feststellen und deshalb ist es von größter Wichtigkeit, Spannungsmessungen an ausgeführten Bauwerken vorzunehmen. Wahrscheinlich kommt Otto Mohr der Wahrheit am nächsten, wenn er glaubt, daß Spannungsmessungen in zehn verschiedenen Staumauern, die unter sonst gleichen Umständen gebaut worden sind, zehn ganz verschiedene Ergebnisse liefern würden.

---

[1]) Zur Integration der Gleichung $\Delta\Delta F = 0$ durch Polynome im Fall des Staumauerproblems. Sitzungsber. d. math.-naturwiss. Klasse d. Kais. Akad. d. Wiss., Bd. 123, H. 2, S. 291—311. Wien 1914.

Für den Pfeiler einer aufgelösten Staumauer haben obige Untersuchungen Gültigkeit, sie liefern sogar in diesem Falle viel genauere und zuverlässigere Ergebnisse, da die Seitenflächen der Pfeiler frei sind. Infolgedessen sind sie den Kräftewirkungen, die bei einer Schwergewichtsmauer in der Richtung der Dammachse auftreten, nicht ausgesetzt. Die Pfeiler einer aufgelösten Staumauer sind in statischer Hinsicht viel sicherer zu erfassen als die Masse einer Schwergewichtsmauer. Hier trifft ja der Fall tatsächlich zu, der den bisherigen theoretischen Untersuchungen zugrunde gelegt worden ist, nämlich die Untersuchung eines Elementes, das mittels zweier, zu der Dammachse normal stehender Ebenen ausgeschnitten ist. Eine Abweichung ist zwar auch hier vorhanden, allerdings von untergeordneter Bedeutung; der Pfeiler hat nämlich keine konstante Stärke, sondern er nimmt nach unten hin zu. Aus dieser Tatsache jedoch ist keine Abweichung von den obigen Resultaten zu erwarten. Treten Kräftewirkungen in der Richtung der Dammachse trotzdem auf, so lassen sich diese mehr oder weniger genau berechnen. Eine solche Kräftewirkung entsteht z. B. dann, wenn zwischen Pfeiler und Gewölbe eine feste Verbindung vorhanden ist, indem das Gewölbe, wie dies bei den bisherigen Ausführungen der Fall war, in den Pfeilern mittels Eiseneinlagen fest verankert ist. Infolge Schwindens und Temperaturabnahme verkürzt sich die Spannweite des Bogens, so daß der Pfeiler in diesem Falle auf Zug beansprucht wird, wobei die Zugkräfte in der Richtung der Dammachse entstehen. Diese Zugspannungen sind aber nicht gefährlich, denn bei den bisher ausgeführten aufgelösten Staumauern sind Risse, die etwa durch solche Kräftewirkungen hätten verursacht werden können, noch nicht beobachtet worden.

Bei der Untersuchung der inneren Spannungen soll von den allgemeinen Spannungsgleichungen ausgegangen werden. Es sei ein ebener und gleichmäßiger Spannungszustand vorausgesetzt[1]), dann lauten die Gleichungen:

$$\frac{\partial \sigma_y}{\partial x} + \frac{\partial \tau_x}{\partial y} = 0,$$ (74 a)

$$\frac{\partial \sigma_x}{\partial y} - \frac{\partial \tau_y}{\partial x} + \gamma = 0,$$ (74 b)

$$\tau_x + \tau_y = 0.$$ (74 c)

Diese Beziehungen können aus Abb. 62 unmittelbar abgelesen werden. Die Normalspannungen sind als Druckspannungen positiv, die Schubspannungen sind positiv, wenn sie das Volumenelement im Uhrzeigersinn drehen.

Da aus Gl. (74 c) $\tau_x = -\tau_y$ ist, so muß noch die Verteilung dieser Schubspannungen, ferner die der Normalspannungen σ_x und σ_y ermittelt werden. Dazu reichen die 3 Grundgleichungen nicht aus, deshalb ist es außerdem nötig, daß die Spannungsverteilung festgelegt wird. Auf Grund des oben Gesagten soll eine lineare Spannungsverteilung in dem wagerechten Schnitte angenommen werden. Es sei an der Wasserseite $\sigma_x = \sigma_w$ und an der Luftseite $\sigma_x = \sigma_l$, dann beträgt die

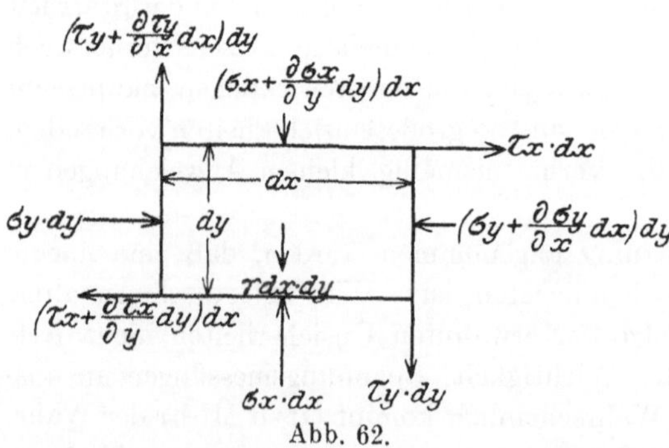

Abb. 62.

[1]) Mohr, Otto: Der Spannungszustand einer Staumauer. Z. öst. Ing.- u. A.-V. H. 40/41, S. 641 ff. 1908.

Spannung für einen Punkt mit den Koordinaten x und y (nach Abb. 63)

$$\sigma_x = \sigma_w + (\sigma_l - \sigma_w)\frac{x - x_w}{x_l - x_w}. \tag{75}$$

Um die Integrationen ausführen zu können, müssen zuerst die Randspannungen ermittelt werden. An der Talseite findet man nach Abb. 64 folgenden Zusammenhang:

$\sigma_l + \tau_{yl}\,\mathrm{tg}\,\psi_l = 0$ und daraus

$\tau_{yl} = -\sigma_l\,\mathrm{ctg}\,\psi_l = -\tau_{xl}. \tag{76}$

Ferner

$$\tau_{xl} - \sigma_{yl}\cdot\mathrm{tg}\,\psi_l = 0$$

also $\sigma_{yl} = \tau_{xl}\,\mathrm{ctg}\,\psi_l$,

und da $\tau_{xl} = -\tau_{yl}$, so wird mit Hilfe der Gl. (76)

$$\sigma_{yl} = \sigma_l\cdot\mathrm{ctg}^2\,\psi_l. \tag{77}$$

Für die Wasserseite erhält man

$$\sigma_w - \gamma_0 y - \tau_{yw}\cdot\mathrm{tg}\,\psi_w = 0,$$

woraus

$$\tau_{yw} = (\sigma_w - \gamma_0 y)\mathrm{ctg}\,\psi_w = -\tau_{xw}. \tag{78}$$

Aus dem Gleichgewicht der wagerechten Kräfte erhält man

$$\tau_{xw} - \gamma_0 y\,\mathrm{tg}\,\psi_w + \sigma_{yw}\cdot\mathrm{tg}\,\psi_w = 0,$$

woraus sich unter Berücksichtigung der Gl. (78) ergibt

$$\sigma_{yw} = \gamma_0 y + (\sigma_w - \gamma_0 y)\mathrm{ctg}^2\,\psi_w. \tag{79}$$

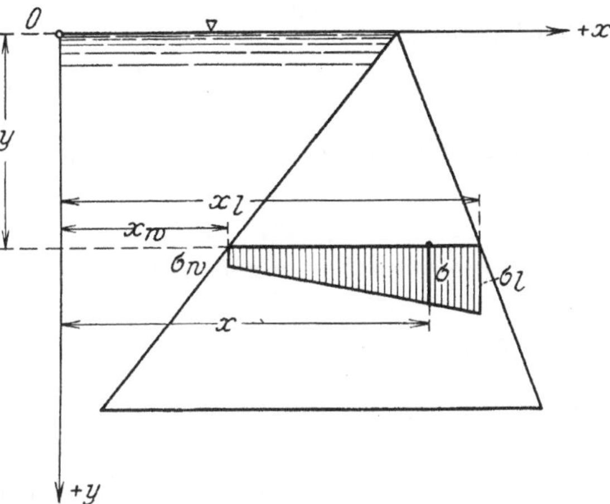

Abb. 63.

Die Randspannungen σ_l und σ_w können im wagerechten Schnitte aus den äußeren Kräften berechnet werden. Sie sind — wie später ersichtlich — mit y direkt proportional. Da die Neigungswinkel ψ_l und ψ_w konstant sind, kommt in jedem Glied der Gl. (76) bis (79) einmal y vor, so daß die Spannungen folgendermaßen geschrieben werden können:

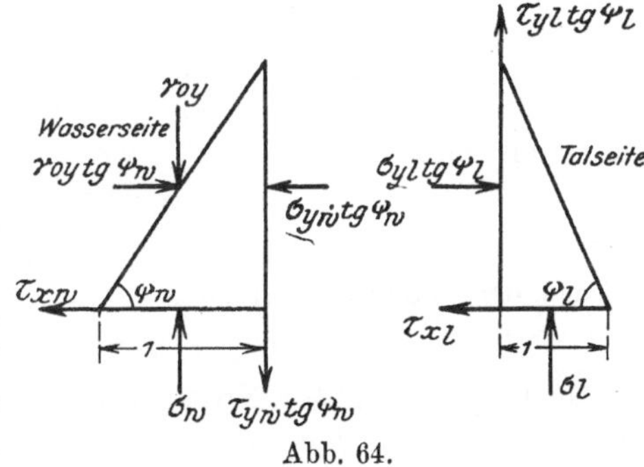

Abb. 64.

$$\tau_{xl} = \tau'_{xl}\cdot y \quad (76\,\mathrm{a})$$
$$\sigma_{yl} = \sigma'_{yl}\cdot y \quad (77\,\mathrm{a})$$

$$\tau_{xw} = \tau'_{xw}\cdot y \quad (78\,\mathrm{a})$$
$$\sigma_{yw} = \sigma'_{yw}\cdot y \quad (79\,\mathrm{a}),$$

worin τ'_{xl}, τ'_{xw}, σ'_{yl} und σ'_{yw} bei gegebenen Staumauerabmessungen konstante Größen darstellen. Obige Formeln sind für eine massive Staumauer abgeleitet worden, sie gelten jedoch ebensogut für einen Pfeiler mit konstanter Stärke, nur beträgt in diesem Falle der Wasserdruck nicht $\gamma_0 y$, sondern p, wobei p den von der Stauwand auf den Pfeiler übertragenen spezifischen Druck bedeutet. Man kann das auch so auffassen, daß es sich um eine Flüssigkeit handelt, deren spezifisches Gewicht $\dfrac{p}{\gamma_0 y}$ mal so groß wie das des Wassers ist.

In Gl. (75) sind außer σ_l und σ_w auch x_l und x_w lineare Funktionen von y, so daß man schreiben kann

$$\sigma_l = \sigma'_l\,y \qquad \sigma_w = \sigma'_w\,y \qquad x_l - x_w = a\cdot y \qquad x_w = by + c,$$

wobei σ'_l, σ'_w, a, b und c konstante Werte sind. Mit diesen Ausdrücken geht Gl. (75) über in:

$$\sigma_x = \sigma'_w\, y + \frac{\sigma'_l - \sigma'_w}{a}\,(x - b\,y - c).$$

Die Integration nach y liefert

$$\frac{\partial \sigma_x}{\partial y} = \sigma'_w + \frac{\sigma'_l - \sigma'_w}{a} \cdot b = \text{const.} = c_1.$$

Nach Gl. (74b) wird also

$$c_1 - \frac{\partial \tau_y}{\partial x} + \gamma = 0,$$

und indem man nach x zwischen den Grenzen x und x_l bzw. τ_y und τ_{yl} integriert, entsteht

$$\int\limits_x^{x_l} c_1\, dx - \int\limits_{\tau_y}^{\tau_{yl}} \frac{\partial \tau_y}{\partial x} \cdot dx + \gamma \int\limits_x^{x_l} dx = 0.$$

Daraus ergibt sich

$$\tau_y = \tau_{yl} - (c_1 + \gamma)(x_l - x),$$

oder, da $\tau_{yl} = \tau'_{yl} \cdot y$

$$\tau_y = \tau'_{yl} \cdot y - (c_1 + \gamma)(x_l - x) = -\,\tau_x. \tag{80}$$

Die Verteilung der Schubspannungen ist also linear.

Um die Verteilung der Normalspannungen σ_y in einer vertikalen Ebene zu bestimmen, muß man gemäß Gl. (74a) $\dfrac{\partial \tau_x}{\partial y}$ berechnen, die aus Gl. (80) erfolgen kann.

$$\frac{\partial \tau_x}{\partial y} = -\,\tau'_{yl} = \text{const.} = c_2$$

und damit wird

$$\frac{\partial \sigma_y}{\partial x} + c_2 = 0,$$

und bei der Integration nach x ergibt sich

$$\sigma_y = \sigma_{yl} + c_2(x_l - x) = \sigma'_{yl} \cdot y + c_2(x_l - x). \tag{81}$$

Die Verteilung der Normalspannungen in den senkrechten Schnitten ist also ebenfalls linear.

Im Falle einer linearen Normalspannungsverteilung in den wagerechten Schnitten ist die Verteilung der Schubspannungen und der Normalspannungen in den wagerechten Schnitten auch linear. Die Gl. (73a—c) beweisen übrigens, daß bei Annahme einer einzigen Spannungsverteilung die inneren Spannungsverhältnisse einer Staumauer bzw. eines Pfeilers eindeutig bestimmt sind. Weil die Gesetzmäßigkeit einer Spannungsverteilung frei gewählt werden muß, wird das Spannungsproblem der Staumauern als eine einmal statisch unbestimmte Aufgabe bezeichnet. Diese Bezeichnung ist irreführend, denn es ist zwar richtig, daß die Zahl der Unbekannten größer ist als die zur Verfügung stehenden Gleichungen; doch stellt man sich unter einer statisch unbestimmten Aufgabe im allgemeinen etwas anderes vor. Nach dieser Auffassung wäre jede Spannungsberechnung statisch unbestimmt, also z. B. auch die Ermittelung der Biegungsspannungen eines einfach aufgelagerten Balkens, da die Spannungsverteilung im Querschnitte immer angenommen werden muß. Und trotzdem wird die Spannungsberechnung eines solchen Trägers nicht als statisch unbestimmt bezeichnet.

Sind die Spannungen σ_x, σ_y und τ in einem Punkte des Pfeilers bekannt, so können die entsprechenden Spannungen in jeder anderen Schnittfläche bestimmt werden. Die größte und die kleinste Normalspannung, also die Hauptspannungen ergeben sich bekanntlich aus folgender Formel:

$$\sigma_0 = \frac{1}{2}\left[\sigma_x + \sigma_y \pm \sqrt{(\sigma_x - \sigma_y)^2 + 4\,\tau^2}\right], \tag{82}$$

und die Hauptrichtungen

$$\operatorname{tg} 2\,\alpha_0 = \frac{2\,\tau}{\sigma_x - \sigma_y}. \tag{83}$$

Die Abb. 65 bis 67 zeigen die Änderung der Normalspannungen σ in einem Punkte bei verschiedenen Annahmen. In Abb. 65 ist die größte Hauptspannung σ_1 doppelt so groß wie die kleinste σ_2, in Abb. 66 ist $\sigma_2 = 0$ und in Abb. 67 ist $\sigma_2 < 0$, und zwar $\sigma_2 = -\frac{1}{2}\,\sigma_1$. Die Spannungsänderung erfolgt in Polarkoordinaten nach der Funktion:

$$\sigma = \sigma_1 \cos^2 \varphi + \sigma_2 \sin^2 \varphi.$$

Ist $\sigma_1 = \sigma_2$ so, erhält man einen Kreis.

Da sich die Spannungen σ_x, σ_y und τ linear verteilen, haben sie ihren größten Wert entweder an der Talseite oder an der Wasserseite. Deshalb sollen jetzt die an diesen Stellen herrschenden Hauptspannungen ermittelt werden. Die Hauptrichtungen an der Talseite wie auch an der Wasserseite sind schon bekannt. An beiden Flächen müssen die Schubspannungen $= 0$ sein, da an der luftseitigen Fläche keine Kraft wirkt, an der Talseite dagegen nur der Wasserdruck, also eine reine Druckkraft. Würde an einer der beiden Randflächen der Spannungsvektor nicht normal zur

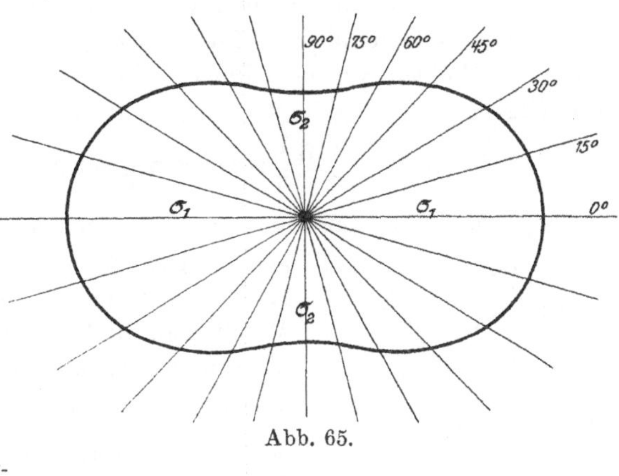

Abb. 65.

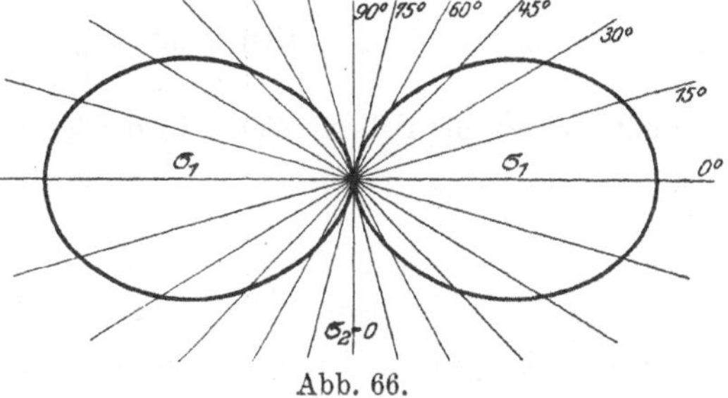

Abb. 66.

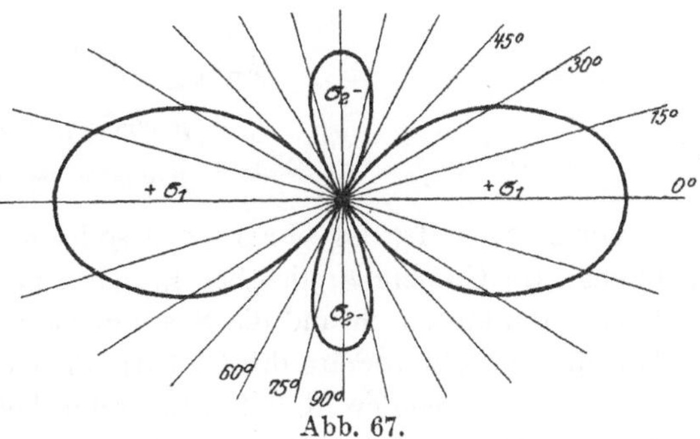

Abb. 67.

Fläche gerichtet sein, so wäre kein Gleichgewicht möglich, da die äußere Kraft Null bzw. normal gerichtet ist; die in die Randfläche fallende Komponente des Spannungsvektors muß also verschwinden, d. h. die Schubspannung muß hier Null sein. Dann sind aber die Wasserseite bzw. die Talseite selbst Hauptrichtungen während die anderen Hauptrichtungen die auf sie gerichteten Normalebenen sind; denn die Hauptrichtungen sind ja dadurch gekennzeichnet, daß in ihnen die Tangentialspannung verschwindet.

Man denke sich ein unendlich kleines Prisma aus der Wasserseite des Pfeilers ausgeschnitten (Abb. 68).

Die drei Schnittflächen seien so gewählt, daß zwei davon mit den zwei Hauptrichtungen übereinstimmen, die dritte soll wagerecht sein, da die hier auftretende Normalspannung als bekannt vorausgesetzt wird. In den zwei Hauptrichtungen treten nur Normalkräfte auf, sie sind P und N. In der dritten — wagerechten — Fläche wirkt die Normalkraft V und die Schubkraft T. Unsere Gleichgewichtsbedingung lautet: das statische Moment aller Kräfte in bezug auf einen beliebigen Punkt muß gleich Null sein. Wählen wir den Punkt 0 als Momentpunkt, so ergibt sich folgende Gleichung:

$$P\frac{1}{2}\cos\psi + N\frac{1}{2}\sin\psi - V\frac{1}{2} = 0,$$

da die Normalkräfte als Resultierende der gleichmäßig angenommenen Normalspannungen in der Mitte der Flächenelemente wirken. (Die Flächenelemente haben ja unendlich kleine Größen.) Wählt man die Länge des wagerechten Schnittelementes als Einheit, so bestehen noch folgende Zusammenhänge:

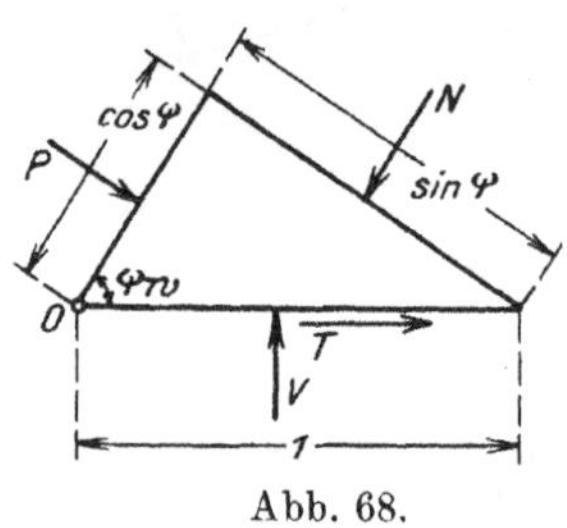

Abb. 68.

$$V = \sigma_w; \qquad T = \tau; \qquad P = p\cdot\cos\psi_w; \qquad N = \sigma_{w\,0}\sin\psi_w.$$

wobei σ_w die Normalspannung in der wagerechten Schnittfläche, p den auf den Pfeiler übertragenen spezifischen Druck und σ_{w0} die Hauptnormalspannung in dem normal zur wasserseitigen Böschung stehenden Schnittelement darstellt. Setzt man diese Werte in die letzte Gleichung ein, so erhält man

$$p\cos^2\psi_w + \sigma_{w0}\sin^2\psi_w - \sigma_w = 0,$$

woraus

$$\sigma_{w0} = \frac{\sigma_w}{\sin^2\psi_w} - p\,\mathrm{ctg}^2\psi_w. \tag{84}$$

Die andere Hauptnormalspannung ist der spezifische Druck p. Die größte Hauptspannung ist σ_{w0} und die kleinste p, wenn $\sigma_{w0} > p$ oder mit Berücksichtigung der Gl. (84).

$$\frac{\sigma_w}{\sin^2\psi_w} - p\,\mathrm{ctg}^2\psi_w > p,$$

$$\sigma_w - p\cdot\cos^2\psi_w > p\sin^2\psi_w,$$

$$\sigma_w > p(\cos^2\psi_w + \sin^2\psi_w),$$

also wenn $\sigma_w > p$. Ist dagegen $\sigma_w < p$, so ist p die größte und σ_w die kleinste Hauptspannung. Im Grenzfalle, also bei $\sigma_w = p$, sind alle Normalspannungen in dem betreffenden Punkte gleich und die Spannungsfunktion geht in einen Kreis über.

Da auf der rechten Seite der Gl. (84) Glieder von verschiedenen Vorzeichen sind, kann σ_{w0} negativ werden, d. h. Zugspannung bedeuten, auch in dem Falle, wenn σ_w positiv ist. Dieser Fall tritt ein, falls

$$\frac{\sigma_w}{\sin^2\psi_w} < p\,\mathrm{ctg}^2\psi_w,$$

oder

$$\sigma_w < p\cos^2\psi_w.$$

Ist z. B. $\sigma_w = 0$ und besitzt die Wasserseite des Pfeilers eine Neigung gegen die Vertikale, d. h. $\cos^2\psi_w \neq 0$, so tritt der erwähnte Fall unbedingt ein. Die Bedingung $\sigma_w = 0$ bedeutet aber nichts anderes, als daß die Resultierende der äußeren Kräfte durch den talseitigen Kernpunkt des wagerechten Pfeilerquerschnittes geht. Es genügt also nicht, zu verlangen, daß zwecks Vermeidung von Zugspannungen die resultierende Kraft innerhalb des Kernes bleiben soll, sie muß sogar von dem talseitigen Rand des inneren Kerns so weit liegen, daß die Bedingung $\sigma_w > p\cos^2\psi_w$ erfüllt wird.

Die Hauptschubspannungen treten bekanntlich in den Richtungen auf, die mit den Hauptrichtungen einen Winkel von 45^0 einschließen. Beide Schubspannungen sind gleich groß und unterscheiden sich nur durch das Vorzeichen. Sie betragen

$$\tau_{wo} = \frac{1}{2}(\sigma_1 - \sigma_2),$$

wo σ_1 und σ_2 die zwei Hauptnormalspannungen bedeuten. Setzt man deren Werte ein, so ergibt sich

$$\tau_{wo} = \frac{1}{2}\left(\frac{\sigma_w}{\sin^2\psi'_w} - p\operatorname{ctg}^2\psi'_w - p\right) = \frac{1}{2}\left[\frac{\sigma_w}{\sin^2\psi_w} - p(1 + \operatorname{ctg}^2\psi_w)\right].$$

Es ist aber

$$1 + \operatorname{ctg}^2\psi'_w = 1 + \frac{\cos^2\psi'_w}{\sin^2\psi_w} = \frac{\sin^2\psi_w + \cos^2\psi'_w}{\sin^2\psi_w} = \frac{1}{\sin^2\psi_w},$$

und damit erhält man für die Hauptschubspannung den Wert

$$\tau_{wo} = \frac{1}{2}\frac{\sigma_w - p}{\sin^2\psi'_w}. \tag{85}$$

Bei leerem Becken findet man die Hauptspannungen aus Gl. (84) und (85), wenn $p = 0$ gesetzt wird. Die Hauptspannungen an der Talseite ergeben sich ebenfalls mit $p = 0$, ferner wenn ψ_l anstatt ψ_w in obige Gleichungen eingesetzt werden, also

$$\sigma_{lo} = \frac{\sigma_l}{\sin^2\psi_l} \tag{86}$$

bzw.

$$\tau_{lo} = \frac{1}{2}\frac{\sigma_l}{\sin^2\psi'_l} = \frac{1}{2}\sigma_{lo}. \tag{87}$$

Der spezifische Druck p setzt sich zusammen aus dem auf den Pfeiler konzentrierten Druck $\gamma_0 h \dfrac{L}{d}$ (hierbei bedeutet L den Pfeilerabstand zwischen den Mittelebenen gemessen und d die Pfeilerstärke), ferner aus der zur Wasserseite normalen Komponente des Gewichtes der Stauwand. Bei der Gewölbestauwand kommt außerdem noch der veränderliche Wasserdruck dazu. Bei Vernachlässigung der letzten Wirkungen beträgt der spezifische Druck $p = \gamma_0 h\dfrac{L}{d}$, und später soll stets dieser Wert angewendet werden, um die Berechnungen nicht allzu umständlich zu machen. Es wird aber nichts im Wege stehen, für die Ermittlung von σ_{wo} bei schon bekannten Staumauerabmessungen auch die erwähnten zusätzlichen Wirkungen zu berücksichtigen.

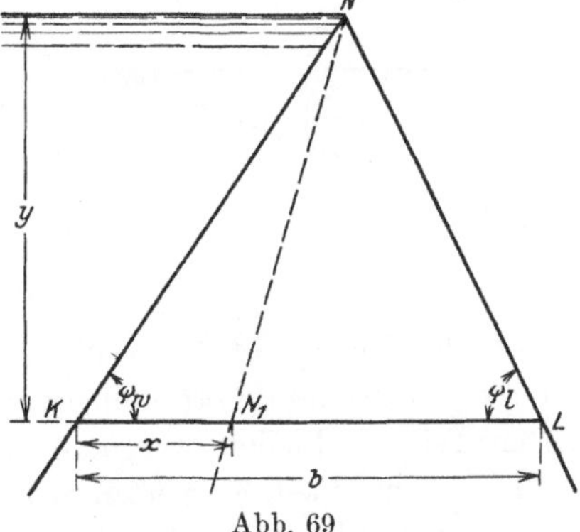

Abb. 69

Um über die inneren Spannungsverhältnisse eines Pfeilers ein klares Bild zu erhalten, soll ein Beispiel ausgearbeitet werden. Das Staubecken sei bis zur Spitze des Dreieckes gefüllt (Abb. 69), die Spannungen in einem wagerechten Schnitte, der $y = 10$ m unterhalb des Wasserspiegels liegt, sollen zu ermitteln sein. Es sei ctg $\psi_w = 0{,}7$ und ctg $\psi_l = 0{,}5$, demnach beträgt die Pfeilerbreite an dieser Stelle $b = (\text{ctg } \psi_w + \text{ctg } \psi_l) \cdot y = (0{,}7 + 0{,}5)\,10 = 12$ m. Die konstante Pfeilerstärke sei $d = 3{,}00$ m und der Pfeilerabstand $L = 15{,}00$ m, somit ist $\dfrac{L}{d} = 5$. Das spezifische Gewicht des Mauerwerkes sei $\gamma = 2{,}3$ t/m³. Für diese Abmessungen erhält man die Spannungen:

$$\sigma_l' = 3{,}60 \qquad \text{und} \qquad \sigma_w' = 1{,}62\,,$$

also

$$\sigma_l = 3{,}60 \cdot 10 = 36{,}0 \text{ t/m}^2 \qquad \text{und} \qquad \sigma_w = 1{,}62 \cdot 10 = 16{,}2 \text{ t/m}^2.$$

Die Schubspannung beträgt an der Luftseite nach Gl. (76)

$$\tau_{xl} = \sigma_l \cdot \text{ctg } \psi_l = 36{,}0 \cdot 0{,}5 = 18{,}0 \text{ t/m}^2,$$

und an der Wasserseite gemäß Gl. (78) (wenn man $\gamma_0 \cdot y \dfrac{L}{d}$ anstatt $\gamma_0 y$ einführt)

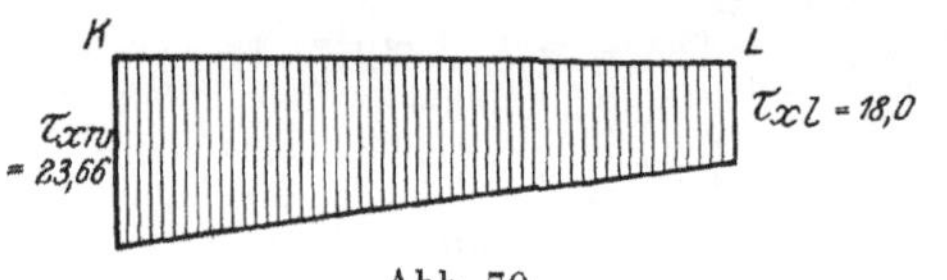

Abb. 70.

$$\tau_{xw} = -\left(\sigma_w - \gamma_0 y \frac{L}{d}\right) \text{ctg } \psi_w = -(16{,}2 - 10 \cdot 5)\,0{,}7 = 23{,}66 \text{ t/m}^2.$$

Von der Richtigkeit dieser Werte kann man sich durch eine Probe überzeugen. Der Inhalt der schraffierten Fläche der Abb. 70, multipliziert mit der Pfeilerstärke muß nämlich mit der in der Fuge KL wirkenden Horizontalkraft, also mit dem gesamten Wasserdruck gleich sein. Dieser Wasserdruck ist für $L = 15$ m Breite

$$H = \frac{1}{2}\,\gamma_0\,y^2\,L = \frac{1}{2} \cdot 10^2 \cdot 15 = 750 \text{ t},$$

und aus dem Schubspannungsdiagramm erhält man ebenfalls

$$\left(\int_K^L \tau_x \cdot dx\right) \cdot d = \frac{1}{2}\,(18{,}0 + 23{,}66) \cdot 12{,}00 \cdot 3{,}00 = 750 \text{ t}.$$

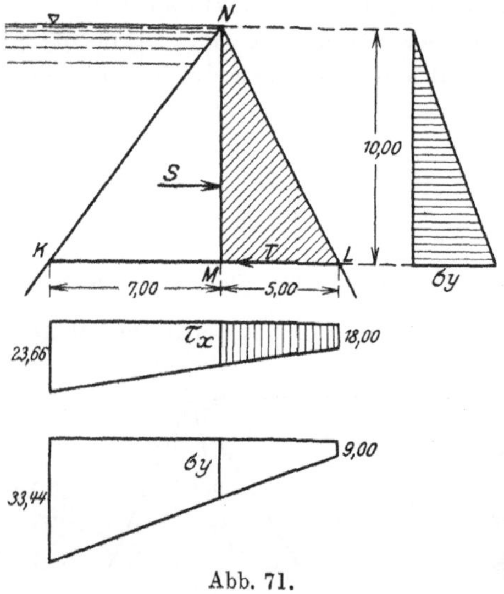

Der wagerechte Normalspannungsvektor berechnet sich mit Hilfe der Gl. (77) und (79) $\Big($in der letzteren muß ebenfalls $\gamma_0 y \dfrac{L}{d}$ anstatt $\gamma^0 y$ gesetzt werden$\Big)$

$$\sigma_{yl} = \sigma_l \cdot \text{ctg}^2\,\psi_l = 36{,}0 \cdot 0{,}5^2 = 9{,}0 \text{ t/m}^2,$$

$$\sigma_{yw} = \gamma_0 y \frac{L}{d} + \left(\sigma_w - \gamma_0 y \frac{L}{d}\right)\text{ctg}^2\,\psi_w = 10 \cdot 5 + (16{,}2 - 10 \cdot 5)\,0{,}7^2 = 33{,}44 \text{ t/m}^2.$$

Abb. 71.

Für die Richtigkeit dieser Werte gibt es gleichfalls eine Probe. In Abb. 71 sind nur die wagerechten Kräfte eingezeichnet. Man denke sich den linken, nicht schraffierten Teil des Pfeilers weggenommen. In der senkrechten Fläche MN wirkt der restliche, vom linken Körperteil nicht aufgenommene Teil des Wasserdruckes: S, der von der in der Fläche LM wirkenden Scherkraft T in Gleichgewicht gehalten wird[1]). Der Wert von τ_x ist:

$$\tau_x = 18{,}00 + (23{,}66 - 18{,}0)\,\frac{5{,}0}{12{,}0} = 20{,}36 \text{ t/m}^2,$$

---

[1]) S. auch Link: Die Bestimmung der Querschnitte von Staumauern usw. Berlin 1910.

und ähnlich

$$\sigma_y = 9,0 + (33,44 - 9,0)\,\frac{5,0}{12,0} = 19,18 \text{ t/m}^2.$$

Es ist nun

$$T = \frac{1}{2}\,(18,0 + 20,36)\,5,00 \cdot 3,00 = 287,7 \text{ t},$$

(da die Pfeilerstärke $d = 3,00$) und ebenfalls

$$S = \frac{1}{2} \cdot 10,0 \cdot 19,18 \cdot 3,0 = 287,7 \text{ t}.$$

Die Werte von σ_x, σ_y und τ für $x = 0,1\,b$ bis $1,0\,b$ wurden durch lineare Interpolation gefunden. Die Hauptspannungen und Hauptrichtungen sind mit Hilfe folgender Zahlentafel berechnet:

Tabelle 7.

$\frac{x}{b} =$	0,0	0,1	0,2	0,3	0,4	0,5	0,6	0,7	0,8	0,9	1,0
$\sigma_x =$	16,20	18,18	20,16	22,14	24,12	26,10	28,08	30,06	32,04	34,02	36,00
$\sigma_y =$	33,44	31,00	28,55	26,11	23,66	21,22	18,78	16,33	13,89	11,44	9,00
$\tau =$	23,66	23,09	22,53	21,96	21,40	20,83	20,26	19,70	19,13	18,57	18,00
$(\sigma_x - \sigma_y)^2$	297,3	164,6	70,4	15,74	0,212	23,85	85,0	188,5	329,3	509	729
$4\,\tau^2$	2240,0	2130	2030	1930	1837	1736	1642	1552	1461	1378	1296
$\sqrt{(\sigma_x-\sigma_y)^2 + 4\tau^2}$	50,4	47,9	45,8	44,15	42,8	42,0	41,6	41,74	42,3	43,5	45,0
$\sigma_x + \sigma_y$	49,64	49,18	48,71	48,25	47,78	47,32	46,86	46,39	45,93	45,46	45,00
σ_{max}	50,02	48,54	47,26	46,20	45,29	44,66	44,23	44,06	44,12	44,48	45,00
σ_{min}	—0,38	0,64	1,45	2,05	2,49	2,66	2,63	2,33	1,81	0,98	0,00
tg $2\,\alpha_0$	2,745	3,60	5,37	11,07	—93,2	—8,54	—4,37	—2,87	—2,11	—1,647	—1,333
$2\,\alpha_0$	70⁰0′	74⁰30′	79⁰30′	84⁰50′	90⁰40′	96⁰40′	102⁰50′	109⁰10′	115⁰20′	121⁰40′	126⁰50′

Die Hauptspannungen nehmen längs des Strahles NN_1 linear zu. Die Spannungen σ_x, σ_y und τ wachsen nämlich proportional mit y also in der Tiefe von $n\,y$ betragen sie: $n\,\sigma_x$, $n\,\sigma_y$ und $n\,\tau$. Setzt man diese Werte in die Gl. (82) und (83) ein, so findet man für die Hauptspannungen ebenfalls den Wert von $n\,\sigma_0$, während α_0, also die Hauptrichtung längs eines Strahles konstant bleibt.

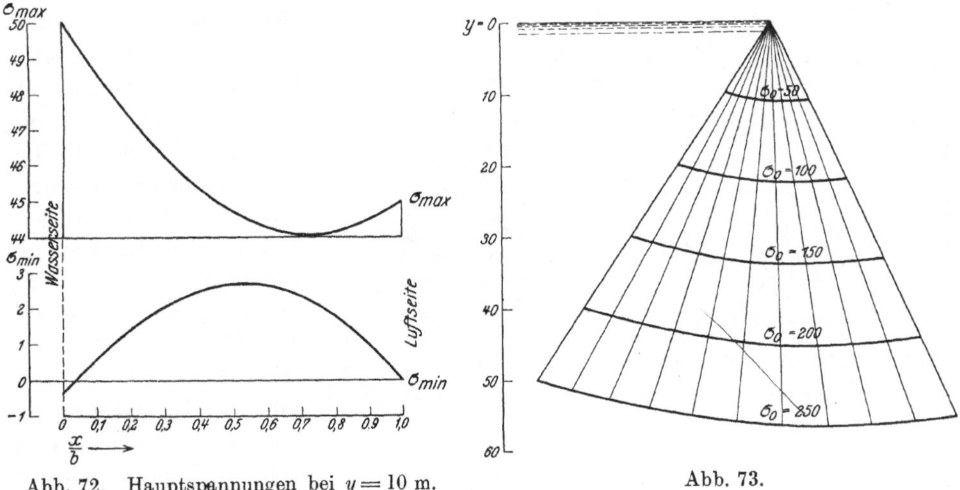

Abb. 72. Hauptspannungen bei $y = 10$ m.   Abb. 73.

In Abb. 72 ist der Verlauf der beiden Hauptspannungen dargestellt. Aus der unteren, σ_{min}-Kurve ist ersichtlich, daß an der Wasserseite kleine Zugspannungen auftreten. Die obere Kurve gibt die größten Hauptspannungen an, woraus zu entnehmen ist, daß das in Frage stehende Beispiel ein besonderer Fall ist, indem sämtliche Spannungen kleiner sind als der Wasserdruck selbst. Da ein Pfeiler mit solchen Abmessungen praktisch möglich ist, es sich hier also nicht um ein rein theoretisches Beispiel handelt, erkennt man die günstigen statischen Verhältnisse solcher Pfeiler, die lediglich der großen wasserseitigen Böschung zu verdanken sind.

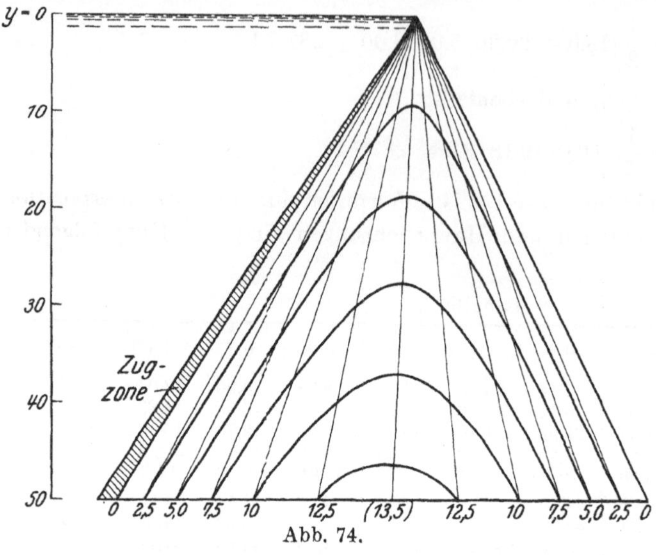

Abb. 74.

In den Abb. 73 und 74 sind die Kurven gleicher größter bzw. kleinster Beanspruchung, also die isostatischen Linien dargestellt. Geometrisch sind diese Kurven Hyperbeln. Aus Abb. 74 sieht man, daß in der Nähe der Wasserseite geringe Zugspannungen auftreten. Die Trennungslinie zwischen Druck- und Zugkurve ist der Grenzfall, bei dem die Hyperbel in eine gerade Linie übergeht.

In Abb. 75 sind die Trajektorien, d. h. die Richtungen der Hauptspannungen dargestellt. In diesen Richtungen treten also keine Schubspannungen auf. Diese Linien sind mit Hilfe der graphischen Differenzierung bestimmt worden. Während die isostatischen Linien dazu dienen, die Qualität bzw. das Mischungsverhältnis des Betons entsprechend festzusetzen, sind die Trajektorien für die Lage der Arbeitsfugen maßgebend. Es ist jedoch nicht notwendig, diese Kurven in jedem einzelnen Falle zu bestimmen. Für die Trajektorien genügt es zu wissen, daß sie von den Randflächen normal ausgehen und sich der anderen Randseite asymptotisch nähern, wie das ja allgemein bekannt ist. Das Mischungsverhältnis des Betons kann man natürlich nicht genau den isostatischen Linien Abb. 73 anpassen und für diesen Zweck wird auch der ungefähre Verlauf dieser Linien vollkommen genügen und dementsprechend wird

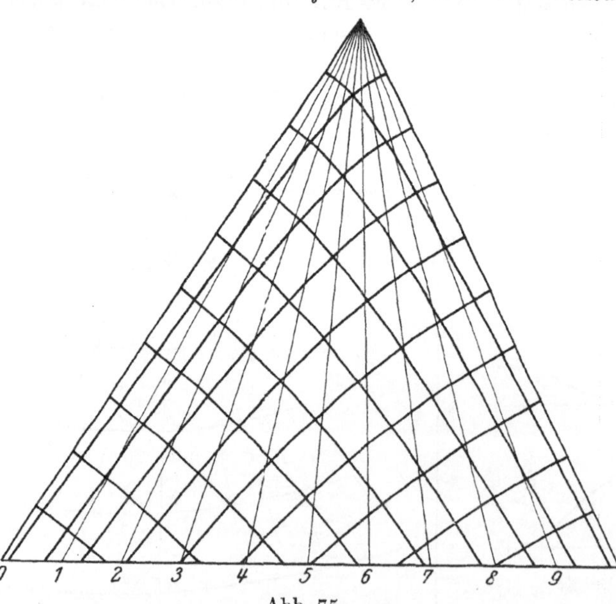

Abb. 75.

man im unteren Teil des Pfeilers einen besseren Beton verwenden als im oberen. Es wird vollständig ausreichen, die Hauptspannungen an der Wasserseite und an der Talseite zu bestimmen, von denen die ersteren die kleinsten und die letzteren die größten der im Querschnitt vorkommenden Spannungen angeben. Die rechnerische Ermittlung dieser Spannungen wird später behandelt werden.

Es sei noch bemerkt, daß die Trajektorien bzw. isostatischen Linien unter dem Einfluß des Gewichts der Mauerkrone, Versteifungsträger usw. sich ändern werden. Die Änderung ist um so größer, je mehr man sich der Krone nähert. Auf die Ausbildung der Arbeitsfugen und auf die Bestimmung der Qualität des Betons wird dieser Umstand jedoch keinen Einfluß ausüben.

In Fachkreisen herrscht heute oft noch eine sehr große Unsicherheit über die inneren Spannungen einer Staumauer. Viele glauben mit der üblichen Theorie auskommen zu können, selbst bei dem Pfeiler einer aufgelösten Staumauer, indem sie die übliche graphische Untersuchung von Schnitt zu Schnitt ausführen und die Resultierende bestimmen, und wenn diese stets im Innern des Kernes verläuft, so glauben sie, über die Sicherheit der Staumauer beruhigt sein zu können. Manchmal tauchen aber unklare Vorstellungen, insbesondere über die Größe der Schubspannungen auf, denen man oft allzuviel Bedeutung beimißt. Es wird dabei wahrscheinlich an die in den Eisenbetonbestimmungen

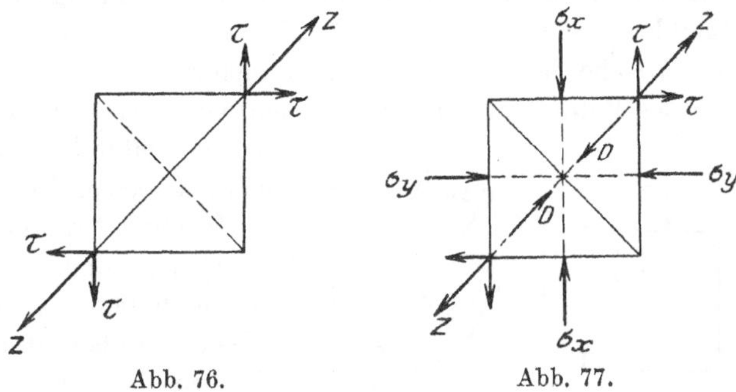

Abb. 76.   Abb. 77.

vorgeschriebene größte zulässige Schubspannung von 4 kg pro qcm gedacht, nach deren Überschreitung die auf Biegung beanspruchten Eisenbetonbauten mit entsprechender Schubbewehrung versehen werden müssen. Bei den Staumauern liegen jedoch die Verhältnisse ganz anders.

Bei den auf Biegung beanspruchten Eisenbetonbalken sollen eigentlich nicht die Schubspannungen, sondern die mit den Schubspannungen entstehenden sog. schrägen Zugspannungen durch entsprechende Eisenbewehrung aufgenommen werden. Treten in einem Punkte eines Körpers nur reine Schubspannungen auf, so können diese nach Abb. 76 zu Zugspannungen führen, die unter 45^0 verlaufen. Kommt noch außerdem eine normale Zugspannung dazu, so wird die Zugspannung noch erhöht, wie das bei den auf Biegung beanspruchten Balken der Fall ist, wo in der neutralen Faser nur reine Schubspannungen und unterhalb derselben außerdem noch Zugspannungen auftreten. Treten in einem Körperteilchen nach Abb. 77 Schubspannungen und Druckspannungen gleichzeitig auf, so werden die von ersteren erzeugten schrägen Zugspannungen durch die letzteren herabgesetzt und falls die letzteren groß genug sind, entstehen in diesem Körperelemente nur Druckspannungen. Die Bestimmung der Hauptspannungen in einem Punkte des Körpers soll die Gewißheit geben, ob in diesem Punkte Zugspannungen überhaupt auftreten können oder nicht. Ist die kleinste Hauptspannung eine Druckspannung, so kann man sicher sein, daß in dem betreffenden Punkte in keiner Schnittfläche Zugspannungen auftreten. Ist dieser Körper auf die ermittelte Hauptnormalspannung dimensioniert, dann braucht die Schubspannung nicht weiter berücksichtigt zu werden. Es ist ja nicht nötig, zwei Wirkungen, die zu gleicher Zeit entstehen und im Endresultat identisch sind, doppelt zu berücksichtigen.

Bei einem beliebigen Spannungszustand eines Körpers muß die Untersuchung stets auf einen solchen Fall zurückgeführt werden, für den Versuche vorliegen. Festigkeitsversuche mit Betonkörpern sind für reine Druckspannungen bzw. für reine Zugspannungen gemacht worden. Es liegen auch Scherversuche vor, doch bei diesen Versuchen kann nie genau erreicht werden, daß die von dem Biegungsmoment erzeugte Zugspannung vollständig ausgeschaltet wird. Die Druck- bzw. Zugversuche beziehen sich auch auf einen linearen Spannungszustand, während bei einer Staumauer im besten Falle ein ebener Spannungszustand vorliegt. Um diesen Fall auf die Versuche mit linearer Beanspruchung zurückzuführen, müßten die sog. reduzierten Spannungen ermittelt werden, d. h. solche, die an sich allein dieselben Dehnungen hervorrufen würden, wie die beiden senkrecht aufeinander stehenden Normalspannungsvektoren zusammen. Diese Saint Venantsche Annahme setzt voraus, daß bei dem Bruch eines Körpers nicht die Spannungen, sondern die Dehnungen maßgebend sind. Hier müßte also die Querdehnung des Körpers in die Berechnung eingeführt werden. Das Verhältnis zwischen Längs- und Querdehnung, also die Poissonsche Zahl schwankt bei Betonkörpern zwischen 5 und 12 und hängt von der Güte des Betons ab. Im allgemeinen wird dieser Wert zu dem für homogene feste

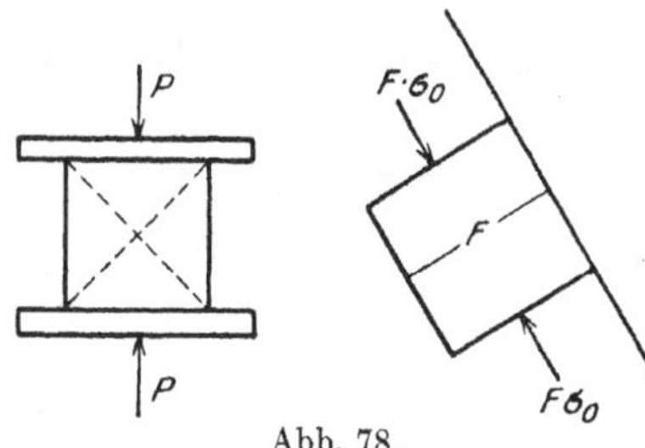

Abb. 78.

Körper geltenden von 3 bis 4 um so näher kommen, je besser bzw. je dichter der Beton ist[1]).

In einer Staumauer werden gewöhnlich nur Druckspannungen auftreten. Eine Ausnahme davon bilden die in unmittelbarer Nähe der Wasserseite befindlichen Punkte. Bei diesen kann sich für die kleinste Hauptspannung eine Zugspannung ergeben. Eine Bewehrung der Pfeilerwasserseite wird sich in diesem Falle, besonders wenn die Zugspannungen höher sind, empfehlen. An der Talseite liegen die Verhältnisse wesentlich einfacher. Hier ist die eine Hauptspannung, wie oben dargelegt, gleich Null und die andere Hauptspannung wird stets eine Druckspannung sein. Schneidet man ein Körperelement aus der Talseite der Mauer aus (vgl. Abb. 78), so sieht man, daß auf der normal zur Wasserseite gerichteten Fläche nur normale Spannungen auftreten, und zwar die größten Hauptspannungen, während sich in der anderen dazu senkrechten Richtung keine Spannung zeigt. Abgesehen davon, daß die Formänderung dieses Körperteils in der mit der Luftseite parallelen Fläche gehindert ist (was jedoch die Verhältnisse nicht wesentlich ändert, da die Dehnung nach der Luftseite hin erfolgen kann), liegt hier genau derselbe Fall vor wie bei einem Betonprobewürfel, der zwischen zwei Stahlplatten gedrückt wird. Bekanntlich erfolgt der Bruch solcher spröder Stoffe derart, daß der Würfel in zwei symmetrische Pyramiden zerfällt, was der Wirkung der in schrägen Schnitten auftretenden Scherspannungen zuzuschreiben ist. Obgleich die Zerstörung des Körpers in diesem Falle durch die Schubspannungen hervorgerufen wird, bezeichnet man doch die Grenze der Druckspannung, bei der der Bruch erfolgt, als die Druckfestigkeit des Körpers. Ist die Größe der Druckkraft P und der Querschnitt des Würfels normal zur Druckkraft F, und erfolgt der Bruch des Körpers

---

[1]) Saliger: Der Eisenbeton. 5. Aufl., S. 117.

z. B. bei $P:F = 300$ kg pro qcm, so sagt man schlechthin, daß die Druckfestigkeit des Körpers 300 kg pro qcm beträgt, ohne daß man auf die Schubwirkung achtet. Daraus folgt, daß bei Staumauern ebenfalls nur die Druckfestigkeit des Körpers maßgebend ist und die Schubspannung nicht berücksichtigt zu werden braucht, soweit in keiner Schnittfläche des betr. Punktes Zugspannungen entstehen. Tritt ein solcher Fall ein, z. B. in der Nähe der Wasserseite, so braucht man die Schubspannung, wie erwähnt, ebenfalls nicht besonders zu berücksichtigen, sondern es genügt, die Eisenbewehrung der kleinsten Hauptspannung entsprechend zu bemessen.

Weiterhin soll die reduzierte Hauptspannung an der Wasserseite ermittelt werden. Sind im allgemeinen die zwei Hauptnormalspannungen σ_1 und σ_2, dann ergeben sich die reduzierten Spannungen, wenn σ_1 und σ_2 gleiche Vorzeichen haben, zu:

$$\sigma_{1\,red} = \sigma_1 - \frac{1}{m}\,\sigma_2 ,$$

bzw.

$$\sigma_{2\,red} = \sigma_2 - \frac{1}{m}\,\sigma_1 .$$

Die zwei wasserseitigen Hauptspannungen sind nun σ_{wo} und $\gamma_0 h \dfrac{L}{d}$, es wird somit

$$\sigma_{wo\,red} = \sigma_{wo} - \frac{1}{m}\,\gamma_0 h \frac{L}{d} ,$$

oder nach Einsetzen der Gl. (84)

$$\sigma_{wo\,red} = \frac{\sigma_w}{\sin^2 \psi_w} - \gamma_0 h \frac{L}{d}\left(\mathrm{ctg}^2\,\psi_w + \frac{1}{m} \right). \tag{88}$$

Schließlich bleibt noch eine Frage zu lösen übrig, die in der Literatur öfters angeschnitten wird, nämlich die, ob es richtig ist, einen wagerechten Schnitt den Berechnungen zugrunde zu legen, oder ob ein anderer, schräger Schnitt geprüft werden muß. Das Problem wird folgendermaßen behandelt[1]).

Wir legen einen beliebigen Schnitt, der unter dem Winkel φ gegen die Wagerechte geneigt ist, zugrunde (Abb. 79); wir werden in diesem Schnitte die wasser- und talseitigen Normalspannungen und daraus die entsprechenden Hauptspannungen ermitteln. Ergeben sich für jeden Schnitt, also von φ

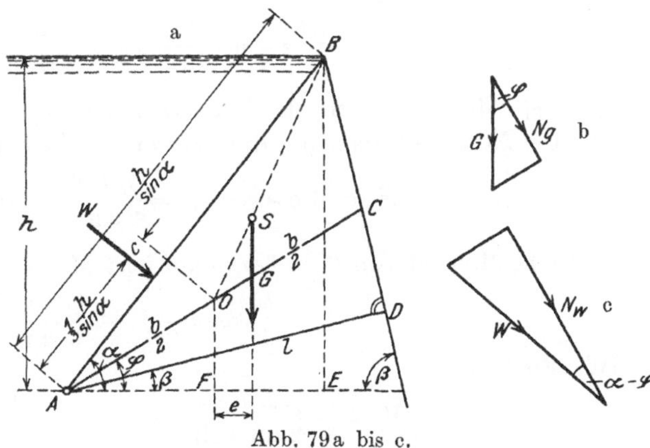

Abb. 79a bis c.

unabhängig stets dieselben Hauptspannungen, so ist es gleichgültig, welchen Schnitt man prüft, und in diesem Falle gilt die Naviersche Annahme für alle anderen Schnitte, andernfalls wäre es noch zu entscheiden, für welchen Schnitt diese Annahme am wahrscheinlichsten gelten sollte.

In Abb. 79 ist der Pfeiler einer aufgelösten Staumauer dargestellt, der die konstante Wandstärke d haben möge. Die Staumauer sei bis zur Spitze B des Dreiecks

---

[1]) Kelen, N.: Die Spannungsverhältnisse in Staumauern. Beton u. Eisen 1925, H. 18.

gefüllt. Wir berechnen die Normalspannung σ aus dem Schnitte $\overline{AC}$ im Punkte A, dessen Tiefe unter dem Wasserspiegel h beträgt. Es sei $\overline{AC} = b$. Wir wollen hier nur den Wasserdruck und das Gewicht des Pfeilers berücksichtigen, andere Kräfte dagegen (Gewicht der Stauwand usw.) außer acht lassen.

Auf den Schnitt AC wirkt das Gewicht G des Körperteiles ABC und der Wasserdruck W. Das Gewicht ist nun:

$$G = \gamma d \cdot \text{Fläche } ABC,$$

wenn γ das spezifische Gewicht des Pfeilers bedeutet. Nach einem bekannten trigonometrischen Satz ist

$$\text{Fläche } ABC = \frac{1}{2} b \frac{h}{\sin \alpha} \sin(\alpha - \varphi),$$

es wird also

$$G = \frac{1}{2} \gamma d b \frac{h}{\sin \alpha} \sin(\alpha - \varphi). \tag{89}$$

Die Normalkomponente dieser Kraft beträgt nach Abb. 79b

$$N_g = G \cos \varphi = \frac{1}{2} \gamma d b \frac{h}{\sin \alpha} \sin(\alpha - \varphi) \cos \varphi. \tag{90}$$

Das statische Moment von G in bezug auf den Querschnittsmittelpunkt 0 ist $M_g = G \cdot e$[1]), wo nach Abb. 79a

$$e = \frac{1}{3} \overline{EF} = \frac{1}{3} \left(h \operatorname{ctg} \alpha - \frac{b}{2} \cos \varphi \right)$$

und damit ist

$$M_g = \frac{1}{6} \gamma d b \frac{h}{\sin \alpha} \sin(\alpha - \varphi) \cdot \left(h \operatorname{ctg} \alpha - \frac{b}{2} \cos \varphi \right). \tag{91}$$

Der Wasserdruck beträgt

$$W = \frac{1}{2} h \cdot \frac{h}{\sin \alpha} \gamma_0 L = \frac{\gamma_0 L h^2}{2 \sin \alpha}, \tag{92}$$

wo γ_0 das spezifische Gewicht des Wassers und L den Achsenabstand der Pfeiler bedeutet. Die Normalkomponente des Wasserdruckes beträgt nach Abb. 79c

$$N_w = W \cos(\alpha - \varphi) = \frac{\gamma_0 L h^2}{2 \sin \alpha} \cdot \cos(\alpha - \varphi). \tag{93}$$

Das statische Moment von W in bezug auf 0 ist $M_w = - Wc$, wo nach Abb. 79a ist:

$$c = \frac{b}{2} \cos(\alpha - \varphi) - \frac{1}{3} \frac{h}{\sin \alpha},$$

so daß also wird

$$M_w = - \frac{\gamma_0 L h^2}{2 \sin \alpha} \left[\frac{b}{2} \cos(\alpha - \varphi) - \frac{1}{3} \frac{h}{\sin \alpha} \right]. \tag{94}$$

Die Normalspannung in der Schnittfläche AC im Punkte A beträgt mit Rücksicht auf die Vorzeichenbestimmung

$$\sigma_w = \frac{N_g + N_w}{b d} - \frac{6(M_g + M_w)}{b^2 d}. \tag{95}$$

Nach Gl. (90) und (93) ist

$$\frac{N_g + N_w}{b d} = \frac{1}{2} \gamma \frac{h}{\sin \alpha} \sin(\alpha - \varphi) \cos \varphi + \frac{\gamma_0 L h^2}{2 d b \sin \alpha} \cdot \cos(\alpha - \varphi)$$

---

[1]) Wenn der Drehsinn des Uhrzeigers als positiv angenommen wird.

und nach Gl. (91) und (94)

$$- \frac{6\,(M_g + M_w)}{b^2 d} = - \frac{\gamma\,h^2\,\mathrm{ctg}\,\alpha}{b\sin\alpha}\cdot\sin(\alpha - \varphi) + \frac{1}{2}\,\frac{\gamma\,h}{\sin\alpha}\sin(\alpha - \varphi)\cos\varphi$$

$$+ \frac{3}{2}\,\frac{\gamma_0 L h^2}{b\,d\sin\alpha}\cos(\alpha - \varphi) - \frac{\gamma_0 L h^3}{b^2 d\sin^2\alpha}.$$

Addiert man die letzten zwei Gleichungen, so wird nach Gl. (95)

$$\sigma_w = - \frac{\gamma\,h^2}{b\sin\alpha}\,\mathrm{ctg}\,\alpha\sin(\alpha - \varphi) - \frac{\gamma_0 L h^3}{b^2 d\sin^2\alpha} + \frac{\gamma\,h}{\sin\alpha}\sin(\alpha - \varphi)\cos\varphi + \frac{2\gamma_0 L h^2}{d\,b\sin\alpha}\cos(\alpha - \varphi).$$

Führt man folgende Bezeichnung ein: $\dfrac{L}{d} = \delta$, $\dfrac{\gamma}{\gamma_0} = \gamma'$ und $\dfrac{\sigma_w}{\gamma_0 h} = \sigma'_w$, so geht die letzte Gleichung über in:

$$\sigma'_w = \frac{\gamma'}{\sin\alpha}\sin(\alpha - \varphi)\left[\cos\varphi - \frac{h}{b}\,\mathrm{ctg}\,\alpha\right] + \frac{\delta\,h}{b\sin\alpha}\left[2\cos(\alpha - \varphi) - \frac{h}{b\sin\alpha}\right]. \quad (95\,\mathrm{a})$$

Nach Abb. 79a ist — wenn $\overline{AD} = l$ gesetzt wird —

$$b = \frac{l}{\cos(\varphi - \beta')}, \qquad \text{wo} \qquad \beta' = \frac{\pi}{2} - \beta,$$

und da $l = \dfrac{h}{\sin\alpha}\cos(\alpha - \beta')$, so wird

$$b = \frac{\cos(\alpha - \beta')}{\cos(\varphi - \beta')}\,\frac{h}{\sin\alpha}, \qquad \text{oder} \qquad \frac{h}{b\sin\alpha} = \frac{\cos(\varphi - \beta')}{\cos(\alpha - \beta')}.$$

Setzt man diesen Wert in Gl. (95a) ein, so erhält man

$$\sigma'_w = \frac{\gamma'}{\sin\alpha}\sin(\alpha - \varphi)\left[\cos\varphi - \frac{\cos\alpha}{\cos(\alpha - \beta')}\cos(\varphi - \beta')\right]$$

$$+ \frac{\delta}{\cos(\alpha - \beta')}\cos(\varphi - \beta')\left[2\cos(\alpha - \varphi) - \frac{\cos(\varphi - \beta')}{\cos(\alpha - \beta')}\right]. \quad (96)$$

Bei gegebenen Abmessungen ist in Gl (96) — mit Ausnahme von φ — alles bekannt. Gl. (96) gibt also die Normalspannung an der Wasserseite des Pfeilers als Funktion der durch den Winkel φ gekennzeichneten Schnittfläche an. Folgt die Änderung von σ_w mit φ dem auf S. 89 angegebenen trigonometrischen Gesetz, so muß die Hauptspannung σ_{wo} konstant, also von φ unabhängig sein, in welchem Falle man stets zu demselben Resultate kommt, unabhängig davon, welchen Schnitt man prüft.

Die wasserseitige Hauptspannung σ_{wo} erhält man dadurch, indem man in Gl. (84) den Winkel ψ_w durch $(\alpha - \varphi)$ ersetzt.

$$\sigma'_{wo} = \frac{\sigma'_w}{\sin^2(\alpha - \varphi)} - \delta\,\mathrm{ctg}^2(\alpha - \varphi). \quad (97)$$

Setzt man Gl. (96) in Gl. (97) und führt man der Einfachheit halber folgende Werte ein:

$$\frac{1}{\cos(\alpha - \beta')} = k_1, \qquad \frac{\gamma'}{\sin\alpha} = k_2, \qquad \gamma'\,\mathrm{ctg}\,\alpha = k_3,$$

$$\frac{\cos(\varphi - \beta')}{\sin(\alpha - \varphi)} = \varphi_1, \qquad \mathrm{ctg}(\alpha - \varphi) = \varphi_2 \qquad \frac{\cos\varphi}{\sin(\alpha - \varphi)} = \varphi_3.$$

wo $k_1 \div k_3$ konstante Größen darstellen, während $\varphi_1 \div \varphi_3$ von φ abhängig sind, so erhält man folgenden Ausdruck für die Hauptspannung:

$$\sigma'_{wo} = k_2\,\varphi_3 - k_1 k_3\,\varphi_1 + \delta\,(2\,k_1\varphi_1\varphi_2 - k_1^2\varphi_1^2 - \varphi_2^2)$$

$$= - (k_1\varphi_1 - \varphi_2)^2\,\delta - k_1 k_3\,\varphi_1 + k_2\,\varphi_3 = F_1\,\delta + F_2. \quad (98)$$

Es muß also festgestellt werden, ob σ'_{wo} konstant oder mit φ veränderlich ist. Zu diesem Zwecke muß der Differentialquotient der Gl. (98) untersucht werden.

$$\frac{d\,\sigma'_{wo}}{d\varphi} = \delta\,\frac{d\,F_1}{d\varphi} + \frac{d\,F_2}{d\varphi}.$$

Es sei nun bemerkt, daß σ'_{wo} bei beliebigem δ dann und nur dann konstant sein kann, wenn sowohl der Differentialquotient von F_1 wie der von F_2 identisch, d. h. bei jedem Wert von φ Null sind, also wenn

$$\frac{d\,F_1}{d\varphi} = 0 \quad\text{und}\quad \frac{d\,F_2}{d\varphi} = 0$$

$$- F_1 = (k_1\varphi_1 - \varphi_2)^2 = \left[k_1\,\frac{\cos(\varphi - \beta')}{\sin(\alpha - \varphi)} - \operatorname{ctg}(\alpha - \varphi)\right]^2 = \left[\frac{k_1\cos(\varphi - \beta') - \cos(\alpha - \varphi)}{\sin(\alpha - \varphi)}\right]^2$$

$$- \frac{1}{2}\,\frac{d\,F_1}{d\varphi} = \frac{\sin(\alpha-\varphi)[-k_1\sin(\varphi-\beta')-\sin(\alpha-\varphi)]+\cos(\alpha-\varphi)[k_1\cos(\varphi-\beta')-\cos(\alpha-\varphi)]}{\sin^2(\alpha - \varphi)}$$

$$= \frac{Z_1}{N_1}.$$

Führt man die Multiplikation aus und berücksichtigt man, daß $\sin^2(\alpha - \varphi) + \cos^2(\alpha - \varphi) = 1$, so kann der Zähler folgendermaßen geschrieben werden:

$$Z_1 = k_1\left[\cos(\alpha - \varphi)\cos(\varphi - \beta') - \sin(\alpha - \varphi)\sin(\varphi - \beta')\right] - 1.$$

Der in eckiger Klammer stehende Ausdruck ist aber der Cosinus der Summe der Winkel $\alpha - \varphi$ und $\varphi - \beta'$, also

$$Z_1 = k_1\cos(\alpha - \varphi + \varphi - \beta') - 1 = k_1\cos(\alpha - \beta') - 1,$$

und da $k_1 = \dfrac{1}{\cos(\alpha - \beta')}$, also $k_1\cos(\alpha - \beta') = 1$, so ist $Z_1 = 0$ und damit auch

$$\frac{d\,F_1}{d\varphi} = 0.$$

$$F_2 = k_2\varphi_3 - k_1 k_3\varphi_1 = k_2\,\frac{\cos\varphi}{\sin(\alpha - \varphi)} - k_1 k_3\,\frac{\cos(\varphi - \beta')}{\sin(\alpha - \varphi)}$$

$$= \frac{k_2\cos\varphi - k_1 k_3\cos(\varphi - \beta')}{\sin(\alpha - \varphi)}$$

$$\frac{d\,F_2}{d\varphi} = \frac{\sin(\alpha - \varphi)[-k_2\sin\varphi + k_1 k_3\sin(\varphi - \beta')]+\cos(\alpha - \varphi)[k_2\cos\varphi - k_1 k_3\cos(\varphi - \beta')]}{\sin^2(\alpha - \varphi)}$$

$$= \frac{Z_2}{N_2}.$$

Nach ausgeführter Multiplikation erhält man:

$$Z_2 = - k_1 k_3\left[\cos(\alpha - \varphi)\cos(\varphi - \beta') - \sin(\alpha - \varphi)\sin(\varphi - \beta')\right]$$
$$+ k_2\left[\cos\varphi\cos(\alpha - \varphi) - \sin\varphi\sin(\alpha - \varphi)\right].$$

Der in der ersten Klammer stehende Ausdruck ist aber $\cos(\alpha - \varphi + \varphi - \beta') = \cos(\alpha - \beta')$, während der zweite $\cos(\varphi + \alpha - \varphi) = \cos\alpha$ ist, so daß

$$Z_2 = - k_1 k_3\cos(\alpha - \beta') + k_2\cos\alpha$$

wird. Es ist aber $\cos(\alpha - \beta') = \dfrac{1}{k_1}$ und $k_2\cos\alpha = k_3$, und so ist

$$Z_2 = - k_1 k_3\,\frac{1}{k_1} + k_3 = 0,$$

und damit auch $\dfrac{d\,F_2}{d\varphi} = 0$.

Die wasserseitige Hauptspannung σ_{wo} bzw. σ'_{wo} ist also von dem Winkel φ unabhängig. Dasselbe kann man auch für die luftseitige Hauptspannung beweisen, die Berechnung ist jedoch so langwierig, daß sie hier nicht wiedergegeben werden soll. Es sei bloß der Vollständigkeit halber die Formel für die Ermittelung der talseitigen Normalspannung mitgeteilt:

$$\sigma_l' = \frac{\sin(\beta - \varphi)}{\sin\beta}\left\{\gamma'\cos\varphi - \frac{\gamma'\cos\beta}{\cos(\beta - \alpha')}\cos(\varphi - \alpha')\right.$$

$$\left. + \delta\,\frac{\sin\alpha}{\cos^2(\beta - \alpha')}\,\frac{\sin(\beta - \varphi)}{\cos(\varphi - \alpha')}\,[\cos(\beta - \alpha')\sin(\varphi - \alpha') + \sin(\beta - \varphi)]\right\},$$

wo $\alpha' = \dfrac{\pi}{2} - \alpha$. Die talseitige Hauptspannung beträgt $\sigma_{lo}' = \dfrac{\sigma_l'}{\sin^2(\beta - \varphi)}$, die, wie erwähnt, ebenfalls von φ unabhängig ist.

Damit ist also bewiesen, daß man stets dieselben Hauptspannungen bekommt, unabhängig davon, welcher Schnitt der Berechnung zugrunde gelegt wurde. Wenn also die Naviersche Annahme für einen Schnitt als gültig angenommen wird, so gilt šie für alle anderen Schnitte.

Die oben erhaltenen Ergebnisse haben aber außerdem noch eine praktische Bedeutung. Treten nämlich Zugspannungen an der Wasserseite auf, so muß die Breite der Zugzone bestimmt werden, d. h. die Linie, bei der die Zugspannungen aufhören, um die Stärke der Eisenbewehrung bemessen zu können. Diese Linie ist, wie vorher ermittelt, bei der theoretischen Pfeilerform eine Gerade, sie wird aber unter der Wirkung der Krone usw. von einer Geraden abweichen, so daß die Bestimmung mehrerer Punkte derselben notwendig ist. Da die lineare Spannungsverteilung für jeden Schnitt zutrifft, soll durch den Punkt K, in dem die Hauptspannung σ_{wo} bekannt ist, ein zur Wasserseite normaler Schnitt gelegt werden. Man

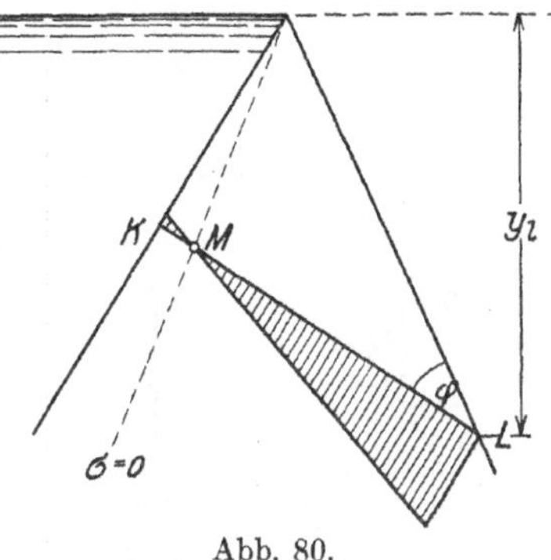

Abb. 80.

mißt die Ordinate y_l des Punktes L (Abb. 80) und ermittelt die entsprechende Hauptspannung σ_{lo} und daraus die im Schnitt LK auftretende Normalspannung σ_{l1} mit Hilfe der Gl. (86), wobei nur φ anstatt ψ_l gesetzt werden soll, also $\sigma_{l1} = \sigma_{lo}\sin^2\varphi$. In dieser Weise erhält man das Spannungsdiagramm im Schnitte KL, dessen Nullpunkt der gesuchte Punkt ist.

Dieses Verfahren ist nicht ganz genau, da die Hauptrichtung im Punkte M schon anders ist. Der Unterschied wird aber nur ganz unwesentlich sein, weil der Abstand KM meistens sehr gering ist. Dieses Verfahren enthält noch eine weitere Ungenauigkeit. Infolge der Einwirkung der Mauerkrone, Stauwandgewicht usw. gilt nämlich das lineare Spannungsverteilungsgesetz nicht mehr streng. Man findet also einen Unterschied zwischen den aus den verschiedenen Schnittflächen ermittelten Hauptspannungen. Aber auch diese Ungenauigkeit ist nicht so bedeutend, daß man das hier angegebene Verfahren nicht ruhig anwenden könnte.

Es wird also in den späteren Berechnungen ein lineares Spannungsverteilungsgesetz vorausgesetzt wie es bisher üblich war, weil diese Annahme vor allen anderen am wahrscheinlichsten ist. Eine evtl. Abweichung davon könnte nur auf Grund umfangreicher und systematischer Messungen an vielen bestehenden Bauwerken in Anwendung gebracht werden. Auch soll ferner von einer wagerechten Fuge ausgegangen werden, weil die Ermittelung der Spannungen in dieser am einfachsten erfolgen kann.

2. Statische Berechnung des Pfeilers.

a) Ermittelung der äußeren Kräfte.

Ein grundsätzlicher Unterschied zwischen dem Profil einer Gewichtsstaumauer und dem Pfeiler einer aufgelösten Staumauer besteht darin, daß die wirtschaftlich günstigste Querschnittsausbildung einer massiven Mauer eine senkrechte wasserseitige Wandbegrenzung fordert, während eine aufgelöste Staumauer beiderseitig von der Senkrechten stark abweicht. Daher muß man hier nicht nur mit einer wagerechten, sondern auch mit einer senkrechten Komponente des Wasserdruckes rechnen. Außer dem Wasserdruck und Eigengewicht des Pfeilers sind noch folgende Belastungen vorhanden:

a) die auf die wasserseitige Pfeilerböschung normale Komponente des Eigengewichtes der Stauwand,

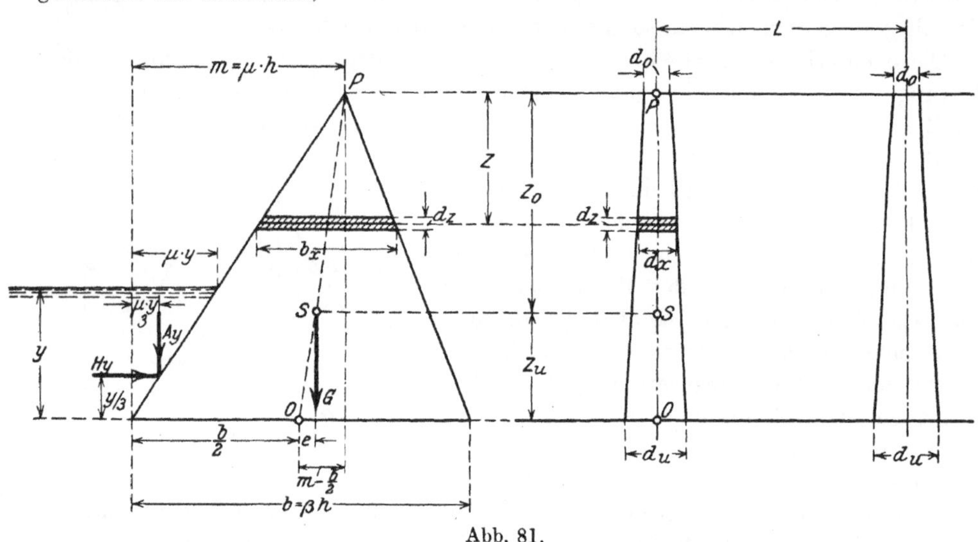

Abb. 81.

b) bei gewölbten Stauwänden der durch die Neigung der Gewölbeachsen entstehende veränderliche Wasserdruck.

Außerdem, wie bereits erwähnt, müssen noch diejenigen Änderungen der Pfeilerform berücksichtigt werden, die aus praktischen Gründen notwendig erscheinen (Dammkrone usw.). Es wird zuerst angenommen, daß außer dem Wasserdruck und Pfeilergewicht keine andere Belastung auf den Pfeilern vorhanden ist. Alle anderen Belastungen werden nachträglich berücksichtigt.

Zur Berechnung des Eigengewichtes G teilt man den Pfeiler in wagerechte Lamellen von der Stärke dz ein (Abb. 81). Das Gewicht einer solchen Lamelle, deren Schwerpunkt in einem Abstande von z unterhalb der Spitze P liegt, ist

$$dG = \gamma\, b_x\, d_x\, dz,$$

hierbei bedeutet γ das spezifische Gewicht des Pfeilermaterials. Es sei vorläufig $d_x = d_o + t_x$ und entsprechend $d_u = d_o + t$ gesetzt, wo t_x und t die Zunahme der Pfeilerstärke in den Tiefen z bzw. h darstellt. Nach der Voraussetzung ist diese Zunahme linear, so daß t_x mit z proportional ist. Es wird also

$$t_x = \frac{t}{h} \cdot z.$$

Ferner ist

$$b_x = \frac{b}{h} z = \beta z \,,$$

wenn das Verhältnis $\boxed{\beta = \dfrac{b}{h}}$ eingeführt wird. Aus den drei letzten Gleichungen ergibt sich

$$d G = \gamma \beta z \left(d_0 + \frac{t}{h} z\right) dz = \gamma \beta d_0 z \, dz + \gamma \beta \frac{t}{h} z^2 dz \,. \tag{99}$$

Das Gewicht des ganzen Pfeilers ergibt sich durch Integration dieser Gleichung

$$G = \int_0^h d G = \gamma \beta d_0 \int_0^h z \, dz + \gamma \beta \frac{t}{h} \int_0^h z^2 \, dz \,.$$

Nach Auswertung der Integrale findet man:

$$G = \frac{1}{6} \gamma \beta h^2 \left(3 \, d_0 + 2 \, t\right).$$

Wird nun wieder der Wert $t = d_u - d_o$ eingesetzt, und das Verhältnis zwischen unterer und oberer Pfeilerstärke mit ϑ bezeichnet, also

$$\boxed{\vartheta = \frac{d_u}{d_o}\,,} \tag{100}$$

so findet man schließlich nach einigen Umformungen das Pfeilergewicht

$$G = \frac{1}{6} \gamma \beta d_0 h^2 \left(2 \, \vartheta + 1\right) \,. \tag{101}$$

Zur Ermittelung der Spannungen an der unteren Fläche des Pfeilers ist das Biegungsmoment M_g des Gewichtes G in bezug auf den unteren Querschnittsmittelpunkt 0 erforderlich. Dieses Moment wird mit M_g bezeichnet; das Vorzeichen ist positiv, wenn die Kräfte im Sinne des Uhrzeigers drehen. Zur Berechnung von M_g ist zuerst der Abstand e der Schwerlinie vom Querschnittsmittelpunkt 0 notwendig. Dazu muß die Lage des Pfeilerschwerpunktes S ermittelt werden. In unserem Falle ist eine Schwerlinie schon bekannt, es ist die Linie PO (Abb. 81). Teilt man nämlich den Pfeiler durch wagerechte Ebenen in parallele Volumenlamellen ein, so geht die Linie $\overline{PO}$ durch den Schwerpunkt einer jeden Lamelle. Läßt man daher sämtliche Kräfte in der Richtung PO wirken, so fallen alle, also auch ihre Resultierende in die Gerade PO.

Um die genaue Lage des Schwerpunktes S auf der Linie PO aufzufinden, wird zuerst die Tiefe desselben unter dem Punkt P berechnet. Der Körper wird zu diesem Zweck wieder in wagerechte Lamellen eingeteilt, in denen ebenfalls wagerechte, mit dem Lamelleninhalt gleich große Kräfte wirken. Der Inhalt einer Lamelle ergibt sich aus Gl. (99), indem γ weggelassen wird.

$$d V = \beta d_0 z \, dz + \beta \frac{t}{h} z^2 \, dz \,. \tag{99a}$$

Der Abstand des Schwerpunktes S von der Spitze P ist

$$z_0 = \frac{\displaystyle\int_0^h d V \cdot z}{\displaystyle\int_0^h d V} \,.$$

Der Zähler dieser Gleichung ist mit Berücksichtigung von Gl. (99a)

$$\int\limits_0^h dV \cdot z = \beta\, d_0 \int z^2\, dz + \beta\, \frac{t}{h} \int z^3\, dz,$$

oder nach der Integration und nach Vereinfachung

$$\int\limits_0^h dV \cdot z = \frac{1}{12}\, \beta\, h^3\, (4\, d_0 + 3\, t).$$

Setzt man wieder den Wert $t = d_u - d_o$, ferner $\vartheta = \dfrac{d_u}{d_o}$ ein, so ergibt sich nach einigen Umformungen

$$\int\limits_0^h dVz = \frac{1}{12}\, \beta\, d_0\, h^3\, (3\, \vartheta + 1).$$

Der Nenner ist der Gesamtinhalt des Pfeilers, der (bzw. dessen Gewicht) schon berechnet ist. Läßt man von Gl. (101) γ weg, so erhält man

$$\int\limits_0^h dV = V = \frac{G}{\gamma} = \frac{1}{6}\, \beta\, d_0\, h^2\, (2\, \vartheta + 1).$$

Durch Division der zwei letzten Gleichungen ergibt sich die Schwerpunktlage

$$z_o = \frac{\dfrac{1}{12}\, \beta\, d_0\, h^3\, (3\, \vartheta + 1)}{\dfrac{1}{6}\, \beta\, d_0\, h^2\, (2\, \vartheta + 1)} = \frac{1}{2}\, h\, \frac{3\, \vartheta + 1}{2\, \vartheta + 1}. \tag{102}$$

Der Abstand des Schwerpunktes von der unteren Pfeilerfläche ist sodann

$$z_u = h - z_o = h - \frac{1}{2}\, h\, \frac{3\, \vartheta + 1}{2\, \vartheta + 1},$$

oder nach Vereinfachung

$$z_u = \frac{1}{2}\, h\, \frac{\vartheta + 1}{2\, \vartheta + 1} \tag{103}$$

eine verhältnismäßig einfache Formel für den Schwerpunktsabstand.

Aus ähnlichen Dreiecken in Abb. 81 kann folgender Zusammenhang entnommen werden

$$\frac{e}{z_u} = \frac{m - \dfrac{b}{2}}{h},$$

und daraus

$$e = \frac{z_u}{h}\left(m - \frac{b}{2}\right) = z_u\left(\mu - \frac{\beta}{2}\right),$$

wo

$$\boxed{\mu = \frac{m}{h}}.$$

Setzt man in die letzte Gleichung den Wert von z_u aus Gl. (103) ein, so erhält man

$$e = \frac{h}{2}\, \frac{\vartheta + 1}{2\, \vartheta + 1}\left(\mu - \frac{\beta}{2}\right). \tag{104}$$

Das Moment M_g berechnet sich also zu

$$M_g = + G \cdot e = \frac{1}{6}\, \gamma\, \beta\, d_0\, h^2\, (2\, \vartheta + 1)\, \frac{h}{2}\, \frac{\vartheta + 1}{2\, \vartheta + 1} = \frac{1}{12}\, \gamma\, \beta\, d_0\, h^3\left(\mu - \frac{\beta}{2}\right)(\vartheta + 1). \tag{105}$$

Bei dem in Abb. 81 skizzierten Falle ist die wasserseitige Böschung μ größer als die talseitige $(\beta - \mu)$, so daß G rechts von dem Querschnittsmittelpunkt 0 liegt, folglich im positiven Sinne dreht. Liegt dagegen G links von 0, so muß M_g negativ sein, was auch aus Gl. (105) hervorgeht. In diesem Falle ist nämlich $\mu < (\beta - \mu)$ oder $\mu < \beta/2$, so daß Gl. (105) negativ wird.

Das Verhältnis der oberen Pfeilerstärke zum Pfeilerabstand sei

$$\boxed{\frac{d_0}{L} = \delta\,.} \tag{106}$$

Die Gl. (101) und (105) können noch in folgender Form geschrieben werden:

$$G = \frac{1}{6}\,\gamma\,\delta\,h^2\,L\,\beta\,(2\,\vartheta + 1) \tag{101a}$$

und

$$M_g = \frac{1}{12}\,\gamma\,\delta\,h^3\,L\,\beta\left(\mu - \frac{\beta}{2}\right)(\vartheta + 1)\,. \tag{105a}$$

Die senkrechte Komponente des Wasserdruckes beträgt nach Abb. 81

$$A_y = \frac{1}{2}\,\gamma_0\,y \cdot \mu\,y\,L = \frac{1}{2}\,\gamma_0\,L\,\mu\,y^2\,, \tag{107}$$

und die wagerechte Komponente

$$H_y = \frac{1}{2}\,\gamma_0\,L\,y^2\,. \tag{108}$$

Die betreffenden Biegungsmomente in bezug auf den Querschnittsmittelpunkt 0 sind

$$M_A = -\,A_y\left(\frac{b}{2} - \frac{\mu\,y}{3}\right),$$

oder mit Berücksichtigung der Gl. (107)

$$M_A = -\,\frac{1}{4}\,\gamma_0\,L\,\mu\,\beta\,h\,y^2 + \frac{1}{6}\,\gamma_0\,L\,\mu^2\,y^3\,, \tag{109}$$

bzw.

$$M_H = H_y \cdot \frac{y}{3} = \frac{1}{6}\,\gamma_0\,L\,y^3\,. \tag{110}$$

Die Summe aller lotrechten Kräfte beträgt somit

$$\Sigma V = G + A_y\,,$$

und das Gesamtmoment

$$\Sigma M = M_g + M_A + M_H\,.$$

b) Berechnung der Spannungen.

Die Randspannung an der Luftseite beträgt

$$\sigma_l = \frac{\Sigma V}{b\,d_u} + \frac{6\,\Sigma M}{b^2\,d_u}\,,$$

und an der Wasserseite

$$\sigma_w = \frac{\Sigma V}{b\,d_u} - \frac{6\,\Sigma M}{b^2\,d_u}\,.$$

Die Normalspannung ist nun

$$\frac{\Sigma V}{b \cdot d_u} = \frac{G + A_y}{b \cdot d_u}\,.$$

Setzt man die Gl. (101a) und (107) in die letzte Gleichung ein, und berücksichtigt man, daß $b = \beta\,h$ und $d_u = \vartheta\,d_0 = \vartheta\,\delta\,L$, so erhält man für die Normalspannung den Ausdruck

$$\frac{\Sigma V}{b\,d_u} = \frac{\frac{1}{6}\,\gamma\,\delta\,h^2\,L\,\beta\,(2\,\vartheta + 1)}{\beta\,h\,\delta\,\vartheta\,L} + \frac{\frac{1}{2}\,\gamma_0\,L\,\mu\,y^2}{\beta\,h\,\delta\,\vartheta\,L}\,. \tag{111}$$

Die Biegungsspannung ist

$$\frac{6 \sum M}{b^2 d_u} = \frac{6}{b^2 d_u}(M_g + M_A + M_H)$$

oder nach Einsetzen der Gl. (105a), (109) und (110)

$$\frac{6 \sum M}{b^2 d_u} = \frac{6 \cdot \frac{1}{12}\gamma\,\delta\,h^3 L\beta\left(\mu - \frac{\beta}{2}\right)(\vartheta + 1)}{\beta^2 h^2 \delta\,\vartheta\,L} - \frac{6 \cdot \frac{1}{4}\gamma_0 L\mu\beta h y^2 + 6 \cdot \frac{1}{6}\gamma_0 L\mu^2 y^3}{\beta^2 h^2 \delta\,\vartheta\,L}$$
$$+ \frac{6 \cdot \frac{1}{6}\gamma_0 L y^3}{\beta^2 h^2 \delta\,\vartheta\,L}. \tag{112}$$

Führen wir der Einfachheit halber folgende Bezeichnungen ein:

$$a_1' = \frac{6 \cdot \frac{1}{12}\gamma\,\delta\,h^3 L\beta\left(\mu - \frac{\beta}{2}\right)(\vartheta + 1)}{\beta^2 h^2 \delta\,\vartheta\,L} = \frac{\gamma\left(\mu - \frac{\beta}{2}\right)(\vartheta + 1)h}{2\beta\vartheta}, \tag{113a}$$

$$a_2' = \frac{6 \cdot \frac{1}{4}\gamma_0 L\mu\beta h}{\beta^2 h^2 \delta\,\vartheta\,L} = \frac{3}{2}\frac{\gamma_0 \mu}{\delta\beta\vartheta h} \tag{113b}$$

$$a_3' = \frac{6 \cdot \frac{1}{6}\gamma_0 L\mu^2}{\beta^2 h^2 \delta\,\vartheta\,L} = \frac{\gamma_0 \mu^2}{\delta\vartheta\beta^2 h^2}, \tag{113c}$$

$$b_1' = \frac{\frac{1}{6}\cdot\gamma\,\delta\,h^2 L\beta(2\vartheta + 1)}{\beta h\delta\,\vartheta\,L} = \frac{\gamma(2\vartheta + 1)h}{6\vartheta}, \tag{113d}$$

$$b_2' = \frac{\frac{1}{2}\cdot\gamma_0 L\mu}{\beta h\delta\,\vartheta\,L} = \frac{\gamma_0 \mu}{2\beta\delta\,\vartheta h}. \tag{113e}$$

so ist die Normalspannung

$$\frac{\sum V}{b \cdot d_u} = b_1' + b_2' y^2, \tag{114a}$$

und die Biegungsspannung

$$\frac{6 \sum M}{b^2 d_u} = a_1' - a_2' y^2 + (a_3' + a_4') y^3. \tag{114b}$$

Die talseitige Spannung ergibt sich als Summe der beiden Gl. (114a) und (114b)

$$\sigma_l = a_1' + b_1' + (b_2' - a_2') y^2 + (a_3' + a_4') y^3, \tag{115}$$

und die wasserseitige Spannung als Differenz der Gl. (114a) und (114b)

$$\sigma_w = b_1' - a_1' + (b_2' + a_2') y^2 - (a_3' + a_4') y^3. \tag{116}$$

Zuerst soll die Frage behandelt werden, bei welchem Wasserstand erreichen diese Spannungen ihren höchsten bzw. kleinsten Wert. Für diese Untersuchung sind alle Abmessungen des Pfeilers bekannt, der einzige Veränderliche ist die Lage y des Wasserspiegels über den geprüften Schnitt. Um die Änderung der Spannungen mit y festzustellen, sollen zuerst die mathematischen Grenzwerte gesucht werden.

Die talseitige Spannung σ_l.

Der Differentialquotient der Gl. (115) ergibt den Grenzwert:

$$\frac{d\sigma_l}{dy} = 2(b_2' - a_2') y + 3(a_3' + a_4') y^2 = 0. \tag{117a}$$

I. Lösung: $y = 0$, (117a)

II. Lösung: obige Gleichung kann durch y dividiert werden

$$2\,(b_2' - a_2') + 3\,(a_3' + a_4')\,y = 0,$$

und daraus

$$y = -\frac{2}{3}\,\frac{b_2' - a_2'}{a_3' + a_4'} = y_{II}. \tag{117b}$$

Der zweite Differentialquotient der Gl. (115) ergibt

$$\frac{d^2\sigma_l}{dy^2} = 2\,(b_2' - a_2') + 6\,(a_3' + a_4')\,y.$$

Für den I. Fall wird

$$\left[\frac{d^2\sigma_l}{dy^2}\right]_{y=0} = 2\,(b_2' - a_2') = 2\left(\frac{\gamma_0\mu}{2\beta\delta\vartheta h} - \frac{3}{2}\,\frac{\gamma_0\mu}{\delta\beta\vartheta h}\right) = -\frac{2\,\gamma_0\mu}{\delta\beta\vartheta h} < 0,$$

an dieser Stelle ist also ein Maximum.

Für den II. Fall ergibt sich

$$\left[\frac{d^2\sigma_l}{dy^2}\right]_{y=y_{II}} = 2\,(b_2' - a_2') - 4\,(b_2' - a_2') = -2\,(b_2' - a_2') = \frac{2\,\gamma_0\mu}{\delta\beta\vartheta h} > 0,$$

so daß die Funktion hier ein Minimum hat. Mehr mathematische Grenzwerte hat die Funktion nicht.

Um den Verlauf dieser Funktion darzustellen, setzt man die Gl. (113a—e) in Gl. (115) ein. Hierzu setzt man

$$\boxed{\frac{\gamma}{\gamma_0} = \gamma'} \tag{118}$$

und

$$\frac{y}{h} = \eta, \tag{119}$$

außerdem im allgemeinen

$$\boxed{\frac{\sigma}{\gamma_0 h} = \sigma'}, \tag{120}$$

$\left(\text{also .z. B. } \dfrac{\sigma_l}{\gamma_0 h} = \sigma_l'; \quad \dfrac{\sigma_w}{\gamma_0 h} = \sigma'_w \text{ usw.}\right)$, man erhält dann für die talseitige Normalspannung den Ausdruck

$$\sigma_l' = \frac{1}{\vartheta}\left[\frac{1+\mu^2}{\delta\beta^2}\,\eta^3 - \frac{\mu}{\delta\beta}\cdot\eta^2 + \frac{\gamma'}{6}\,\frac{(2\vartheta + 1) + \gamma'\left(\mu - \dfrac{\beta}{2}\right)(\vartheta + 1)}{2\beta}\right]. \tag{121}$$

Für einen Pfeiler von $\gamma' = 2{,}3$, $\delta = 0{,}1$, $\beta = 1{,}2$, $\mu = 0{,}8$ und $\vartheta = 2$ ist die Änderung von σ'_l mit η in Abb. 82a graphisch dargestellt. Das Maximum haben wir für $\eta = 0$

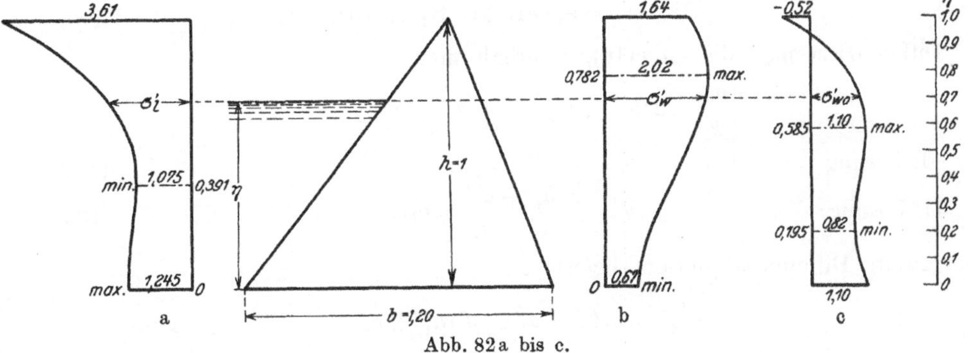

Abb. 82a bis c.

erhalten, das Minimum für $\eta = \eta_{II}$ (bzw. $y = y_{II}$) und von hier an wächst die Kurve wieder bis zu einem praktischen Größtwert, der bei $\eta = 1$, d. h. bei $y = h$ erreicht wird. Wir müssen also noch untersuchen, ob der mathematische Größtwert (bei $\eta = 0$) oder ob der praktische Größtwert ($\eta = 1$) die größere Spannung liefert.

Aus Gl. (121) ist mit $\eta = 1$

$$(\sigma_i')_{\eta=0} = \frac{1}{\vartheta}\left[\frac{\gamma'}{6}(2\,\vartheta + 1) + \frac{\gamma'\left(\mu - \dfrac{\beta}{2}\right)(\vartheta + 1)}{2\,\beta}\right]$$

und

$$(\sigma_i')_{\eta=1} = \frac{1}{\vartheta}\left[\frac{1+\mu^2}{\beta^2\,\delta} - \frac{\mu}{\delta\,\beta} + \frac{\gamma'}{6}(2\,\vartheta + 1) + \frac{\gamma'\left(\mu - \dfrac{\beta}{2}\right)(\vartheta + 1)}{2\,\beta}\right].$$

Der Unterschied der beiden Spannungen ist

$$\varDelta = (\sigma_i')_{\eta=1} - (\sigma_i')_{\eta=0} = \frac{1}{\vartheta}\left[\frac{1+\mu^2}{\beta^2\,\delta} - \frac{\mu}{\beta\,\delta}\right] = \frac{1}{\delta\,\beta\,\vartheta}\left[\frac{1+\mu^2}{\beta} - \mu\right].$$

Ist diese Differenz positiv, dann ist der praktische Grenzwert, ist sie negativ, so ist der mathematische Grenzwert am größten. Es ist wahrscheinlich, daß die talseitige Spannung bei vollem Becken, also bei $\eta = 1$ größer ist als bei leerem Becken ($\eta = 0$). Wir müssen aber untersuchen, ob dies stets der Fall ist, ob also $\varDelta$ überhaupt negativ sein kann. Die praktischen Grenzen von μ sind 0 und β. Der kleinste Wert von μ ergibt sich aus der Gleichung

$$\frac{d\varDelta}{d\mu} = \frac{1}{\delta\,\beta\,\vartheta}\left(\frac{2\,\mu}{\beta} - 1\right) = 0$$

und daraus $\mu = \dfrac{\beta}{2}$.

$$\left[\frac{d^2\varDelta}{d\mu^2}\right]_{\mu=\frac{\beta}{2}} = \frac{1}{\delta\,\beta\,\vartheta}\cdot\frac{2}{\beta} > 0,$$

so daß bei $\mu = \beta/2$ $\varDelta$ sein Minimum hat. Wann kann $\varDelta_{\min}$ negativ werden?

$$\varDelta_{\min} = \varDelta_{\mu=\frac{\beta}{2}} = \frac{1}{\delta\,\beta\,\vartheta}\left[\frac{1+\dfrac{\beta^2}{4}}{\beta} - \frac{\beta}{2}\right] = \frac{1}{\delta\,\beta^2\,\vartheta}\left(1 - \frac{\beta^2}{4}\right),$$

also wenn $\dfrac{\beta^2}{4} > 1$ oder wenn $\beta > 2$. Eine so große Pfeilerbreite wird aber praktisch nicht vorkommen, so daß die größte talseitige Normalspannung stets bei vollem Becken entsteht.

Die wasserseitige Spannung σ_w.

Differenziert man die Gl. (116), so erhält man

$$\frac{d\sigma_w}{dy} = 2\,(b_2' + a_2')\,y - 3\,(a_3' + a_4')\,y^2 = 0.$$

I. Lösung: $\qquad\qquad\qquad\qquad y = 0.$ $\qquad\qquad\qquad\qquad\qquad$ (122a)

II. Lösung: $\qquad\qquad\qquad\qquad y = \dfrac{2}{3}\dfrac{b_2' + a_2'}{a_3' + a_4'} = y_{II}.$ $\qquad\qquad$ (122b)

Der zweite Differentialquotient liefert:

$$\frac{d^2\sigma_w}{dy^2} = 2\,(b_2' + a_2') - 6\,(a_3' + a_4')\,y.$$

Setzt man Gl. (122a) ein, so wird

$$\left(\frac{d^2\,\sigma_w}{d\,y^2}\right)_{y=0} = 2\,(b_2' + a_2') = 2\left(\frac{\gamma_0\,\mu}{2\,\beta\,\delta\,\vartheta\,h} + \frac{3}{2}\,\frac{\gamma_0\,\mu}{\delta\,\beta\,\vartheta\,h}\right) = \frac{4\,\gamma_0\,\mu}{\delta\,\beta\,\vartheta\,h} > 0\,,$$

bei $y = 0$ ist also ein Minimum.

$$\left(\frac{d^2\,\sigma_w}{d\,y^2}\right)_{y=y_{II}} = 2\,(b_2' + a_2') - 4\,(b_2' + a_2') = -\,2\,(b_2' + a_2') = -\,\frac{4\,\gamma_0\,\mu}{\delta\,\beta\,\vartheta\,h} < 0\,,$$

so daß bei y_{II} die Funktion ihren oberen Grenzwert hat.

Nach Einsetzen der Gl. (113a bis e) in Gl. (116) erhält man, mit Berücksichtigung der Gl. (118) bis (120)

$$\sigma_w' = \frac{1}{\vartheta}\left[-\,\frac{1+\mu^2}{\delta\beta^2}\cdot\eta^3 + \frac{2\,\mu}{\delta\,\beta}\cdot\eta^2 + \frac{\gamma'\,(2\,\vartheta + 1)}{6} - \frac{\gamma'\left(\mu - \dfrac{\beta}{2}\right)(\vartheta + 1)}{2\,\beta}\right]. \quad (123)$$

Der Verlauf der σ_w'-Kurve als Funktion von η für die obigen Pfeilerabmessungen ist in Abb. 82b graphisch aufgetragen. In diesem Falle entsteht die größte Normalspannung an der Wasserseite bei $\eta = 0{,}782$, also etwas über $^3/_4$ der Höhe. Für welche Fälle der gefundene mathematische Grenzwert die größte wasserseitige Normalspannung liefert, bzw. ob dies bei den praktischen Pfeilerabmessungen stets der Fall ist, soll nicht untersucht werden, da diese Spannung nicht maßgebend ist.

Weiter sind noch die talseitigen und wasserseitigen Hauptspannungen zu untersuchen. Zu diesem Zwecke sollen die Gl. (84) und (86) der eingeführten Bezeichnungen entsprechend in anderer Form geschrieben werden.

Nach Abb. 83 ist

$$\operatorname{ctg}\psi_w' = \frac{m}{h} = \mu$$

bzw.

$$\operatorname{ctg}\psi_l = \frac{b-m}{h} = \frac{b}{h} - \frac{m}{h} = \beta - \mu\,.$$

Ferner ist, da $\dfrac{1}{\sin^2\psi} = 1 + \operatorname{ctg}^2\psi$

$$\frac{1}{\sin^2\psi_w'} = 1 + \operatorname{ctg}^2\psi_w' = 1 + \mu^2\,,$$

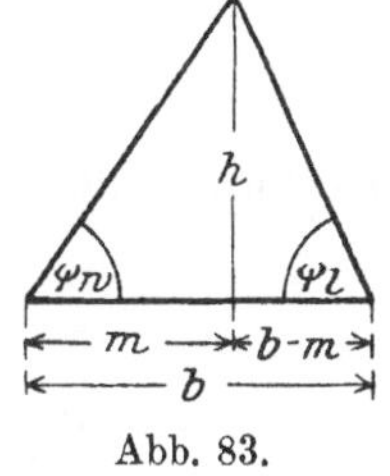
Abb. 83.

und

$$\frac{1}{\sin^2\psi_l} = 1 + \operatorname{ctg}^2\psi_l = 1 + (\beta - \mu)^2\,.$$

Es wird also nach Gl. (86)

$$\boxed{\sigma_{lo} = [1 + (\beta - \mu)^2]\,\sigma_l} \qquad\qquad (124)$$

bzw. nach Gl. (120)

$$\boxed{\sigma_{lo}' = [1 + (\beta - \mu)^2]\,\sigma_l'}\,. \qquad\qquad (124\,\mathrm{a})$$

Nach Gl. (84) wird, wenn $\;p = \gamma_0\,y\,\dfrac{L}{d_u} = \gamma_0\,y\,\dfrac{L}{\vartheta\,d_o} = \gamma_0\,y\,\dfrac{L}{\vartheta\,\delta\,L} = \dfrac{1}{\delta\,\vartheta}\cdot\gamma_0\,y\;$ eingesetzt wird

$$\boxed{\sigma_{wo} = (1 + \mu^2)\,\sigma_w - \frac{\mu^2}{\delta\,\vartheta}\,\gamma_0\,y}\,, \qquad\qquad (125)$$

oder

$$\boxed{\sigma_{wo}' = (1 + \mu^2)\,\sigma_w' - \frac{\mu^2}{\delta\,\vartheta}\cdot\eta}\,. \qquad\qquad (125\,\mathrm{a})$$

Will man noch die Querdehnung berücksichtigen, so erhält man für die wasserseitige Hauptspannung

$$\sigma'_{wo} = (1 + \mu^2)\,\sigma'_w - \frac{\eta}{\delta\,\vartheta}\cdot\left(\mu^2 + \frac{1}{m}\right). \tag{125b}$$

Talseitige Hauptspannung σ_{lo}.

Wie aus Gl. (124) oder (124a) ersichtlich ist, ist bei gegebenen Pfeilerabmessungen σ_{lo} mit σ_l einfach proportional. Für diesen Fall gelten also die für σ'_l gemachten Untersuchungen und die Kurve der Abb. (82a) gibt in einem anderen Maßstabe den Verlauf der σ'_{lo}-Kurve wieder.

Wasserseitige Hauptspannung σ_{wo}.

Nach Einsetzung der Gl. (123) in die Gl. (125a), erhält man für die wasserseitige Hauptnormalspannung den Wert

$$\sigma_{wo} = \frac{1}{\vartheta}\left[-\frac{(1+\mu^2)^2}{\delta\,\beta^2}\,\eta^3 + \frac{2\,\mu\,(1+\mu^2)}{\delta\,\beta}\,\eta^2 - \frac{\mu^2}{\delta}\,\eta \right.$$

$$\left. + \frac{\gamma'\,(1+\mu^2)(2\,\vartheta+1)}{6} - \frac{\gamma'\,(1+\mu^2)\left(\mu - \dfrac{\beta}{2}\right)(\vartheta+1)}{2\,\beta} \right]. \tag{126}$$

Der Differentialquotient liefert:

$$\frac{d\,\sigma'_{wo}}{d\,\eta} = \frac{1}{\vartheta}\left[-\frac{3\,(1+\mu^2)^2}{\delta\,\beta^2}\cdot\eta^2 + \frac{4\,\mu\,(1+\mu^2)}{\delta\,\beta}\cdot\eta - \frac{\mu^2}{\delta} \right] = 0.$$

Die Grenzwerte ergeben sich aus der Gleichung

$$\frac{3\,(1+\mu^2)^2}{\beta^2}\cdot\eta^2 - \frac{4\,\mu\,(1+\mu^2)}{\beta}\,\eta + \mu^2 = 0.$$

Die Wurzeln dieser Gleichung 2. Grades sind — wie man sich leicht überzeugen kann:

$$\eta_I = \frac{\mu\,\beta}{1+\mu^2} \qquad \text{und} \qquad \eta_{II} = \frac{1}{3}\,\frac{\mu\,\beta}{1+\mu^2} = \frac{1}{3}\,\eta_I.$$

Der zweite Differentialquotient beträgt

$$\frac{d^2\,\sigma'_{wo}}{d\,\eta} = \frac{1}{\vartheta}\left[-\frac{6\,(1+\mu^2)^2}{\delta\,\beta^2}\,\eta + \frac{4\,\mu\,(1+\mu^2)}{\delta\,\beta} \right] = \frac{2\,(1+\mu^2)}{\delta\,\beta\,\vartheta}\left[-\frac{3\,(1+\mu^2)}{\beta}\cdot\eta + 2\,\mu \right],$$

$$\left[\frac{d^2\,\sigma'_{wo}}{d\,\eta}\right]_{\eta=\eta_I} = \frac{2\,(1+\mu^2)}{\delta\,\beta\,\vartheta}\left[-\frac{3\,(1+\mu^2)}{\beta}\cdot\frac{\mu\,\beta}{1+\mu^2} + 2\,\mu \right] = -\frac{2\,\mu\,(1+\mu^2)}{\delta\,\beta\,\vartheta} < 0,$$

bei $\eta = \eta_I$ ist also ein Maximum, und da es nur zwei Grenzwerte gibt, muß bei $\eta = \eta_{II}$ das Minimum sein.

Der Verlauf der σ'_{wo}-Kurve mit veränderlicher Wasserspiegelhöhe ist für die gewählten Pfeilerabmessungen in Abb. 82c dargestellt. Von dem mathematischen Größtwert, der in diesem Beispiel bei $\eta = 0{,}585$ liegt, nimmt die Kurve mit steigendem Wasserspiegel ab und erreicht ihr praktisches Minimum bei $\eta = 1$, d. h. bei vollem Becken. Während bei der talseitigen Spannung der größte Wert den Ausschlag gab, ist hier die kleinste Spannung maßgebend, weil sie — wie im vorliegenden Beispiele der Fall ist — auch negative Werte annehmen, also in Zugspannung übergehen kann. Es muß daher noch untersucht werden, ob der mathematische Grenzwert, der bei $\eta = \eta_{II}$ liegt oder der bei vollem Becken ($\eta = 1$) entstehende praktische Grenzwert die kleinste Spannung liefert.

Zu diesem Zwecke bildet man wieder den Unterschied der beiden Grenzwerte, der nach Gl. (126) beträgt

$$\Delta_1 = (\sigma'_{w'o})_{\eta_{II}} - (\sigma'_{wo})_1 = \frac{1}{\vartheta}\left\{ -\frac{(1+\mu^2)^2}{\delta\beta^2}\left[\left(\frac{1}{3}\frac{\mu\beta}{1+\mu^2}\right)^3 - 1\right]\right.$$
$$\left. + \frac{2\mu(1+\mu^2)}{\delta\beta}\left[\left(\frac{1}{3}\frac{\mu\beta}{1+\mu^2}\right)^2 - 1\right] - \frac{\mu^2}{\delta}\left(\frac{1}{3}\frac{\mu\beta}{1+\mu^2} - 1\right)\right\}.$$

Daraus findet man nach einigen Umformungen:

$$\Delta_1' = \Delta_1\,\delta\,\vartheta\,\beta^2 = -\frac{4}{27}\frac{\mu^3\beta^3}{1+\mu^2} + (1+\mu^2-\mu\beta)^2.$$

Der Wert von Δ_1' ist — wie man sich durch Ausrechnung einiger Zwischenwerte leicht überzeugen kann — von $\mu = 0$ bis $\mu = \beta$ innerhalb der praktischen Grenzen $1 < \beta < 1{,}5$ stets positiv. Hieraus folgt, daß das mathematische Minimum den größeren Wert liefert. Die kleinsten Spannungen (bzw. die größten Zugspannungen) entstehen also an der Wasserseite bei vollem Becken.

Bei der Untersuchung eines Pfeilers brauchen demnach nur die bei vollem Becken auftretenden Spannungen ermittelt zu werden, die auch den folgenden Berechnungen zugrunde gelegt sind.

Konstante Größen sind jetzt:

1. Der Pfeilerabstand L,

2. die Pfeilerhöhe h,

3. die obere Pfeilerstärke d_o, bzw. $\delta = \dfrac{d_0}{L}$,

4. das spezifische Gewicht γ bzw. $\gamma' = \dfrac{\gamma}{\gamma_0}$.

Veränderliche Größen sind:

1. Die untere Pfeilerbreite b bzw. $\beta = \dfrac{b}{h}$,

2. die wasserseitige Böschung μ,

3. die untere Pfeilerstärke d_u bzw. $\vartheta = \dfrac{d_u}{d_o}$.

Die Spannungen sind — wie vorhin ermittelt — mit h direkt proportional. Sie sind nicht unmittelbar von L, sondern nur von der Verhältniszahl $\delta = \dfrac{d_0}{L}$ abhängig. Für die zwei anderen Werte γ' und δ dagegen muß eine Annahme gemacht werden.

Für die Diagramme sind $\gamma' = 2{,}3$ und $\delta = 0{,}1$ zugrunde gelegt. Ein spezifisches Gewicht von $\gamma = 2{,}3\ \text{t/m}^3$ kann für den im Pfeiler verwendeten Beton als Mittelwert wohl zutreffen, während $\delta = 0{,}1$, d. h. die obere Pfeilerstärke $= {}^1/_{10}$ des Pfeilerabstandes der praktischen Ausführung gut angepaßt zu sein scheint. Ein kleinerer Wert liefert einen allzu dünnen Pfeiler, während $\delta > 0{,}1$ zu Lasten der Wirtschaftlichkeit gehen würde, da die Pfeiler in ihren oberen Teilen nicht gut ausgenützt werden können.

Die Spannungen werden also als Funktionen der drei Veränderlichen β, μ und ϑ ermittelt. Für einen bestimmten Wert von β kann die Funktion $\sigma = f(\mu, \vartheta)$ durch eine Kurvenschar dargestellt werden. Es sind so viele Kurvenscharen nötig als β-Werte angenommen werden.

Es werden folgende Spannungen ermittelt:

I. die luftseitige Normalspannung σ_l bzw. $\sigma_l' = \dfrac{\sigma_l}{\gamma_0 h}$; sie liefert die größte Bodenpressung, die auf den Untergrund übertragen wird;

II. die luftseitige Hauptnormalspannung σ_{lo} bzw. $\sigma'_{lo} = \dfrac{\sigma_{lo}}{\gamma_0 h}$; sie ist die größte, im Pfeiler überhaupt auftretende Druckspannung;

III. die wasserseitige Hauptnormalspannung σ_{wo} bzw. $\sigma'_{wo} = \dfrac{\sigma_{wo}}{\gamma_0 h}$; diese Spannung liefert die kleinste, im Pfeiler überhaupt auftretende Druckspannung bzw. die größte Zugspannung.

$$\text{Normalspannung an der Talseite } \sigma_l.$$

Setzt man in Gl. (121) den Wert $\eta = 1$, so erhält man

$$\sigma_l' = \frac{1}{2\beta\vartheta}\left[\frac{2}{\delta}\left(\frac{1+\mu^2}{\beta} - \mu\right) + \gamma'\left(\mu - \frac{\beta}{6}\right)\right] + \frac{\gamma'}{2}\left(\frac{\mu}{\beta} + \frac{1}{6}\right). \tag{127}$$

Führt man der Einfachheit halber folgende Bezeichnungen ein:

$$C_1 = \frac{2}{\delta}\left(\frac{1+\mu^2}{\beta} - \mu\right) + \gamma'\left(\mu - \frac{\beta}{6}\right) \tag{127a}$$

und

$$C_2 = \gamma'\left(\frac{\mu}{\beta} + \frac{1}{6}\right), \tag{127b}$$

die bei gegebenen γ' und δ nur von den zwei Veränderlichen β und μ abhängig sind, so erhält man für die talseitige Normalspannung die Formel

$$\sigma_l' = \frac{1}{2}\left(\frac{C_1}{\beta\vartheta} + C_2\right). \tag{128}$$

Die Werte von C_1 und C_2 für $\gamma' = 2{,}3$ und $\delta = 0{,}1$ sind in den Tabellen 8 und 9 zusammengestellt.

Tabelle 8.

Werte von C_1

$\mu =$	0,5	0,6	0,7	0,8	0,9	1,0	1,1	1,2	1,3	1,4	1,5
$\beta = 1{,}0$	15,77	16,20	17,03	18,26	19,89	21,92					
$\beta = 1{,}1$	13,46	13,70	14,29	15,25	16,56	18,21	20,27				
$\beta = 1{,}2$	11,52	11,57	11,97	12,69	13,75	15,16	16,91	19,00			
$\beta = 1{,}3$	9,89	9,82	10,07	10,58	11,41	12,58	14,03	15,82	17,89		
$\beta = 1{,}4$	8,49	8,27	8,35	8,74	9,37	10,32	11,57	13,22	14,87	16,98	
$\beta = 1{,}5$	7,24	6,93	6,92	7,13	7,66	8,49	9,40	10,75	12,26	14,11	16,20

Tabelle 9.

Werte von C_2

$\mu =$	0,5	0,6	0,7	0,8	0,9	1,0	1,1	1,2	1,3	1,4	1,5
$\beta = 1{,}0$	1,533	1,763	1,993	2,223	2,453	2,683					
$\beta = 1{,}1$	1,429	1,638	1,847	2,056	2,265	2,474	2,683				
$\beta = 1{,}2$	1,344	1,536	1,728	1,920	2,112	2,304	2,493	2,683			
$\beta = 1{,}3$	1,268	1,445	1,620	1,798	1,976	2,152	2,330	2,505	2,683		
$\beta = 1{,}4$	1,204	1,368	1,532	1,697	1,862	2,022	2,187	2,355	2,518	2,683	
$\beta = 1{,}5$	1,151	1,303	1,458	1,610	1,764	1,917	2,068	2,222	2,354	2,527	2,683

Die Spannungen σ_l' sind in den Abb. 84a bis 84f für $\beta = 1{,}0,\ 1{,}1\ldots 1{,}5$, von $\mu = 0{,}5$ bis $\mu = \beta$ und für $\vartheta = 1,\ 2\ldots 5$ graphisch aufgetragen. Eine steilere Wasserseite, d. h. $\mu < 0{,}5$ wird mit Rücksicht auf die Gleitsicherheit — wie später ersichtlich — nicht ausführbar sein.

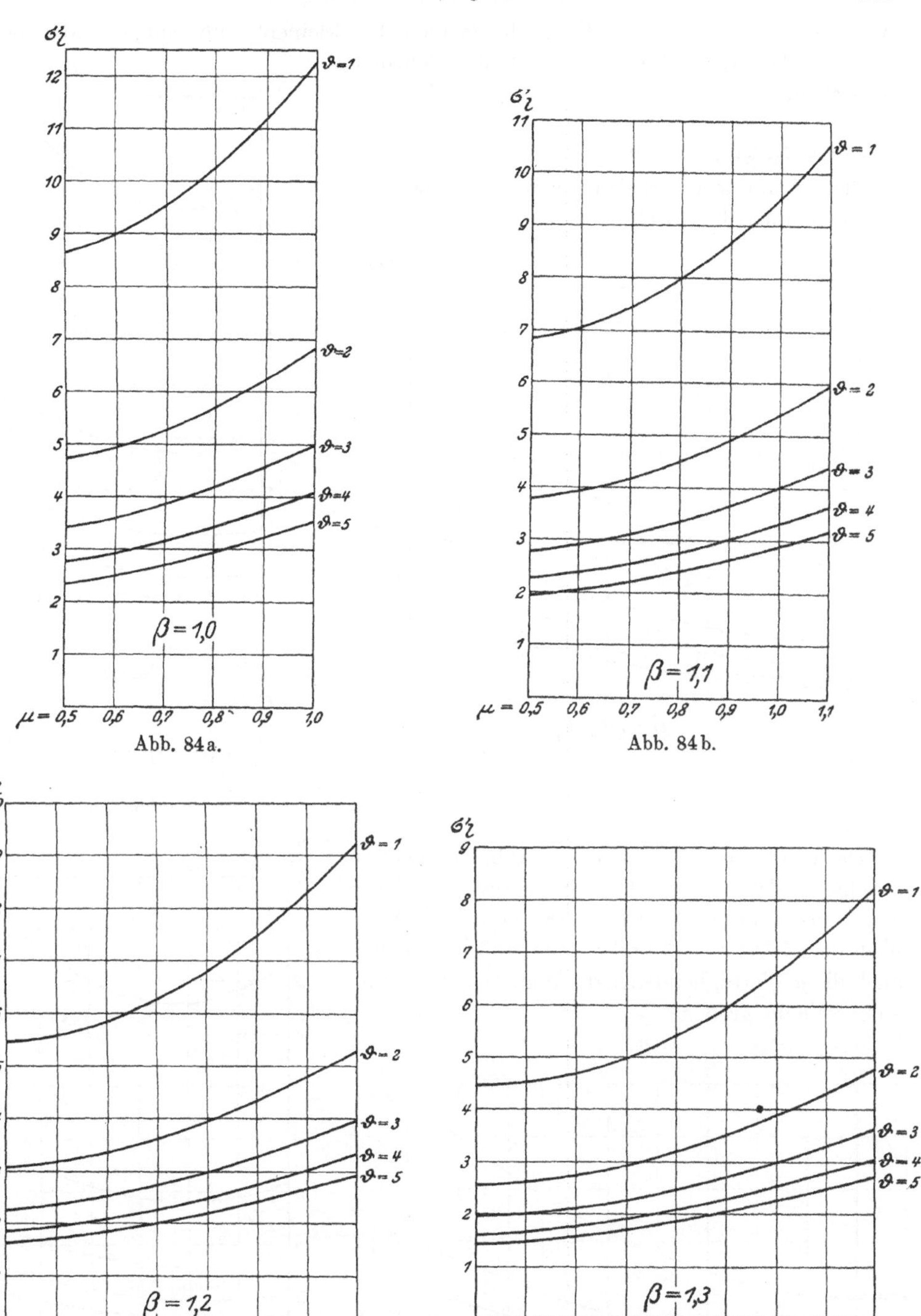

Abb. 84a.

Abb. 84b.

Abb. 84c.

Abb. 84d.

Aus diesen Abbildungen sieht man, daß die Bodenpressung σ_l' mit zunehmender Pfeilerbreite β abnimmt. Das gilt auch für alle anderen Spannungen und es ist selbstverständlich, wenn man bedenkt, daß die Normalspannungen linear, und die Biegungsspannungen quadratisch mit b abnehmen. σ_l' erreicht seine kleinsten Werte zwischen $\mu = 0$ und $\mu = \beta$ im allgemeinen bei kleineren Böschungen, also bei $\mu < 0,5$. Aus den Abbildungen ist das deutlich zu ersehen.

Hauptnormalspannungen an der Talseite. σ_{lo}

Diese Spannungen erhält man aus den soeben berechneten mit Hilfe der Gl. (124a), also

$$\sigma_{lo}' = [1 + (\beta - \mu)^2]\, \sigma_l' \qquad (124\,\mathrm{a})$$

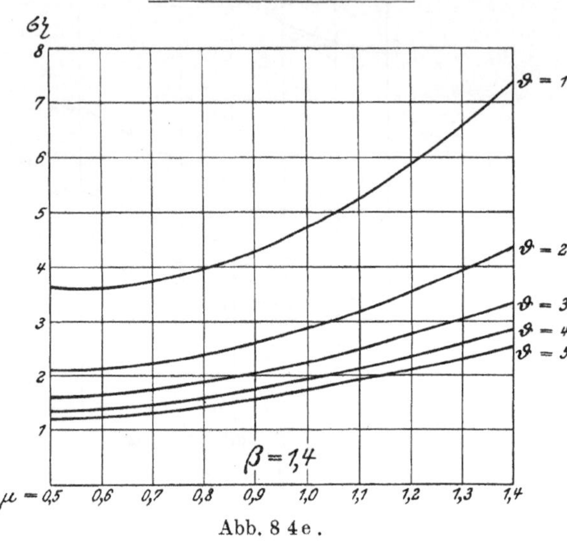

Abb. 8 4 e .

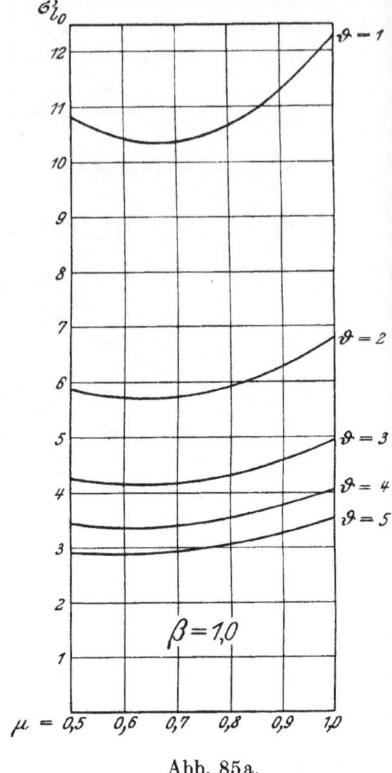

Abb. 85 a.

Die Werte von σ_{lo}' sind in den Abb. 85a bis 85f graphisch dargestellt. Die Minimalwerte dieser Spannungen liegen zwischen etwa $\mu = \frac{2}{3}$ bis 1, je nach dem Wert von ϑ und β. Bei größerem β sind auch die μ-Werte, bei denen die kleinste σ_{lo}' entsteht, entsprechend größer.

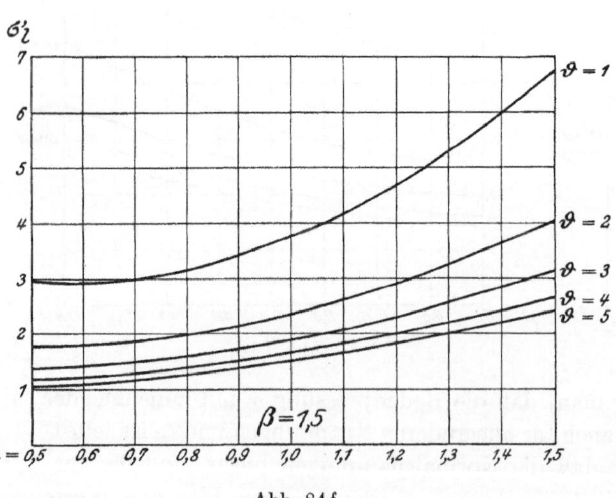

Abb. 84f.

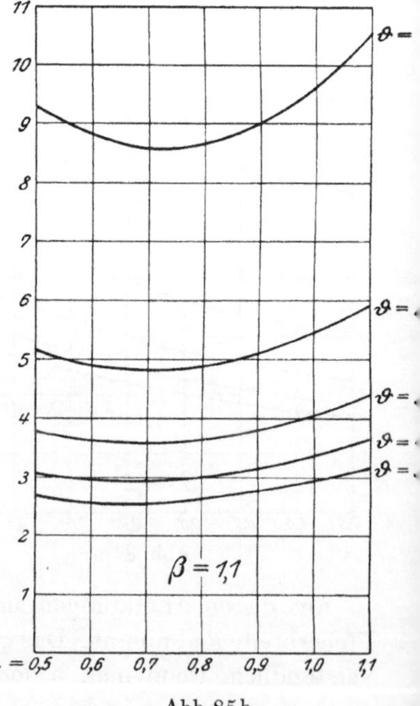

Abb 85 b.

Beispiel. Es sei $\beta = 1,2$, $\mu = 0,8$ und $\vartheta = 2$. Diesen Werten entspricht zuerst in Abb. 84 c: $\sigma_l' = 3,60$ und in Abb. 85 c: $\sigma_{lo}' = 4,19$. Bei einer Pfeilerhöhe von $h = 60$ m beträgt also die größte Bodenpressung $\sigma_l = 3,60 \cdot 60 = 216$ t/m² und die größte Druck-

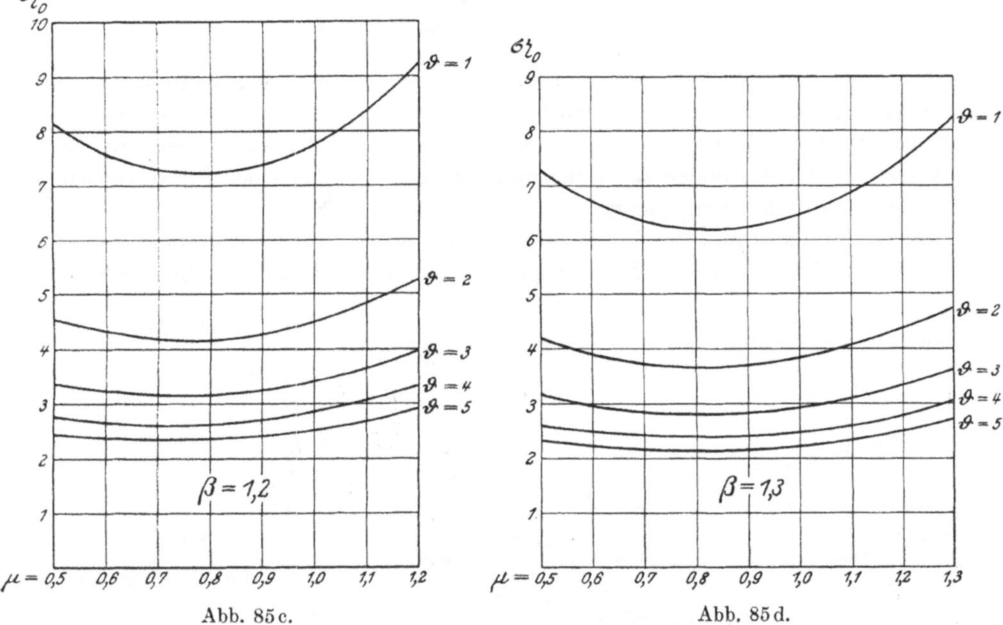

Abb. 85 c.   Abb. 85 d.

spannung im Pfeiler $\sigma_{lo} = 4,19 \cdot 60 = 252$ t/m². Die Pfeilerabmessungen sind z. B. bei einem Pfeilerabstand von $L = 15$ m: $d_o = \delta L = 0,1 \cdot 15 = 1,50$ m und $d_u = \vartheta\, d_o = 2 \cdot 1,50 = 3,00$ m.

Die Spannungen einer entsprechend hohen Schwergewichtsmauer erhält man z. B. bei $\beta = 0,7$ und $\mu = 0$, wenn man die Werte: $\delta = 1$ und $\vartheta = 1$ in die Gl. (127 a), (127 b), (128) und (124 a) einsetzt. So erhält man bei $\gamma' = 2,3$

$$C_1 = 2\left(\frac{1}{0,7} - 0\right) + 2,3\left(0 - \frac{0,7}{6}\right)$$
$$= 2,59\,,$$

$$C_2 = 2,3\left(0 + \frac{1}{6}\right) = 0,384\,,$$

$$\sigma_l' = \frac{1}{2}\left(\frac{2,59}{0,7 \cdot 1} + 0,384\right) = 2,04\,,$$

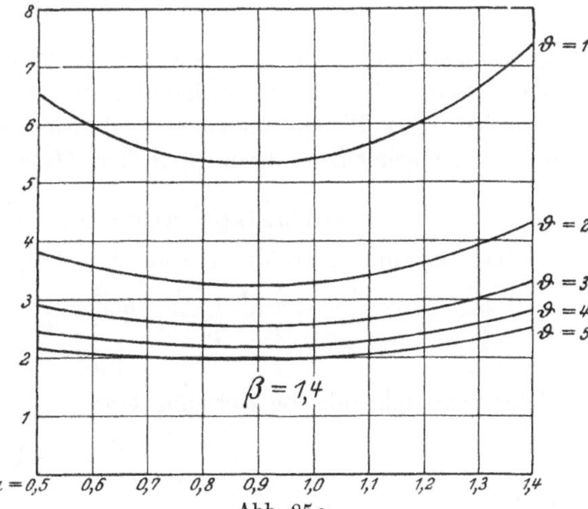

Abb. 85 e.

bzw.

$$\sigma_{lo}' = [1 + 0,7^2] \cdot 2,04 = 3,04\,.$$

Die Spannungen sind also

$$\sigma_l = 2,04 \cdot 60 = 122 \text{ t/m}^2\,,$$

bzw.

$$\sigma_{lo} = 3,04 \cdot 60 = 182 \text{ t/m}^2\,.$$

Bei einer entsprechenden Vergrößerung von β oder ϑ (oder beiden) unter Beibehaltung von μ können aber die Pfeilerspannungen herabgesetzt werden. Z. B. bei $\beta = 1,4$ und $\vartheta = 3$ findet sich aus Abb. 84e $\sigma_l' = 1,90$ und aus Abb. 85e $\sigma_{lo}' = 2,59$. Daraus folgen die Spannungen:

$$\sigma_l = 1,90 \cdot 60 = 114 \ \text{t/m}^2$$

und

$$\sigma_{lo} = 2,59 \cdot 60 = 155 \ \text{t/m}^2 .$$

Bei diesen letzten Pfeilerabmessungen sind also die Spannungen (größte Bodenpressung bzw. Druckspannung) kleiner als bei einer ebenso hohen Schwergewichtsmauer mit dem üblichen Profil. Die Auffassung, daß durch eine aufgelöste Staumauer stärkere Belastungen des Baugrundes erfolgen als bei einer Schwergewichtsmauer ist demnach unzutreffend.

Der Materialaufwand der beiden Mauern soll noch verglichen werden, z. B. für $L = 1$ m Pfeilerabstand bzw. Mauerlänge. Auf S. 116 ergibt sich der Pfeilerinhalt zu

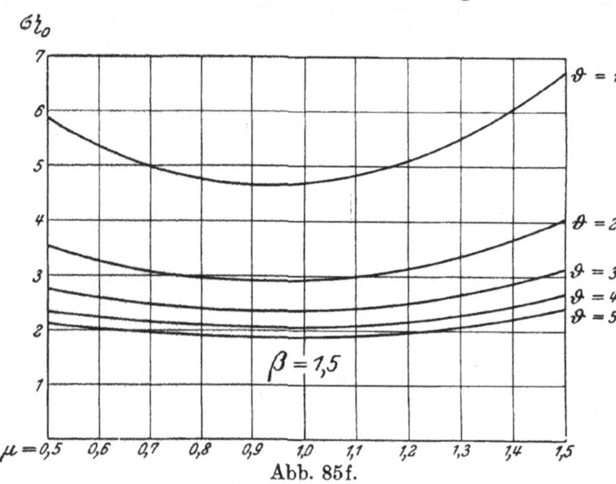

Abb. 85f.

$$V = \frac{1}{6} \beta d_0 h^2 (2 \vartheta + 1).$$

Setzt man jetzt in diese Gleichung $\beta = 1,4$, $d_0 = 0,1$, $h = 60$ und $\vartheta = 3$, so erhält man

$$V_1 = \frac{1}{6} 1,4 \cdot 0,1 \cdot 60^2 (2 \cdot 3 + 1)$$

$$= 588 \ \text{m}^3,$$

und für die Schwergewichtsmauer

$$V_2 = \frac{1}{2} \cdot 60 \, (0,7 \cdot 60)$$

$$= 1260 \ \text{m}^3 .$$

Das Verhältnis der beiden ist:

$$\frac{V_1}{V_2} = \frac{588}{1260} = 0,466 .$$

Diese Zahl sagt allerdings nicht viel, da zu V_1 noch die Stauwand hinzugerechnet werden soll, während die Pfeilerabmessungen ganz willkürlich gewählt wurden. Bei wirtschaftlicher Pfeilerabmessung ergibt sich, selbst bei Berücksichtigung der Stauwand, im allgemeinen eine noch größere Materialersparnis.

Normalspannung an der Wasserseite σ_w.

Diese Spannung erhält man aus Gl. (123) mit Einsetzung von $\eta = 1$

$$\sigma_w' = - \frac{\frac{2}{\delta}\left(\frac{1+\mu^2}{\beta} - 2\mu\right) - \gamma'\left(\frac{5}{6}\beta - \mu\right)}{2\beta\vartheta} + \frac{\gamma'}{2}\left(\frac{7}{6} - \frac{\mu}{\beta}\right). \tag{129}$$

Führt man folgende Bezeichnung ein:

$$C_3 = \frac{2}{\delta}\left(\frac{1+\mu^2}{\beta} - 2\mu\right) - \gamma'\left(\frac{5}{6}\beta - \mu\right) \tag{129a}$$

und

$$C_4 = \gamma'\left(\frac{7}{6} - \frac{\mu}{\beta}\right), \tag{129b}$$

so erhält man den Ausdruck

$$\boxed{\sigma_w' = \frac{1}{2}\left(-\frac{C_3}{\beta\vartheta} + C_4\right).} \tag{130}$$

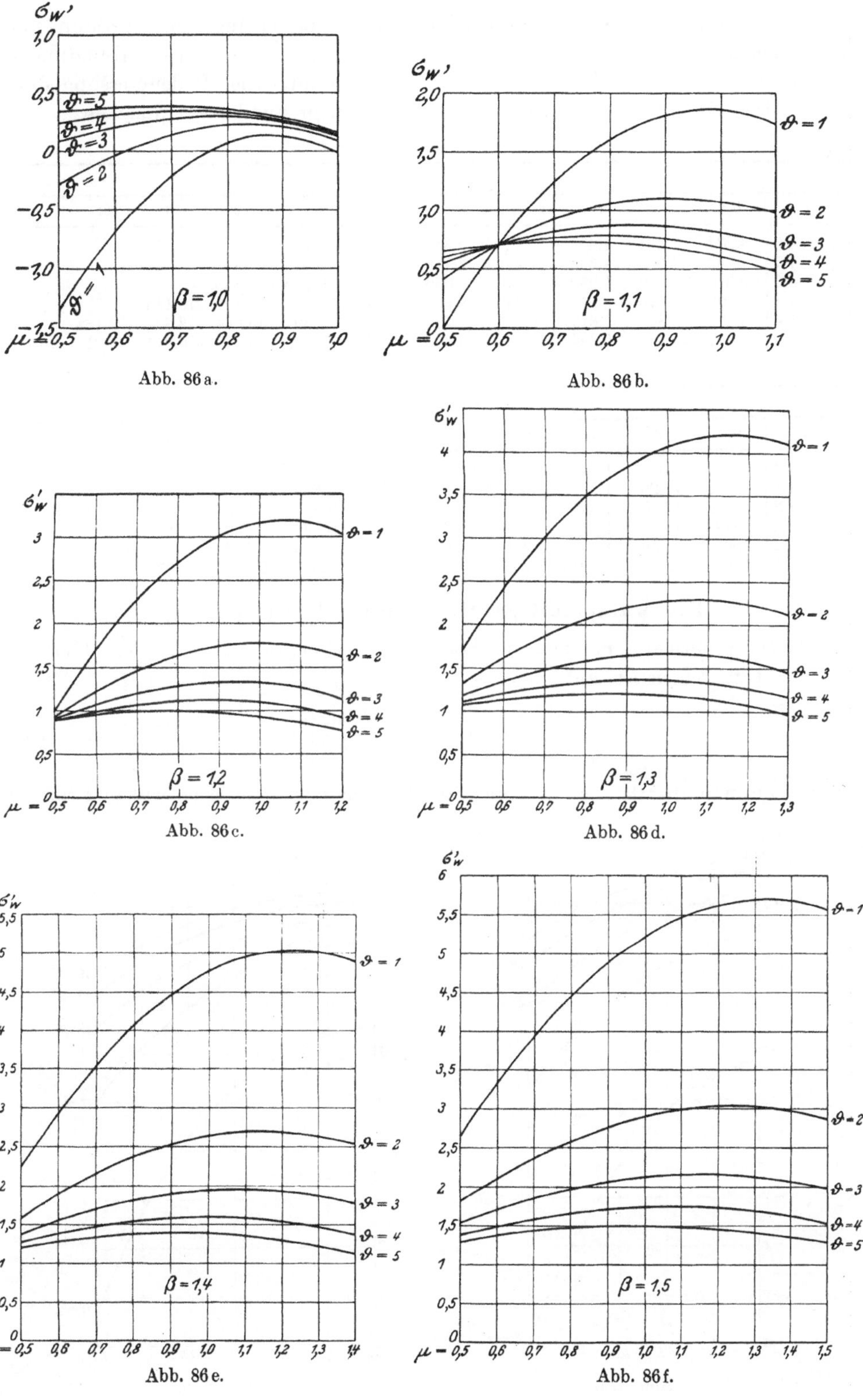

Abb. 86a.
Abb. 86b.
Abb. 86c.
Abb. 86d.
Abb. 86e.
Abb. 86f.

Die Werte von C_3 und C_4 sind in den Tabellen 10 und 11 angegeben, während die Spannungen selbst in den Abb. 86a bis 86f aufgetragen sind. Aus diesen Abbildungen geht hervor, daß — mit Ausnahme von $\beta = 1$ — die luftseitige Bodenpressung stets positiv ist. Der Pfeiler wird sich also nicht von dem Fundament abheben.

Tabelle 10.

Werte von C_3

$\mu =$	0,5	0,6	0,7	0,8	0,9	1,0	1,1	1,2	1,3	1,4	1,5
$\beta = 1,0$	4,234	2,664	1,494	0,724	0,354	0,383					
$\beta = 1,1$	1,782	−0,008	−1,366	− 2,448	− 3,118	− 3,448	− 3,419				
$\beta = 1,2$	−0,310	−2,280	−3,950	− 5,110	− 6,050	− 6,666	− 6,950	− 6,860			
$\beta = 1,3$	−2,106	−4,176	−5,945	− 7,415	− 8,586	− 9,415	− 9,965	−10,196	10,145		
$\beta = 1,4$	−3,672	−5,841	−7,813	− 9,504	−10,774	−11,824	−12,594	−13,064	−13,294	−13,164	
$\beta = 1,5$	−5,044	−7,354	−9,384	−11,174	−12,665	−13,915	−14,885	−15,575	−16,045	−16,215	16,125

Tabelle 11.

Werte von C_4

$\mu =$	0,5	0,6	0,7	0,8	0,9	1,0	1,1	1,2	1,3	1,4	1,5
$\beta = 1,0$	1,530	1,300	1,070	0,840	0,610	0,383					
$\beta = 1,1$	1,634	1,426	1,216	1,008	0,798	0,588	0,383				
$\beta = 1,2$	1,722	1,530	1,338	1,146	0,956	0,764	0,580	0,383			
$\beta = 1,3$	1,800	1,624	1,445	1,270	1,090	0,913	0,738	0,559	0,383		
$\beta = 1,4$	1,863	1,699	1,521	1,370	1,207	1,085	0,878	0,713	0,537	0,383	
$\beta = 1,5$	1,917	1,763	1,610	1,458	1,303	1,150	0,997	0,843	0,690	0,538	0,383

Die wasserseitige Hauptnormalspannung σ_{wo}.

Die Hauptnormalspannung an der Bergseite berechnet sich mit Hilfe der Gl. (125a) wo $\eta = 1$ zu setzen ist, auf

$$\sigma'_{wo} = (1 + \mu^2)\,\sigma'_w - \frac{\mu^2}{\delta\,\vartheta}\,, \tag{131}$$

oder wenn man anstatt der Spannung die Dehnung zugrunde legen will und für die

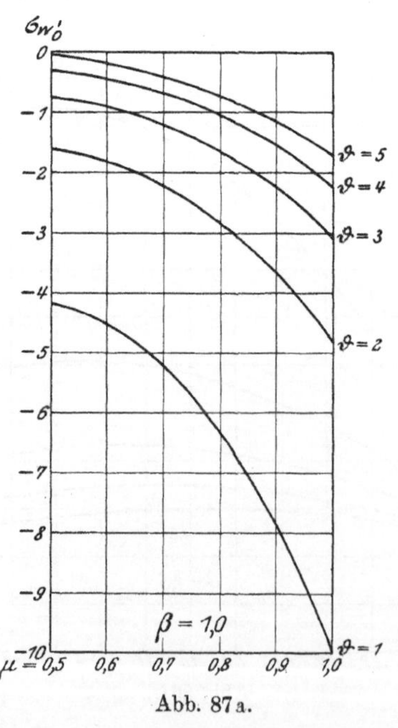

Abb. 87a.

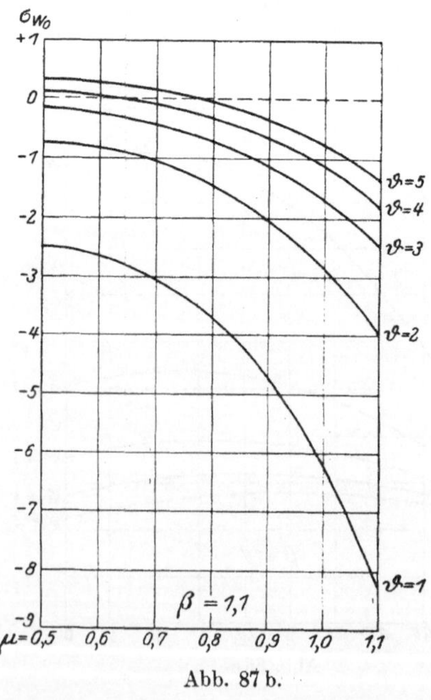

Abb. 87b.

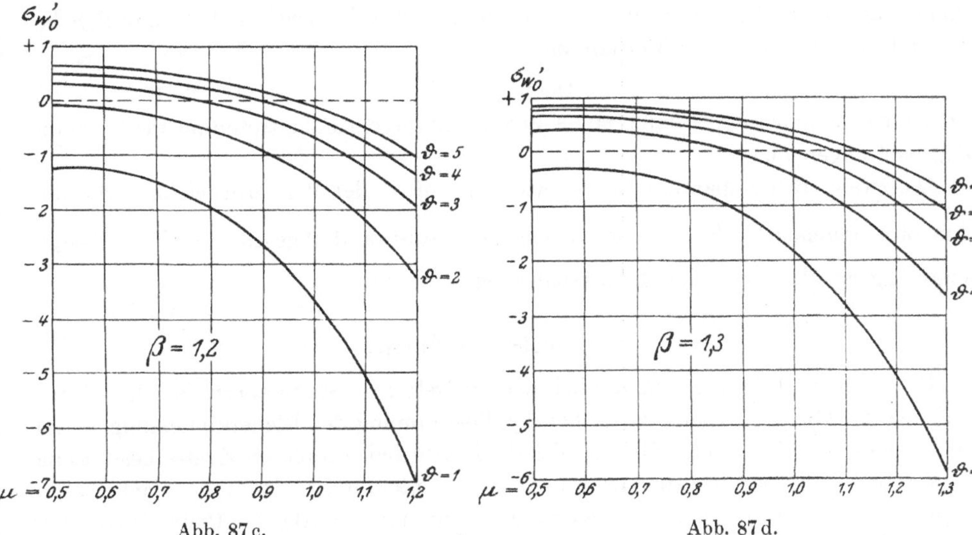

Abb. 87 c.

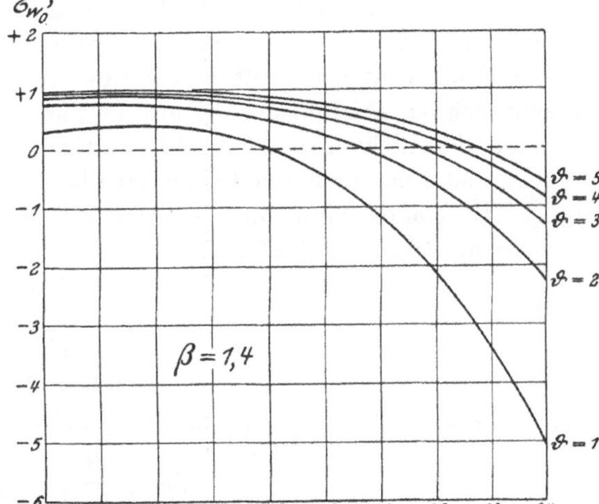

Abb. 87 d.

Poissonsche Zahl den Wert $m = 10$ einsetzt, dann wird nach Gl. (125b)

$$\sigma'_{wo} = (1 + \mu^2)\,\sigma'_w - \frac{1{,}1\,\mu^2}{\delta\,\vartheta}. \quad (131\,\mathrm{a})$$

Die Gl. (131) sei den weiteren Berechnungen zugrunde gelegt.

Die wasserseitigen Hauptnormalspannungen sind in den Abb. 87 a bis 87 f dargestellt. Aus diesen Abbildungen sieht man, daß an der Wasserseite Zugspannungen auftreten können, deren Wahrscheinlichkeit um so größer ist, je kleiner β gewählt wird. Bei steigender wasserseitiger Böschung μ nehmen diese Spannungen bis zu einem Größtwert zu, der bei $\beta = 1$ bei $\mu < 0{,}5$ und bei $\beta = 1{,}5$ etwa bei $\mu = 0{,}7$ liegt. Von hier an nehmen die Spannungen wieder ab, bzw. die Zugspannungen wieder zu.

Bei dem gewählten Beispiele $\beta = 1{,}2$, $\mu = 0{,}8$ und $\vartheta = 2$ erhält man aus Abb. 87 c

$$\sigma_{wo} = -\,0{,}52,$$

also bei $h = 60$ m Höhe

$$\sigma_{wo} = -0{,}52 \cdot 60 = -31\,\mathrm{t/m^2}.$$

Diese Zugspannung — und das gilt für die Pfeiler im all-

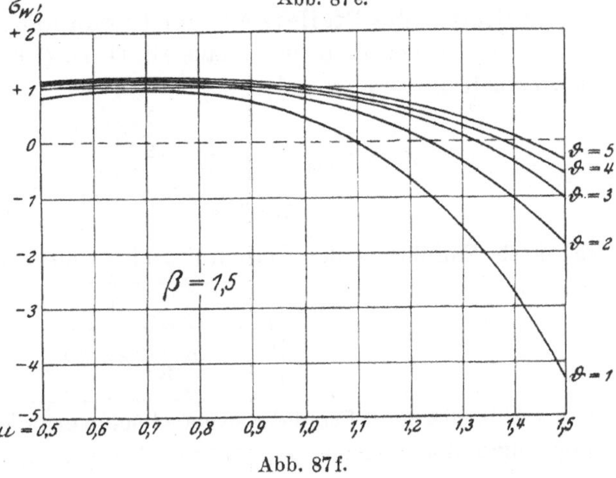

Abb. 87 e.

Abb. 87 f.

gemeinen — ist nicht gefährlich, aber es ist trotzdem zu raten, die Wasserseite der Pfeiler mit einer Eisenbewehrung zu versehen. — Für den zweiten Fall, nämlich bei $\beta = 1{,}4$, $\mu = 0{,}8$ und $\vartheta = 3$ erhält man

$$\sigma'_{wo} = +\,0{,}82$$

bzw. für $h = 60$ m: $\sigma_{wo} = 0{,}82 \cdot 60 = 49$ t/m², in diesem Falle treten im Pfeiler keine Zugspannungen auf.

Die zweite Hauptspannung ist — wie erwähnt — der Wasserdruck bzw. die mit ihm proportionale Größe $\dfrac{1}{\delta\vartheta}$ (vom Gewicht der Stauwand abgesehen). Diese Hauptspannung ist also stets eine Druckspannung.

c) Gleitsicherheit.

Eine der wichtigsten Fragen bei den aufgelösten Staumauern ist die Untersuchung der Gleitsicherheit, da sie bei der Bestimmung der Pfeilerabmessungen eine entscheidende Rolle spielt. Die Resultierende sämtlicher äußeren Kräfte besitzt eine Komponente, die parallel zur Gründungsfläche gerichtet ist. Ist diese Fläche wagerecht, so ist diese Komponente die wagerechte Seitenkraft H, die den Pfeiler talabwärts abzuschieben sucht. Damit diese Bewegung nicht zustande kommt, müssen Kräfte da sein, die ein Abrutschen der Mauer verhindern. Eine derartige Kraft stellt der in der Fundamentebene auftretende Reibungswiderstand dar, dessen größter Wert bekanntlich das Produkt aus der auf die Fundamentebene normal gerichteten Kraft und aus der Reibungszahl ist. Die vertikale Komponente der Resultierenden ist $G + A$, und wenn die Reibungszahl mit f bezeichnet ist, so beträgt die Reibungskraft $f\,(G + A)$. Um die Bewegung zu verhindern, muß dieser Reibungswiderstand größer sein als die Horizontalkraft, also

$$f \cdot (G + A) > H$$

oder

$$f > \frac{H}{G + A}.$$

Im äußersten Falle muß die Gleichung bestehen

$$f = \frac{H}{G + A} = f_{\min}.$$

Diese Reibungszahl f soll berechnet werden, die **mindestens erforderlich ist, um ein Gleiten des Pfeilers auf der Fundamentebene zu verhindern.** Setzt man die Werte von H, G und A aus Gl. (101), (107), (108) in die letzte Gleichung ein, so erhält man (mit $y = h$)

$$f = \frac{\dfrac{1}{2}\,\gamma_0\,h^2\,L}{\dfrac{1}{6}\,\gamma\,\beta\,d_0\,h^2\,(2\,\vartheta + 1) + \dfrac{1}{2}\,\gamma_0\,m\,h\,L}$$

oder nach Einführung der Verhältniszahlen und Vereinfachung

$$f = \frac{1}{\mu + \dfrac{1}{3}\,\gamma'\,\beta\,\delta\,(2\,\vartheta + 1)}. \tag{132}$$

In den Abb. 88a bis 88f sind die so gerechneten erforderlichen minimalen Werte von f unter Zugrundelegung von $\gamma' = 2{,}3$ und $\delta = \frac{1}{10}$ gezeichnet. Aus diesen Abbildungen

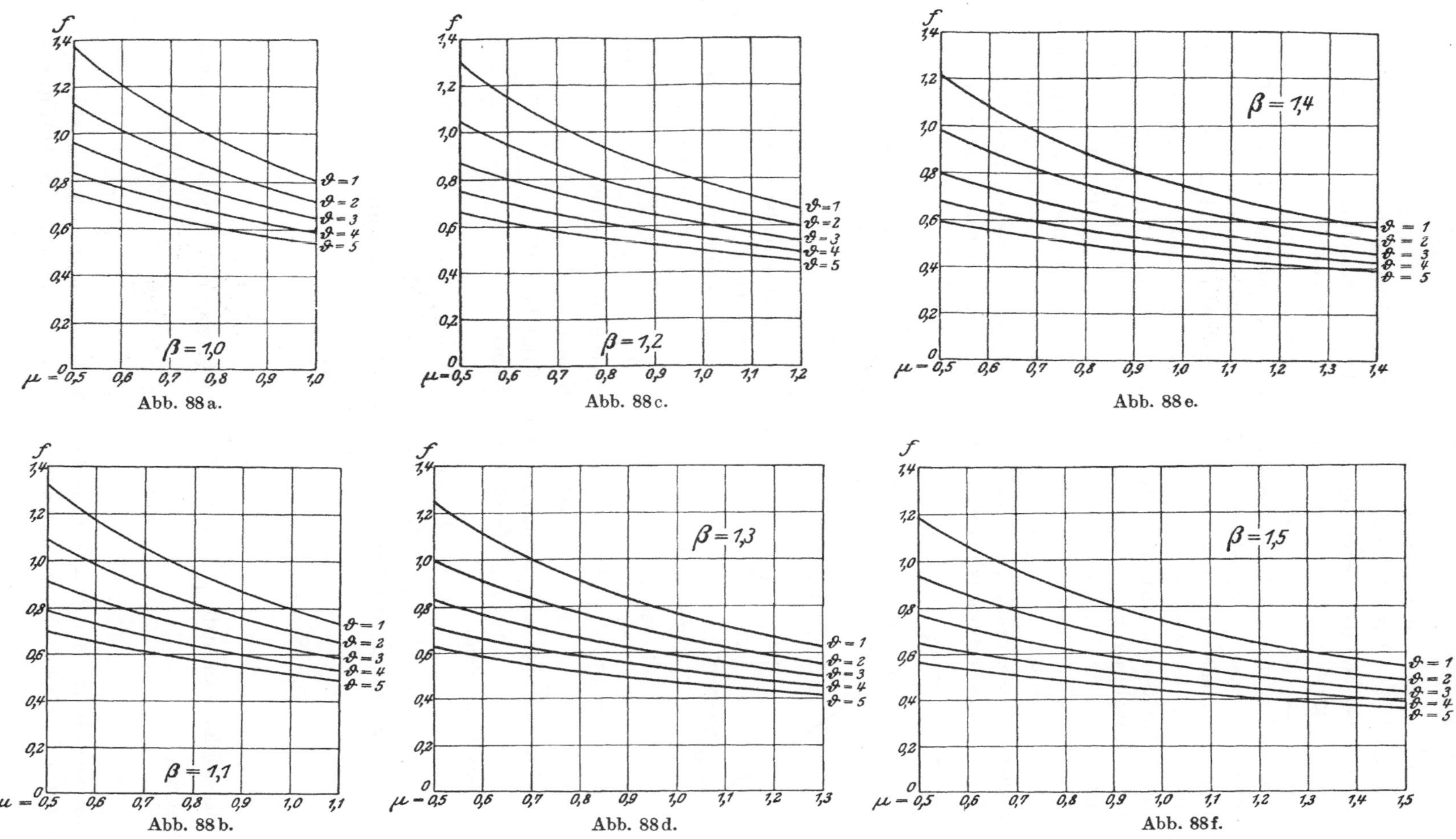

Abb. 88a.
β = 1,0
ϑ = 1
ϑ = 2
ϑ = 3
ϑ = 4
ϑ = 5

Abb. 88b.
β = 1,1
ϑ = 1
ϑ = 2
ϑ = 3
ϑ = 4
ϑ = 5

Abb. 88c.
β = 1,2
ϑ = 1
ϑ = 2
ϑ = 3
ϑ = 4
ϑ = 5

Abb. 88d.
β = 1,3
ϑ = 1
ϑ = 2
ϑ = 3
ϑ = 4
ϑ = 5

Abb. 88e.
β = 1,4
ϑ = 1
ϑ = 2
ϑ = 3
ϑ = 4
ϑ = 5

Abb. 88f.
β = 1,5
ϑ = 1
ϑ = 2
ϑ = 3
ϑ = 4
ϑ = 5

ist ersichtlich, daß die f-Werte mit abnehmender wasserseitiger Böschung μ, besonders für kleinere ϑ, ziemlich rasch steigen. Die theoretische Reibungszahl zwischen Mauerwerk und Fels bzw. Beton und Fels wird etwa 0,65 betragen, wenn man verhältnismäßig glatte Oberflächen zugrunde legt. Die Gründungsfläche eines Pfeilers muß aber sorgfältig, durch entsprechende Verzahnung vorbereitet werden. Die Verzahnung wird zwar in der Praxis nicht so genau ausgeführt, wie sie in den Projektzeichnungen vorgesehen ist, jedoch kann bei sachgemäßer Vorbereitung der Sohle die Reibungszahl mindestens zu 0,8 angenommen werden. Für diesen Fall ergeben die Diagramme größere wasserseitige Böschungen. Aufgelöste Staumauern dürfen daher mit Rücksicht auf die Gleitsicherheit nur mit größerer wasserseitiger Böschung ausgeführt werden. Ist die Gründungsfläche talabwärts geneigt, so liegen die Verhältnisse erheblich ungünstiger. In diesem Falle hat das Pfeilergewicht G eine mit der Gründungsfläche parallele Komponente, die ebenfalls talabwärts gerichtet ist, während die Normalkomponente von G entsprechend kleiner wird. Der resultierende Wasserdruck aus H und A steht normal zur wasserseitigen Böschung, ist also ebenfalls talabwärts geneigt. Falls also keine geeignete wagerechte Gründungsfläche vorhanden ist, so muß eine solche künstlich hergestellt werden, oder, falls eine solche Arbeit aus wirtschaftlichen Gründen nicht ausgeführt wird, so muß f den tatsächlichen Verhältnissen entsprechend berechnet werden.

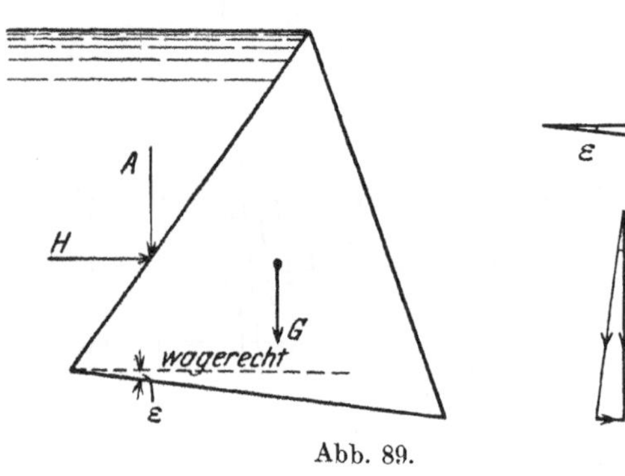

Abb. 89.

Zu diesem Zwecke nehmen wir an, daß die Talsohle unter dem Pfeiler eine gewisse Neigung ε gegen die Wagerechte bildet (s. Abb. 89). Die mit der Talsohle parallelen Komponenten sind dann:

$$H \cos \varepsilon + (A + G) \sin \varepsilon,$$

während die auf die Sohle normal gerichtete Kraft beträgt

$$(A + G) \cos \varepsilon - H \sin \varepsilon.$$

Die Gleitzahl ist dann

$$f_1 = \frac{H \cos \varepsilon + (A + G) \sin \varepsilon}{(A + G) \cos \varepsilon - H \sin \varepsilon},$$

Dividiert man Zähler und Nenner durch $(A + G) \cos \varepsilon$, so wird

$$f_1 = \frac{\dfrac{H}{A + G} + \operatorname{tg} \varepsilon}{1 - \dfrac{H}{A + G} \operatorname{tg} \varepsilon}.$$

Berücksichtigt man, daß $\dfrac{H}{A + G} = f =$ Gleitzahl bei wagerechter Sohle, so erhält man schließlich

$$f_1 = \frac{f + \operatorname{tg} \varepsilon}{1 - f \operatorname{tg} \varepsilon}. \tag{133}$$

Es sei beispielsweise $\beta = 1$, $\mu = 0,7$ und $\vartheta = 3$. Dazu gehört nach Abb. 88a $f = 0,8$ bei wagerechter Sohle. Nimmt man an, daß die Talsohle um 5° gegen die Wagerechte geneigt ist, so wird, da $\operatorname{tg} 5^0 = 0,0875$

$$f_1 = \frac{0,8 + 0,0875}{1 - 0,8 \cdot 0,0875} = 0,96 ,$$

d. h. um $0,96 - 0,8 = 0,16$ höher als bei wagerechter Sohle. Die Zunahme beträgt also

$$\frac{0,16}{0,8} \cdot 100 = 20\,^0/_0 ,$$

eine erhebliche Zahl bei verhältnismäßig kleiner Sohlenneigung. Da die Formel für f, bei den Werten von f und $\operatorname{tg} \varepsilon$ symmetrisch ist, d. h. f und $\operatorname{tg} \varepsilon$ miteinander vertauscht werden können, ist der Einfluß von f auf f_1 ebenso wichtig wie der von $\operatorname{tg} \varepsilon$, also wie die Sohlenneigung; man erhält also einen noch größeren Unterschied, wenn für f ein größerer Wert zugelassen ist.

Als Beispiel für eine unrichtig konstruierte aufgelöste Staumauer soll die Gleno-Talsperre dienen. Hier waren die Pfeiler auf eine glatte Fundamentplatte aufgesetzt, während der untere Mauerklotz auf eine sehr geneigte Felssohle gegründet war (s. Kap. VI).

d) Standsicherheit.

An dieser Stelle soll untersucht werden, ob der Pfeiler standsicher ist, d. h. ob nicht die Gefahr besteht, daß der ganze Pfeiler um den talseitigen Pfeilerfuß O_1 (Abb. 90) umkippen kann. Von den 3 äußeren Kräften H, A und G versucht H den Pfeiler um den Punkt O_1 zu kippen, während die anderen zwei Kräfte A und G dem entgegenwirken, da sie im entgegengesetzten Sinne um den Punkt O_1 drehen. Sind die Drehmomente dieser Kräfte in bezug auf den Punkt O_1 bzw. M_{H_1}, M_{A_1} und M_{G_1}, so erfordert die Standsicherheit, daß

$$M_{A_1} + M_{G_1} > M_{H_1} ,$$

oder

$$\frac{M_{A_1} + M_{G_1}}{M_{H_1}} > 1$$

sei. Gewöhnlich wird für die Standsicherheit eine Sicherheitszahl angegeben. Es ist dann vorgeschrieben, daß eine 1,5fache oder 2fache Sicherheit gegen Umkippen erforderlich ist. Demnach ist diese Sicherheitszahl

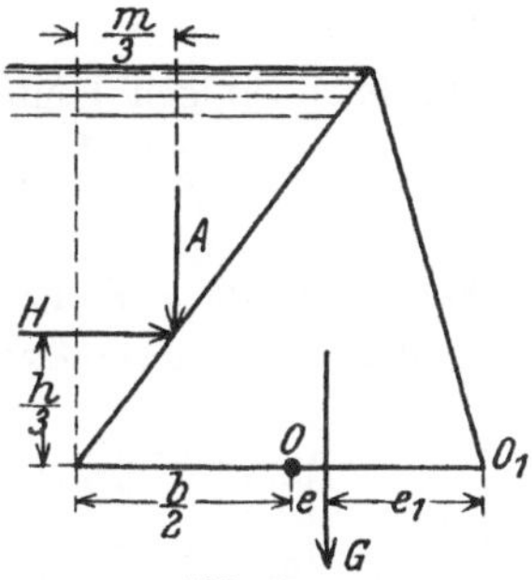

$$\frac{M_{A_1} + M_{G_1}}{M_{H_1}} = \varrho , \tag{134}$$

Abb. 90.

wo $\varrho > 1$, und zwar $\varrho = 1,5 \sim 2$.

Um die ϱ-Werte zu berechnen, muß man die Drehmomente M_{A1}, M_{G1} und M_{H1} berechnen. Da die Momente der äußeren Kräfte in bezug auf den unteren Querschnittsmittelpunkt O (M_A, M_G und M_H) aus dem Vorhergehenden schon bekannt sind, können die erforderlichen Momente leicht ermittelt werden. Es ist nämlich, wenn man das Vorzeichen von M_A nicht berücksichtigt, nach Abb. 90

$$M_{A_1} = M_A + A\,\frac{b}{2} .$$

Setzt man den Wert von M_A aus Gl. (109) und A aus Gl. (107) ein, so ist (mit $y = h$)

$$M_{A_1} = \frac{1}{12}\gamma_0 h^3 L\mu(3\beta - 2\mu) + \frac{1}{2}\gamma_0 m h L\,\frac{b}{2} ,$$

oder mit Hilfe der Verhältniszahlen nach Vereinfachung

$$M_{A_1} = \frac{1}{12}\gamma_0 h^3 L\mu(6\beta - 2\mu).\qquad(135)$$

Ferner ist

$$M_{G_1} = Ge_1 = G\left(\frac{b}{2} - e\right) = G\frac{b}{2} - M_G,$$

und mit Berücksichtigung der Gl. (101a) und (105a)

$$M_{G_1} = \frac{1}{6}\gamma\beta d_0 h^2(2\vartheta + 1)\frac{b}{2} - \frac{1}{12}\gamma\beta d_0 h^3\left(\mu - \frac{\beta}{2}\right)(\vartheta + 1),$$

oder nach Vereinfachung

$$M_{G_1} = \frac{1}{12}\gamma_0 h^3 L\gamma'\delta\beta\left[\beta(2\vartheta + 1) - \left(\mu - \frac{\beta}{2}\right)(\vartheta + 1)\right].\qquad(136)$$

Das Moment von H bleibt wie früher, also $M_{H1} = M_H$ oder nach Gl. (110)

$$M_{H_1} = \frac{2}{12}\gamma_0 h^3 L.\qquad(137)$$

Setzt man die Gl. (135) bis (137) in Gl. (134) ein, so findet man — nach Kürzung mit $\frac{1}{12}\gamma_0 h^3 L$

$$\varrho = \frac{\mu(6\beta - 2\mu) + \gamma'\delta\beta\left[\beta(2\vartheta + 1) - \mu\left(\mu - \frac{\beta}{2}\right)(\vartheta + 1)\right]}{2},$$

woraus nach einigen Umformungen sich ergibt

$$\varrho = \frac{\gamma'}{4}\beta\delta[(5\beta - 2\mu)\vartheta + 3\beta - 2\mu] + \mu(3\beta - \mu).\qquad(138)$$

Trägt man die ϱ-Werte für gegebene β als Funktion von μ und ϑ auf, so erkennt man, daß die Sicherheitszahl sowohl mit μ wie auch mit ϑ zunimmt. Für eine be-

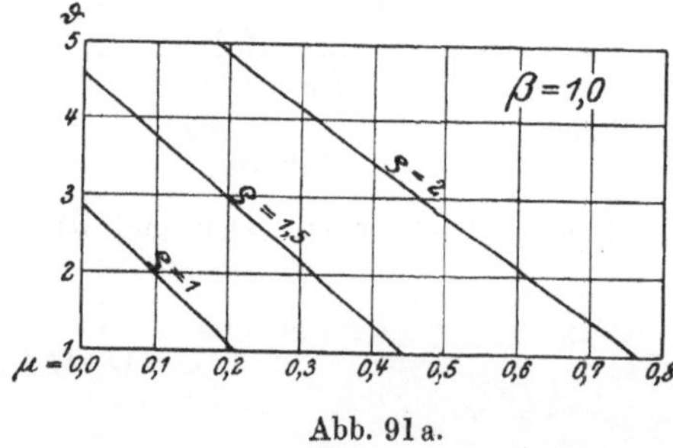

Abb. 91 a.

stimmte Sicherheitszahl ϱ ergibt sich daher ein Minimalwert für μ und für ϑ. In Abb. 91a bis c sind die zusammengehörigen $\mu_{\min}$ und $\vartheta_{\min}$ gezeichnet, und zwar für $\varrho = 1$, $\varrho = 1{,}5$ und $\varrho = 2$. Gibt man also für ein bestimmtes β den Wert von ϑ an, so kann die kleinste zulässige Böschung μ abgelesen werden, oder umgekehrt. Ist z. B. $\beta = 1$ und $\vartheta = 2{,}5$, so beträgt $\mu_{\min}$ bei 2facher Sicherheit 0,54, bei 1,5facher

Sicherheit 0,26 und an der Gleichgewichtsgrenze, d. h. bei $\varrho = 1$ ist $\mu_{\min} = 0{,}04$.

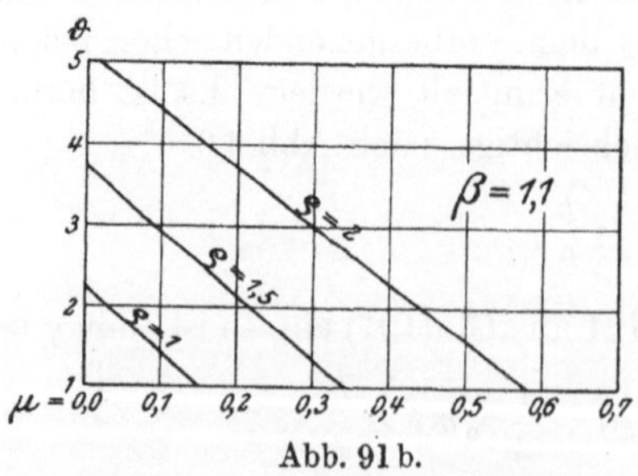

Abb. 91 b.

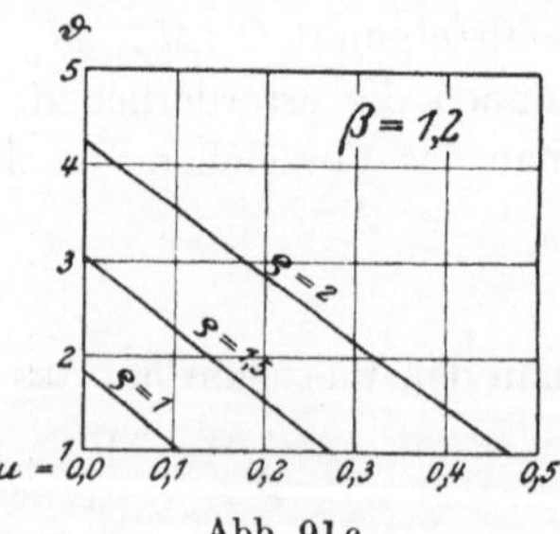

Abb. 91 c.

Die Diagramme zeigen, daß bei größerer Pfeilerbreite β und Böschung μ stets eine genügende Sicherheit gegen Umkippen vorhanden ist. Aus diesem Grunde sind die Abbildungen nur bis $\beta = 1,2$ gezeichnet worden.

e) Einfluß des Sohlenwasserdruckes auf die statischen Verhältnisse des Pfeilers.

Tritt Druckwasser zwischen der Unterfläche des Pfeilers und dem Untergrund ein, so übt es eine Kraft nach oben aus. Dadurch können die statischen Verhältnisse der Staumauer wesentlich beeinflußt werden. Der Einfluß eines Sohlenwasserdrucks hat besonders bei den massiven Staumauern eine sehr große Bedeutung. Bei Gewölbestaumauern braucht ein Sohlenwasserdruck überhaupt nicht berücksichtigt zu werden, da mit einer Bogenwirkung in jedem Querschnitt stets gerechnet werden kann. Bei einer aufgelösten Staumauer braucht ein Sohlenwasserdruck nur dann in Rechnung gesetzt zu werden, wenn diese Staumauer mit einer durchgehenden Fundamentplatte versehen ist. In diesem Falle kann der Einfluß des Sohlenwasserdrucks

noch bedeutender sein als bei massiven Staumauern, da der Sohlenwasserdruck, der auf die untere Fläche eines Pfeilers ausgeübt wird, das $\dfrac{L}{d_u}$ fache desjenigen Druckes ist, der unter einer massiven Staumauer entsteht bei sonst gleichen Verhältnissen. Im Falle einer durchgehenden Fundamentplatte muß also der Sohlenwasserdruck unbedingt in Erwägung gezogen werden.

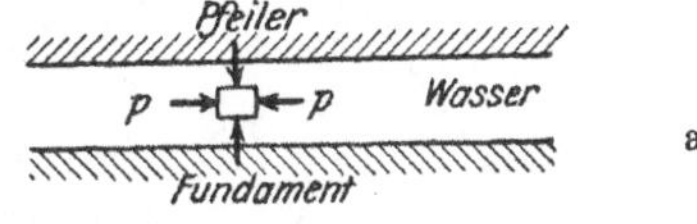

Daß bei massiven Staumauern der Sohlenwasserdruck tatsächlich auftreten kann, ist durch vielfache Beobachtungen bestätigt worden. Noch Lévy hat die Abmessungen der Staumauern so vorgeschrieben, daß die kleinste auftretende Bodenpressung die also an der Wasserseite entsteht, größer sein soll als der dort herrschende Wasserdruck. Diese Vorsichtsmaßregel hat seine Begründung im folgenden: ein Sohlenwasserdruck bei vollständig glatter Berührungsfläche

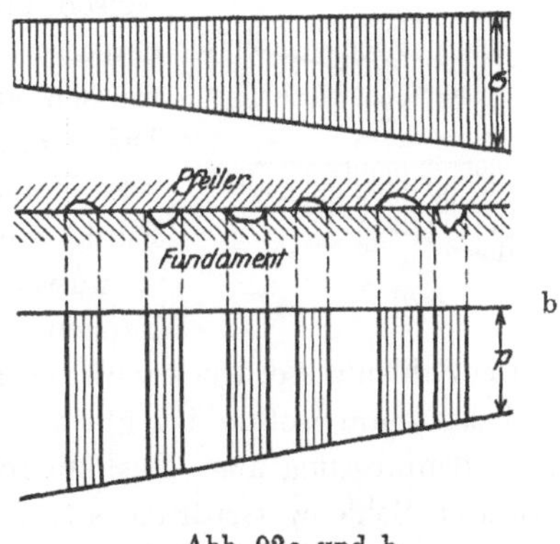

Abb. 92a und b.

zwischen Pfeilerunterfläche und Fundament kann nur dann auftreten, wenn die Bodenpressung an dieser Stelle kleiner ist als der dort herrschende Wasserdruck. Ein Wasserteilchen in Abb. 92a, das mit dem Staubecken in Verbindung steht, steht unter dem Druck p. Dieser Druck, der auf die Seitenfläche dieses Teilchens wirkt, muß auf Grund der Eigenschaften der Flüssigkeit auch auf die untere und obere Fläche des Teilchens wirken. Von oben wirkt aber der Druck, der gleich der Bodenpressung ist. Falls nun diese Bodenpressung größer ist als der Wasserdruck, muß die Flüssigkeit seitlich ausweichen, bis eine vollständige Berührung zwischen Pfeilerunterfläche und Fundament hergestellt ist.

Vollständig glatte Berührungsflächen kommen jedoch nie vor, sondern es werden zwischen Pfeilerunterkante und Fundament stets Hohlräume vorhanden sein, nach Abb. 92b. An der Stelle, an der der Fels das Fundament berührt, wird die Bodenpressung konzentriert übertragen, so daß sie im Verhältnis der Gesamtfläche zu den Hohlräumen größer wird, während an den Stellen, wo die Hohlräume vorhanden sind, der Wasserdruck wirken kann. Aus dieser Überlegung geht hervor, daß der Wasserdruck unter der ganzen Fläche nicht auftreten kann, wenn σ größer ist als p, denn sonst wäre ja keine Berührung zwischen Pfeilerunterkante und Untergrund vorhanden. Ist dagegen die Bodenpressung kleiner als der dort herrschende Wasserdruck, so kann es auch vorkommen, daß der Wasserdruck auf die ganze Unterfläche wirkt.

Der Sohlenwasserdruck wird nun als äußere Belastung in die Berechnung eingeführt und dessen Einfluß auf die Spannungen, Gleitsicherheit usw. ermittelt.

Der Einfachheit halber sei stets eine lineare Druckverteilung vorausgesetzt. Man nimmt zuerst an, daß der Sohlenwasserdruck auf die ganze Pfeilerlänge verteilt ist. Mit diesem Falle hat sich Link[1]) schon eingehend beschäftigt und bewiesen, daß bei dreieckiger, rechteckiger sowie auch bei trapezförmiger Druckverteilung die daraus entstehende wasserseitige Bodenpressung in allen drei Fällen dieselbe ist. Der Satz soll nunmehr allgemeiner formuliert werden, und zwar: Bei Annahme eines auf der ganzen Pfeiler- (oder Mauer-)unterfläche linear verteilten Sohlenwasserdruckes ist das allein aus dieser Belastung entstehende Spannungsdiagramm mit dem Unterdruckdiagramm identisch.

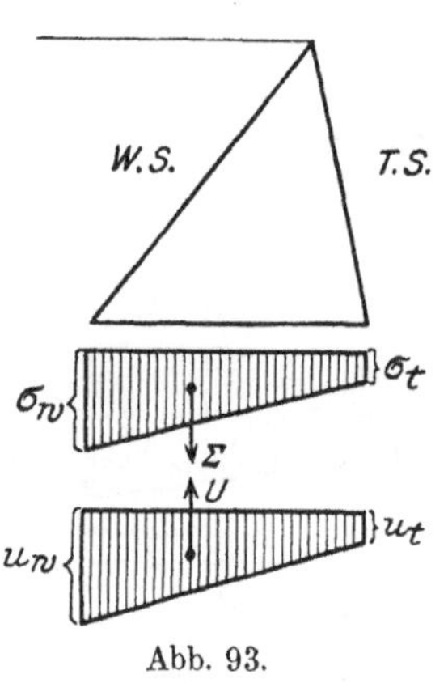

Abb. 93.

In Abb. 93 ist ein allgemeines, trapezförmiges Sohlenwasserdruckdiagramm (Dreieck und Rechteck sind nur Spezialfälle) gezeichnet, samt den, durch diesen Unterdruck hervorgerufenen Spannungen. Es gilt also, von dem Vorzeichen abgesehen, $\sigma_w = u_w$ und $\sigma_l = u_l$. Um dies zu beweisen, braucht man nur an den Gleichgewichtszustand zu denken. Da die Summe aller Kräfte gleich 0 sein muß, so müssen auch die u- und σ-Flächen einander gleich sein. Die zweite Gleichgewichtsbedingung lautet, daß das statische Moment beider Kräfte in bezug auf einen beliebigen Punkt gleich 0 ist, also die beiden Resultierenden U und Σ müssen in derselben Linie liegen. Aus beiden Bedingungen folgt, daß die u- und σ-Flächen identisch sind.

Der Sohlenwasserdruck wirkt entlastend auf den Pfeiler. Da die Bodenpressung an der Talseite am größten ist, übt der talseitige Unterdruck u_l eine günstige Wirkung auf die Bodenpressung aus. Deshalb sollte man richtiger die Annahme eines dreieckig verteilten Sohlenwasserdruckes treffen, dessen Wert an der Talseite = 0 ist. An der Wasserseite ist dagegen die Bodenpressung bei vollem Becken am kleinsten, so daß hier unter Einwirkung des Sohlenwasserdruckes evtl. Zugkräfte auftreten können. In diesem Falle ist an der Wasserseite mit dem größten zu erwartenden Sohlenwasserdrucke zu rechnen.

Bei der aufgelösten Staumauer kommt, wie erwähnt, ein Sohlenwasserdruck kaum in Frage, weil das Wasser stets den Weg des kleinsten Widerstandes sucht, und es wird eher unter den Gewölben als unter dem Pfeiler durchsickern. Aber selbst, wenn Wasser unter dem Pfeiler eindringt, würde es nach kurzer Strecke seitlich ausweichen, anstatt sich längs des ganzen Pfeilers fortzubewegen. Falls die Untergrundverhältnisse nicht genügend sicher sind, kann ein Sohlenwasserdruck bei dem Pfeiler derart berücksichtigt werden, daß man nur einen Teil der Pfeilerunterfläche, dem Wasserdruck ausgesetzt, annimmt. Wie erwiesen wird, kann diese Annahme noch zu ungünstigeren Resultaten führen als in obigem Falle. Wenn man wieder eine

---

[1]) Die Bestimmung der Querschnitte von Staumauern und Wehren aus dreieckigen Grundformen. Berlin: Julius Springer 1910.

lineare Druckverteilung zugrunde legt, dann ist bei den Ermittelungen mit einer dreieckigen Belastungsfläche zu rechnen (Abb. 94), sofern man nicht annehmen will, daß der Sohlenwasserdruck in einem gewissen Abstande von der Wasserseite plötzlich aufhört, wie es bei einer trapezförmigen Belastungsfläche der Fall wäre. Der resultierende Sohlenwasserdruck U liegt jetzt außerhalb des Kernes. Dementsprechend besteht das Spannungsdiagramm aus positivem und negativem Teil, Entlastung entsteht also nur an der Wasserseite, während an der Talseite die Bodenpressung erhöht wird.

Wenn sich der Wasserdruck auf die Länge b_1 verteilt (Abb. 94), so ist die resultierende Druckkraft — auf die Einheit der unteren Pfeilerstärke bezogen —

$$U_1 = \frac{1}{2} u_w b_1,$$

während das statische Moment dieser Kraft in bezug auf den Querschnittsmittelpunkt 0

$$M_u = U_1 \left(\frac{b}{2} - \frac{b_1}{3} \right) = \frac{1}{6} U_1 (3 b - 2 b_1) = \frac{1}{12} u_w b_1 (3 b - 2 b_1)$$

beträgt. Die Normalspannung an der Wasserseite berechnet sich auf

$$\sigma_w = \frac{U_1}{b} + \frac{6 M_u}{b^2} = \frac{1}{2} u_w \frac{b_1}{b} + \frac{1}{2} u_w \frac{b_1}{b} \left(3 - 2 \frac{b_1}{b} \right).$$

Setzt man $\frac{b_1}{b} = \beta'$, so geht diese Gleichung über in

$$\boxed{\sigma_w} = \frac{1}{2} u_w \beta' (1 + 3 - 2 \beta') = \boxed{u_w \beta' (2 - \beta')}. \qquad (139)$$

Die talseitige Spannung beträgt

$$\sigma_l = \frac{U_1}{b} - \frac{6 M_u}{b^2}$$

oder nach ähnlichen Umformungen wie oben

$$\boxed{\sigma_l = - u_w \beta' (1 - \beta')}. \qquad (140)$$

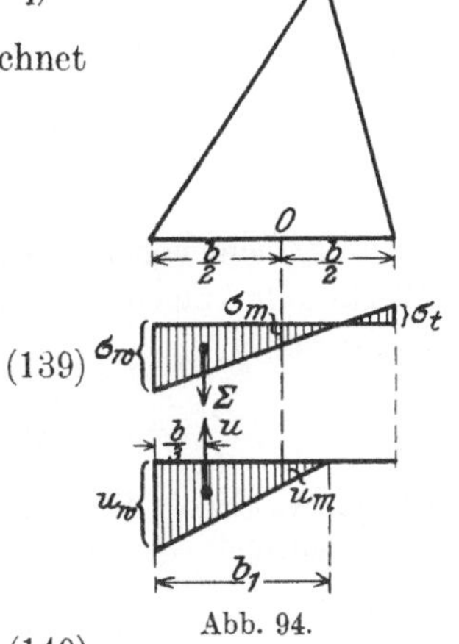

Abb. 94.

Die Werte von $\dfrac{\sigma_w}{u_w}$ und $-\dfrac{\sigma_l}{u_w}$ sind in der folgenden Tabelle zusammengestellt bei Annahme verschiedener Belastungslängen.

Tabelle 12. Spannungen aus Sohlenwasserdruck.

$\beta' = 0$	0,1	0,2	0,3	0,4	0,5	0,6	0,7	0,8	0,9	1,0
$\dfrac{\sigma_w}{u_w} = 0$	0,19	0,36	0,51	0,64	0,75	0,84	0,91	0,96	0,99	1,0
$-\dfrac{\sigma_l}{u_w} = 0$	0,09	0,16	0,21	0,24	0,25	0,24	0,21	0,16	0,09	0

Aus dieser Tabelle sieht man, daß bei nicht durchgehender Belastung σ_w stets kleiner ist als u_w. Die oben erwähnten Gleichgewichtsbedingungen gelten natürlich auch hier. U und Σ wirken jetzt in derselben Linie. Σ ist die Resultierende der positiven und negativen Flächen. Da die Belastungs- und Spannungsflächen, oder was dasselbe ist, die mittleren Ordinaten gleich sind, $\sigma_m = u_m$, und da $\sigma_w < u_w$, liegt der Spannungsnullpunkt näher an der Talseite als der Belastungsnullpunkt. Rechnet man der Einfachheit halber mit $\beta' = 0{,}5$, nimmt man also an, daß der Sohlenwasserdruck bis zur Mitte der unteren Pfeilerfläche reicht, so beträgt nach Tabelle 12: $\sigma_w = \frac{3}{4} u_w$ und $\sigma_l = - \frac{1}{4} u_w$. Im ungünstigsten Falle ist u_w mit dem Wasserdruck gleich, also $u_w = \gamma_0\, h$ und in diesem Falle entsteht eine Entlastung an der Wasserseite von $\sigma_w = \frac{3}{4}\,\gamma_0\, h$ oder $\sigma'_w = \frac{3}{4}$ und eine Zunahme der talseitigen Bodenpressung um $\sigma'_l = \frac{1}{4}$. Falls man also einen Sohlenwasserdruck berücksichtigen will, legt man eine relative Bodenpressung σ'_l, die um $\frac{1}{4}$ kleiner ist als die zulässige, zugrunde. Wenn keine Zugspannung zugelassen werden soll, so muß stets an der Wasserseite eine minimale Bodenpressung von $\sigma'_w = \frac{3}{4}$ vorhanden sein.

Bis jetzt ist nur der Einfluß des Sohlenwasserdruckes auf die Bodenpressung berücksichtigt worden. Der Unterdruck ändert aber auch die Gleit- und Standsicherheit des Pfeilers. Die Gleitzahl beträgt jetzt

$$f_u = \frac{H}{G + A - U}.$$

Es ist aber

$$U = \frac{1}{2}\,u_w\,b_1\,d_u = \frac{1}{2}\,u_w\,b_1\,\vartheta\,d_o = \frac{1}{2}\,u_w\,\beta'\,\vartheta\,d_o = \frac{1}{2}\,\gamma_0\,h^2\,L\,\beta\,\delta\,\vartheta\,u'_w\,\beta',$$

falls $u'_w = \dfrac{u_w}{\gamma_0\,h}$ gesetzt wird. Berücksichtigt man die Ableitung von Gl. (132), so erhält man für f_u die Formel

$$f_u = \frac{1}{\mu + \dfrac{1}{3}\,\gamma'\,\beta\,\delta\,(2\,\vartheta + 1) - \beta\,\delta\,\vartheta\,u'_w\,\beta'}. \tag{141}$$

Um f_u nicht von vornherein berechnen zu müssen und um die Abb. 88, in der die f-Werte aufgetragen sind, verwenden zu können, bedient man sich des reziproken Wertes von f_u

$$\frac{1}{f_u} = \mu + \frac{1}{3}\,\gamma'\,\beta\,\delta\,(2\,\vartheta + 1) - \beta\,\delta\,\vartheta\,u'_w\,\beta' = \frac{1}{f} - \beta\,\delta\,\vartheta\,u'_w\,\beta', \tag{142}$$

welcher Ausdruck die Verwendung der Abb. 88 gestattet.

Ist beispielsweise $\beta = 1$, $\mu = 0{,}7$ und $\vartheta = 3$, so entspricht dem nach Abb. 88a $f = 0{,}8$. Ist $u'_w = 1$ (voller Sohlenwasserdruck an der Wasserseite) und $\beta' = \dfrac{1}{2}$, so erhält man mit $\delta = \dfrac{1}{10}$

$$\frac{1}{f_u} = \frac{1}{0{,}8} - 1\cdot\frac{1}{10}\cdot 3\cdot 1\cdot\frac{1}{2} = 1{,}25 - 0{,}15 = 1{,}10,$$

und daraus $f_u = \dfrac{1}{1{,}10} = 0{,}91$. Dies bedeutet eine Zunahme der Gleitzahl um $\dfrac{0{,}91 - 0{,}8}{0{,}8}\cdot 100 = 14\,^0/_0.$

Die Sicherheitszahl beträgt beim Vorhandensein eines Sohlenwasserdruckes statt Gl. (134)

$$\varrho_u = \frac{M_{A_1} + M_{G_1}}{M_{H_1} + M_{U_1}},$$

Diese Gleichung kann wieder auf ϱ zurückgeführt werden. Dividiert man nämlich Zähler und Nenner durch M_{H_1}, so wird

$$\varrho_u = \frac{\dfrac{M_{A_1} + M_{G_1}}{M_{H_1}}}{1 + \dfrac{M_{U_1}}{M_{H_1}}} = \frac{\varrho}{1 + \dfrac{M_{U_1}}{M_{H_1}}}. \tag{143}$$

Es ist aber nach Abb. 94

$$M_{U_1} = U\left(b - \frac{b_1}{3}\right) = U\,b\left(1 - \frac{\beta'}{3}\right) = \frac{1}{3}\,U \cdot b\,(3 - \beta'),$$

oder wenn man den Wert von U einsetzt, so findet man

$$M_{U_1} = \frac{1}{6}\,\gamma_0\,h^3\,L\,\beta^2\,\delta\,\vartheta\,u_w'\,\beta'\,(3 - \beta'),$$

und mit Berücksichtigung der Gl. (137)

$$\frac{M_{U_1}}{M_{H_1}} = \frac{\dfrac{1}{6}\,\gamma_0\,h^3\,L\,\beta^2\,\delta\,\vartheta\,u_w'\,\beta'\,(3 - \beta')}{\dfrac{1}{6}\,\gamma_0\,h^3\,L} = \beta^2\,\delta\,\vartheta\,u_w'\,\beta'\,(3 - \beta').$$

Setzt man diesen Wert in Gl. (143) ein, so erhält man schließlich

$$\varrho_u = \frac{\varrho}{1 + \beta^2\,\delta\,\vartheta\,u_w'\,\beta'\,(3 - \beta')}. \tag{144}$$

Beispiel: Für $\beta = 0$, $\mu = 0{,}7$ und $\vartheta = 3$ ergibt sich nach Gl. (138) der Wert $\varrho = 2{,}32$. Wenn man wieder vollen Sohlenwasserdruck an der Wasserseite voraussetzt, also $u_w' = 1$, während $\beta' = 0{,}5$ gewählt wird, dann ist nach Gl. (144) bei $\delta = 0{,}1$

$$\varrho_u = \frac{2{,}32}{1 + 1 \cdot 0{,}1 \cdot 3 \cdot 1 \cdot 0{,}5\,(3 - 0{,}5)} = 1{,}69.$$

Die Abnahme der Sicherheitszahl beträgt somit $\dfrac{2{,}32 - 1{,}69}{2{,}32} \cdot 100 = 27^0/_0.$[1]

f) Einfluß des veränderlichen Wasserdruckes auf den Pfeiler.

Bisher wurde stets angenommen, daß der Wasserdruck vom Wasserspiegel aus nach unten hin linear zunimmt, was bei massiven und Gewölbe-Talsperren, sowie auch bei aufgelösten Talsperren mit ebener Stauwand der Fall ist. Bei Gewölbereihendämmen liegen die Verhältnisse jedoch anders. Der Wasserdruck wirkt normal zur wasserseitigen Pfeilerböschung und es soll — wie bereits erwähnt — der entsprechende Gewölbeschnitt berücksichtigt werden. Da der, auf den Bogenring von der Länge t ausgeübte Wasserdruck veränderlich ist, und zwar im Scheitel am kleinsten und in den Kämpfern am größten, so wird der durch den Bogenring auf den Pfeiler übertragene Wasserdruck kleiner sein als h (Abb. 95). Wird also der Wasserdruck in der Tiefe h mit dem Wert $\gamma_0\,h$ berechnet, so rechnet man ungünstig. Der Fehler ist — wie aus folgendem zu entnehmen — nicht unbedeutend. Der Wasserdruck, der

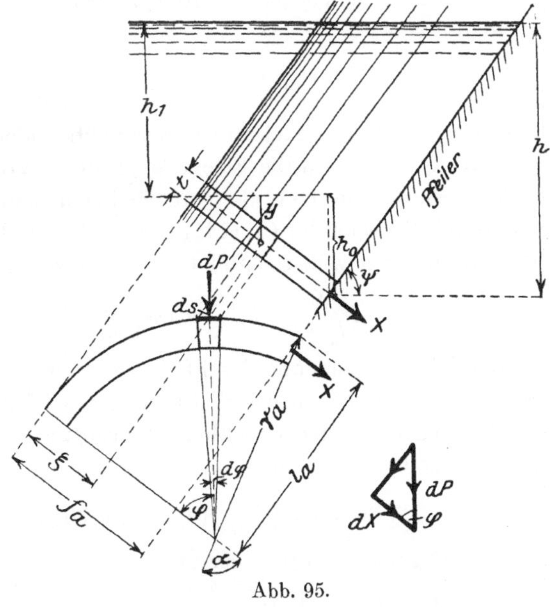

Abb. 95.

in der Tiefe h unter der Wasserspiegelfläche auf den Pfeiler übertragen wird, soll in nachstehendem berechnet werden.

In Abb. 95 ist ein durch die Symmetrieebene des Pfeilers gehender Schnitt des Dammes dargestellt. Der auf die Böschung normale Gewölbeschnitt ist in die Zeichenebene umgeklappt. Die auf den Pfeiler übertragene Kraft sei X, von der anderseitig anschließenden Gewölbehälfte wird dieselbe Kraft übertragen, die Gesamtkraft beträgt demnach $2\,X$. Auf das äußere Flächenelement wirkt der Druck

$$dP = (h_1 + y)\,\gamma_0\,t\,ds\,.$$

Es ist aber
$$y = \xi \cos \psi$$

und da $\xi = r_a - r_a \cos \varphi = r_a(1 - \cos \varphi)$, so ist

$$y = r_a \cos \psi\,(1 - \cos \varphi),$$

ferner ist $ds = r_a\,d\,\varphi$, so daß

$$dP = \gamma_0\,t\,[h_1 + r_a \cos \psi\,(1 - \cos \varphi)]\,r_a\,d\varphi\,.$$

Von dieser Kraft kommt aber nur die in die X Richtung fallende Komponente in Frage, die nach Abb. 95 beträgt

$$dX = dP \cos \varphi = \gamma_0\,t\,[h_1 + r_a \cos \psi\,(1 - \cos \varphi)]\,r_a \cos \varphi\,d\varphi$$

oder ausmultipliziert

$$dX = \gamma_0\,t\,r_a\,h_1 \cos \varphi\,d\,\varphi + \gamma_0\,t\,r_a{}^2 \cos \psi\,(\cos \varphi\,d\varphi - \cos^2 \varphi\,d\varphi)\,.$$

Aus diesem Ausdruck erhält man X durch Integration zwischen den Grenzen 0 und α

$$X = \gamma_0\,t\,r_a\,h_1 \sin \alpha + \gamma_0\,t\,r_a{}^2 \cos \psi \left(\sin \alpha - \frac{1}{2} \sin \alpha \cos \alpha - \frac{1}{2}\,\alpha\right)\,.$$

und der gesamte, von beiden anschließenden Gewölbehälften übertragene Wasserdruck beträgt

$$2\,X = 2\,\gamma_0\,t\,r_a \sin \alpha\,h_1 + \gamma_0\,t\,r_a{}^2 \cos \psi\,[\sin \alpha\,(2 - \cos \alpha) - \alpha]\,.$$

Um $2\,X$ auf die halbe Spannweite l_a zu beziehen, berücksichtigt man, daß $r_a = \dfrac{l_a}{\sin \alpha}$ ist; dadurch wird

$$2\,X = 2\,\gamma_0\,t\,l_a\,h_1 + \gamma_0\,t \cos \psi\,l_a{}^2\,\frac{1}{\sin \alpha}\left(2 - \cos \alpha - \frac{\alpha}{\sin \alpha}\right) \tag{145}$$

Das erste Glied der Gl. (145) ist aber nichts anderes als der gewöhnliche Wasserdruck in der Tiefe h_1, der auf die Fläche $2\,l_a\,t$, unter Voraussetzung einer ebenen Stauwand wirkt. Den spezifischen, also auf die Flächeneinheit wirkenden Wasserdruck erhält man durch Division der Gl. (145) durch $2\,l_a\,t$, und wenn man diesen Druck in Wasserhöhe ausdrücken will, so muß Gl. (145) durch $2\,l_a \cdot t \cdot \gamma_0$ dividiert werden, also

$$\frac{2\,X}{2\,l_a\,t\,\gamma_0} = h_1 + \cos \psi\,\frac{l_a}{2 \sin \alpha}\left(2 - \cos \alpha - \frac{\alpha}{\sin \alpha}\right) = h_v\,. \tag{146}$$

Bei der Untersuchung des Pfeilers geht man aber nicht von der Scheitellinie des Gewölbes, sondern von der Wasserseite des Pfeilers aus, der Wasserdruck wird also zweckmäßiger aus der Druckhöhe h ermittelt. Dies geschieht durch einfache Umbildung der Gl. (146), indem $h_1 = h - h_0$ gesetzt wird. Es ist aber

$$h_0 = f_a \cos \psi = r_a\,(1 - \cos \alpha) \cos \psi = \frac{l_a}{\sin \alpha}\,(1 - \cos \alpha) \cos \psi$$

und damit geht (Gl. 146) über in

$$h_v = h - \frac{l_a}{\sin \alpha}\,(1 - \cos \alpha) \cos \psi + \cos \psi\,\frac{l_a}{2 \sin \alpha}\left(2 - \cos \alpha - \frac{\alpha}{\sin \alpha}\right)\,.$$

Oder nach Vereinfachung:

$$h_v = h - \frac{1}{2}\,l_a \cos \psi\left(\frac{\alpha}{\sin \alpha} - \operatorname{ctg} \alpha\right)\,, \tag{147}$$

Der Wasserdruck besteht also aus zwei Teilen, und zwar aus dem linear veränderlichen, gewöhnlichen Wasserdruck h und aus einem konstanten Korrekturglied, das mit y_v bezeichnet werden soll. Dieses Korrekturglied y_v ist um so größer, je größer der Pfeilerabstand, die wasserseitige Böschung und der Zentriwinkel des Bogens ist. y_v kann noch folgendermaßen geschrieben werden:

$$y_v = \frac{1}{2} l_a \cos \psi \, y_v' , \qquad (148)$$

wobei

$$y_v' = \frac{\alpha}{\sin \alpha} - \operatorname{ctg} \alpha , \qquad (148\,\mathrm{a})$$

nur von α abhängig ist und aus Abb. 96 unmittelbar abgelesen werden kann. Es sei noch bemerkt, daß $\cos \psi$ noch umgerechnet werden muß, da die Pfeilerböschung μ gegeben ist. $\mu = \operatorname{ctg} \psi = \dfrac{\cos \psi}{\sin \psi}$, also $\mu^2 = \dfrac{\cos^2 \psi}{\sin^2 \psi} = \dfrac{\cos^2 \psi}{1 - \cos^2 \psi} = \dfrac{1}{\dfrac{1}{\cos^2 \psi} - 1}$ oder

$$\frac{\mu^2}{\cos^2 \psi} = 1 + \mu^2 ,$$

woraus

$$\cos \psi = \frac{\mu}{\sqrt{1 + \mu^2}} .$$

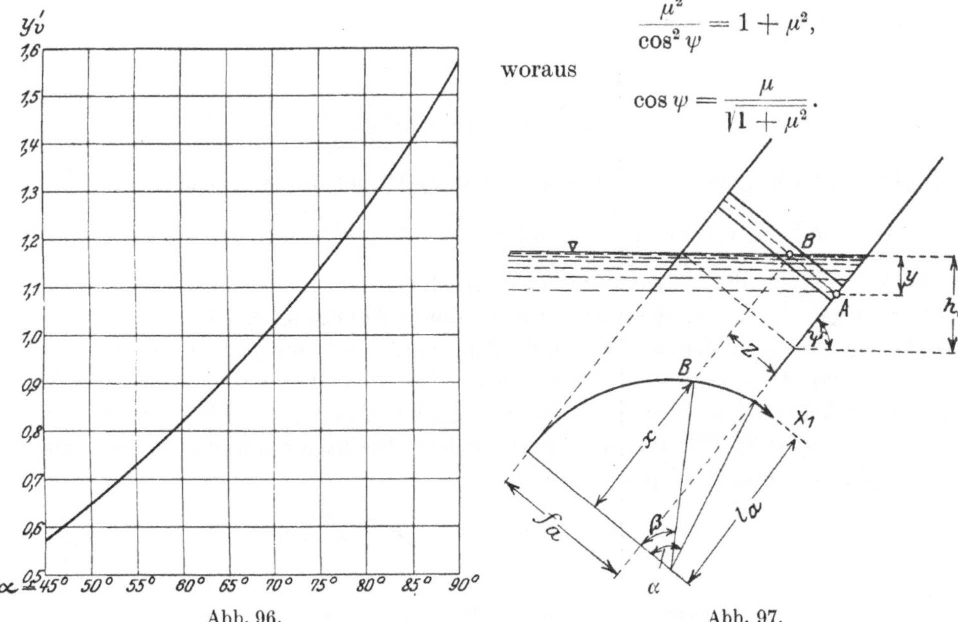

Abb. 96.   Abb. 97.

Es soll weiterhin der veränderliche Wasserdruck im obersten Teile des Pfeilers ermittelt werden, wo nur noch ein Teil des Bogenringes mit Wasser benetzt ist (Abb. 97).

Dann ist der Wasserdruck von der Spiegelfläche bis zur Tiefe h_0 veränderlich und in der Tiefe h_0 erreicht er den soeben berechneten Wert y_v, der als konstante Größe von dem weiter nach unten linear zunehmenden Wasserdruck abgezogen wird. In folgendem soll die Gesetzmäßigkeit des auf den Pfeiler übertragenen Wasserdruckes zwischen den Grenzen 0 und y_v untersucht werden.

In der Tiefe y (s. Abb. 97) taucht nur der Teil $A\,B$ des Bogenringes ins Wasser. Dieser Teil ist durch den Winkel $\alpha - \beta$ gekennzeichnet. Den übertragenen Wasserdruck erhält man jetzt in ähnlicher Weise wie früher, nur sind die Integrationsgrenzen hier β und α, anstatt 0 und α, außerdem ist hier noch $h_1 = 0$. Der Ausdruck für X, das hier mit X_1 bezeichnet werden soll, lautet also jetzt

$$X_1 = \int_\beta^\alpha dX = \gamma_0 \, t \, r_a^2 \cos\psi \left[\int_\beta^\alpha \cos\varphi \, d\varphi - \int_\beta^\alpha \cos^2\varphi \, d\varphi \right].$$

Die Auswertung der Integrale ergibt

$$X_1 = \gamma_0 \, t \, r_a^2 \cos\psi \left[\sin\alpha - \sin\beta - \frac{1}{2}(\sin\alpha\cos\alpha - \sin\beta\cos\beta) - \frac{1}{2}(\alpha - \beta) \right]$$

und aus beiden Bogenhälften

$$2X_1 = \gamma_0 \, t \cos\psi \, r_a^2 \left[\sin\alpha(2 - \cos\alpha) - \sin\beta(2 - \cos\beta) - (\alpha - \beta) \right] \tag{149}$$

Aus Abb. 97 können folgende Zusammenhänge abgelesen werden:

$$r_a \sin\alpha = l_a, \quad r_a(2 - \cos\alpha) = r_a + r_a(1 - \cos\alpha) = r_a + f_a; \quad r_a \sin\beta = x;$$
$$r_a(2 - \cos\beta) = r_a + r_a(1 - \cos\beta) = r_a + f - z; \quad r_a\alpha - r_a\beta = \Delta x.$$

Setzt man diese Werte in Gl. (149) ein, so erhält man

$$2X_1 = \gamma_0 \, t \cos\psi \left[l_a(r_a + f_a) - X(r_a + f_a - z) - r_a \Delta x \right] \tag{149a}$$

Um sämtliche Größen wieder auf l_a zu beziehen, setzt man

$$f_a = \varkappa \, l_a,$$

wo also $\varkappa$ das Pfeilverhältnis des Bogens darstellt. Aus Abb. 97 kann noch folgender Zusammenhang entnommen werden:

$$l_a^2 + (r_a - f_a)^2 = r_a^2.$$

Setzt man

$$x' = \frac{x}{l_a}, \quad z' = \frac{z}{l_a} \quad \text{und} \quad \Delta x' = \frac{\Delta x}{l_a},$$

so ergibt sich nach einigen Umformungen der Wasserdruck in Wassersäule ausgedrückt

$$h_v^0 = \frac{1}{4} \, l_a \cos\psi \left[\left(\frac{1}{\varkappa} + 3\varkappa\right)(1 - x') + 2x'z' - \left(\frac{1}{\varkappa} + \varkappa\right)\Delta x' \right]. \tag{150}$$

In Abb. 98 ist die h_v^0-Kurve für eine Böschung von $\mu = \frac{3}{4}$, also $\cos\psi = \frac{3}{5}$ für Halbkreisbogen ($\varkappa = 1$) dargestellt. Wie aus dieser Abbildung ersichtlich ist, begeht man keinen großen Fehler, wenn man die Änderung von h_v^0 mit y als linear annimmt. Die Grenze von h_v^0 liegt in der Tiefe h_o, an welcher Stelle der ganze Bogenring schon mit Wasser benetzt ist. In dieser Tiefe beträgt der Wasserdruck (in W.-S.) $h_0 - y_v$, der Wert von y_v ist in (Gl. 148) und (148a) gegeben. Dadurch erübrigt sich vollständig die komplizierte Berechnung von h_v^0.

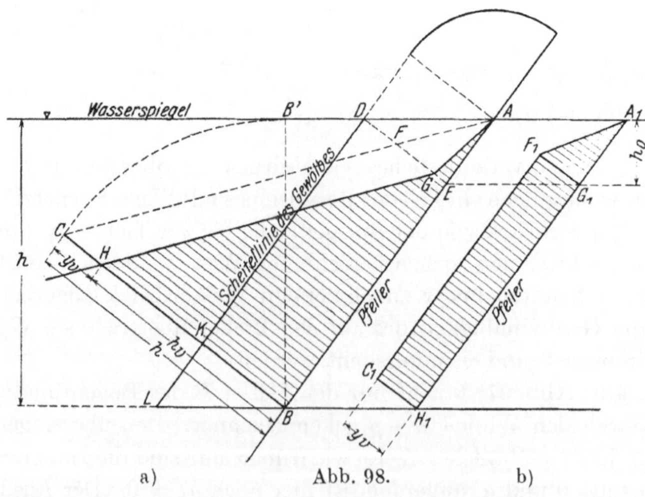

a)   Abb. 98.   b)

Die Wasserdruckfigur kann nun folgendermaßen gezeichnet werden (Abb. 98a). Vom wasserseitigen Pfeilerfuß B trägt man die Wasserhöhe $\overline{BB'} = h$ normal zur Böschung auf, indem man die Strecke $\overline{BB'}$ nach $\overline{BC}$ aufträgt. Die Verbindungslinie $\overline{AC}$ gibt die Wasserdruckfigur, wenn man von der Wölbung der Stauwand absieht. D sei der Schnittpunkt der äußeren Gewölbescheitellinie mit der Wasserspiegelfläche, alsdann errichtet man in D eine Senkrechte zur Scheitellinie, das ist DE. Der Punkt E liegt in der Tiefe h_0 unter dem Wasserspiegel. F ist der Schnittpunkt der Normalen DE mit der Wasserdrucklinie AC. Von diesem Punkt aus trägt man den Wert von y_v auf, so daß $\overline{FG} = y_v$. Jetzt verbindet man den Punkt G mit A, da nach dem oben Gesagten die Änderung von h_v^0 mit y als linear angenommen werden kann. Von G zieht man die Linie $GH \,\|\, AC$. Die gebrochene Linie AGH ist die endgültige Wasserdruckfigur. Diese erhält man also durch Subtraktion der Fläche $AGHCA$ von der Fläche $ABCA$.

In Abb. 98b ist die abzuziehende Fläche $A\,G\,H\,C\,A$ von der wasserseitigen Pfeilerböschung aufgetragen. Es soll bemerkt werden, daß das Gewölbe sich von dem Punkt K noch bis zur Fundamentfläche L fortsetzt. Der auf diesen Teil des Gewölbes wirkende Wasserdruck wird jedoch nicht mehr auf den eigentlichen Pfeiler, sondern auf dessen Fundament oder auf den Boden übertragen; für die Berechnung des Pfeilers kommt er also nicht in Frage.

Bei der oben konstruierten Wasserdruckfigur wurde angenommen, daß der Zentriwinkel der Gewölbeaußenfläche, sowie auch deren Spannweite konstant ist. Trifft dies nicht zu, so muß y_v in verschiedenen Tiefen nach Gl. (148) und (148a) berechnet werden, und in diesem Falle ergibt sich im allgemeinen eine krumme Linie für HG.

Im folgenden sollen die der Fläche $A_1 H_1 C_1 F_1 A_1$ entsprechenden entlastenden Kräfte und die davon hervorgerufenen Normalspannungen berechnet werden. Für diese Berechnung soll die vereinfachende Annahme gemacht werden, der Zentriwinkel bleibe durchweg konstant. Da dies im allgemeinen nicht zutrifft, nimmt man entweder einen mittleren Zentriwinkel an, oder man bestimmt die Linie HG und mit deren Hilfe den abzuziehenden Wasserdruck. Die Lage der Resultierenden wird sehr einfach zeichnerisch festgestellt werden können, ebenfalls deren Entfernung von dem unteren Querschnittsmittelpunkt. Dieser Weg empfiehlt sich auch für konstanten Zentriwinkel. Die unten stehenden Berechnungen seien der Vollständigkeit halber für diejenigen, die den analytischen Weg bevorzugen wollen, mitgeteilt.

Auf den Pfeiler wirkt jetzt der entlastende Wasserdruck W, der aus einem rechteckigen Teil mit der Resultierenden W_1 und aus dem dreieckigen Teil mit der Resultierenden W_2 zusammengesetzt ist. Die zwei Kräfte W_1 und W_2 haben die Größen (Abb. 99)

$$W_1 = y_v \frac{h_1}{\sin \psi} \gamma_0 L \quad \text{und} \quad W_2 = \frac{1}{2} y_v \frac{h_0}{\sin \psi} \gamma_0 L.$$

Der Abstand der Resultierenden W von dem Pfeilerfuß längs der Böschung gemessen beträgt bekanntlich:

$$w = \frac{W_1 \frac{1}{2} \frac{h_1}{\sin \psi} + W_2 \left(\frac{h_1}{\sin \psi} + \frac{1}{3} \frac{h_0}{\sin \psi} \right)}{W_1 + W_2}$$

oder nach Einsetzen der Werte von W_1 und W_2

$$w = \frac{1}{\sin \psi} \cdot \frac{h_1{}^2 + \frac{1}{2} h_0 \left(h_1 + \frac{1}{3} h_0 \right)}{h_1 + \frac{1}{2} h_0}.$$

Wir brauchen jedoch den Abstand des wasserseitigen Pfeilerfußes von dem Schnittpunkt der Resultierenden mit der Grundfläche. Er beträgt nach Abb. 99 $\dfrac{w}{\cos\psi}$ oder

$$\frac{w}{\cos\psi} = \frac{1}{\sin\psi\,\cos\psi}\ \frac{h_1{}^2 + \dfrac{1}{2}h_0\left(h_1 + \dfrac{1}{3}h_0\right)}{h_1 + \dfrac{1}{2}h_0}\ .$$

Wird an Stelle von h_1 die volle Wassertiefe h eingeführt, also $h_1 = h - h_0$ gesetzt, so erhält die letzte Gleichung die Form

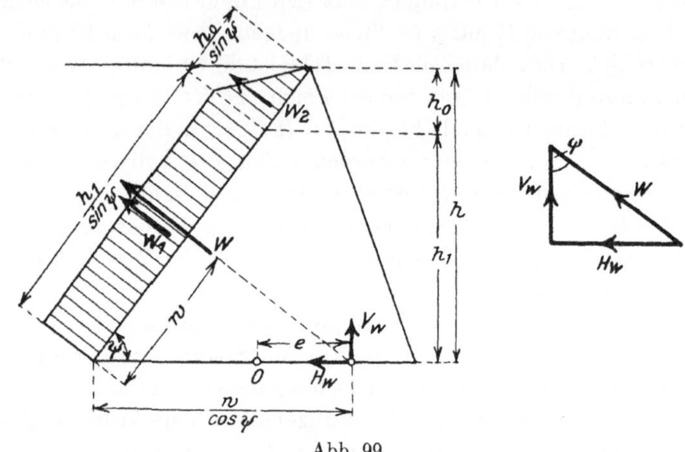

Abb. 99.

$$\frac{w}{\cos\psi} = \frac{1}{\sin\psi\,\cos\psi}\ \frac{h^2 - \dfrac{2}{3}h_0{}^2 - \dfrac{3}{2}h\,h_0}{h - \dfrac{1}{2}h_0} = \frac{1}{6}\ \frac{1}{\sin\psi\,\cos\psi}\ \frac{6h^2 - 4h_0{}^2 - 9h\,h_0}{h - \dfrac{1}{2}h_0}\ .$$

Es wird noch gesetzt

$$\frac{h_0}{h} = h_0' \quad\text{oder}\quad h_0 = h_0'\,h\ .$$

Außerdem kann noch $\dfrac{1}{\sin\psi\,\cos\psi}$ mit Hilfe der Böschung μ ausgedrückt werden, wenn man berücksichtigt, daß $\mu = \operatorname{ctg}\psi$. Es wird dann

$$\frac{1 + \mu^2}{\mu} = \frac{1}{\sin\psi\,\cos\psi}\ .$$

Führt man diesen Wert in die letzte Gleichung ein, so erhält man

$$\frac{w}{\cos\psi} = \frac{1}{6}\ \frac{1 + \mu^2}{\mu}\ \frac{6 - h_0'(4h_0' + 9)}{1 - \dfrac{1}{2}h_0'}\cdot h\ . \tag{151}$$

Der Abstand des Schnittpunktes vom Querschnittsmittelpunkt O ist dann

$$e = \frac{w}{\cos\psi} - \frac{b}{2} = \frac{w}{\cos\psi} - \frac{\beta}{2}\,h$$

oder mit Berücksichtigung der Gl. (151)

$$e = \frac{h}{6}\left[\frac{1 + \mu^2}{\mu}\ \frac{6 - h_0'(4h_0' + 9)}{1 - \dfrac{1}{2}h_0'} - 3\beta\right]\ .$$

Die Kraft W beträgt (s. oben)

$$W = W_1 + W_2 = \frac{\gamma_0 L y_v}{\sin \psi}\left(h_1 + \frac{1}{2}h_0\right) = \frac{\gamma_0 L y_v}{\sin \psi}\left(1 - \frac{1}{2}h_0'\right)h$$

und deren Komponenten nach Abb. 99

$$V_h = W\cos\psi = \gamma_0 L y_v \operatorname{ctg}\psi\left(1 - \frac{1}{2}h_0'\right)h = \gamma_0 L y_v \mu\left(1 - \frac{1}{2}h_0'\right)h$$

und

$$H_w = W\sin\psi = \gamma_0 L y_v\left(1 - \frac{1}{2}h_0'\right)h.$$

V_w ist nach oben gerichtet, die dadurch hervorgerufene Normalspannung ist also negativ und beträgt

$$\sigma_1 = -\frac{V_w}{\beta h} = -\gamma_0 L y_v \frac{\mu}{\beta}\left(1 - \frac{1}{2}h_0'\right).$$

Das statische Moment in bezug auf O ist (ohne Rücksicht auf das Vorzeichen)

$$M_w = V_w e$$

und die dadurch hervorgerufenen Randspannungen

$$\sigma_2 = \frac{6 \cdot M_w}{b^2} = \frac{6 V_w e}{\beta^2 h^2}.$$

Setzt man die Werte von V_w und e in diese Gleichung ein, so ergibt sich

$$\sigma_2 = \frac{\gamma_0 L y_v}{\beta}\left\{\frac{1 + \mu^2}{\beta}[6 - h_0'(4 h_0' + 9)] - 3\mu\left(1 - \frac{1}{2}h_0'\right)\right\}.$$

Wirkt die Kraft V_w (wie in Abb. 99 angenommen) rechts vom Punkte O, so ist M_w negativ, σ_2 ist an der Talseite mit negativem Vorzeichen einzusetzen, denn die Kraft V_w ruft hier eine negative Bodenpressung hervor. Für die Wasserseite gilt das positive Vorzeichen von σ_2. Die talseitige Normalspannung aus dem entlastenden Wasserdruck ergibt sich also zu

$$\sigma_l = \sigma_1 - \sigma_2 = -\frac{\gamma_0 L y_v}{\beta}\left\{\frac{1 + \mu^2}{\beta}[6 - h_0'(4 h_0 + 9)] - \mu(2 - h_0')\right\}. \qquad (152\,\text{a})$$

während die wasserseitige Normalspannung beträgt

$$\sigma_w = \sigma_1 + \sigma_2 = -\frac{\gamma_0 L y_v}{\beta}\left\{-\frac{1 + \mu^2}{\beta}[6 - h_0'(4 h_0' + 9)] + 2\mu(2 - h_0')\right\}. \qquad (152\,\text{b})$$

Will man den aus dem entlastenden Wasserdruck entstehenden, zusätzlichen Reibungswiderstand und die Standsicherheit berücksichtigen, so lassen sich diese mit Hilfe der oben berechneten Kräfte H_w und V_w ohne weiteres ermitteln, da ja auch deren Lage durch w, $\dfrac{w}{\cos\psi}$ und e genügend bestimmt ist.

g) Einfluß des Gewichtes der Stauwand auf den Pfeiler.

Das Eigengewicht der Stauwand wird nur teilweise auf den Pfeiler übertragen. Zerlegt man nämlich diese lotrechte Kraft in zwei Komponenten, und zwar parallel mit der wasserseitigen Böschung und normal dazu gerichtet, so wird die erste Komponente auf das Pfeilerfundament und nur die Normalkomponente auf den eigentlichen Pfeiler übertragen. Man könnte evtl. den Fall denken, daß, wenn die Gewölbe mit den Pfeilern fest verbunden sind, so daß die Bewehrungseisen des Gewölbes in dem Pfeiler tief verankert werden, und wenn die Setzung des Pfeilers kleiner ist als die der Stauwand, diese letztere auf dem Pfeiler sozusagen hängen bleibt, so daß das ganze Gewicht der Stauwand auf die Pfeiler übertragen würde. Dieser Fall wird jedoch kaum eintreten, und selbst wenn dies geschehen sollte, so würde die Parallelkomponente des Eigengewichtes den Pfeiler nicht ungünstig beeinflussen. Es kommt also nur die zur wasserseitigen Böschung normale Komponente des Stauwandgewichtes in Frage.

Bei ebener Stauwand bietet diese Berechnung keine Schwierigkeit, so daß hier nur die gewölbte Stauwand untersucht werden soll. In Abb. 100 ist die Wasserseite des Dammes im Schnitt durch die Feldmitte eines Gewölbes dargestellt. Der unter der Normalen $A—B$ liegende Teil des Gewölbes kommt nicht in Frage, weil die Normalkomponente des Gewichtes dieses Teiles nicht mehr auf den eigentlichen Pfeiler übertragen wird. Am oberen Teile des Gewölbes dagegen wird auch das Gewölbestück $C\,D\,E$ in Rechnung gestellt, weil das Gewölbe meistens über dem Wasserspiegel verlängert wird. Diese Annahme vereinfacht die folgenden Berechnungen.

Der Volumeninhalt des Gewölbes $A\,B\,C\,D$ kann nach dem Guldinschen Satz für Rotationskörper leicht ermittelt werden, wozu die Lage der Drehachse bekannt sein muß. Die Drehachse ist die geometrische Lage der Bogenmittelpunkte O. Da das Gewölbe verschiedenartig ausgebildet werden kann, braucht die geometrische Lage der Bogenmittelpunkte keine gerade Linie und damit das Ge-

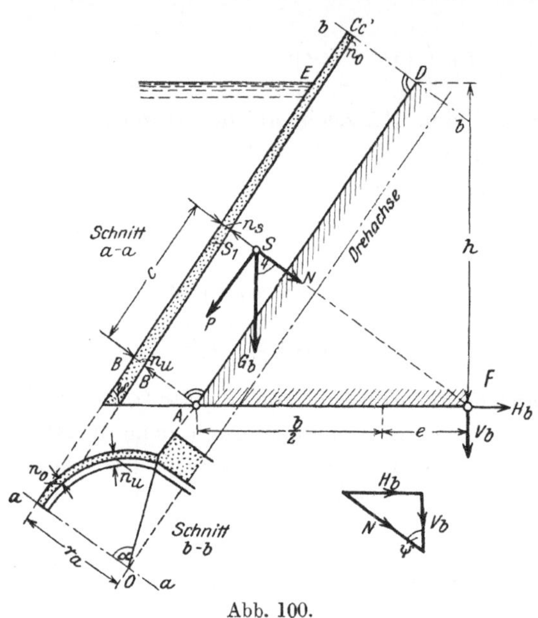

Abb. 100.

wölbe selbst kein Rotationskörper zu sein. Von einer so komplizierten Ausbildung des Gewölbes soll jedoch abgesehen werden. Aber auch dann ist es immer noch fraglich, ob die Außen- oder Innenfläche des Gewölbes eine Zylinderfläche ist. Die äußere (wasserseitige) Fläche des Gewölbes möge zur Vereinfachung eine Zylinderfläche darstellen mit durchweg gleichbleibendem Zentriwinkel. In diesem Falle ist die Drehachse mit der Pfeilerböschung und diese mit der Erzeugenden des Gewölbeaußenmantels parallel, beide haben eine Böschung von $\operatorname{ctg}\psi = \mu$

Nach Guldin ist der Inhalt des Rotationskörpers der Inhalt der Fläche $BCC'B'$, multipliziert mit dem Wege des Schwerpunktes der genannten Fläche. Der Flächeninhalt beträgt nach Abb. 100

$$F = \frac{n_o + n_u}{2}\,\frac{h}{\sin\psi}.$$

Der Abstand des Querschnittsschwerpunktes S_1 von der Drehachse beträgt

$$r_s = r_a - \frac{1}{2}n_s,$$

wobei r_a den Halbmesser der Außenfläche des Bogens und n_s die Gewölbestärke in der Tiefe des Schwerpunktes S_1 bedeutet. S_1 ist nicht zu verwechseln mit dem Schwerpunkt S des ganzen Gewölbes $A\,B\,C\,D$, der in derselben Normalebene liegt. Der

Weg des Schwerpunktes S_1 beträgt $2\,\alpha\,r_s$ und demnach wird der Volumeninhalt des Gewölbes

$$V_g = \frac{n_o + n_u}{2}\,\frac{h}{\sin\psi}\,2\,\alpha\,r_s \qquad (153)$$

und das Gewicht desselben

$$G_g = \gamma_1\,\frac{n_o + n_u}{2}\,\frac{h}{\sin\psi}\,2\,\alpha\,r_s = \gamma_1\,(n_o + n_u)\,\alpha\,r_s\,\frac{h}{\sin\psi},$$

wobei γ_1 das spezifische Gewicht des Gewölbes bedeutet und $2{,}4$ t/m³ beträgt, da das Gewölbe in Eisenbeton ausgeführt wird.

Die Normalkraft beträgt nach Abb. 100

$$N = G_g \cos\psi = \gamma\,(n_o + n_u)\,\alpha\,r_s\,\operatorname{ctg}\psi\,h = \gamma\,(n_o + n_u)\,\alpha\,r_s\,\mu\,h. \qquad (153\,\mathrm{a})$$

Der Schwerpunktsabstand des Trapezes $B\,C\,C'\,B'$ vom unteren Pfeilerfuß beträgt

$$c = \frac{1}{3}\,\frac{v' + 2}{v' + 1}\,\frac{h}{\sin\psi},$$

wo $v' = \dfrac{n_u}{n_o}$. Der Schnittpunkt der Kraft N mit der Fundamentfläche ist F; sein Abstand vom Pfeilerfuße A ergibt sich

$$A F = \frac{c}{\cos\psi} = \frac{1}{3\sin\psi\cos\psi}\,\frac{v' + 2}{v' + 1}\,h.$$

oder da

$$\frac{1}{\sin\psi\cos\psi} = \frac{1 + \mu^2}{\mu}$$

so ist

$$\frac{c}{\cos\psi} = \frac{1 + \mu^2}{3\,\mu}\,\frac{v' + 2}{v' + 1}\,h.$$

Die Exzentrizität der Kraft V_b (s. Abb. 100) beträgt demnach

$$e = \frac{c}{\cos\psi} - \frac{b}{2} = \frac{c}{\cos\psi} - \frac{1}{2}\,\beta\,h = \left(\frac{1 + \mu^2}{3\,\mu}\,\frac{v' + 2}{v' + 1} - \frac{1}{2}\,\beta\right)h. \qquad (154)$$

Die Vertikalkomponente der Kraft N wird mit Rücksicht auf Gl. (153 a) ermittelt zu

$$V_b = N \cos\psi = \gamma\,(n_o + n_u)\,\alpha\,r_s\,\mu\,h \cos\psi. \qquad (155)$$

Am einfachsten ist es, r_s an der Zeichnung abzumessen. Will man jedoch r rechnerisch bestimmen, so ist, wie bereits erwähnt, $r_s = r_a - \tfrac{1}{2}\,n_s$. Dabei ist $r_a = \dfrac{l_a}{\sin\alpha}$, während der Wert von n_s, wie man sich leicht überzeugen kann (Trapezbreite in der Höhe des Schwerpunktes)

$$n_s = n_u + \frac{c}{\dfrac{h}{\sin\psi}}\,(n_o - n_u)$$

beträgt. Setzt man den Wert von c ein, so ergibt sich nach einigen Umformungen

$$n_s = \frac{2}{3}\,n_0\left(1 + \frac{v'^2}{v' + 1}\right),$$

man findet also für r_s den Wert

$$r_s = \frac{l_a}{\sin\alpha} - \tfrac{1}{3}\,n_0\left(1 + \frac{v'^2}{v' + 1}\right). \qquad (156)$$

Nachdem r_s und damit V_b aus Gl. (155), ferner e aus Gl. (154) berechnet worden sind, ergibt sich die zusätzliche Normalspannung an der Luftseite

$$\sigma_l = \frac{V_b}{b}\left(1 + \frac{6\,e}{b}\right)$$

und an der Wasserseite

$$\sigma_w = \frac{V_b}{b}\left(1 - \frac{6\,e}{b}\right).$$

h) Sonstige Belastungen.

Aus praktischen Gründen erhalten die Pfeiler eine Erweiterung an der Krone, damit sie als Stützen für die, über den ganzen Damm führende Brücke dienen können. Dann werden die Pfeiler gegen eine evtl. Knickgefahr in mittlerer Höhe oder bei größeren Mauerhöhen in verschiedenen Höhen durch Verbindungsstege oder Verbindungsbalken versteift. Das Gewicht des oberen zusätzlichen Pfeilerkörpers, der Brücke und der Versteifungsträger ermittelt man am zweckmäßigsten auf Grund der Zeichnung, ebenso bestimmt man die Schwerlinien. Ist die Größe der Resultierenden und deren Entfernung von dem unteren Querschnittsmittelpunkt bekannt, so können die dadurch hervorgerufenen zusätzlichen Spannungen nach den bekannten Formeln leicht ermittelt werden.

Der Eisschub kann einfach dadurch berücksichtigt werden, daß man im Wasserspiegel eine wagerechte Kraft P angreifen läßt, deren Moment $P \cdot h$ beträgt und an der Wasserseite Zug-, an der Talseite Druckspannung hervorruft. Nach Prof. Hilgard, Zürich[1]), beträgt diese Schubkraft etwa 10 bis 70 Tonnen pro lfd. m Stauwand. Bei der Barberine-Sperre wurde 70 t/m in Rechnung getragen.

Die Größe des Eisschubes ist von den örtlichen Verhältnissen abhängig. Die Frage, ob und in welchem Maße diese Kraftwirkung auftritt, ist noch nicht genügend geklärt. Bei vielen, vielleicht bei den meisten Staumauern ist eine solche Kraft gar nicht berücksichtigt worden.

3. Die wirtschaftlich günstigsten Pfeilerabmessungen.

Während die Bestimmung des günstigsten Profils einer Schwergewichtsmauer verhältnismäßig einfach ist, bietet dieses Problem bei dem Pfeiler einer aufgelösten Staumauer größere Schwierigkeiten. Die erstere kann nämlich auf rein mathematischem Wege behandelt werden, indem das Problem auf eine Grenzwertberechnung zurückgeführt wird. Bei dem Pfeiler einer aufgelösten Staumauer hat man zunächst, was das Problem sehr erschwert, mit vielen Veränderlichen zu tun. Außerdem ist es aber hier nicht möglich, die Aufgabe rein mathematisch, und auch nicht immer rein statisch zu lösen, weil evtl. auch bautechnische Fragen eine entscheidende Rolle spielen können.

Das Problem kann folgendermaßen formuliert werden: Bei gegebener theoretischer Pfeilerhöhe und gegebenem Pfeilerabstand sollen die untere Breite und Stärke des Pfeilers so bestimmt werden, daß der Pfeilerinhalt ein Minimum wird. Dabei müssen die zulässigen Spannungen, Gleitzahl usw. eingehalten werden. Der Pfeilerinhalt beträgt nach Gl. (101), wenn $d_0 = \delta L$ gesetzt wird

$$V = \frac{G}{\gamma} = \frac{1}{6}\,\delta\beta\,(2\,\vartheta + 1)\,h^2\,L. \tag{157}$$

Hiervon soll das Minimum gesucht werden, wobei außer h und L noch δ bekannt sein muß. Dabei sollen — wie erwähnt — gewisse Bedingungen erfüllt werden. Veränderlich sind β, ϑ und μ. Die wasserseitige Böschung μ kommt zwar in Gl. (157) direkt

---

[1]) S. Schweiz. Wasserwirtschaft 1924, Heft 10, S. 192.

nicht vor, jedoch ist sie in den die Spannungen angebenden Formeln enthalten. Die Aufgabe ist also, die zusammengehörigen Werte von β, ϑ und μ so zu bestimmen, daß unter Erfüllung der gemachten Bedingungen V ein Minimum wird. Zu diesem Zwecke müssen also folgende Angaben von vornherein festgelegt werden:

1. maximale Bodenpressung,
2. maximale Druckspannung im Pfeiler,
3. maximale Zugspannung oder minimale Druckspannung im Pfeiler,
4. maximale Gleitzahl.

Wie bei der Ermittelung der im Pfeiler auftretenden Spannungen ersichtlich, tritt die maximale Bodenpressung an der Talseite bei vollem Becken auf, die größte im Pfeiler überhaupt vorkommende Druckspannung ist die Hauptnormalspannung an der Talseite bei vollem Becken. Die kleinste Druckspannung bzw. die größte Zugspannung ist die auf der Wasserseite bei vollem Becken auftretende Hauptnormalspannung. Dementsprechend müssen folgende zulässige Werte von vornherein angegeben werden (alle bei vollem Becken):

1. Normalspannung an der Talseite,
2. Hauptnormalspannung an der Talseite,
3. Hauptnormalspannung an der Wasserseite,
4. Gleitzahl.

Die übrigen Spannungen, sowie auch die Sicherheitszahl gegen Umkippen — wie sie bei den Spannungsberechnungen ermittelt wurden — sind nicht maßgebend. Es sind also vier Bedingungen vorhanden, während zur Berechnung des Grenzwertes nur zwei Anfangsbedingungen nötig sind, denn die Zahl der unabhängigen Veränderlichen drei beträgt (β, ϑ, μ). (Die 3. Bedingung ist, daß V ein Minimum werden soll.) Die Lösung ist also rein mathematisch nicht durchführbar, außerdem existiert ein Grenzwert für β nicht, da mit wachsendem β — bei Einhaltung der einzelnen Bedingungen — der Pfeilerinhalt kleiner wird, welcher Umstand übrigens auch dadurch klargelegt werden kann, daß bei konstanter unterer Pfeilerstärke mit einer Vergrößerung der Pfeilerbreite die Spannungen quadratisch abnehmen, da das Trägheitsmoment der unteren Pfeilerfläche mit b quadratisch zunimmt, während eine Zunahme der unteren Pfeilerstärke nur eine lineare Änderung hervorruft. Nimmt man die untere Pfeilerfläche ($b\,d_u$) als konstant an, so werden die Spannungen mit wachsender Pfeilerbreite geringer, mit wachsender Pfeilerstärke dagegen größer. Theoretisch ergibt sich also $\beta = \infty$ und $\vartheta = 0$, so daß auch noch andere, meistens praktische Bedingungen aufgestellt werden müssen. Im folgenden werden für konstant vorausgesetztes β die zusammengehörigen Werte von μ und ϑ ermittelt. Die Berechnungen sind für verschiedene β durchzuführen. Die Pfeilerinhalte als Funktion von β müssen dann tabellarisch zusammengestellt oder noch besser graphisch aufgetragen und mit dem Einheitspreis multipliziert werden. So erhält man eine mit wachsendem β abnehmende Linie.

Das Problem soll nun folgendermaßen gelöst werden: Es wird eine der obigen vier Bedingungen zugrunde gelegt. Dann wird für konstante β und zwar für $\beta = 1$, $1,1 \ldots 1,5$ die Volumenkurve als Funktion von μ aufgetragen. Diese Diagramme werden für alle vier Bedingungen einzeln konstruiert und am Ende in einem einzigen Diagramm vereinigt. Aus diesem Diagramm kann dann die wirtschaftlich günstigste Pfeilerböschung abgelesen werden, auf Grund deren dann ϑ einfach ermittelt werden kann.

In Gl. (157) sind δ, h und L konstante Größen, daher wird diese Gleichung in folgender Form dargestellt

$$V = \frac{1}{6}\delta h^2 L V', \tag{158}$$

wo

$$\boxed{V'} = \beta(2\vartheta + 1) = \boxed{2\beta\vartheta + \beta}. \tag{159}$$

Zur Vergleichsberechnung brauchen jetzt nur die V'-Werte ermittelt zu werden.

a) Ermittelung des Pfeilerinhaltes auf Grund der zulässigen Bodenpressung σ_l.

Die Formel für σ_l' lautete nach Gl. (128)

$$\sigma_l' = \frac{1}{2}\left(\frac{C_1}{\beta\vartheta} + C_2\right).$$

Jetzt muß σ_l' gegeben sein, während ϑ bzw. V' gesucht wird; daher soll Gl. (128) in folgender Form geschrieben werden:

$$2\beta\vartheta = \frac{C_1}{\sigma_l' - \frac{1}{2}C_2}$$

und nach Gl. (159) ist dann

$$V' = \frac{C_1}{\sigma_l' - \frac{1}{2}C_2} + \beta. \tag{160}$$

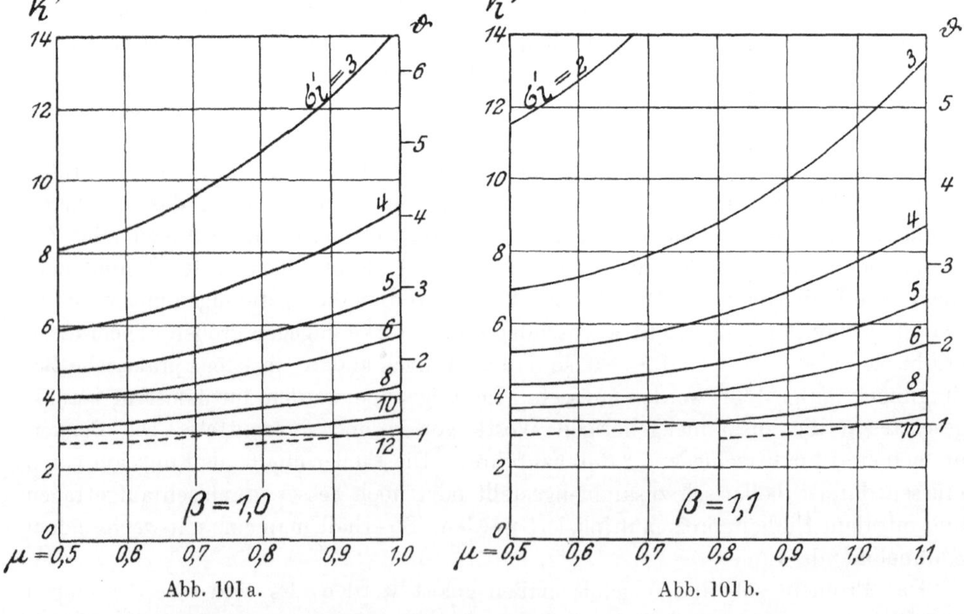

Abb. 101 a.   Abb. 101 b.

In den Abb. 101a bis 101f sind die V'-Werte für verschiedene Spannungen σ_l' als Funktionen von μ graphisch dargestellt. Dieselben Abbildungen können auch für die unmittelbare Ablesung von ϑ benutzt werden, da für $\beta =$ const. ϑ linear mit V' sich ändert. Für ein beliebiges σ_l' kann interpoliert werden. Liegt σ_l' außerhalb der angegebenen Spannungen oder will man genauer verfahren, so kann die Kurve mit

Hilfe von Gl. (160) einfach ermittelt werden, wobei die C_1- und C_2-Werte aus Tabelle 8 und 9 entnommen werden können. Die Genauigkeit des Rechenschiebers reicht vollständig aus.

Der Pfeilerinhalt bzw. der mit ihm proportionale Wert V' hat indes eine untere und eine obere Grenze. Die untere Grenze ergibt sich bei $\vartheta = 1$, also bei konstanter Pfeilerstärke. Als obere Grenze wollen wir praktisch den Fall annehmen, daß die lichte Weite zwischen zwei Pfeilern unten ebenso groß ist wie die Pfeilerstärke selbst. Das ergibt sich bei $d_u = \frac{1}{2}L$. Bei $\delta = 0,1$ entspricht dieser Bedingung $\vartheta = 5$. Unterhalb der unteren Grenze von V' sind die Kurven punktiert gezeichnet.

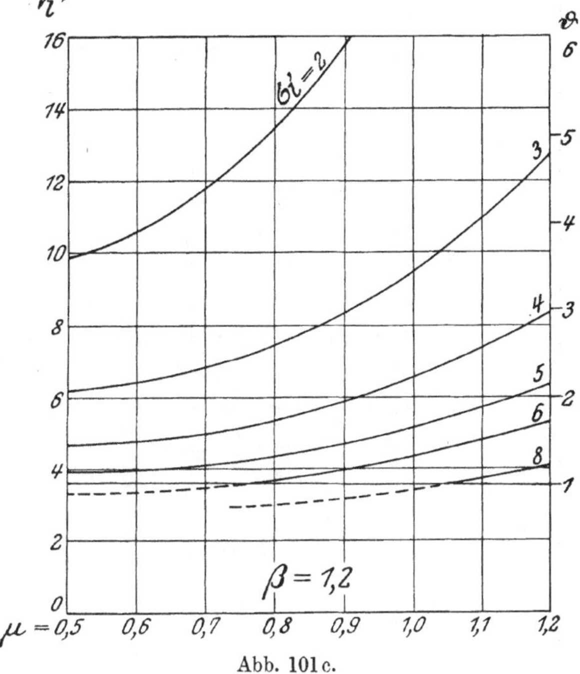

Abb. 101 c.

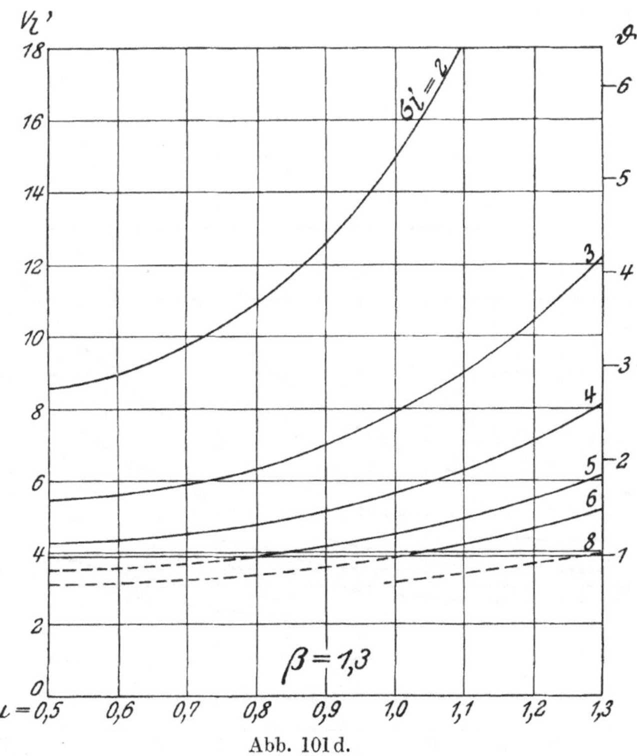

Abb. 101 d.

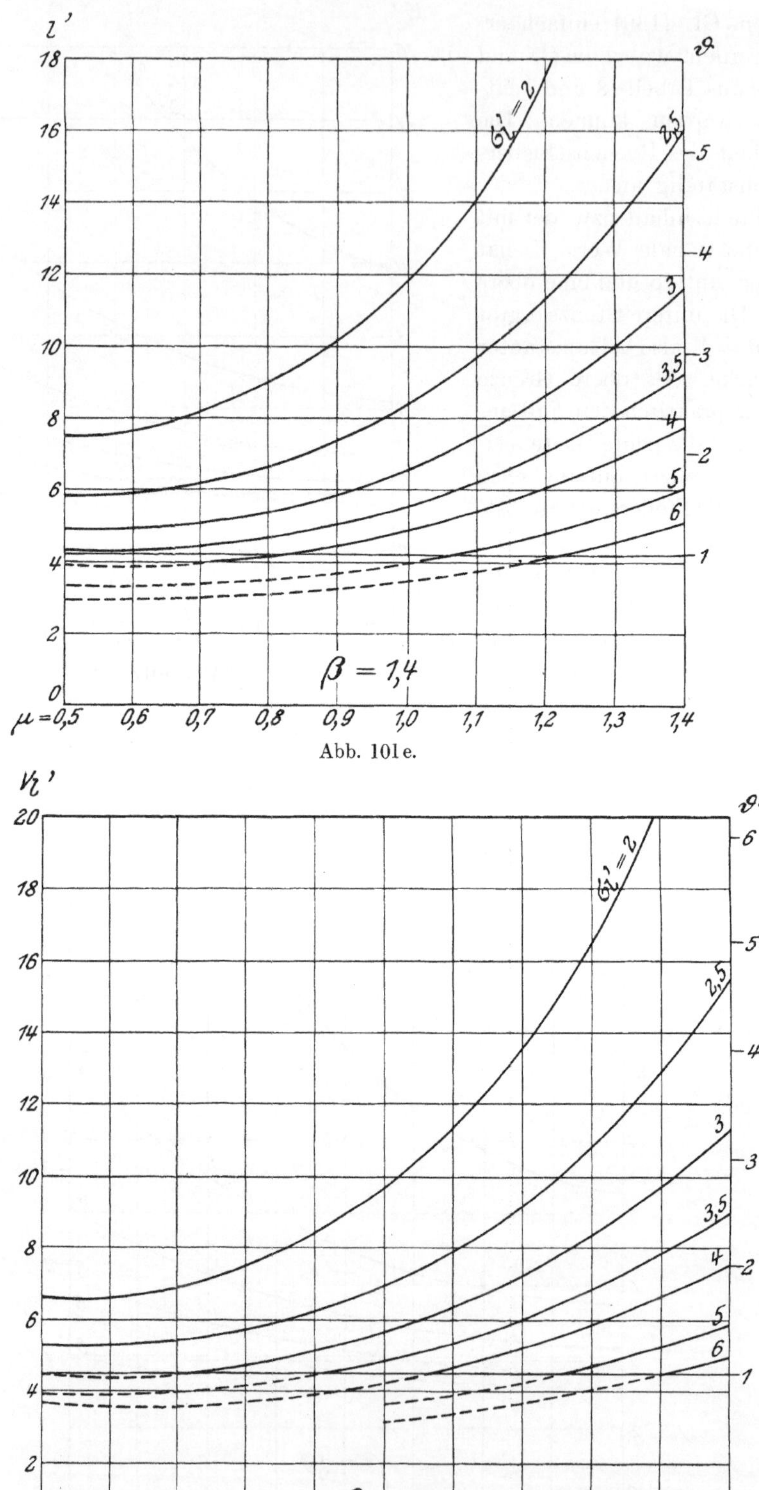

Abb. 101e.

Abb. 101f.

b) Ermittelung des Pfeilerinhaltes auf Grund der zulässigen Betondruckspannung σ_{lo}.

Hier gilt dieselbe Formel für V' wie oben unter a), nur muß jetzt in Gl. (160) σ_l durch die entsprechende Hauptspannung σ'_{lo} ersetzt werden. Nach Gl. (124a) ist

$$\sigma'_{lo} = [1 + (\beta - \mu)^2] \, \sigma'_l = D_1 \sigma'_l \, ,$$

wenn $1 + (\beta - \mu)^2 = D_1$ gesetzt wird. Daraus ergibt sich

$$\sigma'_l = \frac{1}{1 + (\beta - \mu)^2} \, \sigma'_{lo} = \frac{\sigma'_{lo}}{D_1} \, . \tag{161}$$

Die Werte von D_1 sind in der Tabelle 13 zusammengestellt. Ist nun σ'_{lo} gegeben, so berechnet man V' aus der Formel (vgl. Gl. 160).

$$V'_{lo} = \frac{C_1}{\dfrac{\sigma'_{lo}}{D_1} - \dfrac{1}{2} C_2} + \beta \, . \tag{162}$$

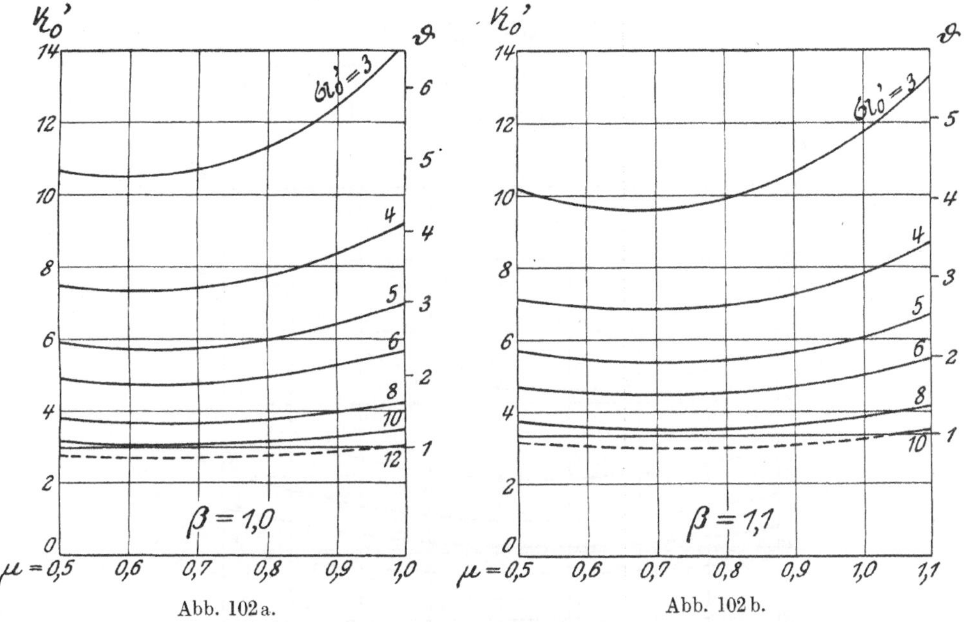

Abb. 102a.   Abb. 102b.

In den Abb. 102a bis 102f sind die V'_{lo}-Werte gezeichnet.

Tabelle 13.

						Werte von D_1					
$\mu =$	0,5	0,6	0,7	0,8	0,9	1,0	1,0	1,1	1,2	1,4	1,5
$\beta = 1{,}0$	1,25	1,16	1,09	1,04	1,01	1,00					
$\beta = 1{,}1$	1,36	1,25	1,16	1,09	1,04	1,01	1,00				
$\beta = 1{,}2$	1,49	1,36	1,25	1,16	1,09	1,04	1,01	1,00			
$\beta = 1{,}3$	1,64	1,49	1,36	1,25	1,16	1,09	1,04	1,01	1,00		
$\beta = 1{,}4$	1,81	1,64	1,49	1,36	1,25	1,16	1,09	1,04	1,01	1,00	
$\beta = 1{,}5$	2,00	1,81	1,64	1,49	1,36	1,25	1,16	1,09	1,04	1,01	1,00

Wie erwähnt, ist bei dem Pfeiler bzw. bei der massiven Staumauer nicht die Schubspannung, sondern allein die größte Druckspannung maßgebend (falls keine Zugspannungen auftreten), so daß die Schubspannung, deren größter Wert die Hälfte der größten Druckspannung beträgt, nicht berücksichtigt zu werden braucht.

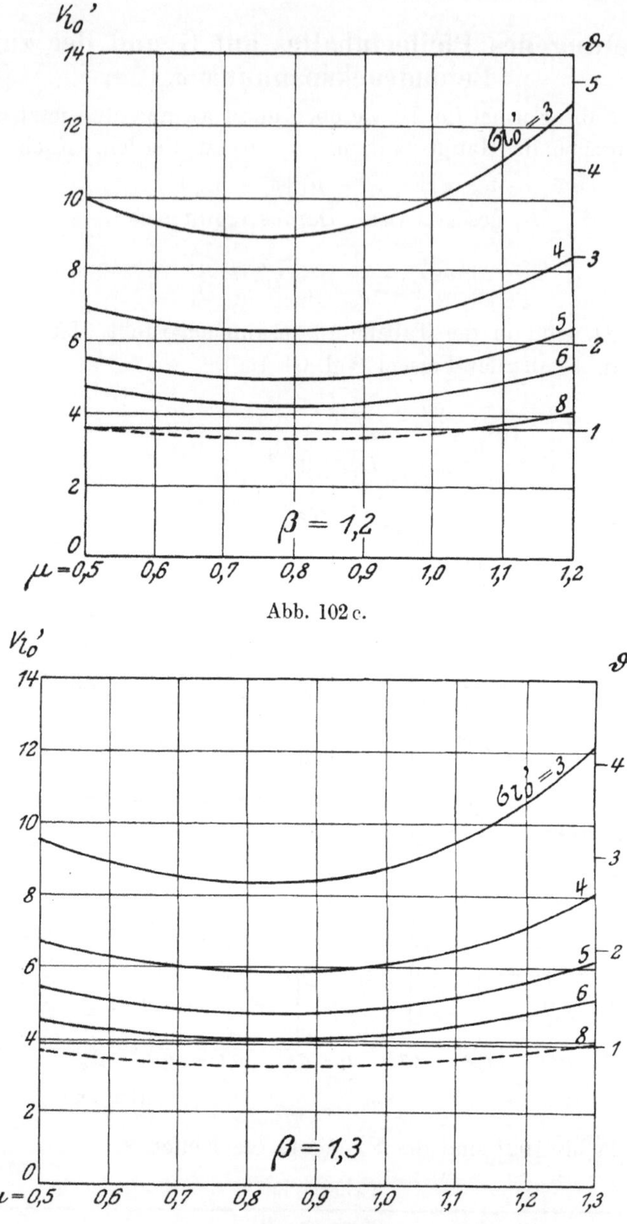

Abb. 102 c.

Abb. 102 d.

c) Ermittelung des Pfeilerinhaltes auf Grund der kleinsten zulässigen Druckspannung σ_{wo}.

Die kleinste, im Pfeiler überhaupt vorkommende Druckspannung bzw. die größte Zugspannung ist die wasserseitige Hauptnormalspannung und sie beträgt nach Gl. 131

$$\sigma'_{wo} = (1 + \mu^2)\,\sigma_w' - \frac{\mu^2}{\delta\,\vartheta},$$

wo σ'_w nach Gl. (130) ist

$$\sigma_w' = \frac{1}{2}\left(\frac{-C_3}{\beta\,\vartheta} + C_4\right).$$

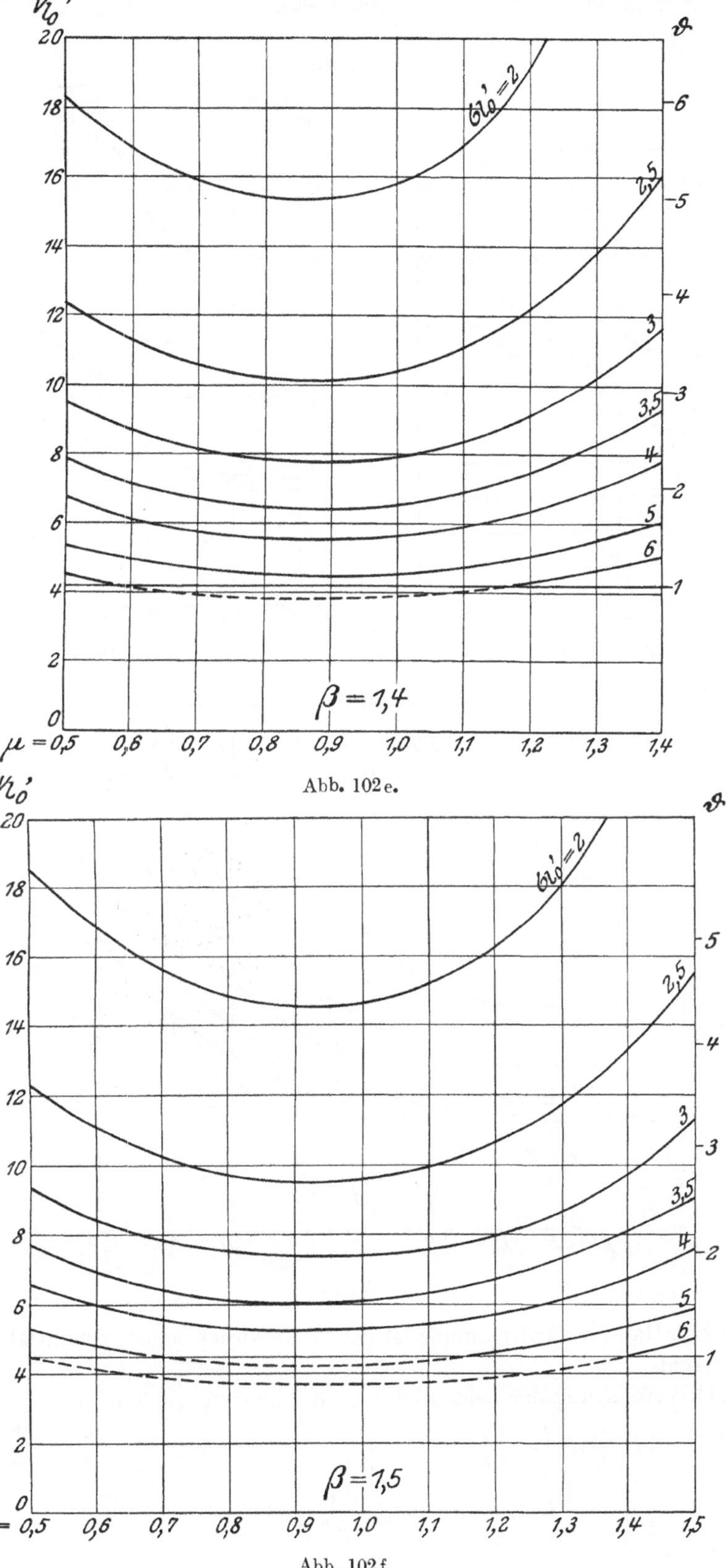

Abb. 102e.

Abb. 102f.

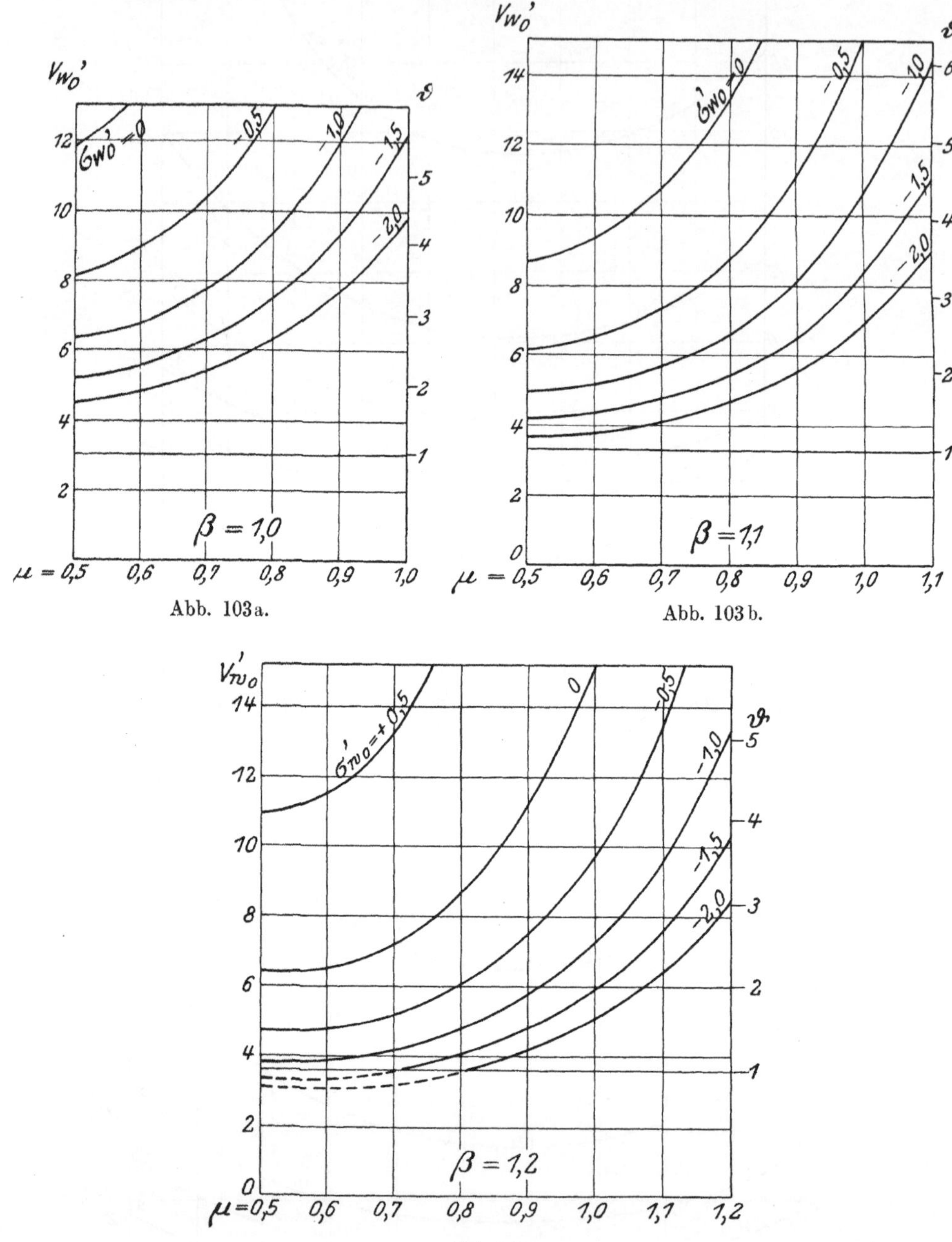

Abb. 103a.

Abb. 103b.

Abb. 103c.

Die zweite Hauptnormalspannung ist der Wasserdruck selbst, kommt also hier nicht in Betracht.

Nach Vereinigung der beiden letzten Gleichungen erhält man

$$\sigma_{w0}' = \frac{1}{2}(1+\mu^2)\left(-\frac{C_3}{\beta\vartheta}+C_4\right) - \frac{\mu^2}{\delta\vartheta} = \frac{1}{2}C_4(1+\mu^2) - \frac{1}{2}(1+\mu^2)\frac{C_3}{\beta\vartheta} - \frac{\beta\mu^2}{\delta\beta\vartheta}$$

$$\frac{1}{2}C_4(1+\mu^2) - \sigma_{w0}' = \frac{1}{\beta\vartheta}\left[\frac{1}{2}(1+\mu^2)C_3 + \frac{\beta\mu^2}{\delta}\right]$$

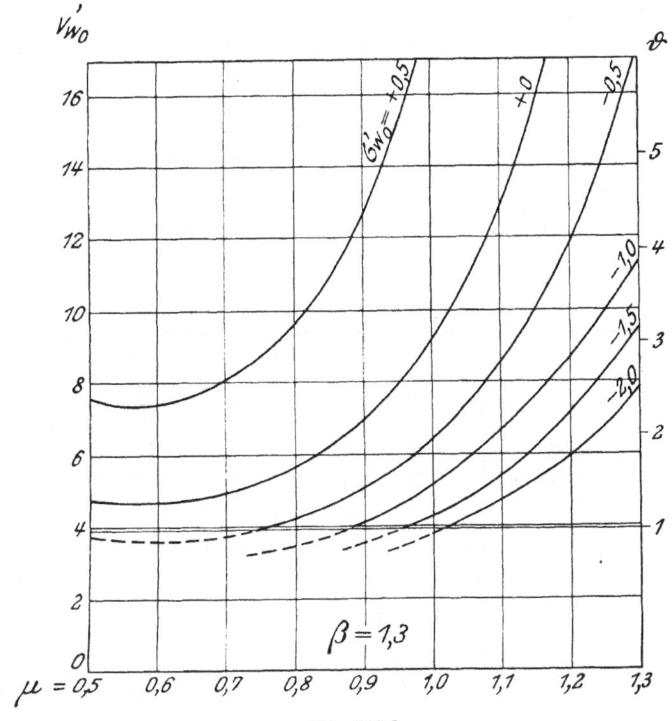
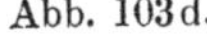

Abb. 103d.

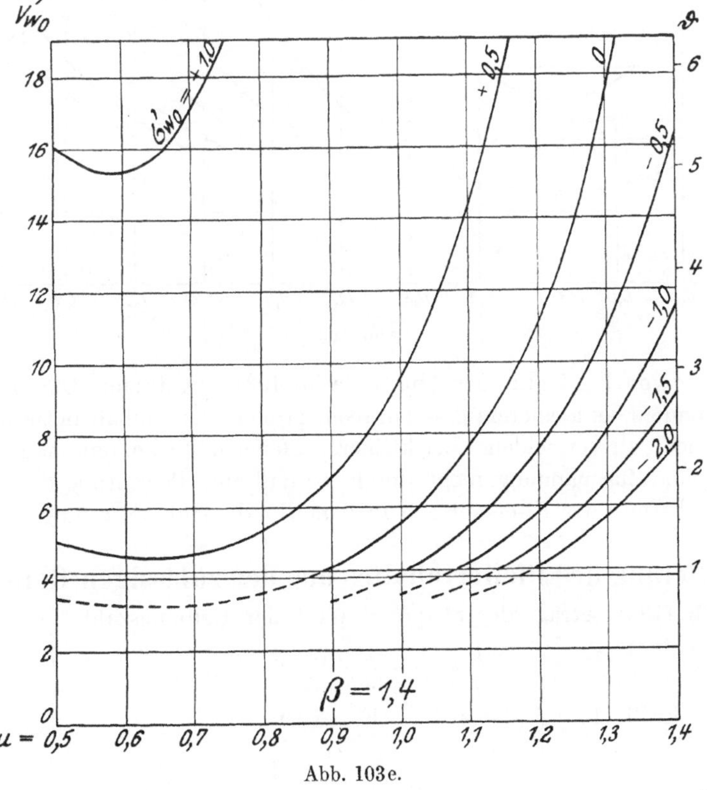

Abb. 103e.

und daraus

$$2\beta\vartheta = \frac{(1+\mu^2)\,C_3 + \dfrac{2}{\delta}\,\beta\,\mu^2}{\dfrac{1}{2}\,C_4\,(1+\mu^2) - \sigma'_{w\,o}}.$$

Mit $\delta = 0{,}1$ und mit Berücksichtigung der Gl. (159) erhält man dann

$$V'_{w\,o} = \frac{(1+\mu^2)\,C_3 + 20\,\beta\,\mu^2}{\dfrac{1}{2}\,C_4\,(1+\mu^2) - \sigma'_{wo}} + \beta. \tag{163}$$

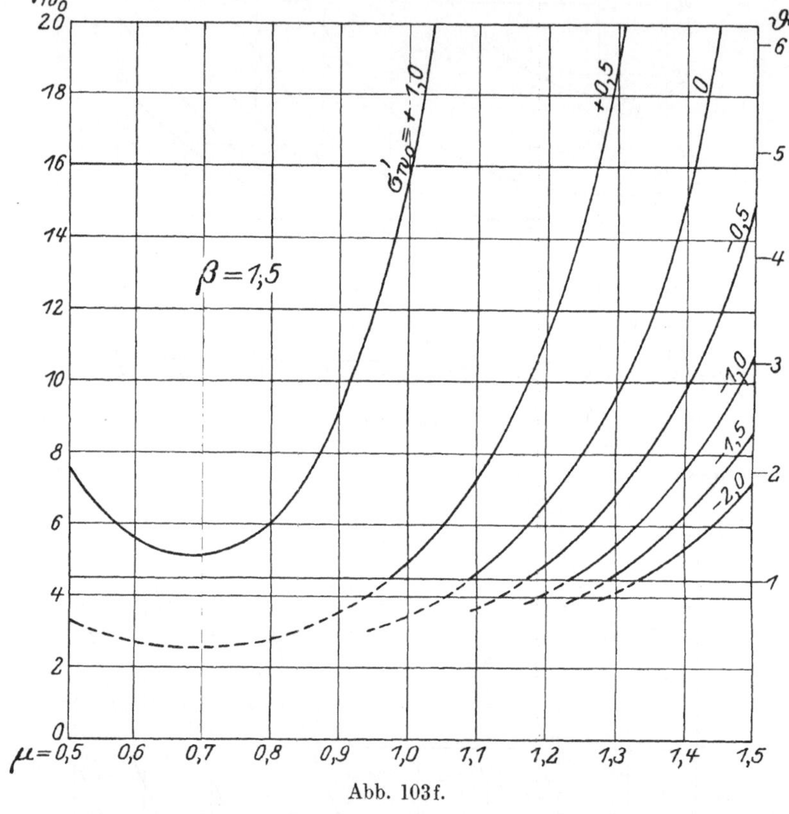

Abb. 103f.

Die Werte von V'_{wo} sind in den Abb. 103a bis 103f aufgetragen. Daraus sieht man, daß — besonders bei kleinerem β — ein recht großer Pfeilerinhalt notwendig ist, um Zugspannungen zu vermeiden. Bei kleinerer Pfeilerbreite kommt man also im allgemeinen ohne Zugspannung nicht durch, so daß eine Bewehrung der Wasserseite nebst Verankerung der Eiseneinlagen in dem Fundament notwendig wird.

d) Ermittelung des Pfeilerinhaltes aus der zulässigen Reibungszahl.

Nach Gl. (132) beträgt der reziproke Wert der Reibungszahl

$$\frac{1}{f} = \mu + \frac{1}{3}\,\gamma'\,\delta\beta\,(2\,\vartheta + 1).$$

Da aber nach Gl. (159) $\beta\,(2\,\vartheta + 1) = V'$, so ist

$$\frac{1}{f} = \mu + \frac{1}{3}\,\gamma'\,\delta V'$$

woraus

$$V_f' = \frac{\dfrac{1}{f} - \mu}{\dfrac{1}{3}\,\gamma'\,\delta} \qquad (164)$$

oder für $\delta = 0,1$ und $\gamma' = 2,3$

$$V_f' = 13,05\left(\frac{1}{f} - \mu\right). \qquad (164\,\text{a})$$

Diese Formel ist von β unabhängig; es genügt also ein einziges Diagramm (Abb. 104), wo V_f' für die Gleitzahlen $f = 0,7$ bis 1 angegeben ist. Man sieht daraus den starken Einfluß von f der bei kleinerer Böschung μ einen großen Pfeilerinhalt verlangt.

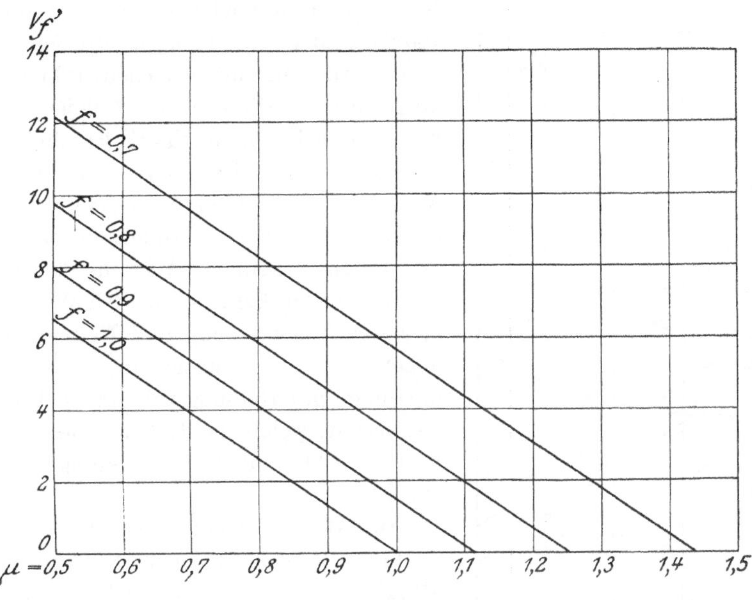

Abb. 104.

Sämtliche Volumenkurven (Abb. 101 bis 104) sind in gleichem Maßstabe gezeichnet, damit die einzelnen Kurven unmittelbar gepaust werden können. Als Einheiten sind gewählt: $0,1\,\mu = 1$ cm und $2\,V' = 1$ cm, um die Verwendung des Millimeterpapiers zu ermöglichen.

e) Ermittelung der wirtschaftlich günstigsten Pfeilerabmessungen.

Nachdem die Pfeilerinhalte für die verschiedenen Bedingungen ermittelt sind, können die günstigsten Pfeilerabmessungen durch Vereinigung der einzelnen Kurven ermittelt werden. Das Verfahren soll an Hand eines Beispieles gezeigt werden.

Sei die maximale Pfeilerhöhe $h = 40$ m und es werden folgende Werte zugelassen:

$$\begin{aligned}
\text{maximale Bodenpressung} \quad & \sigma_l = 120 \text{ t/m}^2, \\
\text{maximale Druckspannung} \quad & \sigma_{lo} = 160 \text{ t/m}^2, \\
\text{maximale Zugspannung} \quad & \sigma_{wo} = -20 \text{ t/m}^2, \\
\text{Gleitzahl} \quad & f = 0,8.
\end{aligned}$$

Die entsprechenden relativen Werte sind dann:

$$\sigma_l' = \frac{120}{40} = 3\,, \qquad \sigma_{lo}' = \frac{160}{40} = 4\,, \qquad \sigma_{wo}' = -\frac{20}{40} = -0,5\,, \qquad f = 0,8.$$

In den Abb. 105a bis 105e sind die entsprechenden V'-Kurven für $\beta = 1,0$ bis $\beta = 1,4$ aufgetragen. In Abb. 105a sind die zwei maßgebenden Kurven die V'_{wo}- und die V'_f-Kurven, und deren Schnittpunkt gibt die günstigsten μ- und V'-Werte an, da rechts davon die V'_{wo}-Kurve (die in der Zeichnung mit σ'_{wo} bezeichnet ist) und links davon die V_f- (bzw. kürzer f-Kurve genannt) Kurve steigt. Ein tieferer Schnittpunkt z. B. der von den f- und σ'_{lo}-Kurven, kommt hier nicht in Frage, da die anderen Bedingungen einen größeren Pfeilerinhalt verlangen. In dieser Weise kann der erwünschte Wert von μ und V' sofort aufgefunden werden. Jetzt trägt man die abgelesenen Werte als Funktion von β auf und erhält die V'-Kurve (Abb. 106a) und die μ-Kurve (Abb. 106b). Da $V' = 2\beta\vartheta + \beta$, so ist umgekehrt $\vartheta = \dfrac{1}{2}\left(\dfrac{V'}{\beta} - 1\right)$. Die Kurve kann nunmehr gezeichnet werden (Abb. 106c). In den Abb. 107a bis 107c sind dieselben Kurven für eine zulässige Gleitzahl von $f = 0,75$ aufgetragen. Diese Kurven liefern natürlich wirtschaftlich ungünstigere Ergebnisse. Den Zweck der Annahme zweier Reibungszahlen wird man bei der Ermittelung des wirtschaftlich günstigsten Pfeilerabstandes für veränderliche Dammhöhe erkennen. Wie aus den Abb. 105a bis 105e ersichtlich, ist für den Wert $\beta = 1$ die zulässige Zugspannung und Reibungszahl, bei höheren β-Werten dagegen die zulässige Bodenpressung und Reibungszahl maßgebend. Daraus erhellt, welchen entscheidenden Einfluß die Gleitsicherheit auf die Bemessung des Pfeilers ausübt.

Aus Abb. 106b sieht man, daß die wasserseitige Böschung μ mit zunehmender Pfeilerbreite β zunimmt, während die Abb. 106a und 106c zeigen, daß die untere Pfeilerstärke ϑ und damit der Pfeilerinhalt V' mit wachsendem β kleiner wird. Dieses letzte Ergebnis stand von vornherein zu erwarten, da die Spannungen sich mit d_u linear,

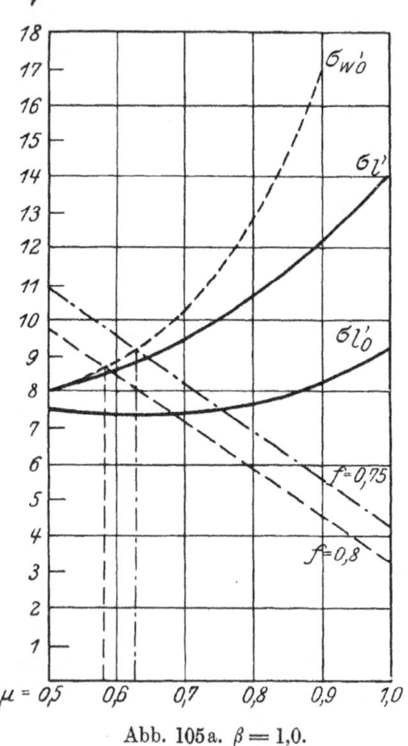

Abb. 105a. $\beta = 1,0$.

dagegen mit b quadratisch ändern. Der Pfeilerinhalt ist also um so kleiner, je größer die untere Pfeilerbreite ist. Den günstigsten Wert, d. h. ein praktisches Minimum erhält man für dasjenige β, bei dem $\vartheta = 1$ wird (konstante Wandstärke). Man müßte also das in den Abb. 105a—e dargestellte Verfahren so lange fortsetzen, bis man zu dem Wert $\vartheta = 1$ gelangt oder, da $V' = 2\beta\vartheta + \beta$, wird bei $\vartheta = 1$: $V' = 2\beta + \beta = 3\beta$, doch nur unter der Voraussetzung, daß die V'- bzw. die ϑ-Kurve ihr Minimum nicht schon früher erreicht. In dieser Weise würde man aber zu einer praktisch unmöglichen Pfeilerform gelangen.

Mit wachsendem β werden die Seitenflächen des Pfeilers größer, die talseitigen und wasserseitigen Flächen kleiner, die letzteren nehmen aber nicht in dem Maße ab, wie die ersteren zunehmen und deshalb wird die Schalung bei wachsendem β teurer. Vermehrt man die Kosten der Pfeilermassen um die Schalungskosten, so hat die als Funktion von β dargestellte Kurve der Gesamtkosten im allgemeinen kein Minimum;

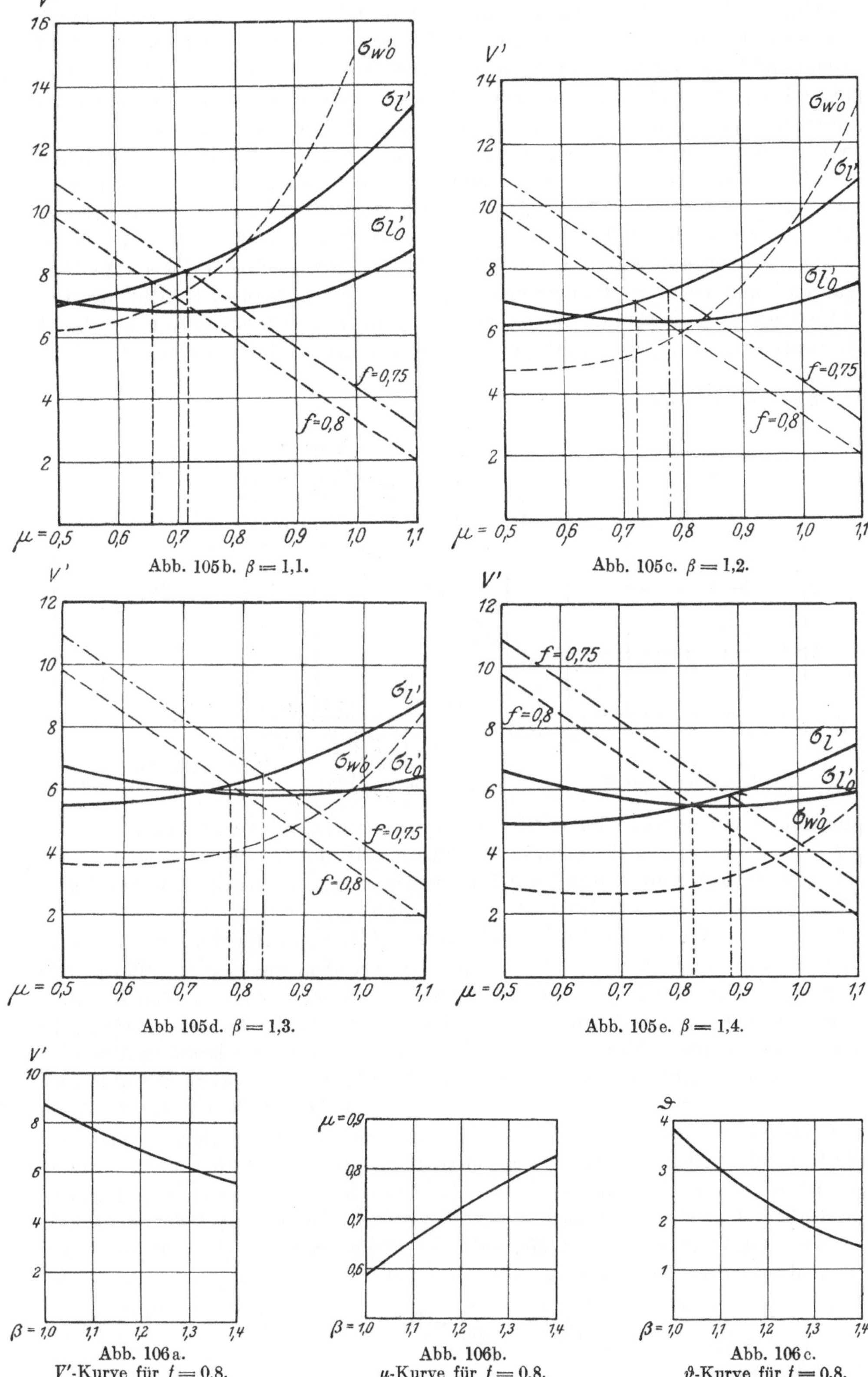

Abb. 105b. $\beta = 1{,}1$.

Abb. 105c. $\beta = 1{,}2$.

Abb 105d. $\beta = 1{,}3$.

Abb. 105e. $\beta = 1{,}4$.

Abb. 106a.
V'-Kurve für $f = 0{,}8$.

Abb. 106b.
μ-Kurve für $f = 0{,}8$.

Abb. 106c.
ϑ-Kurve für $f = 0{,}8$.

sie fällt lediglich mit wachsendem β langsamer als die V'-Kurve. Dasselbe gilt im allgemeinen auch für die Gründung. Für den Pfeiler braucht man nur die entsprechend breite und lange Fundamentgrube auszugraben. Bei wachsendem β wird die untere Pfeilerfläche bd_u und damit auch der Felsaushub kleiner. Liegt der Pfeiler mit der Höhenlinie nicht parallel, so daß erst eine wagerechte Gründungssohle vorbereitet werden muß, dann ist auch hier im allgemeinen ein größerer β-Wert wirtschaftlicher. Die Gründung kann bei größerer Pfeilerbreite teuerer werden, wenn man die Erde bzw. die obere Schicht nicht nur unter den Pfeilern, sondern unter dem ganzen Damm abträgt. Ein solcher Fall tritt ein, wenn die örtlichen geologischen Verhältnisse es erwünscht erscheinen lassen, daß man über die Beschaffenheit des Felsens unter dem ganzen Damm ein klares Bild gewinne. Ist die abzutragende obere Schicht nur etwa 2 bis 3 m tief, so werden die Abtragskosten gegenüber den Kosten des Felsaushubes zurücktreten, so daß man innerhalb der praktisch erwünschten Grenzen kein Mini-

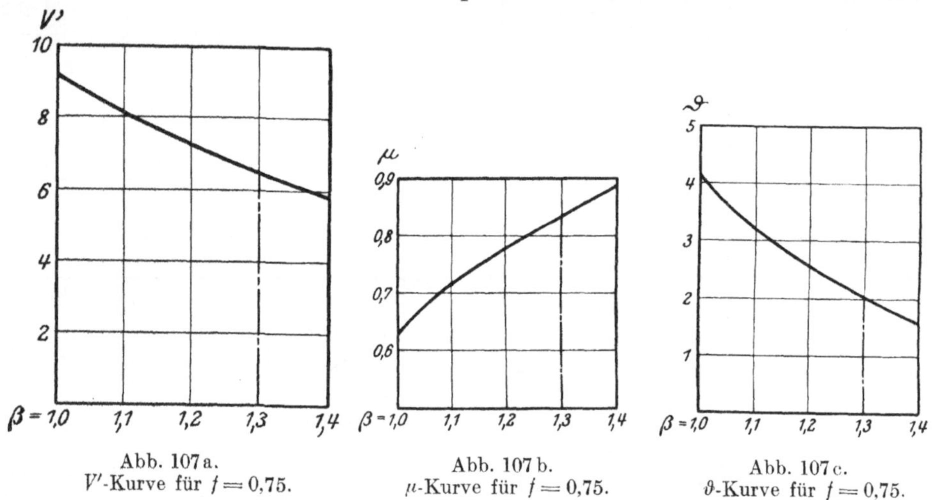

Abb. 107a.
V'-Kurve für $f = 0,75$.   Abb. 107b.
μ-Kurve für $f = 0,75$.   Abb. 107c.
ϑ-Kurve für $f = 0,75$.

mum für V' finden wird. Falls also nicht ganz besondere Schwierigkeiten in der Gründung auftreten (z. B. sehr große Tiefe der abzutragenden oberen Schicht oder dgl.), wird man umsonst nach einem wirtschaftlichen Minimum innerhalb der praktisch möglichen Grenzen suchen. Man ist hierbei in der Hauptsache nur auf das praktische Gefühl angewiesen und darf den Pfeiler nicht allzu dünn ausbilden. Man könnte z. B. im vorliegenden Falle für den 40 m hohen Pfeiler eine minimale relative untere Stärke von $\vartheta = 2$ vorschreiben, so daß diese $^1/_5$ des Pfeilerabstandes beträgt. In diesem Falle ergibt sich für $f = 0,8$ aus Abb. 106c: $\beta = 1,26$ und daraus in Abb. 106a $V' = 6,5$ und in Abb. 106b: $\mu = 0,755$. Für $f = 0,75$ sind diese Werte aus Abb. 107c $\beta = $ rd. $1,3$, in Abb. 107a $V' = 6,5$ (wie früher) und in Abb. 107b: $\mu = 0,832$. Wenn bei besonderen örtlichen Verhältnissen die Gründungskosten so erheblich sind, daß die Gesamtkostenkurve für den Pfeiler innerhalb der erwünschten Grenzen (in unserem Falle bei $\vartheta \geq 2$) ein Minimum besitzt, so müssen aus der gezeichneten $V' = f(\beta)$-Kurve noch die entsprechenden Kosten ermittelt werden. Die in Abb. 106a gezeichnete V'-Kurve stellt in geeignetem Maßstabe die Pfeilerinhalte V selbst, ja sogar den Preis des Pfeilers dar. Nach Gl. (158) ist nämlich für $\delta = 0,1$

$$V = \frac{1}{60} h^2 L V' = \frac{1}{60} \cdot 40^2 L V' = 26{,}67 L V'$$

oder für $L = 1\,\mathrm{m}$ bezogen

$$V_1 = 26{,}67\,V'$$

und wenn der Einheitspreis des Pfeilers k_p ist, so kostet der Pfeiler

$$K_p = 26{,}67\,k_p\,V',$$

so daß Abb. 106a die Kosten des Dammes im Maßstabe $26{,}67\,k_p$ darstellt. Zu dieser Kurve addiert man die Kosten der Gründung als Funktion von β, aus der Summe der beiden Kurven kann das gesuchte Minimum abgelesen werden.

Formelsammlung zum Pfeiler.

Bezeichnungen:

d_o obere Pfeilerstärke, $\dfrac{d_o}{L} = \delta$,

d_u untere   ,, $\dfrac{d_u}{d_o} = \vartheta$.

b Pfeilerbreite, $\beta = \dfrac{b}{h}$,

μ wasserseitige Böschung $\left(\mu = \dfrac{m}{h} = \operatorname{ctg}\psi_w\right)$,

L Pfeilerabstand,

h Pfeilerhöhe,

γ spez. Gewicht des Pfeilers, $\gamma' = \dfrac{\gamma}{\gamma_0}$,

γ_0 ,,   ,,   ,,   Wassers,

σ Normalspannung, $\sigma' = \dfrac{\sigma}{\gamma_0 h}$.

Hilfswerte:

$$C_1 = \frac{2}{\delta}\left(\frac{1+\mu^2}{\beta} - \mu\right) + \gamma'\left(\mu - \frac{\beta}{6}\right)\quad (\text{Tab. }8),$$

$$C_2 = \gamma'\left(\frac{\mu}{\beta} + \frac{1}{6}\right)\quad (\text{Tab. }9),$$

$$C_3 = \frac{2}{\delta}\left(\frac{1+\mu^2}{\beta} - 2\mu\right) - \gamma'\left(\frac{5}{6}\beta - \mu\right)\quad (\text{Tab. }10),$$

$$C_4 = \gamma'\left(\frac{7}{6} - \frac{\mu}{\beta}\right)\quad (\text{Tab. }11),$$

$$y_v' = \frac{\alpha}{\sin\alpha} - \operatorname{ctg}\alpha\quad (\text{Abb. }96),$$

$$V' = 2\beta\vartheta + \beta,$$

$$D_1 = 1 + (\beta - \mu)^2\quad (\text{Tab. }13).$$

Formeln:

Bodenpressung an der Luftseite: $\sigma_l' = \dfrac{1}{2}\left(\dfrac{C_1}{\beta\vartheta} + C_2\right)$ (Abb. 84),

Bodenpressung an der Wasserseite: $\sigma_w = \dfrac{1}{2}\left(-\dfrac{C_3}{\beta\vartheta} + C_4\right)$ (Abb. 86),

Hauptnormalspannung an der Luftseite: $\sigma_{l_o}' = [1 + (\beta - \mu)^2]\,\sigma_l'$ (Abb. 85),

Hauptnormalspannung an der Wasserseite: $\sigma_{w_o}' = (1 + \mu^2)\,\sigma_w - \dfrac{\mu^2}{\delta\vartheta}$ (Abb. 87),

Gleitzahl: $\quad f = \dfrac{1}{\mu + \frac{1}{3}\,\gamma'\,\beta\,\delta\,(2\,\vartheta + 1)}\quad$ (Abb. 88),

Veränderlicher Wasserdruck: $\quad y_v = \frac{1}{2}\,l_a \cdot \cos\psi \cdot y_v'$,

Pfeilerinhalt $\quad V = \frac{1}{6}\,\delta\,h^2\,L\,V'$,

Rel. Pfeilerinhalt aus der zul. Bodenpressung: $\quad V_l' = \dfrac{C_1}{\sigma_l' - \frac{1}{2}\,C_2} + \beta\quad$ (Abb. 101),

Rel. Pfeilerinhalt aus der zul. Druckspannung: $\quad V_{l_0}' = \dfrac{C_1}{\dfrac{\sigma_{l_0}'}{D_1} - \frac{1}{2}\,C_2} + \beta\quad$ (Abb. 102),

Rel. Pfeilerinhalt aus der zul. Zugspannung: $\quad V_{w_0}' = \dfrac{(1+\mu^2)\,C_3 + \dfrac{2}{\delta}\,\beta\mu^2}{\frac{1}{2}\,C_4\,(1+\mu^2) - \sigma_{w_0}'} + \beta$

$$\text{(Abb. 103)},$$

Rel. Pfeilerinhalt aus der zul. Gleitzahl: $\quad V_f' = \dfrac{\dfrac{1}{f} - \mu}{\frac{1}{3}\,\gamma'\,\delta}\quad$ (Abb. 104).

IV. Ermittelung des wirtschaftlich günstigsten Pfeilerabstandes.

1. Die Dammhöhe ist konstant.

Nachdem die wirtschaftlich günstigsten Abmessungen der Gewölbe und der Pfeiler schon bekannt sind, kann der günstigste Pfeilerabstand ermittelt werden. Dazu muß aber der Talquerschnitt bekannt sein, weil der günstigste Pfeilerabstand von ihm abhängig ist. Zuerst soll ein rein theoretischer Fall behandelt werden. Es wird angenommen, daß die Pfeilerhöhe konstant ist; es liegt also ein rechteckförmiger Talquerschnitt vor. Tatsächlich kann ein solcher Fall praktisch eintreten, und zwar entweder dann, wenn der untere Teil der Talsperre als Schwergewichtsmauer ausgebildet ist (wie z. B. im Falle der eingestürzten Gleno-Mauer) oder wenn der mittlere Teil des Tales sehr flach, beinahe wagerecht ist, und nur seitlich steil in die Höhe geht; in diesem Falle kann der breite, mittlere Teil des Tales durch eine aufgelöste Staumauer, die seitlichen Teile dagegen durch Gewichtsstaumauern abgesperrt werden.

Bei dem wirtschaftlich günstigsten Pfeilerabstand müssen die Gesamtkosten des Dammes zu einem Minimum führen. Zum Vergleich kommen folgende Größen in Betracht:

Inhalt der Pfeiler,
Inhalt der Gewölbe,
Schalung für die Pfeiler,
Schalung für die Gewölbe,
Gründung der Pfeiler,
Dammkrone und Verbindungsträger.

Sämtliche Größen werden auf 1 m Dammlänge bezogen, mit dem entsprechenden Einheitspreis multipliziert und dann addiert. Das Minimum ergibt dann den gewünschten Pfeilerabstand.

Der Inhalt eines Pfeilers bei einem Pfeilerabstand von L ergibt sich aus der Gl. (158) zu

$$V_p = \frac{1}{6}\,\delta h^2 L V'.$$

Der Pfeilerinhalt auf 1 m Mauerlänge bezogen ist dann

$$V_{p1} = \frac{V_p}{L} = \frac{1}{6}\,\delta h^2 V'. \tag{165}$$

Da die Pfeilerabmessungen schon bekannt sind, und die Mauerhöhe als konstant angenommen wurde, ist auch V_{p1} konstant, also von dem Pfeilerabstand unabhängig.

Der Gewölbeinhalt beträgt nach Gl. (153)

$$V_g = (n_o + n_u)\frac{h}{\sin\psi}\,\alpha\,r_s,$$

wobei r_s den Bogenradius in der Schwerpunkttiefe des lotrechten Scheitelschnittes bedeutet. Für unsere Untersuchungen wird es jedoch genügen, anstatt r_s den Bogenradius r_m und den Zentriwinkel α_m in halber Wassertiefe einzuführen (s. Abb. 108). Die oberen und unteren Wandstärken n_o bzw. n_u sind zwar unmittelbar nicht gegeben,

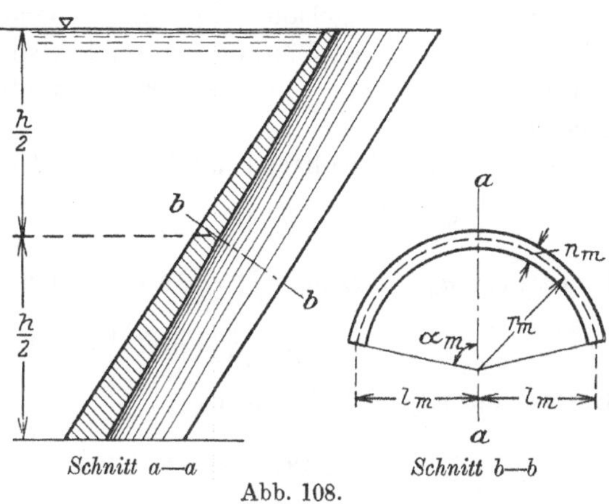

wohl aber die untere relative Wandstärke ν_u. Für die' obere relative Wandstärke nimmt man einen geeigneten Wert an, dann ist auch die mittlere relative Wandstärke

$\nu_m = \dfrac{\nu_o + \nu_u}{2}$ bekannt. Es ist aber $n_o + n_u$

$= 2\,n_m = 2\,\nu_m l_m$, ferner ist $\nu_m = \dfrac{l_m}{\sin\alpha_m}$, so

daß der Gewölbeinhalt sich berechnet zu

$$V_g = 2\,\frac{h}{\sin\psi}\frac{\alpha_m}{\sin\alpha_m}\,\nu_m\,l_m^2$$

und für 1 m Mauerlänge

$$V_{g1} = \frac{V_g}{L} = 2\,\frac{h}{\sin\psi}\frac{\alpha_m}{\sin\alpha_m}\,\nu_m\,\frac{l_m^2}{L}. \tag{166}$$

Aus Abb. 109 kann folgende Beziehung entnommen werden:

$$L = 2\,l_m + 2\,e_m,$$

woraus

$$l_m = \frac{L}{2} - e_m.$$

Es sei $\dfrac{e_m}{L} = \varepsilon$, so wird $l_m = \left(\dfrac{1}{2} - \varepsilon\right)L$ und

$$l_m^2 = \left(\frac{1}{2} - \varepsilon\right)^2 L^2.$$

Setzt man diesen Wert in Gl. 166 ein, so erhält man

$$V_{g1} = 2 \frac{h}{\sin \psi} \frac{\alpha_m}{\sin \alpha_m} v_m \left(\frac{1}{2} - \varepsilon\right)^2 L. \tag{166a}$$

In Gl. (166a) ist außer dem veränderlichen L noch ε zu bestimmen. Dies ist eine rein konstruktive Frage. Man bestimmt ε in der Weise, daß man für einen bestimmten Pfeilerabstand, z. B. $L = 10$ m den der Abb. 109 entsprechenden Schnitt konstruiert. Diese Zeichnung gilt dann für jeden Pfeilerabstand, nur soll der Maßstab entsprechend geändert werden. Eine evtl. spätere, kleine Änderung von ε übt keinen wesentlichen Einfluß auf Gl. (166a) aus.

Aus Gl. (166a) erkennt man, daß der Gewölbeinhalt V_{g1} mit dem Pfeilerabstand L proportional wächst.

Für die Schalung eines Pfeilers ist seine Oberfläche maßgebend. Wird der Pfeiler in Mauerwerk hergestellt, so ist das Äußere aus entsprechend bearbeiteten Steinen sorgfältiger gebaut, also entsprechend teuerer als das Innere. Oder wenn man die schalungslose Bauweise anwendet, so wird die Außenfläche aus teuereren Bausteinen hergestellt. In jedem Falle ist also die Oberfläche des Pfeilers maßgebend.

Die talseitige Stirnfläche des Pfeilers beträgt nach Abb. 81

$$S_1 = \frac{1}{2}(d_o + d_u)\sqrt{h^2 + (b - m)^2} = \frac{1}{2} h (d_o + d_u)\sqrt{1 + (\beta - \mu)^2}.$$

Es ist aber $d_o = \delta L$ und $d_u = \vartheta \delta L$, so daß

$$S_1 = \frac{1}{2}(1 + \vartheta)\sqrt{1 + (\beta - \mu)^2}\, h \delta L \text{ wird.}$$

Die wasserseitige Stirnfläche ist

$$S_2 = \frac{1}{2}(d_o + d_u)\sqrt{h^2 + m^2} = \frac{1}{2}(1 + \vartheta)\sqrt{1 + \mu^2}\, h \delta L.$$

Die zwei Seitenflächen sind, wenn man von ihrer kleinen Böschung absieht,

$$S_3 = 2 \frac{b h}{2} = b h = \beta h^2.$$

Die Gesamtfläche eines Pfeilers beträgt somit

$$S_p = S_1 + S_2 + S_3 = \frac{1}{2}(1 + \vartheta)\sqrt{1 + (\beta - \mu)^2}\, h \delta L + \frac{1}{2}(1 + \vartheta)\sqrt{1 + \mu^2}\, h \delta L + \beta h^2$$

oder einfacher

$$S_p = \frac{1}{2}(\sqrt{1 + (\beta - \mu)^2} + \sqrt{1 + \mu^2})(1 + \vartheta) h \delta L + \beta h^2$$

und für 1 m Mauerlänge

$$S_{p1} = \frac{S_p}{L} = \frac{1}{2}(\sqrt{1 + (\beta - \mu)^2} + \sqrt{1 + \mu^2})(1 + \vartheta) h \vartheta + \frac{\beta h^2}{L}. \tag{167}$$

Die ersten zwei Glieder der Gl. (167) sind konstant, während das dritte Glied mit L umgekehrt proportional ist. Die Schalung der Pfeiler nimmt also mit wachsendem Pfeilerabstand ab.

Für die Schalung der Gewölbe braucht man den Flächeninhalt der inneren und äußeren Gewölbelaibung. Im vorliegenden Falle genügt es jedoch, das Gewölbe als Kreiszylinder anzunehmen, dessen Länge mit der Länge der Wasserseite des Pfeilers gleich ist. Als Radius des Zylinders wird der mittlere Bogenradius r_m in halber Wassertiefe angenommen, ebenfalls für den Zentriwinkel α_m, und die so berechnete Zylinderfläche doppelt gerechnet, anstatt die Außen- und Innenfläche in Rechnung zu stellen. Die Oberfläche beträgt also

$$S_g = 2 \cdot 2\,\alpha_m r_m \sqrt{h^2 + m^2} = 4\,\alpha_m r_m \sqrt{1 + \mu^2}\,h$$

oder mit

$$r_m = \frac{l_m}{\sin \alpha_m}$$

$$S_g = 4\,\frac{\alpha_m}{\sin \alpha_m}\,\sqrt{1 + \mu^2}\,l_m h$$

und für 1 m Mauerlänge

$$S_{g1} = \frac{S_g}{L} = 4\,\frac{\alpha_m}{\sin \alpha_m}\,\sqrt{1 + \mu^2}\,h\,\frac{l_m}{L}. \tag{168}$$

Führt man wieder die Größe e bzw. ε ein, so ist

$$l_m = \left(\frac{1}{2} - \varepsilon\right) L$$

und damit geht Gl. (168) über in

$$S_{g1} = 4\,\frac{\alpha_m}{\sin \alpha_m}\,\sqrt{1 + \mu^2}\left(\frac{1}{2} - \varepsilon\right) h. \tag{168a}$$

Wir finden also, daß die Oberfläche des auf 1 m Mauerlänge bezogenen Gewölbes von dem Pfeilerabstand unabhängig ist. Genau genommen ist jedoch die Schalung des Gewölbes nicht nur von der Oberfläche abhängig, da größere Spannweiten entsprechend stärkere Versteifungsringe, Rüstung usw. erfordern. Für die Ermittelung des günstigsten Pfeilerabstandes genügt es aber, mit der oben erhaltenen Formel zu rechnen. Für schalungslose Bauweise ist ebenfalls — wie bei den Pfeilern — die Oberfläche maßgebend.

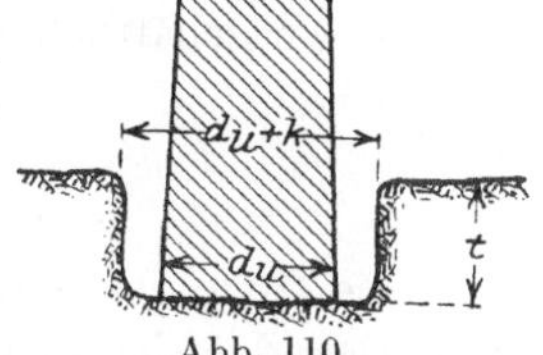

Abb. 110.

Die Gründung der Pfeiler ist, abgesehen von besonderen örtlichen Verhältnissen, von dem Pfeilerabstand dergestalt abhängig, daß für das Fundament eine Baugrube ausgesprengt werden muß, die breiter ist als die untere Stärke des Pfeilers, denn die Breite des Fundamentgrabens kann ja nicht genau eingehalten werden. Werden die Pfeiler auf Fundamentblöcke gelegt, so ist das Volumen des Fundamentes mit der unteren Pfeilerstärke und dadurch mit dem Pfeilerabstand proportional, für 1 m Mauerlänge also von dem Pfeilerabstand unabhängig. Der Umstand, daß der Fundamentblock etwas breiter ist als die untere Pfeilerstärke, braucht hier nicht berücksichtigt zu werden.

Ist der Fundamentgraben durchschnittlich um k breiter als die untere Pfeilerbreite (Abb. 110), so beträgt der Mehraufwand an gesprengtem Fels bei einer Tiefe von t des Fundamentgrabens

$$M_f = k\,t\,b$$

und auf 1 m Mauerlänge bezogen

$$M_{f1} = \frac{k\,t\,b}{L}. \tag{169}$$

Da das Maß k von d_u und daher von L unabhängig ist, wird der Mehraufwand an gesprengtem Fels um so größer, je geringer der Pfeilerabstand ist.

Schließlich sollen noch die Mauerkrone und die Versteifungsträger berücksichtigt werden. Sie sind Brücken, welche die Pfeiler miteinander verbinden und dienen zum Verkehr über den Damm, ferner zur Versteifung der ganzen Staumauer in der Richtung der Dammachse. Diese Brücken können entweder als Bogen oder als Balken ausgebildet und auf Eigengewicht und evtl. Verkehrslast berechnet werden. Die Kosten dieser Brücken wachsen im allgemeinen quadratisch mit der Spannweite, also auf die Längeneinheit bezogen proportional mit dem Pfeilerabstand.

Die Bestimmung des wirtschaftlich günstigsten Pfeilerabstandes erfolgt nun folgendermaßen:

Man berechnet die auf die Einheitslänge ermittelten Größen V_{p1}, V_{g1}, S_{p1}, S_{g1} und M_{f1} und multipliziert sie mit den entsprechenden Einheitspreisen. Man entwirft ferner eine Brücke an der Krone z. B. für 10 m Spannweite und ermittelt die Kosten. Durch Division mit 10 erhält man die Kosten für $L = 1$ m. Dasselbe geschieht für die Versteifungsträger; die Kosten eines Trägers für 1 m Mauerlänge sind hier mit der Zahl der Träger zu multiplizieren. Der so erhaltene Wert sei K_{v1}. In die Berechnung einzuführen ist jedoch $K_v \cdot L$, da die Kosten für 1 m Mauerlänge mit L proportional wachsen. Ähnlich bestimmt man den Quadratmeterpreis der Gewölbeschalung. In dieser Weise ergeben sich die Kosten des Pfeilers K_p, des Gewölbes K_g, der Pfeilerschalung K_{ps}, der Gewölbeschalung K_{gs}, der Mehraufwand an Gründung K_f und die Kosten der Mauerkrone und der Versteifungsträger K_v. Trägt man diese Kosten als Funktion von L graphisch auf, so sind die Werte K_p und K_{gs} von L unabhängig, also konstante Größen, K_g und K_v wachsen proportional mit L, sie sind demnach steigende gerade Linien, während K_{ps} und K_m mit L umgekehrt proportional sind, und abnehmende Kurven darstellen. Addiert man alle diese Kurven, so ergibt der kleinste Wert der Summenlinie den wirtschaftlich günstigsten Pfeilerabstand.

2. Veränderliche Dammhöhe.

Da die Höhe der Staumauer im allgemeinen veränderlich ist, so ist es von vornherein klar, daß der wirtschaftlich günstigste Pfeilerabstand in erster Linie von der Talform abhängt. Wir legen einen beliebigen Talquerschnitt zugrunde, dann wird die Änderung der im vorigen Abschnitt erwähnten Größen (Pfeiler- und Gewölbeinhalt usw.) mit dem Pfeilerabstand untersucht und der Pfeilerabstand so bestimmt, daß die Gesamtkosten der Staumauer ein Minimum ergeben.

Der Gesamtpfeilerinhalt ist bei konstanter Dammhöhe von dem Pfeilerabstand unabhängig, weshalb er keinen Einfluß auf die vergleichende Wirtschaftlichkeitsberechnung auszuüben vermag. Bei veränderlicher Mauerhöhe ist dagegen der Pfeilerinhalt unter Umständen von großer Wichtigkeit auf die Wirtschaftlichkeit, da er — wie im folgenden ersichtlich — mit der dritten Potenz der Höhe wächst. Es soll also zunächst die Änderung des Gesamtpfeilervolumens mit dem Pfeilerabstand bei gegebenem Talquerschnitt geprüft werden. Vor Beginn der Berechnung müssen die Pfeilerform und die Spannungsverhältnisse bei verschiedenen Pfeilerhöhen näher untersucht werden. Auf den ersten Blick könnte man eine derartige Untersuchung für überflüssig halten. Man möchte glauben, daß es genügt, den größten Pfeiler allein zu prüfen und dessen Abmessungen nach Kapitel III festzustellen, während alle anderen Pfeiler, die eine kleinere Höhe haben, dann diesem größten Pfeiler ähnlich ausgebildet werden. Hält man nun den größten Pfeiler für gleit- und standsicher und werden die zulässigen Beanspruchungen bei ihm nicht überschritten, so ist man versucht, die gleichen Annahmen für eine kleinere Pfeilerhöhe selbstverständlich gelten zu lassen. Diese Art der Berechnung findet man denn auch nicht selten in der Praxis; die kleineren seitlichen Pfeiler werden dabei nicht mehr besonders geprüft.

Das auf S. 149 behandelte Beispiel soll für die folgende Ermittelung herangezogen werden. Nimmt man an, daß der in diesem Beispiel dimensionierte Pfeiler der größte Pfeiler A der Abb. 111 ist. Der Pfeiler B soll von geringerer Höhe sein. Die obere Stärke d_0 wurde zu $^1/_{10}$ des Pfeilerabstandes angenommen, und die gewählte untere relative Pfeilerstärke $\vartheta_{\max}$ bzw. der günstigste relative Pfeilerinhalt $V'_{\max}$ wurde als Funktion von β in Abb. 106a und 106c graphisch aufgetragen. Für einen bestimmten Pfeilerabstand L ist dann die untere Stärke des Pfeilers A bekannt, wenn β ermittelt ist. Der Pfeiler A hat in der Tiefe h unter dem Wasserspiegel die Stärke d und die Staumauer wird derart ausgebildet, daß die Zunahme der Pfeilerstärke konstant bleibt. In diesem Falle beträgt die untere Stärke des Pfeilers B, dessen Höhe h beträgt, ebenfalls d. Da $\vartheta = \dfrac{d}{d_0}$ oder für den Pfeiler A: $\vartheta_{\max} = \dfrac{d_{\max}}{d_0}$ und da $d < d_{\max}$, so ist selbstverständlich auch $\vartheta < \vartheta_{\max}$.

Betrachtet man jetzt die Abb. 105a bis 105e. Bei der Bestimmung von μ und V' war in allen diesen Diagrammen die Gleitsicherheit maßgebend, so daß die Abb. 106a bis 106c sich auf dieselbe Gleitzahl, und zwar auf $f = 0,8$ beziehen. Die Bedingung, daß die zulässige Gleitzahl eingehalten werden soll, ist aber von der Pfeilerhöhe unabhängig, die f-Linien der Abb. 105a bis 105e verlangen also von h unabhängig stets dieselben ϑ-Werte. Da ϑ bei kleineren

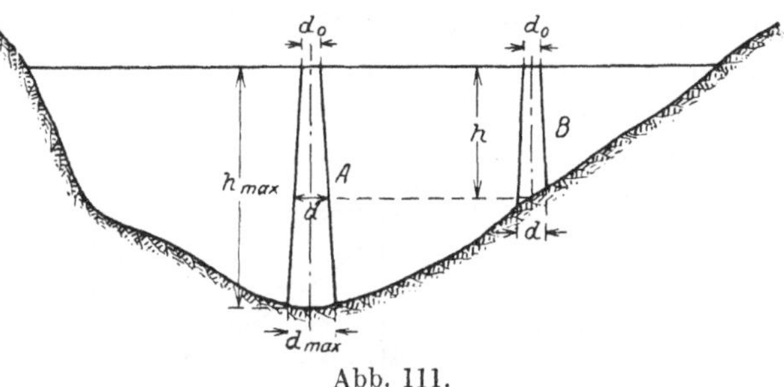

Abb. 111.

Pfeilern entsprechend kleiner ist, so wird f größer, falls die Pfeiler nach Abb. 111 ausgebildet werden. Ist also die größte zulässige Reibungszahl für den größten Pfeiler festgelegt, so wird dieser Wert bei allen anderen Pfeilern überschritten, falls die Sohlenneigung sämtlicher Pfeiler dieselbe ist. Will man die zulässige Reibungszahl für die kleineren Pfeiler nicht überschreiten, so müssen alle Pfeiler dieselbe untere Wandstärke haben. Das geht aber auf Kosten der Wirtschaftlichkeit, außerdem wird die Mauer bei dieser Ausbildung unschön wirken. Es bleibt also nichts anderes übrig, als für den größten Pfeiler eine möglichst kleine Reibungszahl, z. B. $f = 0,75$ zugrunde zu legen, wodurch sich eine größere wasserseitige Böschung ergibt. Die anderen Pfeiler müssen dann durch entsprechend ausgebildete Verzahnung gegen Abrutschen gesichert sein. Die Gleitzahl der kleineren Pfeiler muß noch an Hand der Abb. 88a bis 88f ermittelt werden. Sie darf nicht zu hoch sein. Wie weit man mit der Gleitzahl gehen kann, hängt von der Ausbildung der Gründungsfläche ab; im allgemeinen soll ein Wert von etwa $f = 1,0$ möglichst nicht überschritten werden. Je kleiner aber der Pfeiler ist, um so größer wird der Einfluß der Mauerkrone sein, so daß ein bestimmtes h vorhanden ist, bei dem die Gleitzahl ein Minimum wird.

Danach läßt sich eine weitere Bedingung in die Bestimmung der wirtschaftlich günstigsten Pfeilerabmessungen einführen. Für die Pfeilerhöhe nämlich, bei der $f_{\min}$ entsteht, darf diese Gleitzahl einen bestimmten Wert nicht überschreiten. Im vorliegenden Beispiel soll die Krone so ausgebildet sein, daß die kleinste Gleitzahl bei $h = 10$ m entsteht; hier soll $f = 0,85$ sein. Man konstruiert dann die der Abb. 106c entsprechende f-Kurve für $h = 10$ m. Dies geschieht in der Weise, daß man aus der

ϑ-Kurve der Abb. 106c, die sich auf $h = 40$ m Höhe bezieht, die ϑ-Werte für $h = 10$ m ermittelt. Ist die maximale Pfeilerhöhe $= h_{\max}$, so ergibt sich die Pfeilerstärke für die Höhe h nach Abb. 112 zu

$$d = d_0 + (d_{\max} - d_0)\frac{h}{h_{\max}}.$$

Die relative Pfeilerstärke ϑ erhält man aus dieser Gleichung durch Division mit d_0

$$\vartheta = \frac{d}{d_0} = 1 + (\vartheta_{\max} - 1)\frac{h}{h_{\max}}. \tag{170}$$

Für $h_{\max} = 40$ m und $h = 10$ m erhält man

$$\vartheta = 1 + (\vartheta_{\max} - 1)\cdot 0{,}25.$$

Die Werte von $\vartheta_{\max}$ für $\beta = 1{,}0$ bis $\beta = 1{,}4$ sind in Abb. 106c angegeben, während die entsprechenden μ-Werte aus Abb. 106b zu entnehmen sind. Daraus können die entsprechenden f-Werte für $h = 10$ m Höhe, die mit f_{10} bezeichnet werden sollen, aus den Abb. 88a—f ermittelt werden. Die so berechneten f_{10}-Werte sind in Abb. 113 aufgetragen. Die zugelassene Gleitzahl von $f = 0{,}85$ ergibt sich hier bei $\beta = 1{,}4$. Diesem Wert entspricht in Abb. 106c: $\vartheta_{\max} = 1{,}5$.

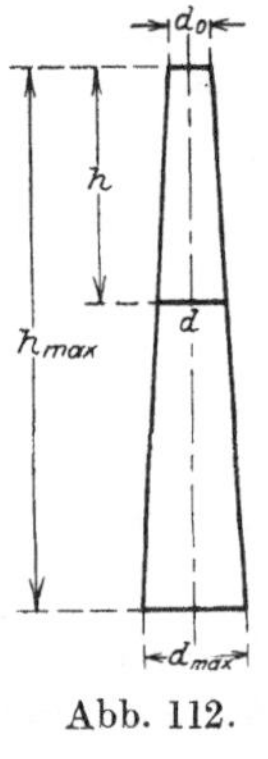

Abb. 112.

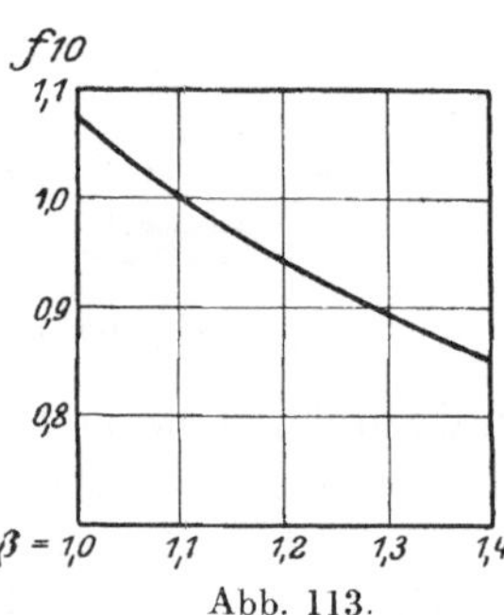

Abb. 113.

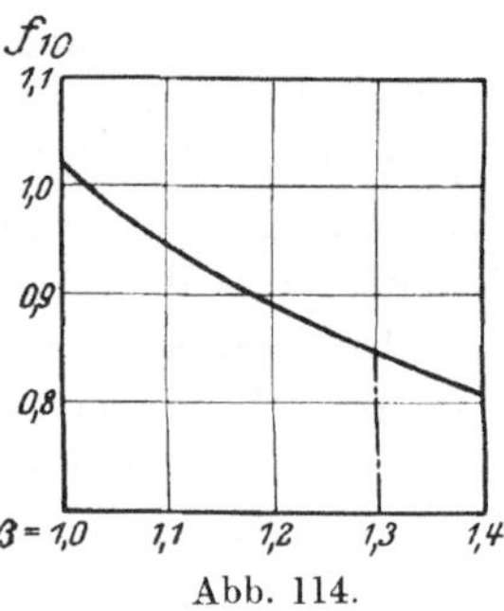

Abb. 114.

Will man die Pfeiler nicht zu schlank ausbilden, so legt man z. B. $\vartheta_{\max} = 2$ zugrunde. Diesem Wert entspricht aus Abb. 106c: $\beta = 1{,}26$. Die Gleitzahl beträgt dann für $h = 10$ m nach Abb. 113: $f_{10} = 0{,}915$, ist also höher als die zugelassene $f_{10} = 0{,}85$. Sollen die beiden Bedingungen $f_{10} = 0{,}85$ und $\vartheta_{\max} = 2$ gleichzeitig erfüllt werden, so muß für den höchsten Pfeiler eine kleinere Gleitzahl in Rechnung gestellt werden. Für $f = 0{,}75$ sind die V'-, μ- und ϑ-Kurven in den Abb. 107a bis 107c gezeichnet worden. Konstruiert man aus diesen Diagrammen wieder die f_{10}-Kurve (Abb. 114), so findet man für $\beta = 1{,}3$ den Wert $f_{10} = 0{,}846$, also ungefähr das erwünschte $0{,}85$, und diesem Wert entspricht aus Abb. 107c: $\vartheta_{\max} = 2{,}03$. Die gewählten Pfeilerabmessungen sind also: $\beta = 1{,}3$, $\vartheta_{\max} = 2{,}03$, $\mu = 0{,}832$, also $V' = 6{,}5$.

Aber nicht nur die Gleitzahl ist es, die bei kleinerer Pfeilerhöhe überschritten wird, dasselbe gilt auch für die zugelassene Zugspannung σ'_{wo}. Aus den Abb. 87a bis 87f sieht man, daß bei einem bestimmten β und μ der Wert von σ'_{wo} mit kleiner werdendem ϑ abnimmt, im negativen Sinne also zunimmt. Ist also eine bestimmte Zugspannung für den größten Pfeiler zugelassen, so wird dieser Wert in allen kleineren Pfeilern, aber auch in allen höheren Schnitten des größten Pfeilers überschritten, bis zu einer Höhe, wo der Einfluß der Krone sich bemerkbar macht. Läßt man für den untersten Schnitt des größten Pfeilers keine Zugspannung zu, oder fordert man sogar, daß die wasserseitige Hauptspannung an dieser Stelle einen bestimmten positiven Wert haben soll, so kann in den höheren Schnitten trotzdem Zugspannung auftreten.

In obigem Beispiel war für $\beta > 1$ die σ'_{wo}-Kurve nicht maßgebend, so daß für die gewählten Pfeilerabmessungen ($\beta = 1{,}3$) günstigere Spannungsverhältnisse zu erwarten sind. In Abb. 115, wo die σ'_{wo}-Werte für veränderliches h, also der Gl. (170) entsprechend, für veränderliche ϑ gezeichnet worden sind (mit Hilfe der Abb. 87d) findet man tatsächlich, daß bei $h = 40$ m Höhe $\sigma'_{wo} > 0$ ist und beträgt $\sigma'_{wo} = + 0{,}11$. In kleineren Höhen dagegen nimmt σ'_{wo} ab und bei $h < 33{,}50$ m ist σ'_{wo} stets negativ. Zwischen $h = 0$ und $h = 10$ m ist die Kurve gestrichelt gezeichnet, da angenommen wurde, daß bis 10 m die Mauerkrone die Spannungsverhältnisse merklich beeinflußt. In Abb. 116 sind die entsprechenden $\sigma_{wo} = \sigma'_{wo} \gamma_0 \cdot h$-Werte aufgetragen. Daraus ersieht man, daß die größte Zugspannung in einer Höhe von $h = 15$ m auftritt; sie beträgt hier $\sigma_{wo} = - 6$ t/m², ist also wesentlich geringer als die zugelassene $- 20$ t/m².

In einem praktischen Falle müssen natürlich auch die anderen Kräfte (veränderlicher Wasserdruck, Eigengewicht usw.) berücksichtigt werden, es wird sich aber stets empfehlen, die Wasserseite der Pfeiler mit einer entsprechenden Eisenbewehrung zu versehen. Da die hier auftretenden Zugspannungen stets gering sein werden, brauchen diese Eiseneinlagen nicht rechnerisch ermittelt zu werden, denn hierbei würde man im allgemeinen eine so schwache Bewehrung erhalten, daß sie bei der praktischen Ausführung kaum in Frage käme.

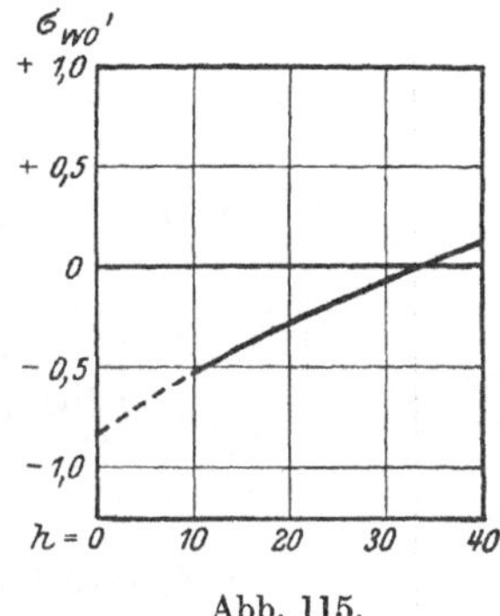

Abb. 115.

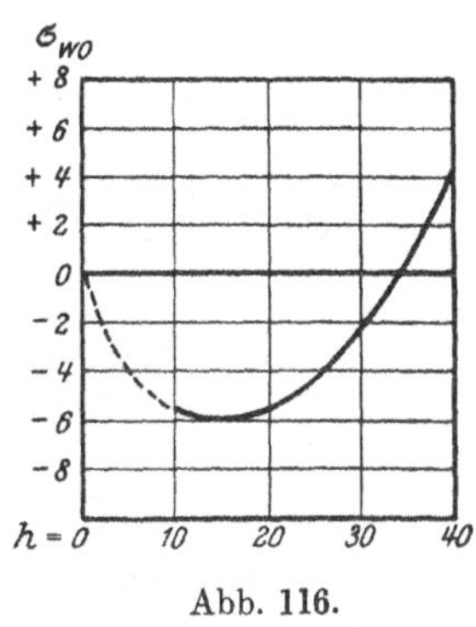

Abb. 116.

Die zwei anderen Kurven σ'_l und σ'_{lo} sind von h abhängig. Bei kleineren Pfeilern oder in höheren Schnitten des größten Pfeilers haben sie größere Werte, da $\sigma'_l = \dfrac{\sigma_l}{\gamma_0 h}$; sie nehmen also bei konstantem σ_l mit kleinerer Höhe zu und liegen dann entsprechend tiefer, und zwar derart, daß die Abnahme der Höhe h eine noch größere Abnahme der Spannungen σ'_l und σ'_{lo} verursacht. Das sieht man aus den Abb. 84 und 85. Ist beispielsweise $\beta = 1{,}2$ und $\mu = 0{,}7$ und für $h = 40$ m $\vartheta = 5$, so entspricht dem aus Abb. 84c: $\sigma'_l = 1{,}85$, also $\sigma_l = 1{,}85 \cdot 40 = 70$ t/m². Für $h = 30$ m ist $\vartheta = 4$ und $\sigma'_l = 2{,}11$, damit $\sigma_l = 2{,}11 \cdot 30 = 63{,}3$ t/m². Ähnlich findet man für $h = 20$ m: $\sigma_l = 50{,}6$ t/m² und für $h = 10$ m: $\sigma_l = 33{,}6$ t/m². Die größte Bodenpressung bzw. die größte Druckspannung braucht also bei kleineren Pfeilern nicht nachgeprüft zu werden.

Im folgenden soll angenommen werden, daß die Pfeiler der aufgelösten Staumauer stets entsprechend der Abb. 112 ausgebildet werden.

Das Volumen eines Pfeilers von der Höhe h beträgt nach Gl. (157)

$$V_p = \frac{1}{6} \delta \beta (2 \vartheta + 1) h^2 L.$$

Setzt man den Wert von ϑ aus Gl. (170) ein, so wird

$$V_p = \frac{1}{6} \delta \beta \left[2 + 2 (\vartheta_{\max} - 1) \frac{h}{h_{\max}} + 1 \right] h^2 L.$$

Führt man noch den Wert $\dfrac{h}{h_{\max}} = h'$ ein, so ergibt sich nach Vereinfachung

$$V_p = \delta\,\beta\,h_{\max}^2 \left[\frac{1}{2}\,h'^2 + \frac{1}{3}\,(\vartheta_{\max} - 1)\,h'^3\right] L. \tag{171}$$

In Gl. (171) stellen alle Werte konstante Größen dar mit Ausnahme von h'; die Gleichung läßt sich also folgendermaßen schreiben:

$$V_p = f(h')\,L, \tag{171a}$$

wobei

$$f(h') = \delta\,\beta\,h_{\max}^2 \left[\frac{1}{2}\,h'^2 + \frac{1}{3}\,(\vartheta_{\max} - 1)\,h'^3\right]. \tag{171b}$$

Die Ermittelung des Gesamtpfeilerinhaltes als Funktion von L geschieht nun folgendermaßen. Man zeichnet den Talquerschnitt (Abb. 117) und berechnet mehrere Werte von $f(h')$ zwischen $h' = 0$ und $h' = 1$. Dann trägt man die $f(h')$-Linie in einem geeigenten Maßstabe seitlich des Talquerschnittes auf, teilt den Talquerschnitt in senkrechte Lamellen ein, projiziert wagerecht den Fußpunkt einer Teilungslinie von der Höhe h (oder h' im Maßstab $h_{\max} = 1$) auf die $f(h')$-Figur; den abgemessenen $f(h')$-Wert trägt man an derselben Teilungslinie vom Wasserspiegel gemessen auf. In dieser Weise gelangt man zu dem reduzierten Talquerschnitt (Abb. 117).

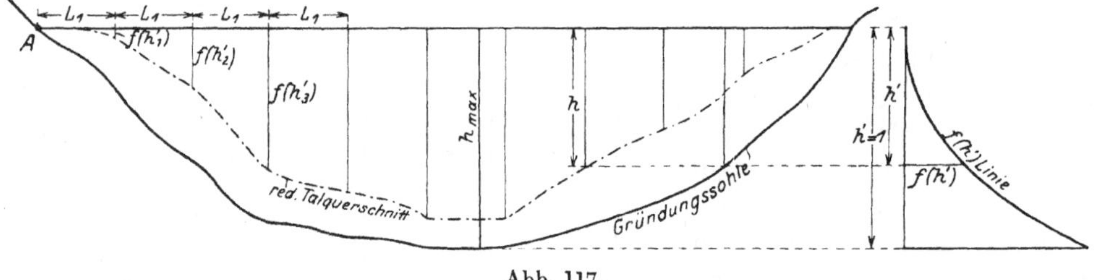

Abb. 117.

Die so erhaltene Linie kann nun als Einflußlinie betrachtet werden. Nimmt man nämlich einen gewissen Pfeilerabstand L_1 an und trägt diesen Wert z. B. vom Punkt A so oft auf, bis man zu Ende des Querschnittes gelangt, mißt man dann die entsprechenden Ordinaten $f(h'_1)$, $f(h_2')$ usw. ab und addiert sie, so ergibt diese Summe mit L_1 multipliziert den Gesamtpfeilerinhalt. Schiebt man sämtliche Ordinaten um ein kleines Maß z. B. nach rechts, so erhält man im allgemeinen einen anderen Wert für das Pfeilervolumen. Ist dieser Wert kleiner als der vorher gefundene, so geht man weiter nach rechts, ist er größer, so erfolgt die Verschiebung nach links. Dieses Verfahren wird solange fortgesetzt, bis das Minimum gefunden wird. Es genügt natürlich zunächst, das Minimum von $f(h')$ zu finden und dieser Wert wird dann mit L_1 multipliziert. Das Verfahren kann praktisch dadurch erleichtert werden, daß man die Pfeilerabstände L auf ein Pauspapier zeichnet und dies auf den reduzierten Querschnitt legt oder umgekehrt: man paust den reduzierten Querschnitt und schiebt ihn über der Einteilung, wie das bei den Einflußlinien von Eisenbahnbrücken geschieht.

Dieses Verfahren wird dann für verschiedene Pfeilerabstände L_2, L_3 usw. durchgeführt und die so erhaltenen V_p-Werte werden als Funktion von L graphisch aufgetragen. Im Talquerschnitt bezeichnet man für jedes L diejenige Stelle, die das Minimum an Pfeilerinhalt ergeben hat.

Aus Abb. 117 ist ersichtlich, daß die Ordinaten des auf den Pfeilerinhalt reduzierten Talquerschnitts gegen die Enden der Mauer, wo die Dammhöhe kleiner ist, fast ver-

schwinden. Die Dammenden üben also keinen Einfluß auf den Gesamtpfeilerinhalt aus.

Der Unterschied zwischen den Pfeilerinhalten V_{p1}, V_{p2} ... die für die Pfeilerabstände L_1, L_2 ... bestimmt worden sind, ist um so größer, je unregelmäßiger die
Talform ist. Ist z. B. in der Mitte des Tales eine tiefe Stelle (Schlucht) vorhanden,
deren Breite B beträgt, so wird es vorteilhaft sein, diese Stelle zu überbrücken,
d. h. in diese Schlucht nach Möglichkeit keinen Pfeiler einzubauen, um so mehr, als
der Pfeilerinhalt mit der dritten Potenz der Höhe wächst. Im Diagramme, wo der
Gesamtpfeilerinhalt als Funktion des Pfeilerabstandes aufgetragen ist, findet man
dementsprechend eine rasche oder plötzliche Änderung von V' bei $L = B$.

Es ist selbstverständlich, daß zur Bestimmung des reduzierten Querschnittes die
Gründungssohle, d. h. die Unterkante des Felsaushubs und nicht etwa die Talsohle
in die Zeichnung einzutragen ist.

Zur Bestimmung des Gesamtgewölbeinhaltes wird die Zunahme der Gewölbestärke — wie es bis jetzt stets angenommen wurde — als linear vorausgesetzt.
Der untere Bogenquerschnitt wurde auf Grund der zulässigen Spannungen dimensioniert. In vertikaler Richtung ist allein der gleichmäßige Wasserdruck
veränderlich. Mit Abnahme der Höhe, oder, was dasselbe ist, mit Zunahme der zulässigen relativen Spannung nimmt aber — wie aus Abb. 24
ersichtlich — die Bogenstärke rascher ab, woraus folgt, daß in den oberen
Schnitten des Gewölbes aus gleichmäßigem Wasserdruck sich kleinere
Beanspruchungen ergeben werden.

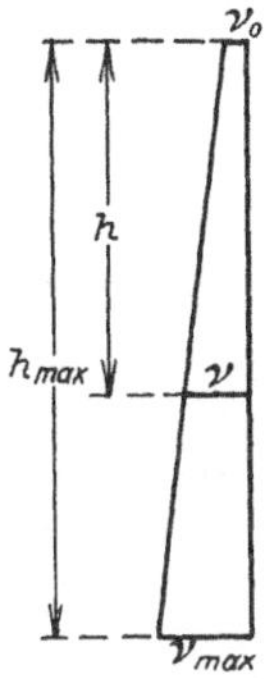

Nach Gl. (166a) beträgt der Gewölbeinhalt auf L bezogen

$$V_{g1} = 2 \frac{h}{\sin \psi} \frac{\alpha_m}{\sin \alpha_m} v_m \left(\frac{1}{2} - \varepsilon \right)^2 L,$$

oder für den ganzen Pfeilerabstand

$$V_g = 2 \frac{h}{\sin \psi} \frac{\alpha_m}{\sin \alpha_m} v_m \left(\frac{1}{2} - \varepsilon \right)^2 L^2$$

Abb. 118.

Der Wert von v_m für eine beliebige Höhe h ergibt sich aus Abb. 118, wo der Gewölbeschnitt der Einfachheit halber als lotrecht stehend gezeichnet wurde, da dieser Umstand auf die Veränderlichkeit der Bogenstärke keinen Einfluß hat; an Stelle der tatsächlichen Gewölbestärken n wurde deren relativer Wert v gesetzt.

$$v_m = \frac{1}{2}(v_0 + v),$$

wo

$$v = v_0 + (v_{\max} - v_0) \frac{h}{h_{\max}},$$

es wird also

$$v_m = \frac{1}{2} \left[2 v_0 + (v_{\max} - v_0) \frac{h}{h_{\max}} \right].$$

Ist wieder $\dfrac{h}{h_{\max}} = h'$, so ergibt sich das Gewölbevolumen zu

$$V_g = \frac{h_{\max}}{\sin \psi} \cdot \frac{\alpha_m}{\sin \alpha_m} \left(\frac{1}{2} - \varepsilon \right) [2 v_0 h' + (v_{\max} - v_0) h'^2] L^2 = f_1(h') L^2. \tag{172}$$

Trägt man die $f_1(h')$-Linie — wie früher — in geeignetem Maßstabe auf (Abb. 119) und
konstruiert man den zweiten reduzierten Talquerschnitt, so kann das Gesamtvolumen
der Gewölbe für die verschiedenen L-Werte einfach ermittelt werden. Man teilt den

Talquerschnitt in gleiche Teile von der Breite L_1 ein und mißt die mittleren Ordinaten ab, addiert sie und multipliziert mit L_1^2. Auf diese Weise erhält man den gesuchten Gewölbeinhalt

$$\Sigma V_g = \Sigma f_1(h') L_1^2 = L_1^2 \Sigma f_1(h').$$

L_1 ist dabei konstant. Diese Gleichung kann noch folgendermaßen geschrieben werden:

$$\Sigma V_g = L_1 \Sigma L_1 f_1(h').$$

Aber $L_1 f_1(h')$ ist der Inhalt der schraffierten Fläche und damit $\Sigma L_1 f_1(h')$ der Inhalt des ganzen reduzierten Talquerschnittes, der mit F bezeichnet werden soll. Das Volumen aller Gewölbe beträgt also für einen beliebigen Pfeilerabstand L

$$\Sigma V_g = F L.$$

Der Gewölbeinhalt als Funktion des Pfeilerabstandes stellt also bei beliebigem Talquerschnitt eine mit L proportional steigende gerade Linie dar.

Man sieht also, daß sich die Pfeiler in dem auf den Pfeilerinhalt reduzierten Talquerschnitt wie Einzellasten in Einflußlinien verhalten, dagegen können die Ge-

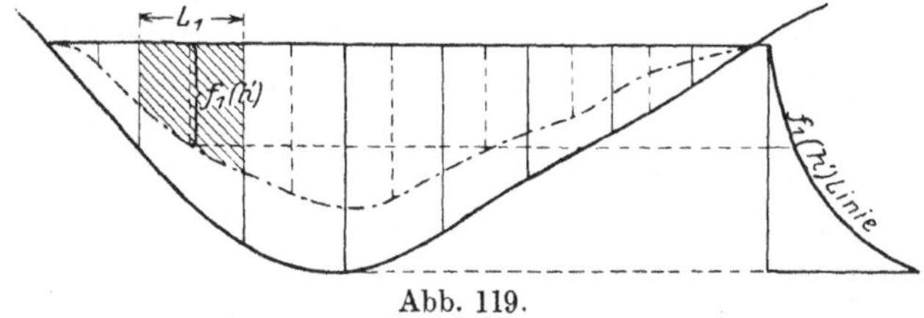

Abb. 119.

wölbe, auf ihre Einflußlinie bezogen, wie eine gleichmäßig verteilte Belastung angesehen werden.

Die Schalungsfläche für die Pfeiler berechnet sich auf Grund der Gl. (167) zu

$$S_p = q_1(1 + \vartheta) h L + \beta h^2,$$

wo

$$q_1 = \frac{\delta}{2}\left(\sqrt{1 + (\beta - \mu)^2}\right) + \sqrt{1 + \mu^2}.$$

Mit Berücksichtigung der Gl. (170) erhält man für die Schalungsfläche eines Pfeilers von der Höhe h

$$S_p = q_1\left(2h + \frac{\vartheta_{max} - 1}{h_{max}} \cdot h^2\right) L + \beta h^2 = f_2(h) L + \beta h^2. \tag{173}$$

Die Höhen h werden entweder in der Zeichnung abgemessen, oder man konstruiert den dritten reduzierten Talquerschnitt zur Ermittelung von $\Sigma f_2(h)$.

Für die Schalungsoberfläche eines Gewölbes erhält man aus Gl. (168a)

$$S_g = q_2 h L, \tag{174}$$

worin

$$q_2 = 4 \frac{\alpha_m}{\sin \alpha_m} \sqrt{1 + \mu^2}\left(\frac{1}{2} - \varepsilon\right)$$

und

$$\Sigma S_g = q_2 \Sigma h L;$$

die Gesamtgewölbefläche erhält man mithin als Produkt der Fläche des Talquerschnittes und der Konstante q_2.

Bei einer regelmäßigen Talform ist der Pfeilerinhalt nur wenig veränderlich. Nach Gl. (171a) ist nämlich $\Sigma V_p = L \Sigma f(h')$. Beträgt die Zahl der Pfeiler z. B. 10, der Pfeilerabstand $= 20$ m, so sind 10 entsprechende $f(h')$-Ordinaten zu addieren und die Summe mit 20 zu multiplizieren. Wird die Pfeilerzahl auf das Doppelte erhöht, so sind 20 Ordinaten zu addieren, so daß $\sum f(h')$ ungefähr das Doppelte beträgt wie früher, dagegen ist der Pfeilerabstand jetzt nur die Hälfte, so daß das Produkt sich nur wenig ändern wird.

Der Gewölbeinhalt wird den größten Einfluß auf den wirtschaftlich günstigsten Pfeilerabstand ausüben, da er mit L proportional wächst. Deshalb wird der Pfeilerabstand einen gewissen Wert (etwa $L = 15$ m) praktisch kaum überschreiten. Mit größerem Pfeilerabstand wachsen außerdem die Spannungen aus veränderlichem Wasserdruck und Eigengewicht.

Was die Pfeilerschalung anlangt, so sieht man aus Gl. (173), daß das zweite Glied (das stets größer ist als das erste, weil es die Seitenflächen des Pfeilers darstellt) von L unabhängig ist. Mit zunehmender Pfeilerzahl erhöht sich dieses Glied entsprechend, da es jetzt mit L nicht zu multiplizieren ist; die Schalungskosten für die Pfeiler wachsen also mit abnehmendem Pfeilerabstand.

Die Schalungsfläche der Gewölbe ist nach Gl. (174) konstant, die Gewölbeschalung braucht also bei der Bestimmung des wirtschaftlich günstigsten Pfeilerabstandes nicht berücksichtigt zu werden.

Außer den hier behandelten Werten bzw. deren Kosten muß noch vor allem die Gründung berücksichtigt werden, wobei die Wasserverhältnisse eine sehr große Rolle spielen können. Ferner muß noch dem Umstand Rechnung getragen werden, daß eine größere Pfeilerzahl den Arbeitsvorgang verteuert, da für jeden Pfeiler eine Arbeitsstelle eingerichtet werden muß. Das kann z. B. derart berücksichtigt werden, daß mit verschiedenen Einheitspreisen gerechnet und für einen größeren Pfeilerabstand d. h. für stärkere Pfeiler ein geringerer Preis für den Kubikmeter Beton in die Kostenberechnung eingesetzt wird.

Die Wirtschaftlichkeitsberechnung einiger ausgeführten Gewölbereihendämme ergab, daß der günstigste Pfeilerabstand für kleinere Dammhöhe kleiner ist als für größere. Nach Jorgensen liegen die Grenzen etwa zwischen 9 und 15 m, wobei die obere Grenze für größere Dammhöhe maßgebend ist[1]).

V. Die konstruktive Ausbildung der Staumauern.

In diesem Kapitel sollen in der Hauptsache ebenfalls nur die Gewölbedämme und insbesondere die aufgelösten Staumauern besprochen werden. Über die Ausbildung der massiven Staumauern ist eine ausführliche Literatur vorhanden, so daß hier auf diese Frage nicht näher eingegangen zu werden braucht. Der Vollständigkeit halber sei nur erwähnt, daß bei diesen Staumauern die Verwendung des Betons immer mehr in den Vordergrund tritt und daß die Gußbetonbauweise bei diesen Bauten mit Erfolg angewendet wird. Im Inneren des Betonkörpers werden größere Steinblöcke (Sparsteine) verlegt, um eine bessere Verbindung zu erreichen und evtl. die Wirtschaftlichkeit zu erhöhen. Das Profil ist bei den neueren Schwergewichtsmauern dreieckförmig

---

[1]) Multiple Arch Dams on Rush-Creek, Cal. Transactions 1917. Bd. 81, S. 852.

mit aufgebauter Mauerkrone. Bei einem spezifischen Gewicht von 2,3 t/m³ beträgt die wasserseitige Böschung etwa 3% und die talseitige 70%, so daß $\beta = 0,73$. Mit diesen Abmessungen kann man bis 80 m Höhe und mehr gehen, falls der Untergrund widerstandsfähig genug ist. Die größte Bodenpressung beträgt dann etwa γh, die durch entsprechende Änderung von β und μ herabgesetzt werden kann. An der Wasserseite des Fundamentes wird eine entsprechend tiefe Herdmauer errichtet, außerdem werden im Inneren der Mauer, in der Nähe der Wasserseite Entwässerungsröhren (Drainröhren) zur Vermeidung des Porendruckes und Sohlenwasserdruckes verlegt. Diese Röhren werden aus unglasiertem Ton oder aus Beton hergestellt. Zur Vermeidung von Temperatur- und Schwindrissen werden in die geradlinige Mauer in etwa 25 bis 30 m Abstand Dehnungsfugen eingebaut, die aber nicht bis zum Fundament hinunterzugehen brauchen, da in der Nähe der Sohle die Formänderung und damit die Rissebildung infolge der starken Reibung verhindert wird.

Mit den aufgelösten Gewichtsstaumauern (System Gutzwiler, Figari) können Materialersparnisse erreicht werden. Infolge der schwierigeren Herstellung, vor allem wegen der teueren Schalung ist jedoch eine Wirtschaftlichkeit solcher Typen gegenüber den vollen Mauern kaum zu erwarten. Dagegen haben die Staumauern mit Hohlräumen große statische Vorteile. Die Hohlräume wirken als Entwässerungsrohre, wodurch die Gefahr des Sohlenwasserdruckes vermieden wird. Da die Füllungsmaße der Hohlräume schlechte Wärmeleiter sind, wird die äußere Temperatur in das Innere der Mauer nicht eindringen können. Das gilt besonders für die Gutzwilersche Mauer. Bei dem System Figari können die Hohlräume für verschiedene Zwecke ausgenützt werden.

1. Gewölbestaumauern.

Bei der Theorie des Gewölbes wurde dargelegt, daß die Temperatur- und Schwindspannungen einen möglichst großen Zentriwinkel erforderlich machen. Außerdem ergab sich bei der Bestimmung der wirtschaftlich günstigsten Bogenabmessungen, daß hier ebenfalls ein großer Zentriwinkel ($\alpha = 90°$) günstig ist. Es wäre also sehr erwünscht, bei Gewölbestaumauern diesen Wert in jedem Querschnitt möglicherweise zu behalten. Das ist jedoch nur bei einer rechteckförmigen Talform möglich. Da solche Talformen in der Natur kaum vorhanden sind, sondern das Tal im allgemeinen einen V-förmigen oder parabolischen Querschnitt hat, wird der Zentriwinkel nach unten hin abnehmen müssen, wenn er für die Krone festgelegt ist. Um den Zentriwinkel möglichst konstant zu halten, bildet Jorgensen zunächst das ganze Gewölbe mit einem konstanten Zentriwinkel aus. Zu dieser Bauform, dem sog. constant-angle-dam, führte also die Ermittelung des wirtschaftlich günstigsten Zentriwinkels, für den er, wie erwähnt, den Wert von 133°34' gefunden hatte. Die Konstruktion einer solchen Staumauer im Grundriß ist in Abb. 120 gezeigt[1]). Die Mauerkrone liegt zwischen den Höhenlinien VI. Zwischen diesen beiden Kurven wird die Mauerkrone so gezeichnet, daß sie die Höhenlinien möglichst senkrecht schneidet, um ein gutes Widerlager für das Gewölbe zu schaffen. Der Mauerkrone wird eine praktisch notwendige Stärke gegeben, möglichst gering, um große Temperaturspannungen zu vermeiden. In Abb. 120 ist für die Krone der von Jorgensen gefundene Winkel von 133° zugrunde gelegt worden. Der wasserseitige Kreisbogen

---

[1]) Jorgensen, L. R.: The Constant Angle Arch. Dam. Transactions Bd. 78, S. 685ff. 1915.

schneidet die nächste tieferliegende Höhenlinie V in zwei Punkten entsprechend den beiden Ufern, und zwischen diesen beiden Punkten wird der nächste Bogen mit demselben Zentriwinkel, also mit einem kleineren Radius gezeichnet. Dieser neue Bogen schneidet die Höhenlinien IV wieder in zwei Punkten, zwischen denen ebenfalls ein Kreisbogen mit demselben Zentriwinkel gezeichnet wird usw. In dieser Weise erhält man die wasserseitige Fläche des Gewölbes. Um die talseitige Fläche entwerfen zu können, ermittelt man die Gewölbestärke in verschiedenen Wassertiefen. So erhält man jedoch meistens eine komplizierte Querschnittsform, die an der Talseite eine Gegenböschung hat. Um dies zu vermeiden, legt man im Grundriß einen Punkt des talseitigen Kreisbogens z. B. an der tiefsten Stelle des Tales fest und durch diesen Punkt zeichnet man die entsprechenden Kreisbogen mit denselben Mittelpunkten, mit denen die wasserseitigen Kreisbogen gezeichnet wurden. In dieser Weise erhält man so viele Kreislinien wie Höhenlinien in dem Grundriß gezeichnet sind. Ein jeder Kreisring hat eine konstante, und zwar nach unten hin zunehmende Stärke, wo hingegen der Radius dieser Kreisringe nach unten hin abnimmt. Die

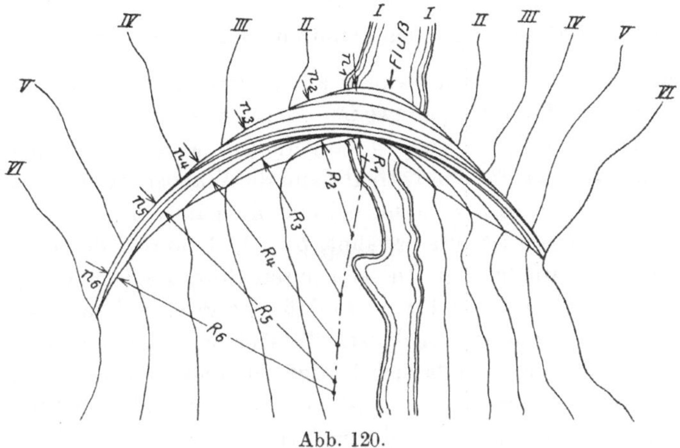

Abb. 120.

Wasser- und Talseite der Staumauer kann dann ebenfalls entweder stufenweise, oder wie das heute meistens erfolgt, als zusammenhängende stetige Fläche ausgebildet werden.

Das hier beschriebene Verfahren kann jedoch mit Rücksicht auf die Unregelmäßigkeit der Talform im allgemeinen nicht in dieser Weise durchgeführt werden. Wenn die Talwände nicht sehr steil sind, so bekommt man eine derart flache Wasserseite, daß die Staumauer in dieser Art nicht ausgeführt werden kann. Man wird also von dieser Konstruktionsform unter Beibehaltung des Prinzips mehr oder weniger der Talform entsprechend abweichen. Es wird dann ein Gewölbe erhalten, dessen wagerechte Schnitte nicht nur einen veränderlichen Radius, sondern auch einen veränderlichen Zentriwinkel haben, indem beide nach unten hin abnehmen müssen. Dabei sind sehr viele Ausbildungen möglich. Man kann z. B. die wasserseitige Böschung an der tiefsten Stelle der Staumauer von vornherein feststellen. In diesem Falle sind in jeder Höhe drei Punkte bekannt, und zwar zwei Schnittpunkte des wasserseitigen Bogens mit den entsprechenden Höhenlinien und ein Punkt etwa im Scheitel, der von vornherein festgelegt wurde, so daß der Kreisbogen zwischen den drei Punkten gezeichnet werden kann. Es soll nur auf zwei Umstände geachtet werden: 1. daß die Kreisbogen im Grundriß die Höhenlinien möglichst senkrecht schneiden und 2. daß die untere Wandstärke nicht zu groß und der untere Zentriwinkel nicht zu klein wird. Da in den meisten Fällen sich in den unteren wagerechten Schnitten ein viel kleinerer Zentriwinkel ergeben wird als derjenige an der Krone, so muß der Zentriwinkel an der Krone so groß wie nur überhaupt möglich gewählt werden.

Bei den neueren Ausführungen werden in das Gewölbe senkrechte Fugen eingebaut, um die Einspannungsmomente zu vermeiden. Bei solcher Ausbildung muß natürlich die statische Berechnung entsprechend aufgestellt werden. In diesem Falle wird man am besten den graphischen Weg wählen. Bleibt die Seilkurve nicht innerhalb des inneren Drittels, so werden die Fugen klaffen, wodurch die Druckkraft sich auf eine kleinere Fläche verteilt und die Druckspannungen entsprechend größer werden.

Öfters ist schon die Frage aufgeworfen worden, bis zu welcher Mauerlänge bzw. Spannweite man mit einem Gewölbe gehen kann. Wie wir im Kap. II gesehen haben, sind die Spannungen aus Belastungen, die bei einem senkrechten Gewölbe in Frage kommen, also aus gleichmäßigem Wasserdruck und aus Temperaturänderung von der Bogenspannweite unabhängig, sie hängen nur von der relativen Wandstärke $v = \dfrac{n}{l}$ ab. Aus rein statischen Gründen könnte man also mit der Spannweite beliebig weit gehen, wenn man die Bogenwirkung allein betrachtet. Dagegen gibt es eine wirtschaftliche Grenze für die Spannweite. Nehmen wir z. B. an, daß für ein Gewölbe in 60 m Tiefe der Wert von $v = 0{,}2$ gefunden wurde. Bei einer Spannweite von $2\,l = 100$ m, also bei $l = 50$ m beträgt dann die Wandstärke $n = 0{,}2 \cdot 50 = 10$ m. Bei 200 m Spannweite wäre $n = 20$ m, bei 300 m Spannweite $n = 30$ m usw. Für eine Schwergewichtsmauer ist, wie erwähnt, $\beta = 0{,}73$, so daß deren Breite in 60 m Tiefe $b = 0{,}73 \cdot 60 = 43{,}80$ m beträgt. Dieselbe untere Stärke erreicht die obige Gewölbemauer bei einer Spannweite von 438 m, so daß eine größere Spannweite schon rein theoretisch nicht mehr wirtschaftlich ist. Tatsächlich liegt die Wirtschaftsgrenze noch wesentlich tiefer, wenn man berücksichtigt, daß eine Gewölbemauer eine größere Länge hat, ihre Bauausführung teuerer ist und der verwendete Beton ebenfalls viel besser sein muß als bei Schwergewichtsmauern.

2. Ambursendämme.

Diese Staumauern haben, wie erwähnt, die Beschränkung, daß die Pfeiler in ziemlich kleinen Abständen angeordnet werden müssen, weil sonst besonders bei hohen Staumauern die Plattenstärke zu groß wird. Der Pfeilerabstand beträgt bei den bisher erbauten Staumauern dieser Art etwa 5,00 bis 5,50 m. Eine Ersparnis kann, wie im ersten Kapitel erwähnt, dadurch erreicht werden, daß in größerer Tiefe, wo die Plattenstärke zu groß wäre, die Stauwand als Plattenbalken ausgebildet wird, wobei die Plattenstärke zweckmäßigerweise mit der Stärke der Druckzone gleich gewählt wird. Bei dem größten Teil der Ambursendämme ist die Stauwand frei aufgelagert und bei der Auflagerung der Platte an den Pfeilern sind Pfeiler und Platte mit Verzahnung versehen, so daß sie ineinander passen. Diese Anordnung ist wegen der Wasserdichtheit notwendig. Die Fugen werden dann mit Asphalt oder geteertem Tuch und ähnlichen Mitteln noch besonders wasserdicht gemacht. Diese Fugen dienen gleichzeitig als Dehnungsfugen. Wird die Stauwand als durchlaufende Platte ausgebildet, so kann eine größere Wirtschaftlichkeit, d. h. eine geringere Plattenstärke erreicht werden, weil die positiven Feldmomente durch die negativen Stützmomente verringert werden. In diesem Falle muß jedoch unbedingt nachgeprüft werden,

ob die Betonzugspannungen über den Stützen die zulässige Grenze nicht überschreiten, so daß in diesem Falle für die Ermittelung der Spannungen die Formeln
maßgebend sind, die der Zugfestigkeit des Betons Rechnung tragen. Das ist bekanntlich deshalb notwendig, weil die Zugspannungen über den Stützen an der
Wasserseite entstehen und, falls dort Risse auftreten, Druckwasser in das Innere der
Platten eindringen und das Rosten der Eiseneinlagen verursachen kann. Außerdem
kann im Winter die Frostwirkung zur Erweiterung der Risse führen, wodurch das
ganze Bauwerk gefährdet ist. Bei der Ausführung einer durchlaufenden Platte müssen
Dehnungsfugen eingebaut werden, so daß sich eine Platte wohl kaum über mehr als
3 bis 4 Felder erstrecken kann. Die freie Ausdehnung der Platte wird allerdings durch
die Reibung verhindert und aus dieser Reibungskraft wird der Pfeiler auf der Wasserseite durch seitlichen Schub beansprucht, d. h. auf den Pfeiler können Kräfte wirken,
die in der Richtung der Dammachse verlaufen. Die zusätzlichen Spannungen, die aus
solchen Kräftewirkungen entstehen, können leicht nachgewiesen werden. Schädliche

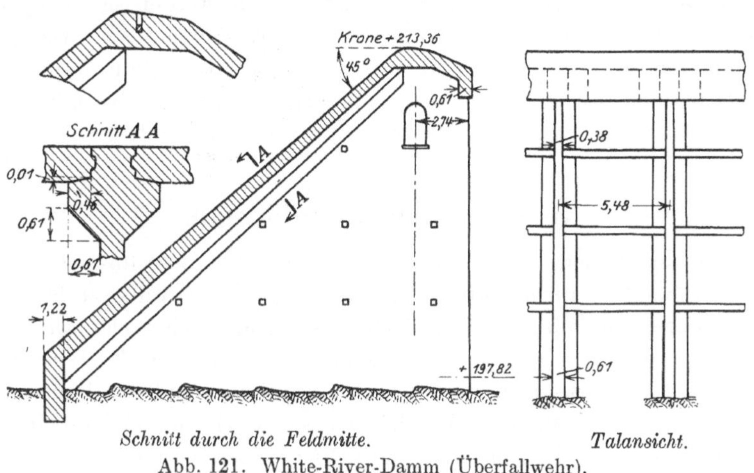

Schnitt durch die Feldmitte. *Talansicht.*
Abb. 121. White-River-Damm (Überfallwehr).

Wirkungen werden aus dem erwähnten Umstand jedoch kaum auftreten, auch mit
Rücksicht auf die vorhandenen Versteifungsträger.

Was die Zunahme der Plattenstärke mit der Tiefe anlangt, so ist aus dem ersten
Kapitel ersichtlich, daß die festgesetzten Spannungen bei linearer Zunahme der
Plattenstärke in den mittleren Schnitten der Stauwand im allgemeinen überschritten
werden, wenn man die obere Plattenstärke den praktischen Bedürfnissen entsprechend
wählt, und die untere derart ermittelt, daß dort die Betondruck- und Eisenzug-
spannungen voll ausgenützt werden (Abb. 9 und 10). Dieser Umstand kann vermieden werden, wenn man die obere Stärke so groß wählt, daß bei linearer Zunahme
die Spannungen in allen Schnitten innerhalb der zulässigen Grenzen bleiben, was
aber zu Lasten der Wirtschaftlichkeit geht, oder wenn man die Plattenstärke in verschiedener Höhe ermittelt und die Stauwand entsprechend ausbildet. In diesem
Falle ergibt sich eine krumme Fläche für die Wasser- oder Talseite. Man kann aber
die Stauwand auch so ausbilden, daß die Zunahme der Stärke nicht stetig, sondern
sprungweise erfolgt.

Der größte Teil der Ambursendämme ist nicht als Staumauer, sondern als Wehr
gebaut. In diesem Falle wird die Mauerkrone so ausgebildet, daß das Wasser über
die Dammkrone geleitet wird, die Stauwand wird also über die Dammkrone hin-

weggeführt (Abb. 121). Der Innenraum zwischen den Pfeilern ist bei den Ambursendämmen öfters sehr gut ausgenutzt. Hier wird das Maschinenhaus angeordnet, falls das von dem Wehr bzw. der Staumauer selbst geschaffene Gefälle ausgenutzt werden soll. Einen besonderen Vorteil bieten die Dämme dadurch, daß die Platten nicht an ihrer endgültigen Stelle hergestellt werden müssen, sondern daß sie an der Baustelle neben der Staumauer als Fertigkonstruktionen betoniert und nachher versetzt werden können. Dadurch wird die Arbeitszeit für die Verlegung der Platten abgekürzt, was von sehr großer Bedeutung ist. Bei solchen Dämmen werden während des Baues eine oder mehrere Öffnungen für die Ableitung des Wassers bzw. Bauhochwassers offen gelassen. Das Abschließen dieser Öffnungen muß in möglichst kurzer Zeit erfolgen, da das Wasser inzwischen sehr schnell steigen kann, falls kein Umlaufstollen errichtet wurde. Werden die Platten an Ort und Stelle gegossen, so muß das Betonieren der letzten Öffnungen sehr rasch erfolgen, das hat leicht zur Folge, daß der Beton undicht wird.

Da die Pfeiler sehr nahe beieinander liegen müssen, werden sie auch, um große Wirtschaftlichkeit zu erzielen, sehr dünn konstruiert sein müssen. Daher ist eine solide Verbindung derselben unbedingt notwendig. Gegebenenfalls empfiehlt es sich sogar — bei besonders dünnen Pfeilern — die Pfeiler mit Eisenbetonbewehrung zu versehen, wodurch eine reine Eisenbetonkonstruktion entsteht.

3. Gewölbereihendämme.

Auf Grund der in den vorigen Kapiteln behandelten Berechnungen ist es klar, daß die größte Sorgfalt auf die Ausführung der Gewölbestauwand zu legen ist. Um die Zugspannungen, die aus Temperaturschwankung und Schwinden an der Wasserseite des Kämpfers und in geringerem Maße an anderen Stellen der Wasserseite auftreten, möglichst herabzusetzen, muß die Stauwand während des Baues unbedingt dauernd feucht gehalten werden. Desgleichen ist es erforderlich, um die evtl. auftretenden Risse unschädlich zu machen, die Gewölbekämpfer mit wasserdichtem Material, z. B. Asphalt, das in entsprechender Stärke angebracht bzw. gestampft werden muß, zu versehen. Zur Minderung der Wirkung des Temperaturabfalles und des Schwindens empfiehlt es sich, eine Arbeitsfuge zu lassen, die dann nachträglich zubetoniert wird. Die Fuge wird während des ganzen Winters offen gelassen, so daß die Gewölbe Gelegenheit haben, sich unter Einwirkung der Kälte und des Schwindens zusammenzuziehen. Unmittelbar nach dem Winter, möglichst noch in strenger Kälte, werden die Fugen dann ausgegossen. Als Bautemperatur gilt dann diejenige, bei der die Arbeitsfugen ausgegossen worden sind. Während des Offenbleibens der Fugen kann der größte Teil des Schwindens stattfinden, so daß es nachher genügen wird, das Schwindmaß mit etwa $-5^{0}\,C$ zu berücksichtigen. Das Zusammenziehen des Betons während des Winters wird auf die Eiseneinlagen, die dadurch auf Druck beansprucht werden, einen günstigen, auf den Beton dagegen einen ungünstigen Einfluß ausüben, da in ihm Anfangszugspannungen entstehen werden. Der endgültige Spannungszustand wird jedoch günstiger ausfallen, als wenn ein größerer Temperaturabfall und Schwinden in die Berechnung eingeführt werden müßte. Die Bewehrungseisen werden dann ihre Stoßstellen in der Fuge haben, um evtl. größere Formänderungen derselben zu verhindern. Eine solche Bauanordnung wird dort notwendig sein, wo starke Temperaturschwankungen herrschen, also z. B. im Hochgebirge. Da bei solcher Anordnung die Bautemperatur niedrig ist, wird die Temperaturzunahme entsprechend höher. Dieser Umstand wirkt jedoch nicht ungünstig, da der Wasserdruck entgegenwirkt. Bei leerem Becken werden die Spannungszustände aus Temperaturerhöhung am ungünstigsten; zu gefährlichen Folgen werden solche Wirkungen allerdings nicht führen können, denn die Zugspannungen im Kämpfer entstehen in diesem Falle an der Talseite. Im Scheitel werden zwar aus Temperaturzunahme an der Wasserseite Zugspannungen auftreten, jedoch sind sie — wie aus dem II. Kapitel ersichtlich — nur halb so groß wie im Kämpfer.

Das Zusammenziehen des Gewölbes infolge Temperaturabfall und Schwinden hat aber auch noch eine andere Folge. Bei den meisten ausgeführten Gewölbereihendämmen sind die Gewölbe in den Pfeilern mittels Eiseneinlagen fest verankert. Diese Anordnung hat zu einer allgemeinen Regel geführt, so daß z. B. in Italien die feste Verbindung zwischen Gewölbe und Pfeiler amtlich vorgeschrieben ist. Der Grund einer solchen Vorschrift liegt wahrscheinlich in der Befürchtung, die Gewölbekämpfer könnten sich derart deformieren, daß sie sich in der Auflagerfläche verschieben, wodurch vielleicht eine Zerstörung des Bauwerkes eintreten könnte. Die feste Verankerung hat aber zur Folge, daß nicht nur die Bogenkämpfer, sondern auch die Pfeiler in der Nähe der Wasserseite auf Zug beansprucht werden, da die erwähnten Wirkungen eine Verkürzung der Bogenspannweite zu verursachen bestrebt sind.

Um hierbei Rißbildungen zu vermeiden, wird es sich u. U. empfehlen, die Gewölbe von den Pfeilern unabhängig auszuführen, anstatt sie fest miteinander zu verbinden. In solchem Falle

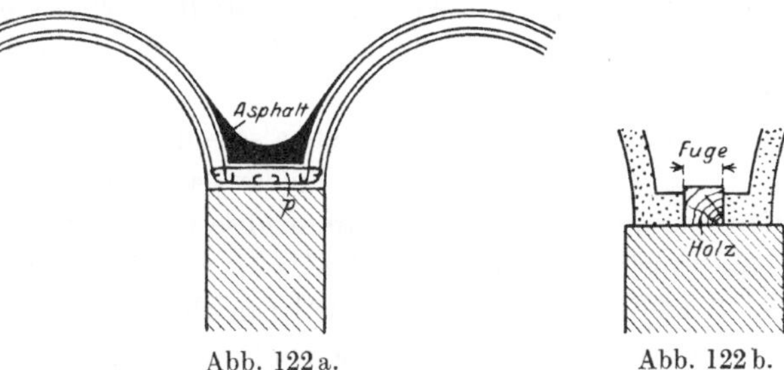

Abb. 122 a.   Abb. 122 b.

kann der Anschluß der Gewölbe an die Pfeiler nach Abb. 122a erfolgen, falls die Pfeilerstärke groß genug ist, um eine solche Ausbildung zu ermöglichen.

Bei einer solchen Ausbildung werden die Zugspannungen auf die Verbindungsplatte p beschränkt. Sie werden dann durch eine entsprechende Bewehrung aufgenommen, während der Pfeiler von solchen Wirkungen verschont bleibt. Die Gewölbe sind in dieser Weise als durchlaufende Gewölbereihe ausgebildet. Diese Anordnung findet sich auch bei der Tirso-Sperre; hier ist die Verbindungsplatte p jedoch fest in dem Pfeiler verankert, wodurch natürlich der Zweck nicht erreicht wird. Ist die Pfeilerstärke für eine derartige Ausbildung nicht groß genug, so kann man durch Verstärkung der Wasserseite (wie bei den Ambursendämmen) eine entsprechende Auflagerfläche schaffen. Falls man eine Verschiebung bzw. ein Abrutschen der Gewölbe von den Pfeilern fürchtet, können einige Gewölbe zapfenartig in die Pfeiler eingelassen werden.

Die zu vermeidende Zugspannung wird gerade bei dem günstigsten Zentriwinkel $2\,\alpha = 180^{0}$ am größten. Bei vollem oder halbvollem Becken ist nämlich die Horizontalkomponente des Kämpferdruckes aus gleichmäßigem Wasserdruck der statisch unbestimmte Horizontalschub H_w, der — als Reaktionskraft — nach außen gerichtet ist, in bezug auf den Pfeiler also eine Zugkraft darstellt. Bei kleinerem Zentriwinkel wird die Horizontalkomponente des erwähnten Kämpferdruckes eine Druckkraft, welche die aus Temperaturabnahme und Schwinden entstehende Zugkraft aufheben kann. Bei leerem Becken wirkt nur das Eigengewicht einer solchen Zugkraft entgegen.

Die Ermittelung der in der Verbindungsplatte entstehenden Zugspannungen kann mit Hilfe der im II. Kapitel angegebenen Tafeln für die statisch unbestimmten Horizontalschube leicht erfolgen.

Die in Abb. 122a skizzierte Ausbildung des Gewölbekämpfers eignet sich besonders gut für die Offenlassung der Arbeitsfuge. Die Fuge kann nach Abb. 122b in der Mitte der Auflagerplatte angeordnet werden, wodurch die Gewölbe vor dem Zubetonieren der Fugen ausgeschalt werden können. Eine Verschiebung der Gewölbekämpfer gegen die Symmetrieebene des Pfeilers, die infolge des Gewölbeeigengewichtes stattfinden könnte, wird durch die Reibung auf dem Pfeiler verhindert; um jedoch eine noch größere Sicherheit zu erzielen, wird es sich empfehlen, in die Fugen etwa Holzklötze einzulegen, die die erwähnte Bewegung verhindern. Die Dichtung kann am zweckmäßigsten in der in Abb. 122a gezeichneten Weise erfolgen.

Ein weiterer Vorteil der getrennten Ausführung von Gewölbe und Pfeiler liegt noch darin, daß die Gewölbe von dem Pfeiler unabhängig ausgeführt werden können, d. h. zuerst können die Pfeiler aufgebaut werden und später kann die Herstellung der Stauwand erfolgen. Bei der Ausführung der Staumauer spielt die Arbeitszeit im allgemeinen eine viel größere Rolle als bei anderen Bauwerken, da sie vor dem Eintreten des Hochwassers fertiggestellt werden muß. Falls die Stauwand nur halb fertig ist und plötzlich ein Hochwasser eintritt, kann dieses großen Schaden verursachen.

Zusammenfassend kann man also sagen, ein Vorteil entsteht, indem man die Stauwand unabhängig von den Pfeilern ausführt 1. dadurch, daß die Wasserseite der Pfeiler in der Richtung der Dammachse nicht auf Zug beansprucht wird, 2. daß eine solche Ausbildung für das Offenlassen von Arbeitsfugen besonders geeignet ist und 3. daß die Stauwand von dem Pfeiler unabhängig, also nachträglich ausgeführt werden kann. Gegenüber diesen Vorteilen tritt allerdings auch der Nachteil auf, daß in solchem Falle die Stauwand nicht zur Versteifung der Pfeiler mitgerechnet werden kann und dementsprechend wird es sich empfehlen, auch in der unmittelbaren Nähe der Wasserseite Versteifungsträger anzuordnen, während diese bei den bisherigen Ausführungen fortfallen können.

Wenn eine durchgehende Arbeitsfuge über den Pfeilern an der Verbindungsplatte der Gewölbe offengelassen wird, dürfte es zweckmäßig sein, der Sicherheit halber nachzuprüfen, ob die Reibung eine Verschiebung der Gewölbekämpfer auf der Wasserseite des Pfeilers verhindern kann. Gegebenenfalls wird man bestimmen, mit welcher Kraft die zwischengelegten Holzklötze zusammengedrückt werden. Eine solche Berechnung kann mit Hilfe der im Kapitel II unter d) angestellten Untersuchung bzw. der dort angegebenen Bemessungstafel für die Ermittelung des Horizontalschubs aus Eigengewicht leicht ausgeführt werden. Ebenfalls ist leicht zu berechnen, in welchem Maße diese Reibung die Zusammenziehung des Gewölbes aus Temperaturabnahme und Schwinden verhindern kann.

Das Gewölbe selbst kann verschiedenartig ausgebildet werden. In der Praxis findet man die mannigfaltigsten Lösungen. Dabei kann die innere oder die äußere Fläche als Kreiszylinder ausgebildet werden, in welchem Falle die andere Fläche konisch ist, falls die Wandstärke des Gewölbes linear zunimmt. Es kommt außerdem vor, daß die Gewölbelaibung eine krummlinige Erzeugende hat usw. Diese verschiedenen Ausbildungen sind dadurch bedingt, daß die Pfeiler- und Gewölbestärken nach unten hin zunehmen. Die einfachste Form entsteht, wenn die Außenfläche des Gewölbes als Kreiszylinder ausgebildet ist, während die Innenfläche, infolge der zunehmenden Wandstärke, konisch wird. Diese Lösung ist besonders für den Fall zu empfehlen, für welchen die Pfeilerstärke an einer Seite ungefähr in demselben Maße zunimmt wie die Gewölbestärke, wenn also $n_u - n_o \approx \frac{1}{2}(d_u - d_o)$. Ist die Zunahme des Pfeilers größer, als die des Gewölbes, so bleibt zwischen dem inneren Kämpferpunkt und Pfeilerrand noch ein kleiner Abstand, der um so größer wird, je tiefer man geht. Ist dieser Abstand nicht allzu groß, so kann man die Kreiszylinderform der äußeren Gewölbelaibung beibehalten, sonst geht eine solche Ausbildung zu Lasten der Wirtschaftlichkeit. Mit Rücksicht auf die Gewölbebeschalung wird dagegen die Ausbildung der Innenfläche als Kreiszylinderfläche vorteilhafter sein, da in diesem Falle das ganze Gewölbe mit einem einzigen Ring (Binder) aufbetoniert werden kann. Eine solche Ausbildung ist jedoch der Zunahme der Pfeiler- und Bogenstärken schwer anzupassen.

Bei der Querschnittsausbildung des Bogens achte man darauf, daß die Konstruktion den der statischen Berechnung zugrunde gelegten Annahmen tatsächlich entspricht. Vor allem gilt das für den Zentriwinkel des Bogens. Wird eine im ganzen Schnitte konstante Bogenstärke nebst einem Zentriwinkel von $2\,\alpha = 180^0$ angenommen und wird der Bogen — wie es oft geschieht — nach Abb. 123 ausgebildet, so ändert man dadurch die gemachten Annahmen, indem jetzt die Bogenstärke in der Nähe des Kämpfers zunimmt, und der Zentriwinkel ist auch entsprechend kleiner geworden, während der Pfeiler an der Wasserseite noch einen zusätzlichen Teil bekommt, so daß β größer wird, falls Gewölbe und Pfeiler gleichzeitig ausgeführt und miteinander fest verbunden sind.

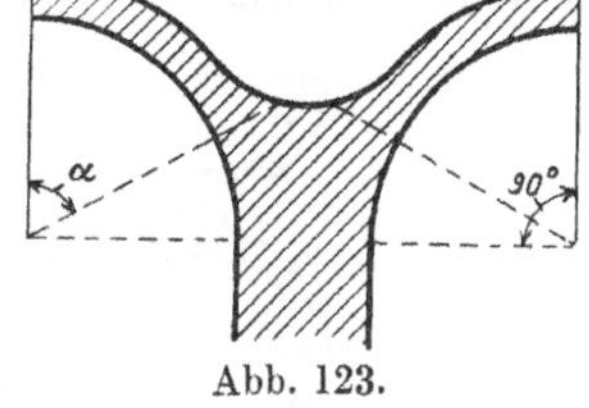

Abb. 123.

Da die Gewölbebeschalung ziemlich teuer ist, wird die schalungslose Bauweise mittels Betonformsteinen unter Umständen empfehlenswert sein. Zu diesem Zwecke werden sich nur solche Formsteine eignen, die eine genaue Lage der Eiseneinlagen sichern und die so geformt sind, daß eine feste Verbindung mit dem inneren Betonkern gewährleistet wird.

Öfters findet man, besonders in der amerikanischen Literatur, daß bei der Ermittelung der Pfeilerspannung auch die Stauwand mitgerechnet wird. Zu einer solchen Berechnungsweise gibt natürlich der Umstand Veranlassung, daß die Gewölbe mit dem Pfeiler gleichzeitig ausgeführt und die ersteren in die letzteren mittels Eiseneinlagen fest verankert werden. Eine solche Berechnungsweise ist zweifellos nicht unbegründet. Es wäre aber unseres Erachtens doch richtiger, bei der Spannungsberechnung der Pfeiler die Stauwand außer acht zu lassen, und zwar 1. weil die Stauwand meistens aus einem anderen, und zwar aus besserem Beton hergestellt wird als der Pfeiler, so daß der Querschnitt von Stauwand und Pfeiler zusammen doch nicht einheitlich ist und 2. weil bei einem derartigen Querschnitt das lineare Spannungsverteilungsgesetz kaum zutreffen wird, so daß man auch kein klares Bild über die Spannungsverhältnisse gewinnen kann. Da aber im Falle eines festen Zusammenhanges zwischen Gewölbe und Pfeiler ein Zusammenwirken (wenn auch nicht das angenommene), doch eintreten kann, so muß hier noch ein Umstand berücksichtigt werden. An der Wasserseite des Pfeilers entstehen nämlich meistens Zugspannungen. Nimmt man zu dem wirksamen Querschnitt auch den Querschnitt der beiden Halbgewölbe (s. Abb. 124) hinzu, so wird die Querschnittsfläche zwar größer, aber die Exzentrizität auch entsprechend größer, woraus sich ergibt, daß aus diesem Zusammenwirken bei den Gewölben noch in der Richtung der Gewölbeachse Zugspannungen auftreten werden. Deshalb müssen im Falle einer Verankerung der Gewölbe in die Pfeiler die Gewölbe mit entsprechender Längsbewehrung versehen werden. Nimmt man noch hinzu, daß in den unteren Teilen der Gewölbe die Stützmauerwirkung ebenfalls starke Längsbewehrung verlangt, so wird man diesen Längseisen, die bisher nur als Verteilungseisen betrachtet worden sind, eine viel größere Bedeutung zuschreiben müssen. Bei getrennter Ausbildung fällt natürlich die Notwendigkeit einer starken Längsbewehrung fort. Wenn die Pfeiler nicht in Beton bzw. Eisenbeton, sondern, wie es in Italien bevorzugt wird, in Steinmauerwerk hergestellt werden, ist ein Zusammenwirken zwischen Pfeiler und Gewölbe noch viel weniger wahrscheinlich.

Die Stützmauerwirkung wird — wie erwähnt — bei einer aufgelösten Staumauer keine große Rolle spielen. Es wurde jedoch vorgeschlagen, diese Wirkung durch Trennung des Gewölbefundaments von dem Gewölbe selbst zu vermeiden. Dieser Vorschlag, der von V. H. Cochrane stammt, ist in Abb. 125 wiedergegeben[1]).

Um die schädlichen Wirkungen aus Temperaturänderungen und Schwinden zu vermeiden, sind die Gewölbe einiger Gewölbereihendämme als Dreigelenkbogen ausgebildet. Die Gelenke sind jedoch ein empfindlicher Teil der Konstruktion, und sie sind gerade im Wasserbau weniger zu empfehlen. Auch mit Rücksicht auf die Wasserdichtheit verursacht die konstruktive Aus-

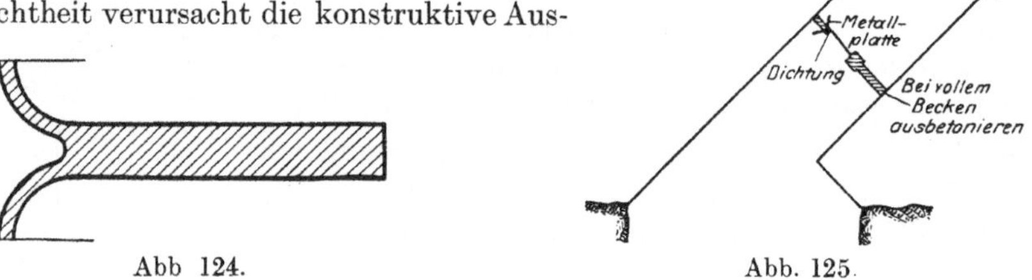

Abb 124.   Abb. 125

bildung dieser Gelenke recht große Schwierigkeiten. Diese Gelenke scheinen sich auch nicht sehr gut bewährt zu haben; denn die Erhöhung des Mountain-Dell Dammes, dessen Gewölbe im unteren Teil als Dreigelenkbogen ausgebildet sind, wurden in der Ergänzung als durchlaufende bzw. eingespannte Bogen gebaut.

Die Qualität des Betons muß den statischen Verhältnissen entsprechend gewählt werden. Aus den Berechnungen wird sich ergeben, daß die Anwendung von hochwertigen Zementen bei hohen Staumauern und insbesondere dort, wo starke Temperaturschwankungen herrschen, wie das in großen Höhen der Fall ist, empfehlenswert und unter Umständen sogar notwendig sein wird. Dabei muß hinsichtlich der Wahl der Zusammensetzung des Betons und der Qualität des Zements der Umstand berücksichtigt werden, daß der Beton möglichst wenig schwindet. In dem Pfeiler werden, selbst bei ganz großer Höhe, bei entsprechenden Abmessungen die Spannungen stets verhältnismäßig klein bleiben. Ihr Beton kann deshalb, wie das ja auch bis jetzt geschehen ist, aus einem weniger guten Material als der des Gewölbes hergestellt werden. Es sollte aber stets darauf geachtet werden, daß an der Wasserseite der Pfeiler Zugspannungen auftreten können, die es erforderlich machen, diesen Teil des Pfeilers aus besserem Beton herzustellen. Das letztere ist auch schon mit Rücksicht auf die Bewehrung zu empfehlen. Arbeitsfugen in dem Pfeiler sind den Spannungstrajektorien möglichst anzupassen. Bei den Arbeitsfugen der Stauwand muß vor allem auf die spätere Wasserdichtigkeit derselben geachtet werden. Obschon es

---

[1]) Transactions Bd. 87, S. 378. 1924.

statisch am besten wäre, diese Arbeitsfugen nach den Ebenen auszubilden, in denen der Wasserdruck wirkt, d. h. normal zur wasserseitigen Böschung, so wird man von solchen Arbeitsfugen mit Rücksicht auf die Wasserdichtheit evtl. mehr oder weniger abweichen müssen. Bei der Bewehrung des Gewölbes achte man darauf, daß die Eiseneinlagen nicht zu weit auseinandergelegt werden, wie das z. B. bei der Gleno-Staumauer der Fall war, weil ein solches Gewölbe kaum als Eisenbetongewölbe betrachtet werden kann. Dieser Gesichtspunkt gilt nicht nur für die Hauptbewehrung, sondern auch für die Längsbewehrung.

Der Abstand der Ringeisen (Haupteisen) soll das Maß von 20 bis 25 cm nicht überschreiten, den Abstand der Längseisen wähle man ebenfalls nicht viel größer. Die Bewehrungseisen der Pfeiler, die also längs der Wasserseite liegen, müssen gut in das Fundament verankert werden, damit sie die Zugspannungen aufnehmen können. Durch wagerechte Bügel, die bis zu einer gewissen Tiefe in den Pfeiler hineinreichen, kann eine noch bessere Verbindung des wasserseitigen Teiles erreicht werden. Diese Bügel würden denselben Zweck haben, wie die Bügel eines auf Biegung beanspruchten Eisenbetonbalkens, in dem die schrägen Zugspannungen durch aufgebogene Eisen vollständig aufgenommen werden. In vorliegendem Falle entsprechen den aufgebogenen Eisen die an der Wasserseite des Pfeilers laufenden Eiseneinlagen.

Bei der Herstellung einer Staumauer kann das Gußbetonverfahren besonders gute Dienste leisten, da es sich hier um größere Betonmassen handelt. Man achte aber sehr darauf, daß der Beton der Stauwand die erwähnten Eigenschaften, d. h. größere Festigkeit und geringes Schwindmaß nicht verliert, so daß es sich unter Umständen empfehlen wird, nur die Pfeiler in Gußbeton, die Gewölbe dagegen mit der Hand herzustellen.

Aufgelöste Staumauern werden stets mit konstantem Pfeilerabstand ausgeführt, um auf die Pfeiler nur die in ihrer Symmetrieebene wirkenden Kräfte zu übertragen. Ist die Notwendigkeit vorhanden, die Staumauer mit veränderlichem Pfeilerabstand auszuführen, welcher Fall eintreten kann, wenn zwischen den Pfeilern z. B. das Maschinenhaus eingebaut wird, das einen größeren Raum erfordert, so werden die Pfeiler von den beiderseitig anschließenden Gewölben, die verschiedene Spannweiten haben, auf Kräfte beansprucht, die in der Richtung der Dammachse wirken, falls die Gewölbe mit den Pfeilern verbunden sind. In diesem Falle muß nachgewiesen werden, daß die Reibung in der Unterfläche des Pfeilers diese seitlichen Kräfte aufnehmen kann, oder, was noch richtiger ist, man muß eine untere Einspannung bewirken. In dem letzten Falle wird die Berechnung jedoch schwierig, da der Pfeiler auf Torsion beansprucht wird. Ist keine Verbindung zwischen Stauwand und Pfeiler vorhanden, dann werden die Pfeiler nur insoweit beansprucht, als ein Teil dieser Seitenkräfte durch Reibung auf die Pfeiler übertragen wird. Der restliche Teil der Kräfte wird in die anschließenden Gewölbe weitergeführt, so daß in diesen letzteren zusätzliche Spannungen auftreten werden. Es empfiehlt sich jedoch, die Staumauer nicht derart durchzubilden, da durch einen allzu großen Unterschied zwischen den Pfeilerabständen schädliche Beanspruchungen entstehen können.

Um den nachteiligen Einfluß des veränderlichen Wasserdruckes, der besonders in den oberen Teilen der Gewölbe auftritt, zu mindern, ist der Vorschlag gemacht worden, die Gewölbe und damit die Wasserseite der Pfeiler mit veränderlicher Böschung auszubilden und zwar oben fast senkrecht, während die Böschung μ mit der Tiefe zunehmen soll. In dieser Weise ist z. B. der Cave Creek-Damm, Phönix, Arizona, ausgebildet worden. Die Wasserseite der Gewölbe und Pfeiler haben in diesem Falle eine gekrümmte Oberfläche, die, von oben gesehen, konkav ist.

Ein wichtiges und oft bestrittenes Problem der aufgelösten Staumauer bildet die Frage der Knicksicherheit der Pfeiler. Gewiß kann bei einer zu schmalen Ausbildung der Pfeiler — die Wirtschaftlichkeit erfordert ja die geringsten Abmessungen — mit der Möglichkeit einer Knickgefahr gerechnet werden. Die Berechnung der Knicksicherheit wurde an einigen Projekten mit ganz roher Annäherung versucht, indem man den Pfeiler in senkrechte oder in auf die Wasserseite normale Streifen zerlegte und die Knicksicherheit eines solchen Streifens untersuchte. Eine solche Berechnung kann jedoch auch nicht als angenähert betrachtet werden, und kann gar keinen Aufschluß über diese Frage geben. Die Lösung dieses Problems ist meines Wissens noch nicht gefunden worden und sie bietet auch recht große Schwierigkeiten, wenn man berücksichtigt, daß bei dem Pfeiler mit einer veränderlichen Wandstärke, ferner mit einer dreieckförmigen Belastung (Wasserdruck) und außerdem noch mit Eigengewicht zu rechnen ist. Jacobsen hat versucht, die Knicksicherheit des Pfeilers mit Hilfe des Ritzschen Näherungsverfahrens zu ermitteln[1]) und hat gefunden, daß die Knicksicherheit für einen Pfeiler, der etwa die Abmessungen des später zu behandelnden Noetzlischen Projektes hat, ausreichend ist. Hierbei ist jedoch der Pfeiler nicht aufgelöst. Wahrscheinlich ist auch die Sorge wegen der Knicksicherheit übertrieben. Immerhin ist es aber ganz richtig, mit den Pfeilerabmessungen vorsichtiger zu sein, bis dieses Problem theoretisch und mit Hilfe von Versuchen endgültig geklärt sein wird. Es empfiehlt sich, die Pfeiler mittels Eisenbetonträgern zu versteifen. An der Krone erhalten die Pfeiler eine Versteifung in der Längsrichtung durch die Brücke, die über die Krone läuft. Falls die Gewölbe mit den Pfeilern fest verbunden sind, dienen diese ersteren ebenfalls zur Versteifung der Pfeiler. Aus Temperatur- und Schwindwirkung entstehen jedoch Spannungen in den Versteifungsträgern, die Nebenspannungen in den Pfeilern verursachen können. Bedeutend werden diese Spannungen jedoch nicht sein, da sich der ganze Damm gegen ein Ufer nicht verschieben kann; eine solche Bewegung wird von den Talwänden verhindert. Aus Temperaturabnahme und Schwinden können dagegen an den Stellen, an denen die Versteifungsträger an die Pfeiler anschließen, kleine Zugspannungen in den letzteren auftreten. Diese werden jedoch keine gefahrdrohende Wirkung ausüben können.

Gegen Knickgefahr hat die untere Einspannung die größte Bedeutung und daher ist es stets zu empfehlen, die Pfeiler in den für diesen Zweck errichteten Fundamentgruben zu gründen. Falls die Pfeiler auf ein vorbereitetes Fundament gelegt werden, so müssen jene in das Fundament gut verankert werden, was nicht nur wegen der Knickgefahr, sondern auch wegen Gleitsicherheit unbedingt zu empfehlen ist (s. Gleno-Staumauer).

In den Fachkreisen herrscht die Meinung, daß die Höhe eines Gewölbereihendammes gerade durch die Knickgefahr beschränkt ist. Deshalb sind für die Herabsetzung der Knickgefahr verschiedene Anordnungen vorgeschlagen bzw. gemacht worden, wie vertikale Rippen (Gem Lake) und Auflösung des Pfeilers selbst (Horseshoe Projekt). Es wird sich empfehlen, dieser Frage erst dann näherzutreten, wenn das Problem der Knicksicherheit theoretisch und versuchsmäßig gelöst sein wird.

Über die Grundrißanordnung der Staumauer soll folgendes bemerkt werden: Bei den Schwergewichtsmauern ist es mit Rücksicht auf die Temperatur- und Schwindwirkungen evtl. zweckmäßig, sie im Grundriß krummlinig anzuordnen, falls keine

---

[1]) Transactions Bd. 87, S. 324 ff. 1924.

Dehnungsfugen eingebaut sind. Dieser Zweck wird mit sehr großem Krümmungs-radius nicht erreicht, weil in einem allzu schwachen Bogen die Bogenwirkung sich kaum ausbilden kann. Die Notwendigkeit einer krummlinigen Grundrißanordnung ist jedoch nur bei Betonmauern vorhanden, weil bei einer massiven Staumauer, die in Mauerwerk hergestellt wird, das Schwindmaß des Mörtels sehr wenig ausmacht, und außerdem ein solcher Körper auch viel weniger homogen ist als der Beton.

Bei den aufgelösten Staumauern ist eine gekrümmte Anordnung im Grundriß aus statischen Gründen nicht erforderlich. Eine solche Anordnung bedeutet hier einen größeren Materialaufwand. Die Staumauer wird dadurch noch komplizierter, so daß aufgelöste Staumauern im allgemeinen gradlinig ausgebildet werden sollen. Es kann jedoch der Fall eintreten, daß eine gekrümmte Grundrißanordnung wirt-schaftliche Vorteile bietet. Ein solcher Fall tritt z. B. ein, wenn die Höhenlinien nicht parallel verlaufen. In diesem Fall kann an Gründung und auch an Baumaterial ge-spart werden, wenn die Pfeiler parallel mit den Höhenlinien angeordnet sind. Statisch werden aus einer solchen Grundrißanordnung zusätzliche Spannungen im Bogen und

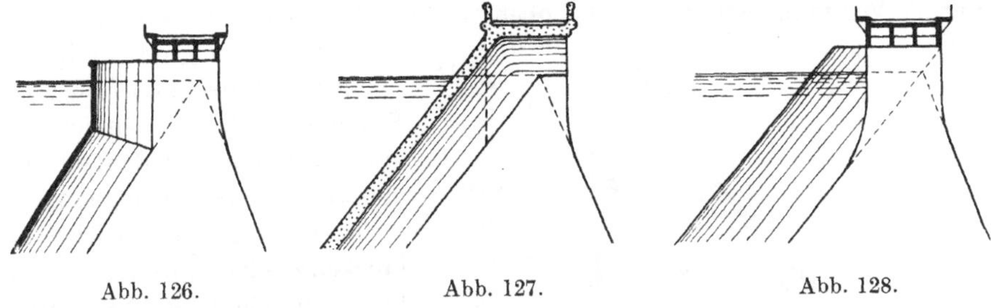

Abb. 126. Abb. 127. Abb. 128.

in den Seitenpfeilern im Fall einer Senkung des Pfeilers zwar auftreten, diese sind jedoch so gering, daß sie unter normalen Verhältnissen gar nicht in Frage kommen[1]).

Die Dammkrone kann verschiedenartig ausgebildet werden. Auf den dreieckigen Pfeiler wird meistens noch ein rechteckiger Kronenteil (Kopf) aufgebaut, um u. a. die nötige Auflagerbreite für die Brücke zu schaffen. Ein Weg an der Dammkrone ist, abgesehen von den Verkehrsverhältnissen, auch zur Verbindung bzw. Versteifung der Pfeiler in der Richtung der Dammachse nötig. Der Kopf oder der größte Teil desselben wird über die wasserseitige Pfeilerböschung gelegt, da sie im allgemeinen größer ist als die talseitige Böschung. Je kleiner (steiler) nämlich die Böschung ist, desto tiefer muß der Kopf hinunterreichen, bis er auf den Pfeiler auftrifft. Bei der erwähnten Anordnung wird die obere Pfeilerverstärkung an der Wasserseite sichtbar. Dieser Umstand wird das Bauwerk jedoch ästhetisch nicht nachteilig beeinflussen. Die Abb. 126 bis 128 zeigen einige Kronenausbildungen. In Abb. 126 ist der obere Teil des Gewölbes senkrecht ausgebildet. Solche Anordnung kommt bei Gewölbereihen-dämmen nicht selten vor. Durch eine derartige Anordnung wird die Bauausführung etwas schwieriger, also teurer; sie bietet den scheinbaren Vorteil, daß der veränder-liche Wasserdruck und das Eigengewicht im oberen senkrechten Teile des Gewölbes nicht wirksam ist, wodurch die Spannungsverhältnisse oben günstiger sind. Solche Spannungen werden jedoch bei dem Übergang in den geneigten Teil gleich auftreten, und da der ganze senkrechte Teil nicht zu lang ist, wird die Bogenstärke bei der Übergangsstelle nur unwesentlich größer, so daß das eigentliche Ziel nicht erreicht ist.

---

[1]) Näheres darüber s. Kelen: Grundrißanordnung der Gewölbereihendämme. Dtsch. Wasserwirt-schaft 1924, H. 10.

Die Abb. 127 stellt einen senkrechten Schnitt in der Feldmitte bei einer anderen Anordnung dar. Hier geht das Gewölbe in den Bogen der Brücke über, die Staumauer ist also oben geschlossen. Abb. 128 zeigt eine ähnliche Anordnung wie Abb. 126, nur ist das Gewölbe mit konstanter Böschung hochgeführt. Diese Lösung wird wohl am billigsten und am zweckmäßigsten sein. Es ist vorteilhaft, die Gewölbe oben offen zu lassen, da dadurch die innere Gewölbefläche zugänglich und auch von oben sichtbar ist. Man wird wohl tun, in die innere Scheitelfläche des Gewölbes eiserne Bügel einzubauen, um sie ganz zugänglich zu machen.

Die Kronenbrücke wird im allgemeinen als Bogenbrücke ausgebildet, wodurch auch die ästhetische Wirkung des Dammes erhöht wird. Im Hinblick darauf, daß die Brücke zur Versteifung der Pfeiler dienen soll, bietet eine Eisenbetonbalkenbrücke mehr Vorteile, denn ein gerader Stab besitzt in der Achsenrichtung größere Steifheit als ein Bogen. Solche Balkenbrücke wird am zweckmäßigsten mit den Pfeilern biegungsfest verbunden, so daß eine Rahmenkonstruktion entsteht, wodurch die Wirtschaftlichkeit der Brücke erhöht wird.

Für die Versteifungsträger gilt das oben Gesagte ebenfalls. Man sollte ihnen nach Möglichkeit eine große Breite (1 bis 2 m) geben. Ein schmaler, biegsamer Eisenbetonbalken nämlich wird kaum imstande sein, dem schweren, massiven Pfeiler einen genügenden Widerstand gegen seitliches Ausknicken zu bieten. Die entsprechend breit ausgebildeten Versteifungsträger können dann gleichzeitig als Stege benützt werden. An den in Frage kommenden Stellen wird man in den Pfeilern Öffnungen zum Durchgehen aussparen, eine Vorkehrung, die man öfter schon an

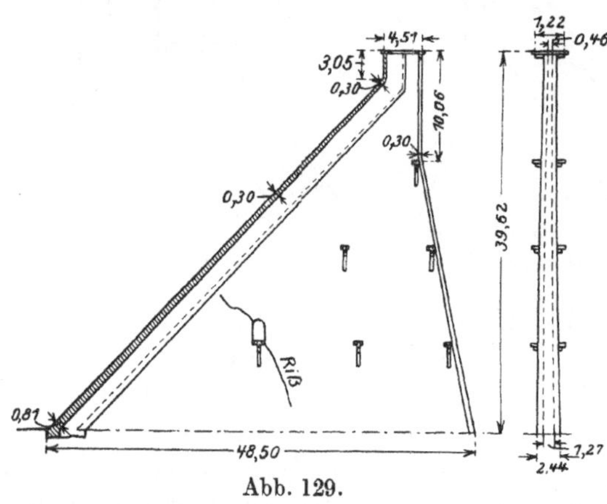

Abb. 129.

ausgeführten Sperren getroffen hat. Dadurch wird die Möglichkeit, an der Talseite der Sperre überall hin zu gelangen, noch vergrößert.

Hinsichtlich der Anordnung dieser Aussparungen sei das Beispiel des Lake Hodges-Dammes herangezogen. Die fast 1,98 m hohe und 1,22 m breite Aussparung ist hier sehr nahe an die Wasserseite verlegt, doch da in der Nähe der Wasserseite stets mit dem Auftreten von Zugspannungen gerechnet werden muß, ist diese Anordnung unrichtig. Tatsächlich sind denn auch bei einigen Pfeilern des Lake Hodges-Dammes Risse entstanden (s. Abb. 129), die ganz ausgesprochen die Merkmale von Zugrissen aufweisen: sie verlaufen nämlich normal zur Wasserseite. Ein Riß führt gerade durch die erwähnte Aussparung. Daher sollte man stets darauf achten, daß solche Aussparungen ein gutes Stück von der Wasserseite entfernt angeordnet werden.

In der Fachliteratur wird öfters betont, daß aufgelöste Staumauern nur auf guten Fels gegründet werden sollen. Diese Vorsichtsmaßregel ist gewiß unbedingt zutreffend, da ungleichmäßige Pfeilersenkungen große zusätzliche Beanspruchungen verursachen können. Ein widerstandsfähiger Untergrund ist jedoch nicht nur für die aufgelöste Staumauer, sondern ebenfalls für die massive Staumauer eine unerläßliche Bedingung, weil die Gefahr eines Einsturzes, der sich aus der Senkung des Untergrundes ergeben kann, bei massiven Staumauern ebenso groß ist wie bei aufgelösten. Ist die Notwendigkeit vorhanden, eine Staumauer z. B. auf ein Kiesbett zu gründen, so kann das bei aufgelösten Staumauern durch Errichtung einer durchgehenden Fundamentplatte erreicht werden. In diesem Falle muß man aber besonders vorsichtig sein. Erstens muß die Herdmauer bis zum Fels hinunterreichen, oder falls der Fels besonders tief liegt, dann muß eine dichte Spundwand an der Wasserseite errichtet werden, um die Durchsickerungen zu vermeiden. Zweitens muß der Sohlenwasserdruck unbedingt berücksichtigt werden, denn selbst bei einer dichten Herdmauer oder Spundwand ist mit einer geringen Durchsickerung immer zu rechnen. Vor allem muß hier der Einfluß des Sohlenwasserdruckes auf die Gleit- und Standsicherheit untersucht werden. Drittens muß die Fundamentplatte mit Eisenbewehrung versehen und biegungsfest ausgebildet werden, so daß sie dem vollen Sohlenwasserdruck widerstehen kann. Außerdem wird es sich empfehlen, zwecks Erhöhung der Reibung an der Unterfläche der Platte Rippen anzuordnen, die parallel mit der Dammachse laufen. Außerdem muß noch nachgeprüft werden, ob die Staumauer trotz der Rippen nicht abrutschen kann, was nicht ausgeschlossen ist, wenn der Untergrund nicht fest genug ist, so daß die obere Bodenschicht von diesen Rippen mitgerissen werden kann. Die Herdmauer wird im Grundriß die Form einer Ellipse — entsprechend den wagerechten Gewölbeschnitten — haben.

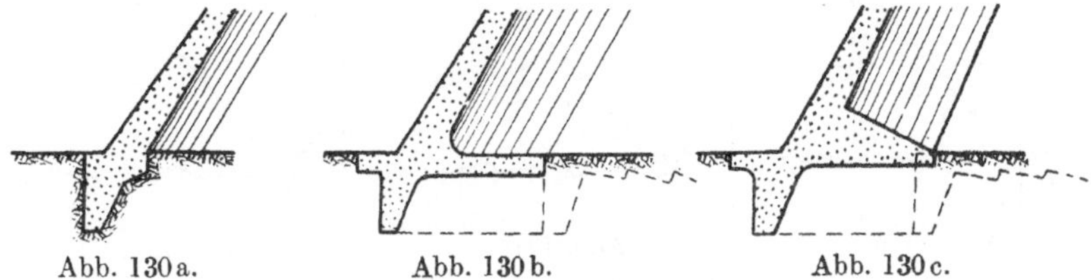

Abb. 130a.   Abb. 130b.   Abb. 130c.

In den Abb. 130a bis 130c sind drei Arten von Gewölbegründung skizziert. Am billigsten und am einfachsten ist die in Abb. 130a skizzierte Anordnung. Manchmal wird die aus Abb. 130b ersichtliche Ausbildung bevorzugt, um dem Gewölbefuß ein solides Fundament zu geben und um die mit der Böschung parallele Komponente des Eigengewichtes auf eine größere Fläche zu verteilen. Solche Anordnungen sind jedoch entbehrlich, bei gutem Felsboden sogar überflüssig. Bei der in Abb. 130c gezeichneten Ausbildung tritt auch die Stützmauerwirkung im untersten Teile des Gewölbes stärker auf als bei den zwei ersten Anordnungen. Einen sehr wesentlichen Einfluß wird sie jedoch auch hier nicht ausüben können.

Auf Grund des in Kapitel III Erwähnten muß die Pfeilergründung besonders sorgfältig geschehen. Vor allem wird man eine wagerechte Fundamentsohle für die Pfeiler herzustellen haben, die sehr sorgfältig mit entsprechender Verzahnung vorbereitet werden muß. Die Mehrkosten für die Gründung werden durch kleinere Pfeilerdimensionen, die auf Grund der vorigen Berechnungen sich ergeben, ausgeglichen. Um die Wahrscheinlichkeit der bei Gründungsarbeiten so häufigen Überraschungen möglichst herabzusetzen, wird es erforderlich sein, sich vor Beginn der Arbeiten über die Qualität des Untergrundes durch eine genügende Zahl entsprechend angeordneter Probebohrungen zu überzeugen. Ist die Gründung sorgfältig und solid ausgeführt, so können sogar höhere Spannungen im Pfeiler zugelassen werden. Wie im vorigen Kapitel erörtert wurde, ist die Reibungszahl (s. S. 159) bei konstanter Seitenböschung der Pfeiler um so größer, je kleiner die Pfeilerhöhe ist. Daher soll die Pfeilergründung mit abnehmender Pfeilerhöhe immer sorgfältiger ausgebildet werden. Es sei noch einmal betont, daß eine wagerechte Gründungssohle eine Hauptforderung für die solide Gründung ist.

Über die Ausbildung der Verzahnung muß noch folgendes bemerkt werden. Es ist eine allgemeine Regel, die Verzahnung derart auszubilden, daß die längeren Flächen von der Resultierenden möglichst senkrecht getroffen werden (Abb. 131a); die Resultierende soll also etwa parallel mit der küzeren steileren Zahnfläche laufen. Diese Anordnung ist wegen einer günstigen Druckverteilung auf den Untergrund zu empfehlen. Sind dagegen die Zähne umgekehrt (nach Abb. 131b) angeordnet, so ist die Druckverteilung nicht so günstig; ein solches Fundament bietet aber einen besseren Widerstand gegen Gleiten. — Um nun die Vorteile beider Anordnungen zu vereinigen, wird sich der Mittelweg empfehlen, die Verzahnung nämlich nach Abb. 131c symmetrisch auszubilden.

Bei Staumauern ist schon öfter die sehr wichtige Frage aufgeworfen worden, bis zu welcher größten Bauhöhe man Staumauern errichten darf. Die Beantwortung dieser Frage kann nur auf Grund von Erfahrungen und nicht rein theoretisch erfolgen. Schwergewichtsmauern haben sich gut bewährt, deshalb geht man mit der Höhe immer weiter, und zwar um so weiter, je reichlichere Erfahrungen zur Verfügung stehen. Gewölbestaumauern sind jüngere Konstruktionen, sie werden jedoch auch immer höher ausgeführt, ein Zeichen dafür, daß sie in allen Fachkreisen als sehr

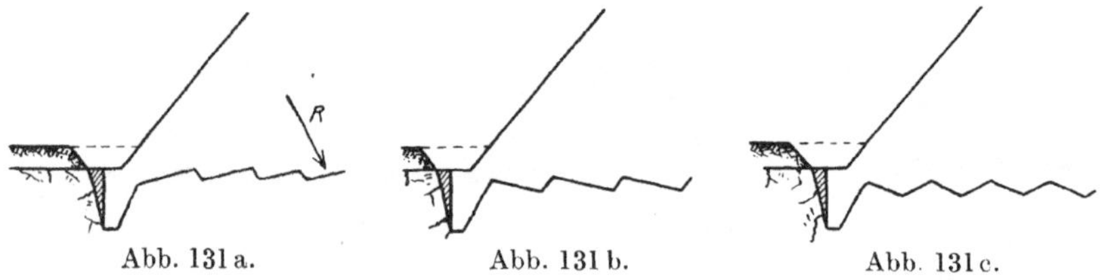

Abb. 131 a.   Abb. 131 b.   Abb. 131 c.

sichere Konstruktionen betrachtet werden. Mit aufgelösten Staumauern ist man noch vorsichtig. Viele vertreten die Ansicht, daß die Höhe der aufgelösten Staumauer durch den Pfeiler beschränkt ist. Wie aus den statischen Berechnungen der Stauwand und der Pfeiler zu ersehen war, ist das nicht der Fall. Die Spannungsverhältnisse der Pfeiler sind sehr günstig und bei entsprechender Wahl der Pfeilerabmessungen können gleichzeitig neben großer Wirtschaftlichkeit auch sehr vorteilhafte Spannungsverhältnisse erreicht werden. Höhere Spannungen ergeben sich bei den Gewölben. Da die Pfeiler auf Grund der vorangegangenen Berechnungen als statisch sehr günstig bezeichnet werden können, da ferner die Gewölbe dem reinen Gefühl nach auch als eine sehr sichere Konstruktion betrachtet und als solche in allen Fachkreisen anerkannt sind, so könnte man leicht zu der Ansicht kommen, daß eine Vereinigung der beiden Systeme ebenfalls eine sehr sichere Konstruktion darstellen muß. Es ist Tatsache, daß sich die Gewölbestaumauern ohne Ausnahme sehr gut bewährt haben. Dasselbe gilt bei richtigem Entwurf und bei sorgfältiger Bauausführung auch für die Gewölbereihendämme.

Man sollte sich heute bezüglich der zulässigen Höhe, bis zu welcher aufgelöste Staumauern noch ausführbar sind, nicht schon voreilig auf Grund theoretischer und wirtschaftlicher Überlegungen allgemeiner Art einseitig festlegen, sondern vielmehr in praktisch vorkommenden Fällen, welche die bisher mit dieser Bauweise bewältigten Grenzhöhen — gegenwärtig etwa 60 m — nicht erheblich überschreiten, auch die aufgelöste Ausführung in die Projektbearbeitung vergleichsweise einbeziehen und sie mit aller Sorgfalt behandeln. Wofern solche Studien nicht durch

Veröffentlichung der daran beteiligten Fachleute oder durch die Besprechung von Wettbewerben auf diesem Gebiet zum Gemeingut der Fachkreise werden, was im Interesse des Fortschreitens der Technik zu wünschen wäre, so würden zum mindesten hierbei doch die einer praktischen Ausführung würdigen Projekte mit gesteigerter Bauhöhe allmählich in die Erscheinung treten und die damit gemachten Erfahrungen für spätere Bauten nutzbar gemacht werden können. Daneben würden auch Versuche im großen und Versuche an Modellen (bei denen allerdings die mechanische Ähnlichkeit gewahrt bleiben müßte), zur Klärung der strittigen Frage beitragen.

Was die Wirtschaftlichkeit der aufgelösten Staumauern anlangt, so herrschen darüber verschiedene Meinungen. Es ist zweifellos, daß die erforderliche Masse bei aufgelösten Staumauern erheblich geringer ist als bei einer massiven Mauer. Andererseits braucht man bei der ersteren ein besseres Baumateral, die Schalung ist teurer, auch braucht man erheblich mehr gelernte Arbeiter als bei der Ausführung einer Schwergewichtsmauer. Der Einheitspreis wird also höher ausfallen. Es läßt sich aber trotzdem nicht leugnen, daß mit der aufgelösten Staumauer gegebenenfalls eine sehr große Wirtschaftlichkeit erreicht werden kann. Das wird man natürlich nicht allgemein behaupten können, sondern von Fall zu Fall muß erwogen werden, welcher Staumauertyp am wirtschaftlichsten ist. Es ist zu erwarten, daß mit reicheren Bauerfahrungen die Einheitspreise mit der Zeit noch wesentlich herabgesetzt werden können.

Da die aufgelöste Staumauer wie die meisten Eisenbetonbauwerke für Ausführungsfehler viel empfindlicher sind als eine massive Talsperre, so können solche Staumauern nur dort erbaut werden, wo die nötige Zahl von gelernten Arbeitern zur Verfügung steht. Eine besonders große Sorgfalt bei der Bauausführung ist eine unerläßliche Bedingung für die Sicherheit. Doch dieser Grundsatz gilt ja nicht nur für aufgelöste Staumauern, sondern auch für die anderen Ausführungsformen, ebenso wie für alle Ingenieurwerke überhaupt. Wenn man die Bauunfälle näher betrachtet, so findet man, daß bei dem überwiegend größten Teil derselben nicht das Projekt und noch viel weniger die Form (hier handelt es sich lediglich um Staumauern), sondern die schlechte Gründung oder Bauausführung den Einsturz verursacht hat. Hier liegt meines Erachtens der Schwerpunkt des ganzen Problems der Staumauern und nicht im Typ, und es wäre vielleicht zweckmäßiger, anstatt rein akademischer Diskussionen über den einen oder andern Typ zu veranstalten, dafür zu sorgen, daß auf Grund einer eingehenden und gewissenhaften geologischen Untersuchung die Untergrundverhältnisse geklärt und, gegebenenfalls durch entsprechende Kontrolle, eine sachgemäße und richtige Bauausführung garantiert wird.

Ein weiterer, nicht zu unterschätzender Vorteil der aufgelösten Staumauern ist der, daß sie als Eisenbetonkonstruktionen elastisch, d. h. biegungsfest sind. Infolgedessen eignen sie sich ganz besonders für Erdbebengebiete, wo die Errichtung einer Schwergewichtsmauer oder eines Erddammes nicht zu raten ist. Daß die Eisenbetonkonstruktionen den Erdstößen vorzüglich zu widerstehen vermögen, zeigen die letzten Erdbeben in Japan und Kalifornien.

Die Wasserdichtheit des Betons.

Die Wasserundurchlässigkeit spielt bei den Staumauern eine äußerst wichtige Rolle. Bei den meisten Staumauern erfolgt die Dichtung mittels einer 1 bis 4 cm starken Spritzbetonschicht, worüber noch manchmal ein wasserdichter Anstrich (Inertol, Ironite u. dgl.) aufgebracht wird. Ein solcher Anstrich empfiehlt sich ganz besonders an den Teilen der Staumauer, die den Schwankungen des Wasserspiegels ausgesetzt sind, also zwischen Stauziel und Absenkziel. Viele umfangreiche Versuche sind bis jetzt über die Bestimmung der Wasserundurchlässigkeit des Betons im In- und Auslande gemacht worden, von denen die von Otto Graf, ausgeführt in der Materialprüfungsanstalt der T. H. Stuttgart[1]), kurz besprochen werden sollen.

Wenn an großen Bauwerken wasserdurchlässige Stellen auftreten, so erscheinen sie vorzugsweise an den Arbeitsfugen des Betons und namentlich an Stellen, bei denen eine längere Arbeitsunterbrechung stattgefunden hat. An solchen Stellen sickert das Wasser durch und läßt eine weiße Ablagerung (Kalkhydrate) zurück. Es ist also bei solchen Bauten von Fall zu Fall zu erwägen, ob und welche Maßnahmen zur Milderung der Mängel der Stampffugen zu treffen sind, namentlich wenn die Druckrichtung des Wassers parallel oder nur wenig geneigt zur Stampfrichtung liegt. In diesen Erwägungen wird u. a. zu entscheiden sein, ob Stampfbeton oder Beton mit größerem Wasserzusatz, sei es als weicher Beton oder als Gußbeton, anzuwenden sind.

Bei Wasserbehältern, Rohren, Staumauern usw. aus Beton ist nicht selten zu beobachten, daß die Wasserdurchlässigkeit, welche nach Inbetriebnahme auftritt, im Laufe der Zeit allmählich geringer wird, in manchen Fällen sogar ganz aufhört (s. am Ende dieses Kapitels). Die Zusammensetzung des Betons, namentlich der Zementgehalt und die Herkunft des Zements, vor allem die vorausgehende Behandlung des Betons lassen dabei ihren Einfluß deutlich erkennen. Die Beobachtungen besagen, daß es zweckmäßig ist, **den Beton nach seiner Herstellung, wenn irgend möglich, bis zur Inbetriebsetzung des Bauwerks feucht zu halten.** Das empfiehlt sich auch mit Rücksicht auf den Schwindvorgang.

Es sind folgende Versuche gemacht worden:

1. mit quadratischen Platten von 2,5 cm Höhe und etwa 25 cm Kantenlänge aus weich angemachtem Mörtel von 1 RT. Portlandzement, 0,7 RT. Sackkalk, 1 RT. rheinischem Traß, 6,1 RT. Sand (bis 7 mm) und 19 Gewichtsprozenten Wasser. Die Untersuchung erfolgte nach 28 Tagen. Bei einem Druck von 0,06 Atm. wurde die Unterfläche der Platten nach einer Stunde schon feucht und nach 6 Stunden fielen einzelne Tropfen ab. Diese Platten waren trocken gelagert.

Platten mit derselben Zusammensetzung, jedoch bei Wasserlagerung, ergaben bis zu einem Druck von 8 Atm. keine Wasserdurchlässigkeit. **Aus diesem Versuch sieht man den großen Einfluß der Lagerung des Betons;**

2. mit quadratischen Platten von 6 cm Höhe und 50 cm Kantenlänge aus weichem Beton von 1 RT. Zement, 2 RT. Sand (bis 7 mm) und 3 RT. Kies (bis 20 mm) und 9,5% Wasser. Ein Teil der Platten war trocken, der andere unter Wasser gelagert. **Während bei den trocken gelagerten Platten schon unter 90 cm Wassersäule eine Durchsickerung erfolgte, erwiesen sich die feucht gelagerten Platten noch unter 7,5 Atm. als undurchlässig.** Trotzdem die trocken gelagerten Platten nach dem 1. Versuch in Wasser gelegt wurden, ist eine wesentliche Besserung der Wasserdichtheit derselben nicht eingetreten.

Betonplatten, welche nach mehrwöchiger Wasserlagerung dem Austrocknen ausgesetzt wurden, zeigten infolge der Trockenlagerung Zunahme der Wasserdurchlässigkeit, jedoch nicht in erheblichem Maße.

Die weiteren Versuche lieferten folgende Resultate: Die Wasserdurchlässigkeit der im Wasser gelagerten Betonplatten nimmt mit steigendem Alter bedeutend ab. Das galt auch für solche Platten, die aus magerem Zementmörtel hergestellt wurden.

---

[1]) Bauingenieur 1923, H. 8.

Versuche mit verschiedenen Zementarten zeigten, daß die Qualität des Zements auf die Wasserdurchlässigkeit einen recht großen Einfluß ausübt. Nach den Erfahrungen von Graf sind Zemente, welche in weich angemachtem Beton klebrigen Mörtel liefern, unter sonst gleichen Verhältnissen geeigneter als solche, welche losen, fallenden Mörtel ergeben.

Bezüglich des Einflusses des Wassergehalts konnte festgestellt werden, daß die Wasserdurchlässigkeit des Betons mit steigender Menge des Anmachwassers zunimmt.

Es ist klar, daß die Zusammensetzung bzw. Menge der Zuschlagstoffe auf die Wasserdichtigkeit des Betons einen sehr großen Einfluß ausübt. Demnach muß das Mischungsverhältnis so bestimmt sein, daß im Beton möglichst wenige Hohlräume enthalten sind.

Der Zusatz von Kalk bzw. Kalksteinmehl und Traß erhöht im allgemeinen die Wasserdichtigkeit des mageren Betons.

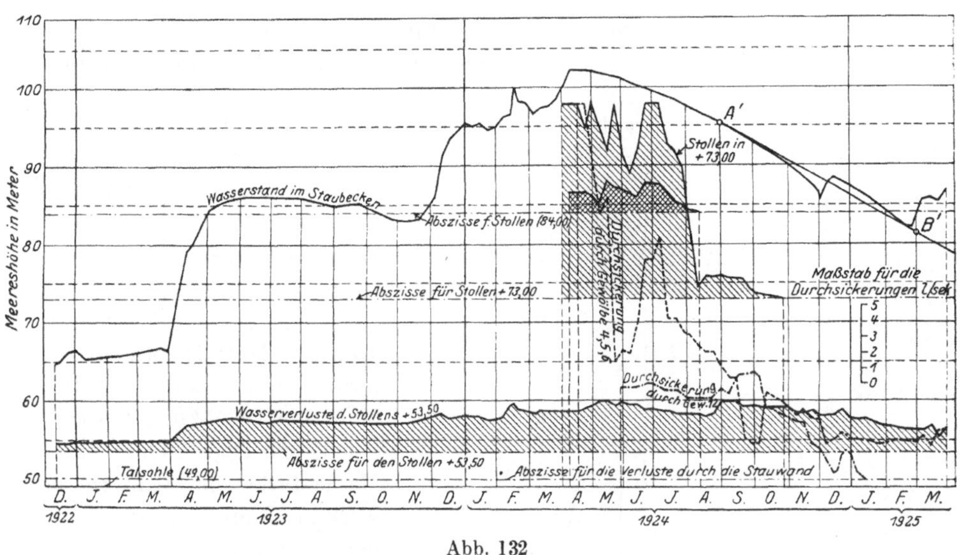

Abb. 132

Messungen der Wasserverluste bei der Tirso-Talsperre[1][2].

In Abb. 132 sind die beobachteten Wasserverluste durch die Stauwand und in den Entwässerungsstollen mit veränderlichem Wasserstand gezeichnet. Aus dieser Abbildung ist ersichtlich, daß die Wasserverluste bei einem bestimmten Wasserdruck aufhören, so daß der Verlust durch folgende Formel ausgedrückt werden kann:

$$v = m\,(H - H_0),$$

worin H die Höhe des Wasserspiegels über der Sohle des Stollens und H_0 die Höhe jenes Wasserstandes über der Stollensohle bedeutet, bei der der Verlust aufhört. Für den Hauptstollen, der in der Höhe + 53,50 m liegt, lautet diese Formel:

$$v = 0{,}127\,(H - 15{,}50).$$

Der größte Wasserverlust wurde am 15. April 1924 beobachtet und betrug 55,60 l pro Sek. Ende November 1924 betrug der Wasserverlust bloß 8,54 l pro Sek. bei einem Wasserstand von 86,73 m. Diese starke Abnahme des Wasserverlustes ist teilweise durch die Senkung des Wasserspiegels, andererseits aber dadurch erklärt, daß der Wasserverlust mit der Zeit abnimmt. Letzterer Umstand ist auch durch Beobachtungen an anderen Bauwerken bestätigt worden.

[1] Kambo: Confronti tra le dighe a gravità e le dighe ad archi multipli. Energia Elettrica, Juni 1925.
[2] Die Beschreibung der Tirso-Talsperre folgt im nächsten Kapitel.

VI. Ausgeführte Staumauern.

In der bisherigen Literatur über Staumauern wurde der größte Wert auf die Gewichtsmauern gelegt, weil die meisten ausgeführten Talsperren von diesem Typ sind. Im Nachfolgenden soll deshalb die Beschreibung dieses Typs ganz weggelassen und nur von den Einzelgewölben und den aufgelösten Staumauern die Rede sein.

1. Gewölbestaumauern.

Solche Sperrmauern sind schon in den meisten Ländern ausgeführt. Sie kommen immer häufiger zur Verwendung mit Rücksicht auf ihre günstigen statischen Verhältnisse und auf die große Wirtschaftlichkeit, die mit ihnen bei beliebiger Höhe erreicht werden kann.

Wir beschränken uns hier bloß auf eine ausführlichere Aufzählung der bisher erbauten Einzelgewölbe über 30 m Höhe, ohne auf Vollständigkeit Anspruch zu erheben.

Zola-Damm bei Aix, Frankreich, wurde um 1843 erbaut. Die größte Mauerhöhe beträgt rd. 38 m, der Krümmungsradius 48 m, Mauerlänge 62,46 m, Zentriwinkel 74°20′, untere Gewölbestärke rd. 13 m. Das Gewölbe ist in Steinmauerwerk ausgeführt[1] (Abb. 133).

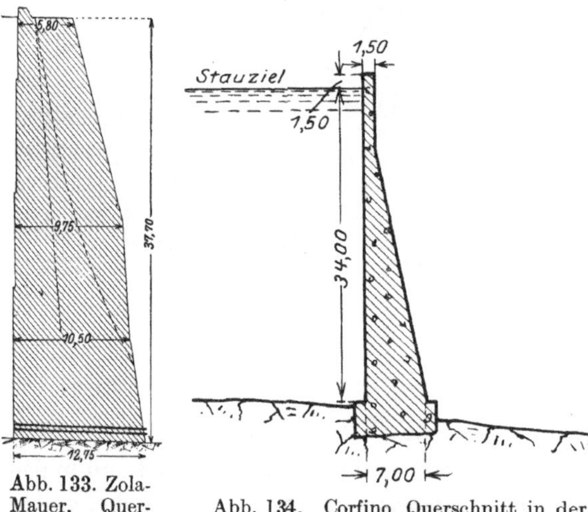

Abb. 133. Zola-Mauer. Querschnitt[2].

Abb. 134. Corfino Querschnitt in der Mauermitte.

Bemerkenswert ist der alte Bear Valley-Damm in Kalifornien mit etwa 15 m freier Mauerhöhe, 51°20′ Zentriwinkel (!) und etwa 2,60 m unterer Mauerstärke, in Granitmauerwerk im Jahre 1886 erbaut, und der Upper Otay-Damm, ebenfalls in Kalifornien, mit 23 m Höhe, 56° Zentriwinkel, 4,30 m Stärke, der in Beton mit einer Mischung von 1 : 2,1 : 3,4 hergestellt wurde (Baujahr 1900).

Diese zwei Gewölbe kennzeichnen sich durch die sehr hohen zulässigen Spannungen, die — nach Hawgood[1] —etwa 67 kg/cm² betragen, ohne Berücksichtigung der Einspannung und der Temperaturänderung.

Eine tabellarische Zusammenstellung der nach der gewöhnlichen Kreiszylinderform ausgebildeten Gewölbedämme befindet sich im in der Fußnote[1] erwähnten Heft, wonach in New South Wales allein 13 Betongewölbe in den Jahren 1897 bis 1907 ausgeführt worden sind.

Pathfinder-Damm, Wyoming, U.S.A. Größte Höhe 64 m, Kronenbreite 3 m, untere Stärke 28,7 m, Krümmungshalbmesser in mittlerer Höhe 45,70 m, unten 57 m.

Corfino-Sperre in Toscana (Italien) (Abb. 134, 135). Gesamthöhe 40 m. Kronenstärke 1,50 m. Größte Stärke unten 7 m. Wasserseite vertikal mit einem Radius

---

[1] Hawgood: Huacal Dam, Sonora, Mexico. Transactions Bd. 78, S. 566ff. 1915.

[2] Aus Ludin: Die Wasserkräfte, S. 961.

Abb. 135. Corfino.

von 23,50 m. Der Damm ist in Beton in 72 Tagen hergestellt worden. Die Stelle, an der sich diese Staumauer befindet, gehört in den Bereich der letzten heftigen Erdbeben von Garfagnana. Das Erdbeben war so stark, daß sämtliche Gebäude in der Umgebung einstürzten, während in der Staumauer nicht die geringsten Haarrisse beobachtet wurden[1]).

Talsperre Turrite (Toscana, Italien) (Abb. 136, 137). Höhe 42 m. Senkrechte Wasserseite mit 34 m Radius. Die Krone ist als Überfall ausgebildet[1]).

Die neueren Gewölbedämme wurden größtenteils nach dem Jorgensenschen Prinzip mit veränderlichem Radius ausgebildet. Solche Gewölbe über 30 m Höhe sind die folgenden[2]):

Lake Spaulding-Damm am Yubafluß (Kalifornien U.S.A.) (Abb. 138 bis 140). Erbaut 1912 bis 1913. Die Mauerhöhe ist 89,95 m über dem Fundament und 83,36 m über der Flußsohle. Der Krümmungshalbmesser der Wasserseite an der Krone beträgt 134,11 m, unten 76,20 m; die Spannweite 234,60 m. Aufgewandte Betonmenge ist 146 784 m³. Die Staumauer ist nachträglich verstärkt und erhöht worden (S. Abb. 139 und 140).

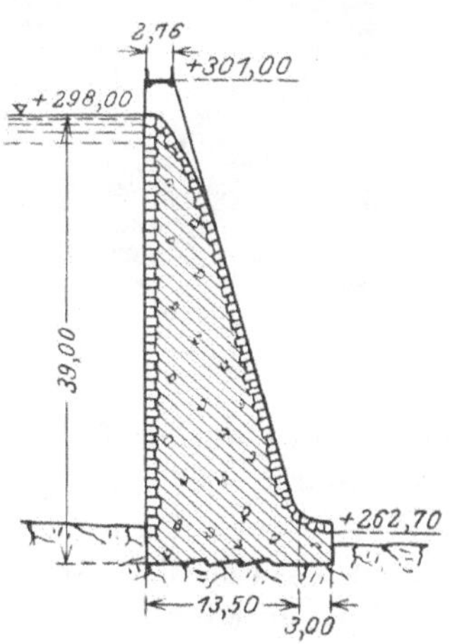

Abb. 136. Turrite. Querschnitt in der Mauermitte

Salmon Creek-Damm (Alaska, in der Nähe von Juneau). (Abb. 141, 142.) Errichtet im Jahre 1912—1913. Der Damm ist 51,21 m hoch über Talsohle und hat eine Spannweite von 166,12 m. Der wasserseitige Krümmungsradius beträgt 100,89 m an der Krone und 44,96 m an der Sohle. Die Kronenstärke ist 1,83 m, die untere Stärke 14,48 m. Zum Bau hat man rd. 40 000 m³ Beton verwendet.

---

[1]) Nach Mitteilungen des Ingenieurbüros A. Omodeo, Mailand.
[2]) Nach Privatmitteilungen von Mr. Jorgensen.

Manila-Damm (Philippinen). Fertiggestellt im Jahre 1913. Die Staumauer ist 30 m hoch mit einer Spannweite von 30,48 m.

East Canyon Creek-Damm (Utah, U.S.A.). Erbaut im Jahre 1917. Die Mauerhöhe beträgt 42,57 m, die Spannweite ungefähr 122 m.

Sun River-Damm (Idaho, U.S.A.). Ausgeführt im Jahre 1917. Der Damm ist 30,48 m hoch, seine Spannweite beträgt 76,20 m.

Kerckhoff Damm (San Joaquin River, Kalifornien U.S.A.) (Abb. 143). 1919 errichtet. Die Mauerhöhe beträgt 32,91 m, die Spannweite 137,16 m; die eingebaute Betonmenge 17 584 m³.

Crocodil River-Damm Transvaal (Süd-Afrika) (Abb. 144). Baujahr 1922. Er ist 60,35 m hoch, seine Spannweite beträgt 137,16 m, sein wasserseitiger Krüm-

Abb. 137. Turrite.

mungsradius an der Krone ist 68,58 m. Die untere Stärke beträgt 22,25 m, die Kronenstärke 4,90 m.

Lost Creek-Damm (Kalifornien, U.S.A.) (Abb. 145). Die Höhe der Staumauer beträgt 34,14 m, ihre Spannweite 115,82 m, ihr wasserseitiger Krümmungsradius an der Krone 60,96 m, am Grund 27,43 m, ihre Kronenstärke beträgt 1,22, ihre untere Stärke 7,16 m. Zum Bau war nur 8410 m³ Beton erforderlich. Der Damm soll später erhöht werden.

Bullards Bar-Damm (Yubafluß, Kalifornien U.S.A.) (Abb. 146). Errichtet im Jahre 1923. Der Damm ist 55,78 m hoch mit einer Spannweite von 134,11 m, der wasserseitige Krümmungsradius an der Krone ist 73,15 m, am Grund 28,65 m, die Kronenstärke ist 1,83 m, die untere Stärke 13,41 m. Die Kronenbrücke liegt 62 m über Gründungssohle.

Mormon Flat-Damm (Salt River, Arizona, U.S.A.). Erbaut im Jahre 1923—1924. Die Höhe über Flußsohle beträgt 50,60 m, über dem Fels 65,86 m. Die Spannweite ist 97,54 m. Der Krümmungshalbmesser an der Krone der Wasser-

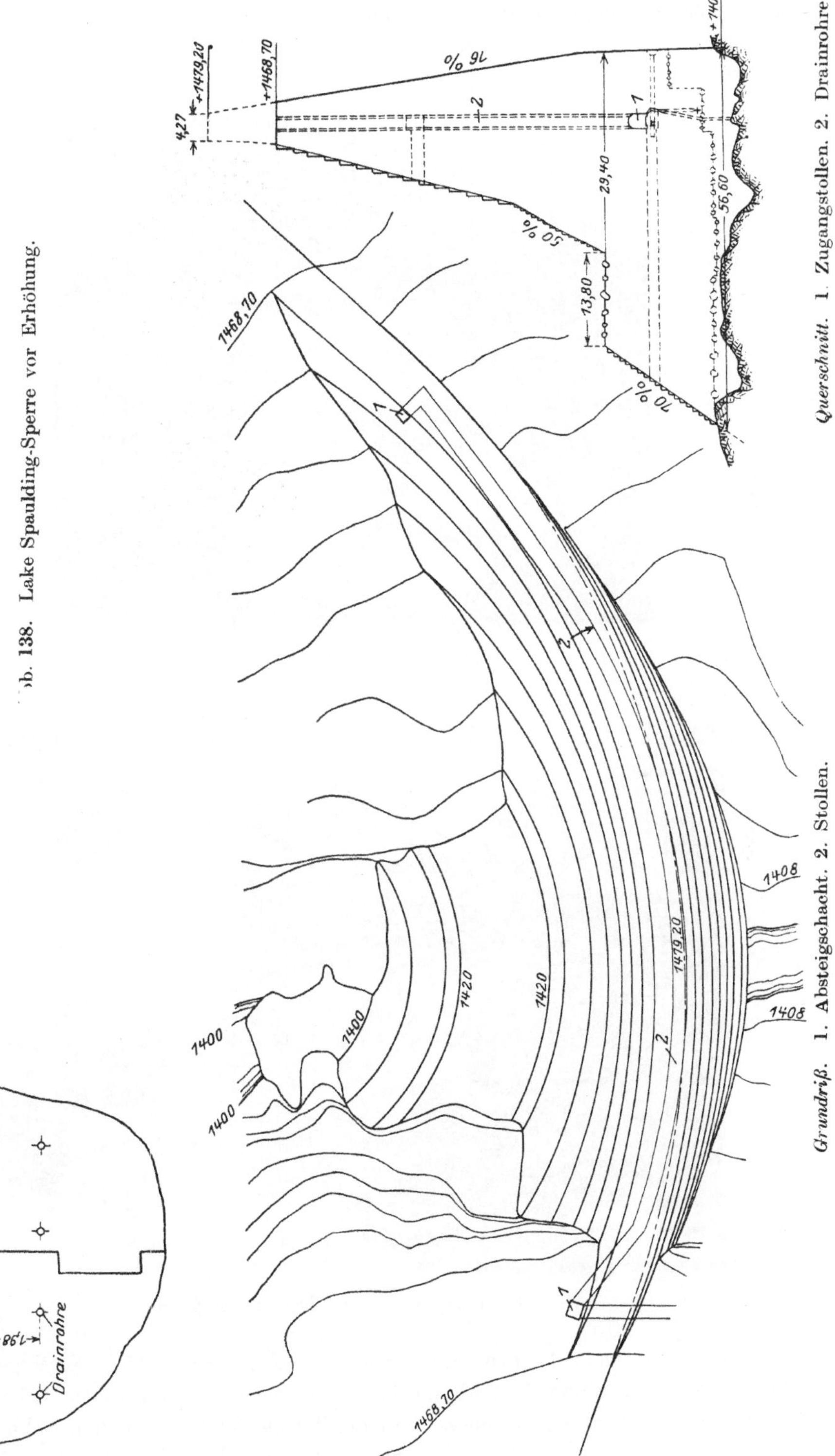

Abb. 138. Lake Spaulding-Sperre vor Erhöhung.

seite beträgt 58,83 m, im Stauziel 32,92 m. Die Kronenstärke ist 2,44 m, die untere Stärke 8,23 m. Aufgewandte Betonmenge 17 854 m³

Abb. 139. Lake Spaulding-Damm. Erhöhung und talseitige Verstärkung des Gewölbes.

Abb. 140. Lake Spaulding. Endgültiger Zustand.

Upper Hubbart-Damm (Montana, U.S.A.) (Abb. 147). Fertiggestellt im Jahre 1923. Die größe Mauerhöhe ist 39,93 m, die Spannweite 121,92 m, der wasserseitige Krümmungshalbmesser an der Krone 60,96 m, an der Sohle 57,23 m, die Kronenlänge 153,31 m, die obere Stärke 1,52 m, die untere Stärke 7,62 m. Die

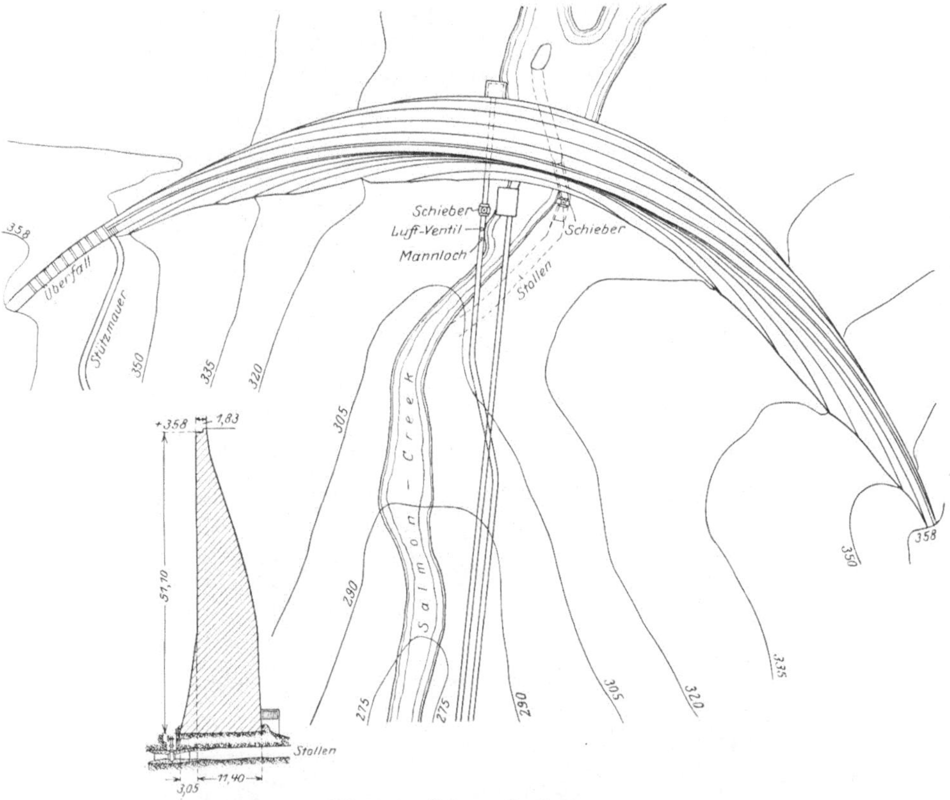

Abb. 141. Salmon Creek-Damm.

Abb. 142. Salmon Creek-Damm.

Abb 143. Kerckhoff Damm. Größte Überfallmenge 2800 cbm/sek.

Abb. 144 Crocodil River.

Abb. 145. Lost Creek-Damm mit hölzerner Kronenbrücke.

eingebaute Betonmenge beträgt 13000 m³ und wurde im Verhältnis $1:2^1/_2:5$ gemischt.

Emigrant Creek-Damm (Talent Irrigation District, U.S.A.). Der Damm wurde im Jahre 1924 erbaut. Seine Höhe beträgt 30,48 m über dem Flußbett, 35,05 m über der Gründung, seine Spannweite ist 109,73 m, sein wasserseitiger Krümmungshalbmesser an der Krone 50,29 m, am Fundament 40,23 m. Die Mauer ist an der Krone 1,52, unten 6,19 m stark. Verwendet wurde 10703 m³ Beton.

Carmel-River-Damm bei Monterey (Kalifornien). Erbaut im Jahre 1920. Die Höhe beträgt 27.50 m, Spannweite 82m, Krümmungsradius oben 41 m, unten 24,50 m. Bogenstärke an der Krone 1,53, am Fundament 4,90 m (Abb. 148).

Abb. 146. Bullards Bar-Damm. Größte Überfallmenge 1950 cbm/sek.

Carrol-Damm[1]) (Abb. 149). Untere Stärke 10,20 m, Kronenstärke 1,60 m, Größte Mauerhöhe 40 m. Abb. 149 zeigt die Anordnung der Drainrohre in den Dehnungsfugen. (Die wagerechten Röhre sind Sammler.)

Außer den erwähnten Gewölben befinden sich noch folgende Staumauern nach dem veränderlichen Radiustyp in den Vereinigten Staaten im Bau:

Big Santa Anita-Damm (in der Nähe von Los Angeles). Er ist 68,60 m hoch, hat eine Spannweite von 140,21 m. Der wasserseitige Krümmungshalbmesser an der Krone beträgt 82,30 m, am Grund 30,48 m. Die Kronenstärke ist 2,13, die untere Stärke 12,34 m. Errechnete Betonmenge 45870 m³.

Lake Cushman-Damm (City of Tacoma, Wash.). Diese Staumauer wird 34 m hoch werden und 103,63 m Spannweite haben. Der Krümmungsradius an der Wasserseite ist an der Krone mit 60,96 m, unterhalb der Krone mit 39,93 m vorgesehen. Die Kronenstärke wird 2,44 m, die untere Mauerstärke 13,87 m betragen. Zum Bau sind 50000 m³ Beton nötig.

Pacoima-Damm (für Los Angeles County Flood Control) (Abb. 150). Die Mauerhöhe erreicht 114,30 m über dem Flußbett und 121,92 m über der Gründung.

---

[1]) Transactions 1920 Bd. 83. S. 330.

Die Spannweite ist 164,59 m, der wasserseitige Krümmungshalbmesser an der Krone
97,54 m, am Grund 35,05 m, die Kronenstärke 2,44 m, die untere Stärke 29,26 m.

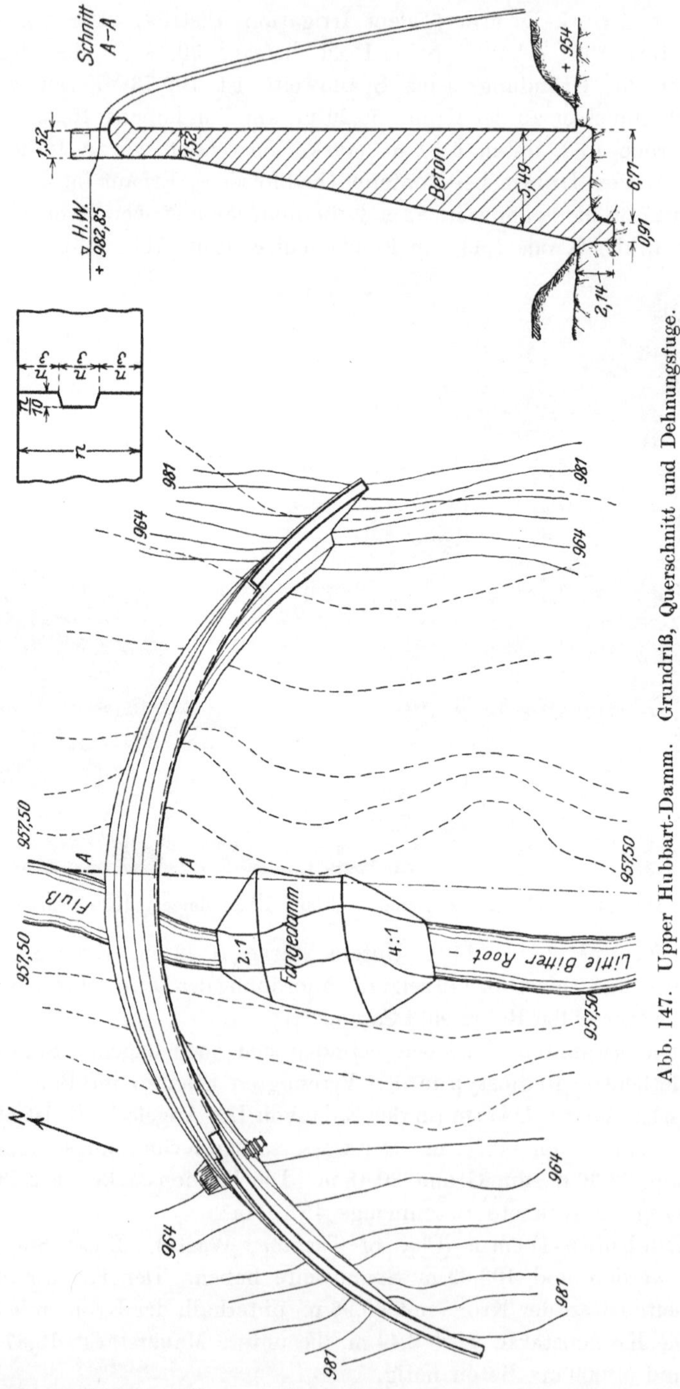

Abb. 147. Upper Hubbart-Damm. Grundriß, Querschnitt und Dehnungsfuge.

Zum Bau werden 122 320 m³ Beton erforderlich sein. Dieser Damm stellt also
mit 122 m Gesamthöhe die höchste, bisher zur Ausführung gelangte
Bogenstaumauer dar.

Als Projekte sind noch folgende zu erwähnen[1]):

Ripraps-Damm, Washington, mit 157 m freier Mauerhöhe und 169 m Gesamthöhe und der

Abb. 148. Carmel River Damm.

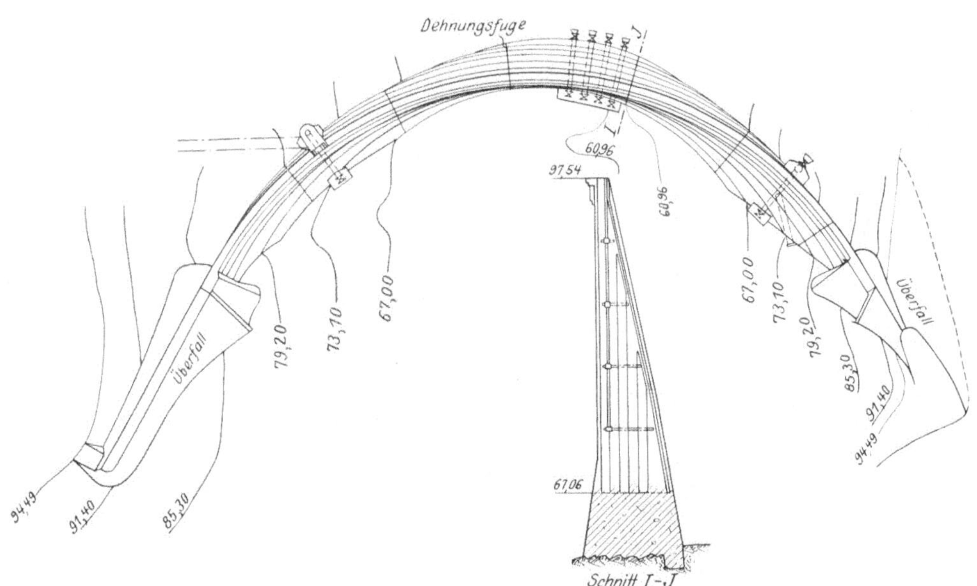

Abb. 149. Carrol-Damm. Grundriß und Querschnitt (mit Entwässerung der Dehnungsfugen).

Diablo-Damm mit 90 m freier Höhe, beide für das Skagit-Wasserkraftwerk der Stadt Scattle;

Lancha-Plana-Damm am Mokelumne-Fluß, Kalifornien, mit 105 m Höhe.

Ferner wurde eine Talsperre für das Grand-Canyon-Kraftwerk am Boulder Canyon, Arizona, mit 168 m freier Mauerhöhe und 230 m Gesamthöhe geplant;

---

[1]) Western Constr. News, Bd. I, Heft 2, 1926.

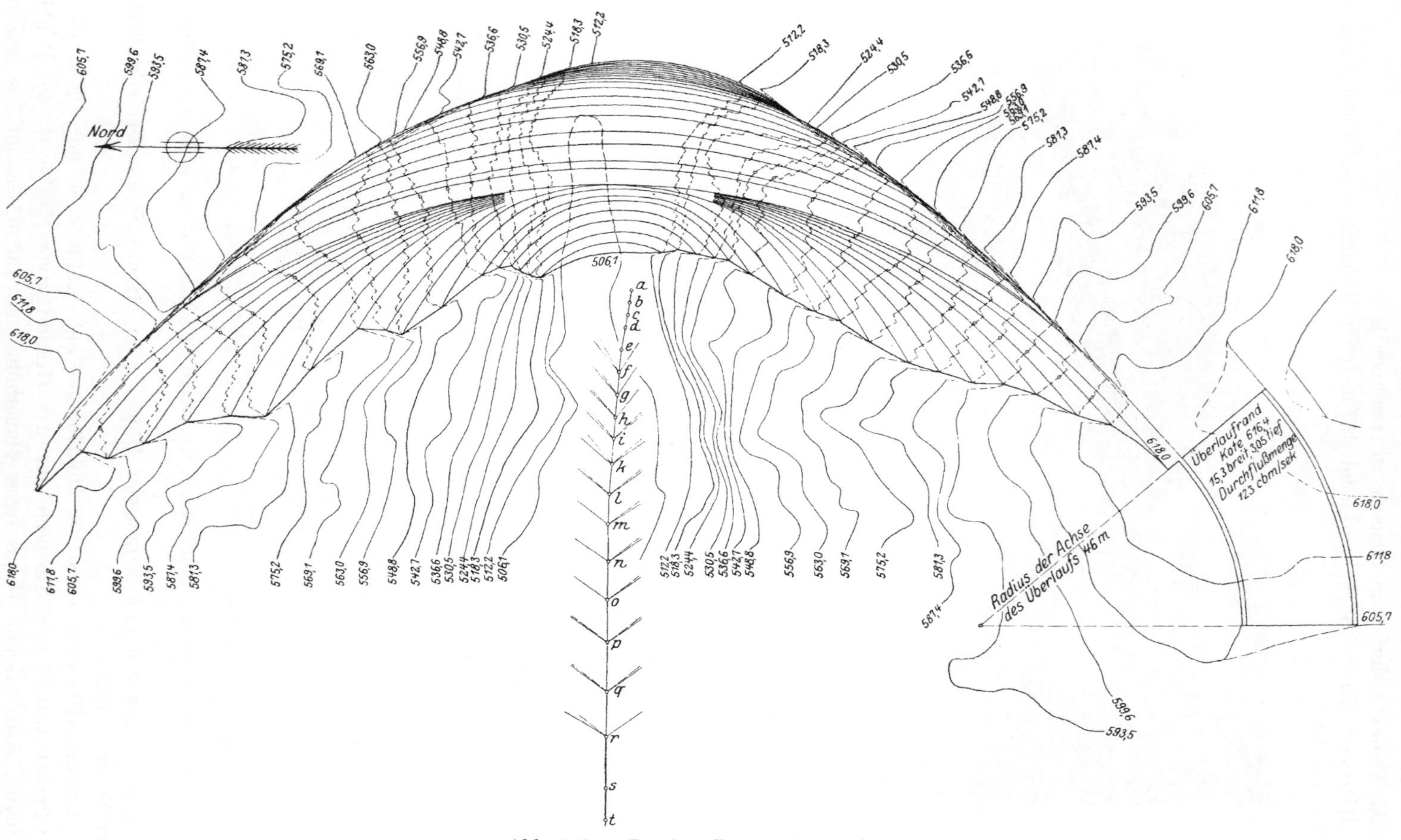

Abb. 150 a. Pacoima Damm (Grundriß).

dabei ist noch nicht entschlossen, ob die Staumauer als Gewölbe oder als Schwergewichtsmauer ausgeführt werden soll.

Die Gewölbestaumauer nach dem Jorgensenschen Prinzip wurde neuerdings auch in Europa eingeführt. Bis jetzt sind zwei schöne Talsperren dieser Bauart auf dem Kontinent zur Ausführung gelangt, die Montsalvens- und die Montejaque-Sperren.

Die Montsalvens-Talsperre an dem Jogne-Fluß (Schweiz) wurde in den Jahren 1918—1921 für eine Wasserkraftanlage errichtet[1]). Die Anordnung der Tal-

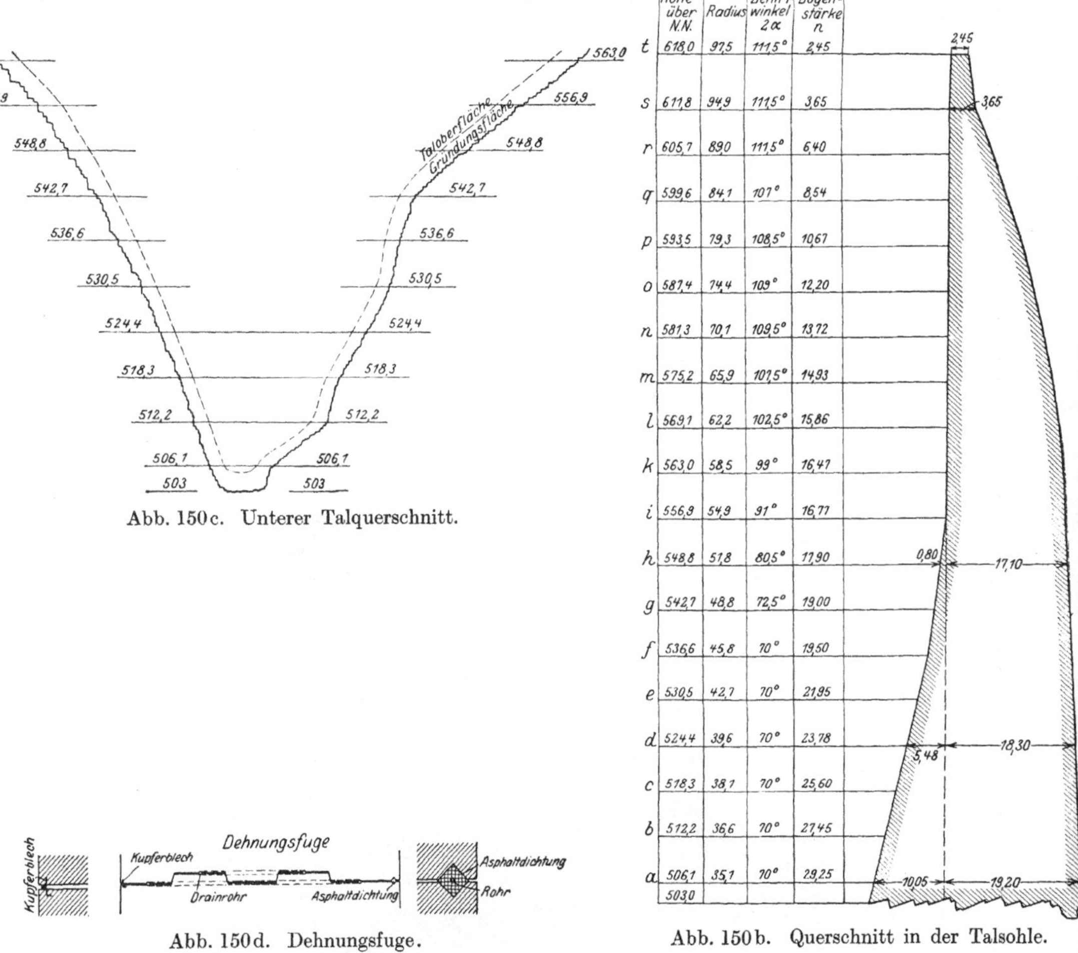

	Höhe über N.N.	Radius	Zentriwinkel 2α	Bogenstärke n
t	618,0	97,5	111,5°	2,45
s	611,8	94,9	111,5°	3,65
r	605,7	89,0	111,5°	6,40
q	599,6	84,1	107°	8,54
p	593,5	79,3	108,5°	10,67
o	587,4	74,4	109°	12,20
n	581,3	70,1	109,5°	13,72
m	575,2	65,9	107,5°	14,93
l	569,1	62,2	102,5°	15,86
k	563,0	58,5	99°	16,47
i	556,9	54,9	91°	16,77
h	548,8	51,8	80,5°	17,90
g	542,7	48,8	72,5°	19,00
f	536,6	45,8	70°	19,50
e	530,5	42,7	70°	21,95
d	524,4	39,6	70°	23,78
c	518,3	38,1	70°	25,60
b	512,2	36,6	70°	27,45
a	506,1	35,1	70°	29,25
	503,0			

Abb. 150 c. Unterer Talquerschnitt.

Abb. 150 d. Dehnungsfuge.

Abb. 150 b. Querschnitt in der Talsohle.

sperre ist im Grundriß aus der Abb. 151 zu ersehen. Der linke Flügel stützt sich auf ein großes Widerlager; die Errichtung des letzteren war nötig, um die Staumauer zu verkürzen, da an dieser Stelle die Seitenwand des Tales eine schwache Neigung hat. Außerdem konnte der Überfall hier angeordnet werden. Die Höhe der Staumauer von der Krone (+ 802,30 m) bis zum tiefsten Punkte des Fundamentes beträgt 60 m. Ein mittlerer Querschnitt der Staumauer ist in Abb. 152 dargestellt. Die Bogenstärke eines wagerechten Schnittes nimmt gegen den Kämpfer hin zu, und die Zunahme beträgt etwa 50 %. Die Staumauer ist in Beton hergestellt und mit Kunststeinverkleidung versehen.

[1]) Stucky, Alfred: Étude sur les barrages arqués. Bull. Techn. Suisse Rom. Sonderdruck 1922.

13*

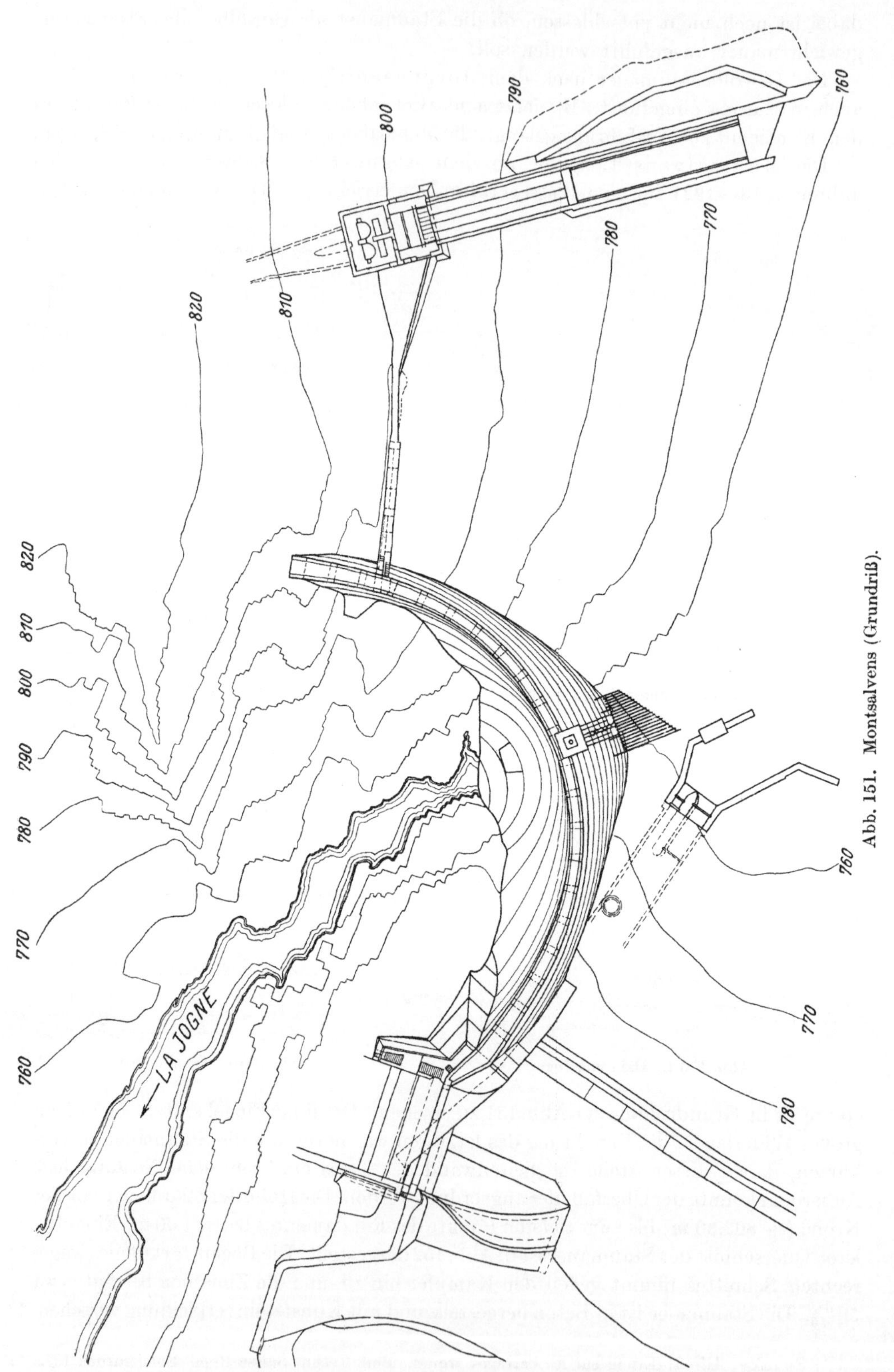

Abb. 151. Montsalvens (Grundriß).

Vier senkrechte Fugen sind 6 bis 10 Wochen lang offen gehalten worden. In einer Fuge wurden nach dem Zubetonieren im Winter bei leerem Becken Risse beobachtet, die sich bei gefülltem Becken geschlossen haben. Die Wasserseite der Mauer ist mit einem Teeranstrich gedichtet.

Erwähnenswert ist bei dieser Staumauer die sehr sorgfältig durchgearbeitete statische Berechnung, die nach der genauen Elastizitätstheorie erfolgte. Abb. 154a zeigt die Verteilung des Wasserdruckes in Gewölbe- und Stützmauerwirkung im Gewölbescheitel, während die Abb. 154b die Verteilung der Temperaturspannungen an derselben Stelle angibt. In das Gewölbe sind Temperatur- und Spannungsmesser eingebaut.

Die Montejaque-Sperre (Spanien)[1]. Diese Staumauer liegt im westlichen Teil

Abb. 152. Montsalvens. Querschnitt.

Abb. 153. Montsalvens.

der Provinz Malaga, an der Stelle, wo der Gaduares-Fluß in die Montejaque-Schlucht eintritt. Die Stelle eignete sich besonders gut für die Errichtung einer Bogenstaumauer. Die Bergabhänge sind beinahe senkrecht, und ihre Entfernung beträgt oberhalb der Staukote nur knapp 60 m. Der Fels ist ein guter Jurakalk. Hier erbaute die Compania Sevillana de Electricidad einen Betongewölbedamm, dessen Höhe von der Gründungssohle bis zur Krone 83 m beträgt. Vom Staubecken führt ein 2200 m langer Druckstollen in gutem Fels, daran schließt sich das Wasserschloß. Von hier aus geht die Druckleitung in das Kraftwerk, wo drei Turbinen von insgesamt 25 000 PS-Leistung aufgestellt sind.

[1] Beton Eisen 1925, H. 9 und Schweiz. Bauztg. 28. März 1925.

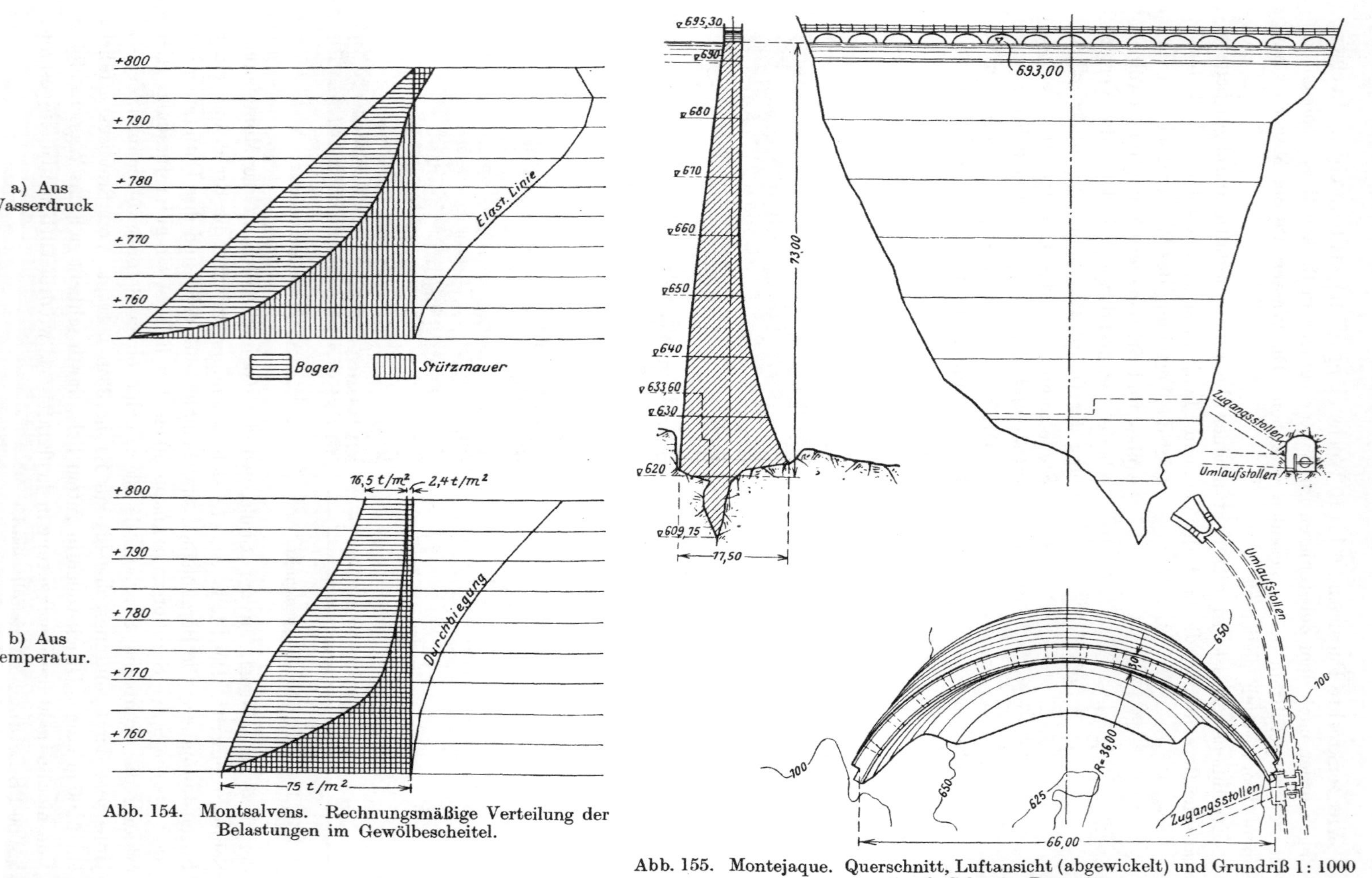

Abb. 154. Montsalvens. Rechnungsmäßige Verteilung der Belastungen im Gewölbescheitel.

Abb. 155. Montejaque. Querschnitt, Luftansicht (abgewickelt) und Grundriß 1 : 1000 (nach Schweiz. Bauzg.).

Abb. 156. Montejaque. Bergansicht im Bau.

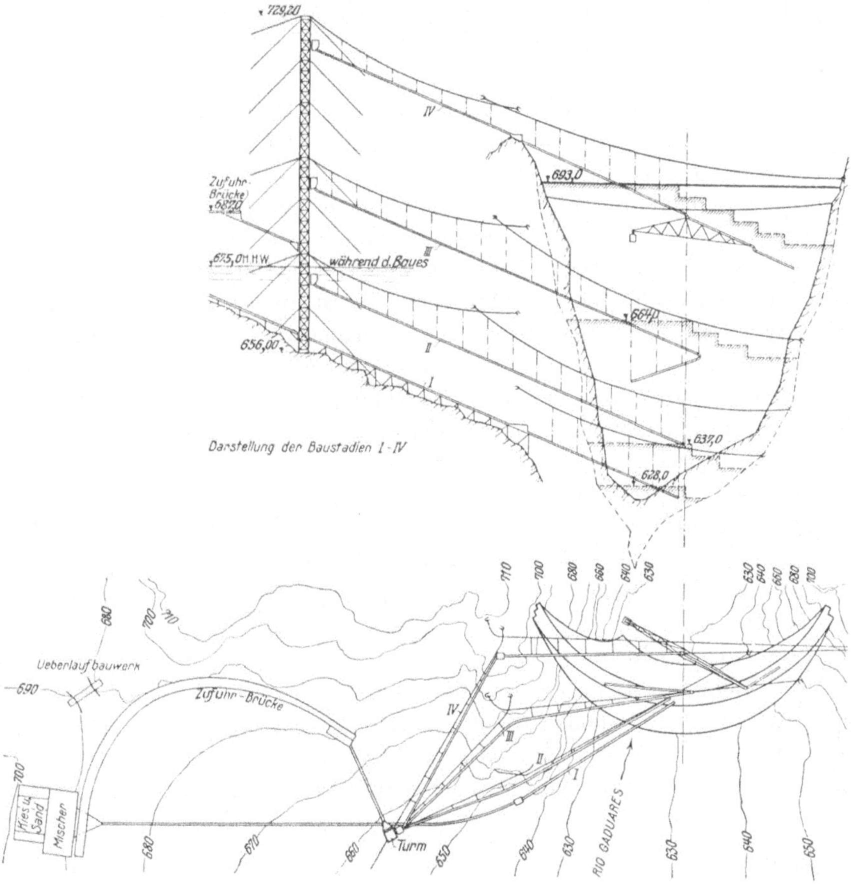

Abb. 157. Montejaque. Betonierungsvorgang.

Der Radius wächst von 22 m an der Gründung bis auf 37,5 m an der Krone, deren Länge 78 m beträgt. Die Staukote liegt 693 m über N.N. Die größte Stärke der Mauer erreicht 17,50 m; an der Krone beträgt sie 3 m. Das Gesamtvolumen des Dammes ist 27 000 m³. Durch die Staumauer wird ein Becken von 40 Mill. m³ Inhalt geschaffen. Im Juli 1923 begann man mit den Gründungsarbeiten, und im Juni 1924 war der Damm schon fertig. Kies und Sand wurden aus einem Steinbruch in 500 m Entfernung von der Baustelle gewonnen.

Die Mischung des Betons erfolgte in drei Mischmaschinen, die ihn in einen gemeinsamen Trichter gaben, aus dem dann der Beton zum Gießturm befördert wurde. Die Betonierungsarbeit wurde in vier Stufen eingeteilt (Abb. 157). Der Mischungsort ist so günstig gewählt worden, daß es möglich war, das Fundament und den unteren Teil der Mauer ohne Arbeitsturm oder Förderungseinrichtung zu betonieren. Der erste Turm war 21 m hoch, dann wurde er auf 42 m und schließlich auf 70 m erhöht. Auf diese Weise konnte fast die ganze Mauer hergestellt werden, und nur 900 m³ Beton mußten durch Kippwagen an Ort und Stelle geschafft werden.

Die größte Tagesleistung betrug 350 m³ Beton. An der Wasserseite wurde als Schalung Stahlblech verwendet.

2. Ambursendämme.

Der erste Ambursendamm wurde im Jahre 1903 in Theresa, New York, U.S.A., erbaut[1]). Diese Dämme werden fast ausschließlich in Nordamerika erstellt. Es sind meistens Wehre von geringer Höhe. Als größere Staumauern sind nur folgende anzusprechen:

La Prele-Damm, Wyoming (U.S.A.)[2]) (Abb.158). Die Talsperre ist im Jahre 1909 erbaut worden und dient zur Bewässerung einer Fläche von 14 000 ha. Sie liegt westlich von Douglas, Wyoming und staut das Wasser des La Prele-Baches 16 km oberhalb seiner Mündung auf. Die Länge des Staubeckens beträgt 6 km. Es hat im Stauziel eine Oberfläche von 285 ha mit einem Stauinhalt von 30 Mill. m³. Das Flußbett in einer Tiefe von 3 bis 5 m besteht aus Lehm, der mit Kies gemischt ist. Diese obere harte Schicht liegt auf Schiefer, der undurchlässig ist und nach Aussehen und Härte dem Sandstein nahesteht. Der Damm ist im Grundriß gradlinig und hat eine Gesamtlänge von 100 m, während die Länge am Fundament 30 m beträgt. Die maximale Höhe des Dammes über dem Fundament beträgt etwa 40 m. Die maximale Breite der Pfeiler ist unten 54,50 m. An der Krone tragen die Pfeiler einen 2,60 m breiten Fahrweg. Am rechten Ufer befindet sich ein 27 m langer Überfall, dessen Krone 1,52 m unterhalb der Mauerkrone liegt. Außerdem befinden sich am linken Ufer fünf Schützen zur Abführung des Hochwassers. Unter dem ganzen Damm geht eine 1,07 m starke Grundplatte, die wasserseitig und talseitig mit je einer Herdmauer abgeschlossen ist, die bis zum widerstandsfähigen Schiefer hinabreicht. Der Pfeilerabstand beträgt 5,486 m. Die Böschung der ebenen Stauwand beträgt $^6/_7$. Die Pfeilerstärke ändert sich von 0,305 m oben bis 1,27 m unten. In den Pfeilern sind achteckige Öffnungen von 1,83 m Durchmesser ausgespart. Die Pfeiler sind mittels 0,46 m breiten und 0,61 m hohen Eisenbetonträgern versteift. Die Plattenstärke beträgt oben 0,305 und unten 1,37 m. Die wasserseitigen Pfeilerköpfe sind verstärkt. Die Platten sind in Abschnitten von 3,66 m (lotrecht gemessen) betoniert worden.

---

[1]) Eng. News., 5. Nov. 1903.
[2]) Houille Bl. Nov. 1910.

Das Mischungsverhältnis des Betons in der Stauwand ist 1 : 2 : 4 und in den Pfeilern 1 : 3 : 6. In der Grundplatte ist das Mischungsverhältnis ebenfalls 1 : 3 : 6, wobei Kies mit über 5 cm Korngröße verwendet wurde. Die Bewehrungseisen haben einen rechteckigen Querschnitt von 22 · 22 mm und sind für eine Zugspannung von 1000 kg pro cm² berechnet. Die größte Beanspruchung des Betons beträgt 39 kg pro cm². Die Kosten der Staumauer betrugen 300 000 Dollar, die eingebaute Betonmenge 17 200 m³.

Die Guayabal-Sperre, Portoriko[1]) (Abb. 159, 160). Diese Talsperre ist für Bewässerungszwecke von der Zuckerindustrie errichtet worden. Mit Hilfe des geschaffenen

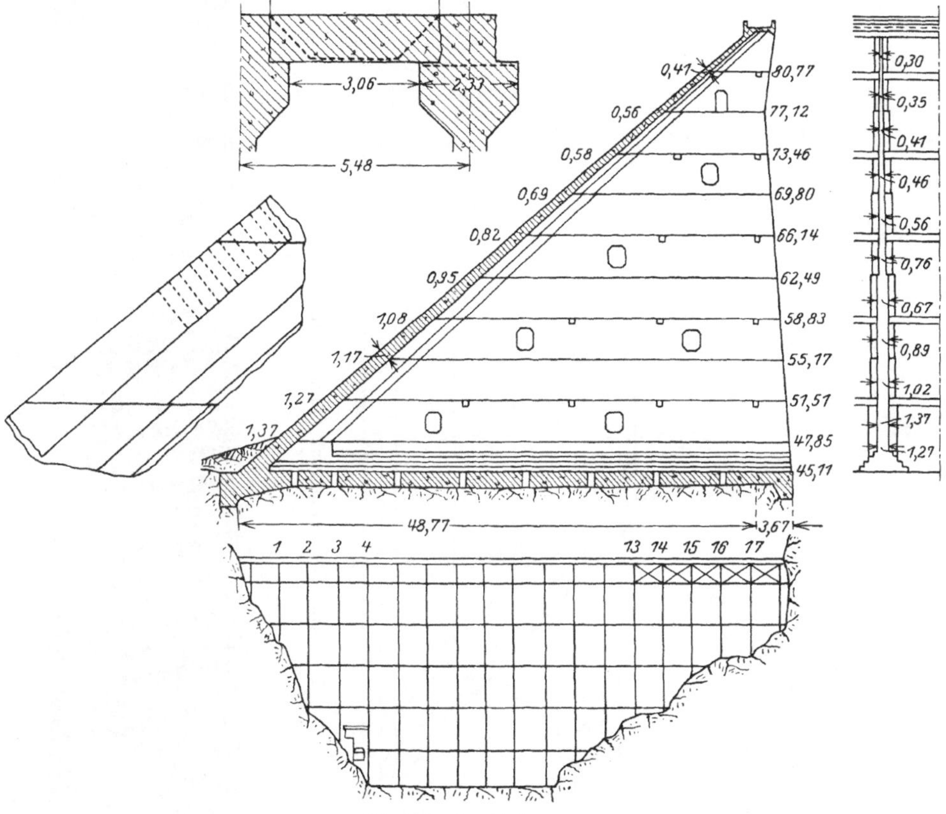

Abb. 158. La Prele.

Staubeckens werden 17 400 ha bewässert. Der Damm liegt in dem Bett des Yacagguasflusses, 11 km oberhalb seiner Mündung in einer Meereshöhe von 67 m. Der Stau wirkt auf einer Länge von 4 km im Fluß zurück, wodurch das Wasser des Toavacaflusses ebenfalls aufgestaut wird. Die Oberfläche des Staubeckens beträgt 131 ha mit einer mittleren Wassertiefe von 9,50 m. Der Stauinhalt bis zur Krone des Überfallwehrs beträgt 12,3 Mill. m³. Den Untergrund dieses Dammes bildet ein harter Dioritstein, der in dem Flußbett mit etwa 3,60 bis 9 m starkem verwitterten Fels und Lehm bedeckt ist. An den Stellen, an denen diese Oberschicht sehr stark war, mußte die ganze Fläche abgetragen werden, dagegen wurden an solchen Stellen, wo diese Schicht nur geringe Stärke hatte, nur schmale Fundamentgruben, entsprechend

---

[1]) Engg. Rec. 27. 6. 1914.

der unteren Pfeilerstärke ausgegraben. Die Gesamtlänge des Dammes beträgt 602,50 m. Der mittlere Eisenbetonteil hat eine Länge von 280 m. Am Ostende schließt ein Erddamm mit innerem Betonkern von 92,50 m Länge an, während am westlichen Ende ein 320 m langes Überfallwehr angeordnet ist. Die maximale Höhe des Dammes beträgt 36,60 m. Die Höhe der Mauerkrone über dem Flußbett beträgt 35,10 m. Über den Damm führt ein Fahrweg von 4,30 m Breite.

Der Pfeilerabstand beträgt 5,50 m. Die Plattenstärke ändert sich von 0,30 bis 1,40 m. Die Zunahme der Platten-

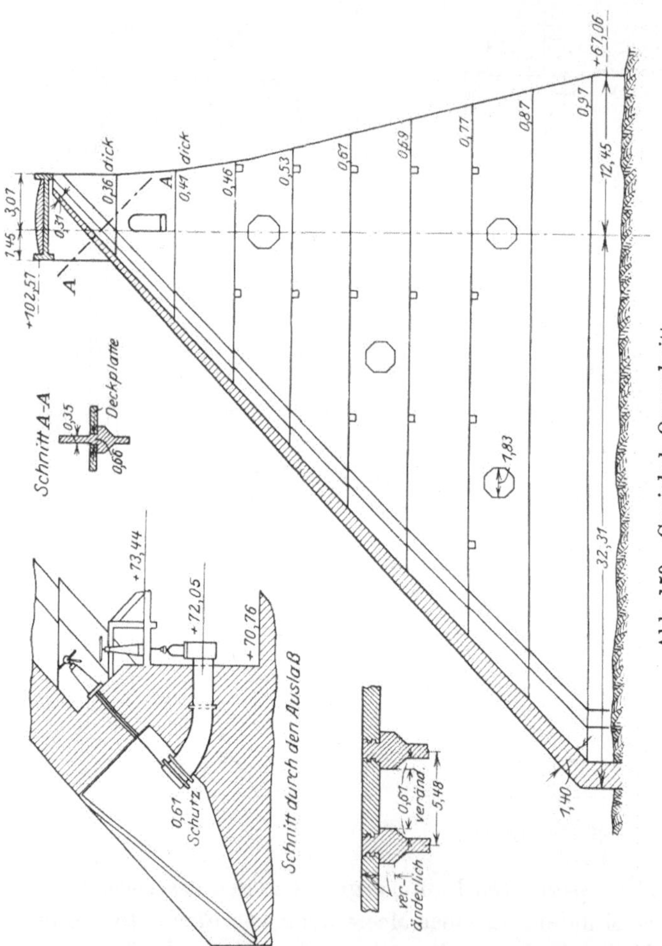

Abb 159. Guajabal, Querschnitt.

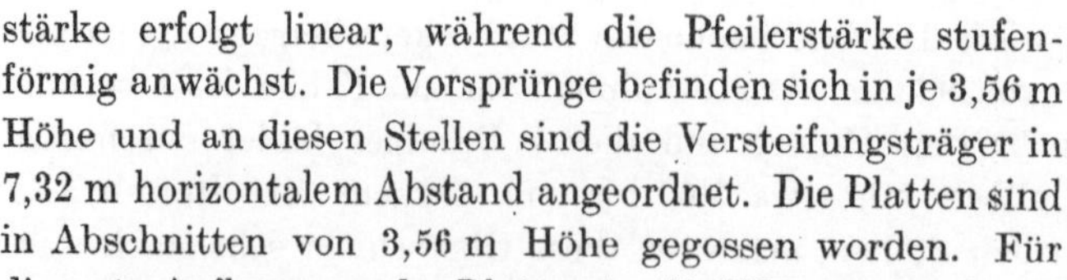

Abb. 160. Guayabal-Sperre.

stärke erfolgt linear, während die Pfeilerstärke stufenförmig anwächst. Die Vorsprünge befinden sich in je 3,56 m Höhe und an diesen Stellen sind die Versteifungsträger in 7,32 m horizontalem Abstand angeordnet. Die Platten sind in Abschnitten von 3,56 m Höhe gegossen worden. Für die gute Auflagerung der Platten ist die Wasserseite der Pfeiler verstärkt. Die Fugen zwischen Platten und Pfeiler, ferner die Wasserseite der Platten bei der Auflagefläche sind mittels Filzstreifen und Asphaltanstrich wasserdicht gemacht. Der Überfall vermag ein Hochwasser von 2000 m³/sek bei einer Überfallhöhe von 2,75 m abzuführen.

In der Nähe des Fundaments sind zwei kreisförmige Grundablaßrohre von je 60 cm Durchmesser, und um 2,10 m darüber vier andere Grundablaßrohre eingebaut. Die Mischung des Betons in den Pfeilern ist 1 : 3 : 6 und für die Platten 1 : 2 : 4.

Der Bau des Dammes wurde an beiden Ufern angefangen. Zur Ableitung des Hochwassers wurden 7 Öffnungen von je 3,35 m Breite und 6,10 bzw. 4 m Höhe freigelassen. Am 7. Dezember 1912 kam dann ein Hochwasser von 1700 m³/sek, für dessen Ableitung diese Öffnungen nicht ausreichten. Der Damm wurde überströmt. Das außergewöhnliche Hochwasser verursachte einige Schäden an den Schalungen, am Gerät; vor allem wurde die Bauzeit dadurch verlängert.

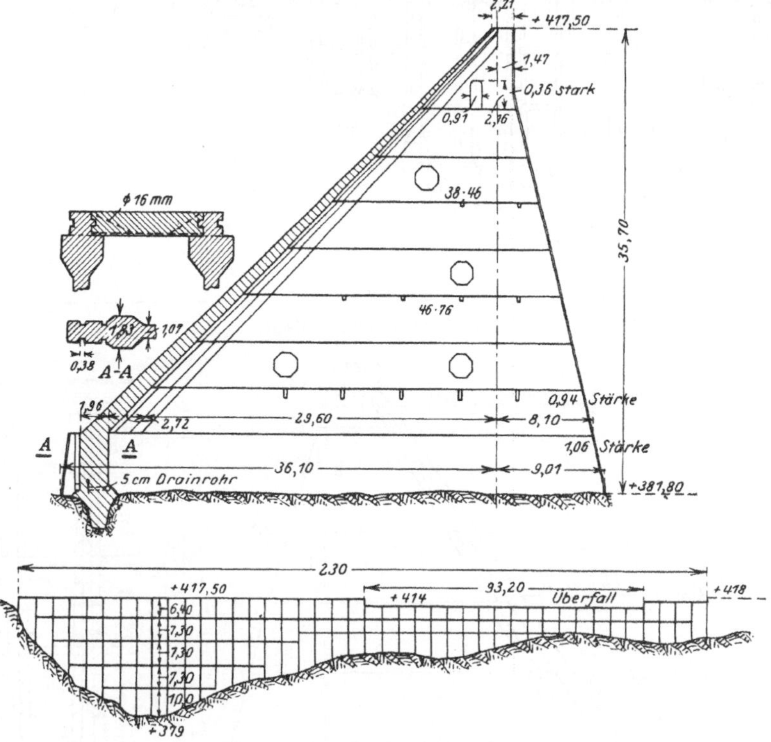

Abb. 161. Jordan River.

Für den Damm war ein Gesamtaushub von 52250 m³ erforderlich. Mit dem Betonieren wurde am 26. Dezember 1911 angefangen und am 1. September 1913 war die Arbeit beendet. Man arbeitete mit 10stündigen Arbeitsschichten. Der Kubikmeterpreis des Betons, alle Kosten eingerechnet, betrug 14,05 Dollar für den mittleren Teil des Dammes und 15,81 Dollar für den Überfall. Dieser letztere war deshalb teurer, weil hier die Schalung komplizierter war. Die gesamte eingebaute Betonmasse betrug 33700 m³ mit einem mittleren Einheitspreis von 14,15 Dollar pro Kubikmeter.

Jordan River-Damm[1]). Der Zweck dieses Dammes ist, die Leistung der Vancouver Island Power Co. von 13000 auf 25000 PS zu erhöhen. Dieser Damm staut eine Wassermenge von 17 Mill. m³ auf, entsprechend einer Leistung von über 10 Mill. Kilowattstunden. Der Damm hat eine Maximalhöhe von 38,40 m. Auf Grund einer Wirtschaftlichkeitsberechnung, bei der die Transportfrage und die Dauer

---

[1]) Engg. Rec. 17. 1. 1914.

der Bauausführung (der Damm sollte möglichst vor Eintreten des Hochwassers fertiggestellt werden) die größte Rolle spielten, ergab sich eine Eisenbetonstaumauer im
Ambursentyp als die geeignetste Lösung. Die Gesamtlänge des Dammes beträgt
272 m, wovon auf den Eisenbetonteil 230 m entfallen. Ein 93,20 m langer Teil des

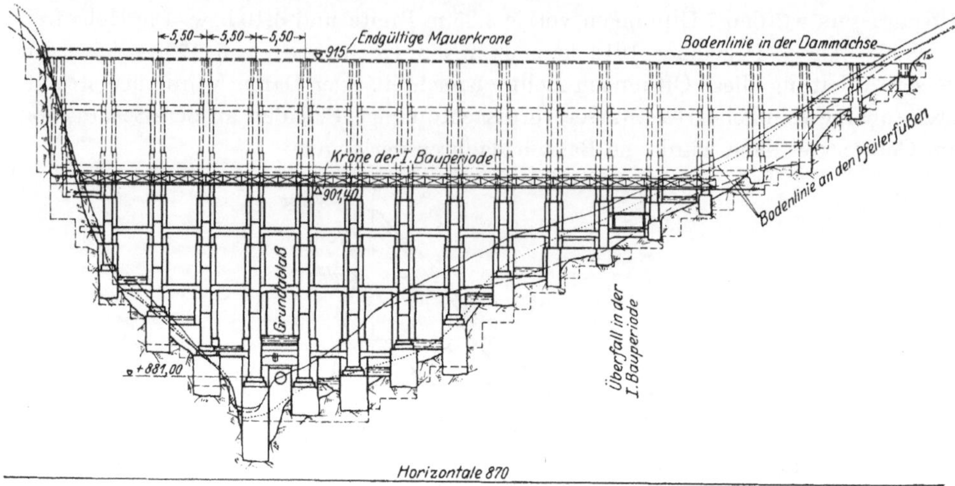

Abb. 162. Combamala. Talseite.

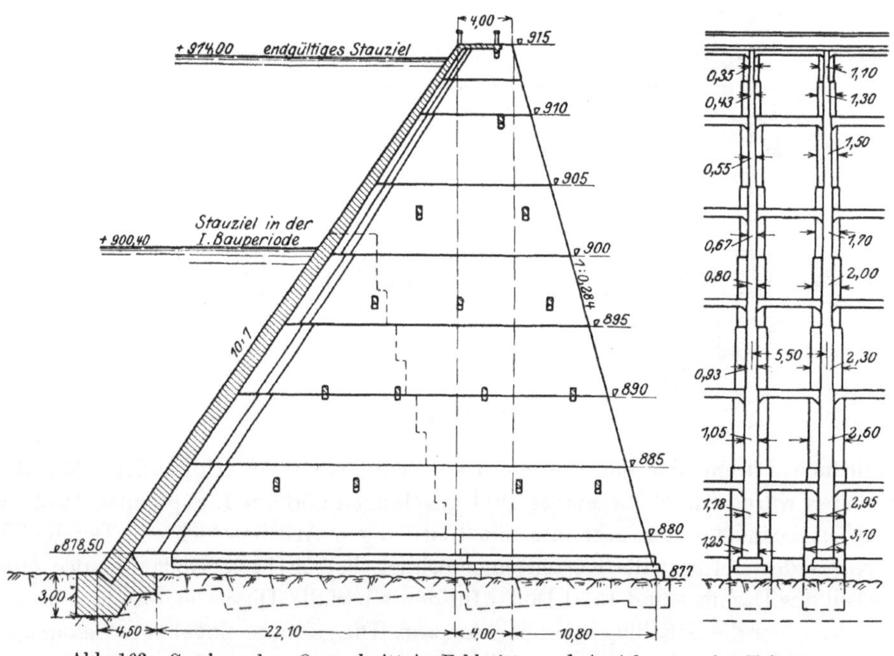

Abb. 163. Combamala. Querschnitt in Feldmitte und Ansicht von der Talseite.

Eisenbetondammes ist als Überfall ausgebildet. Der restliche Teil ist ein Erddamm
mit einem Eisenbetonkern. Der Pfeilerabstand beträgt 5,50 m. Die Pfeilerstärke ist
oben 0,305 m und nimmt stufenweise zu bis zu einer Stärke von 1,07 m. Die wasserseitige Böschung der Pfeiler beträgt 1 : 1 und die talseitige 1 : 4. Der obere, 5,50 m
lange Teil der Pfeiler ist an der Talseite senkrecht ausgebildet worden. Die Pfeiler
sind mittels horizontaler viereckiger Stäbe von 22 mm Stärke bewehrt. Die Höhe des

größten Pfeilers über der Gründung beträgt 38,40 m. Zur Versteifung dienen Eisenbetonverbindungsbalken von rechteckigem Querschnitt, die durch je drei Pfeiler laufen.

Die Pfeiler tragen an der Krone einen 1,82 m breiten Weg. Die Stärke der Stauwand ändert sich gleichmäßig von 0,38 m bis 1,40 m. Die horizontale Bewehrung der Platten besteht aus rechteckigen Eisenstäben von 22 mm Stärke, die unten einen Abstand von 0,10 m haben. Das Mischungsverhältnis des Betons in der Stauwand beträgt wie üblich 1 : 2 : 4 und in den Pfeilern 1 : 3 : 6. Es wurden insgesamt 16 180 m³ Beton und 380 t Eisen verwendet.

Mit der Gründung wurde am 1. September 1912 angefangen. Mit Rücksicht auf die günstigen Untergrundverhältnisse war die Errichtung der Herdmauer

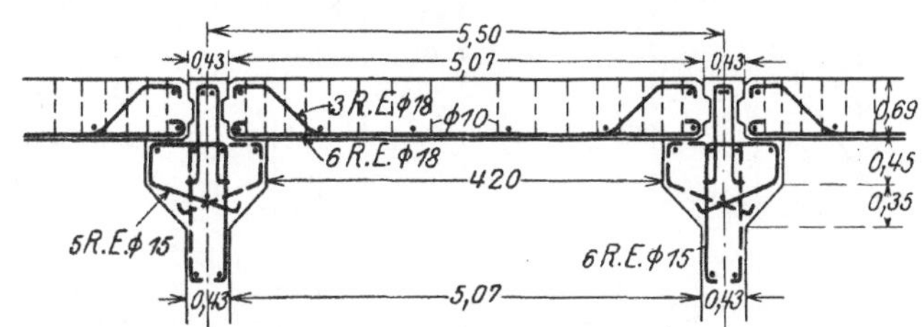

Abb. 164. Combamala. Normalschnitt in Höhe $+$ 910.

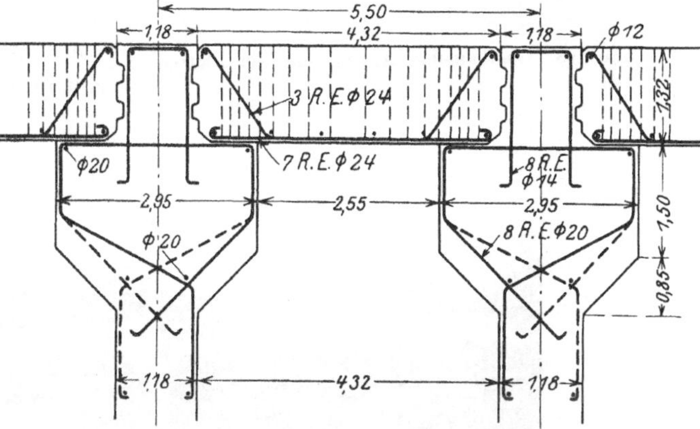

Abb. 165. Combamala. Normalschnitt in Höhe $+$ 880.

nicht schwierig. Die Gesamtkosten einschließlich aller Arbeiten und Materialien, jedoch ohne Schalung, betrugen 191 000 Dollar, d. h. 11,81 Dollar pro Kubikmeter.

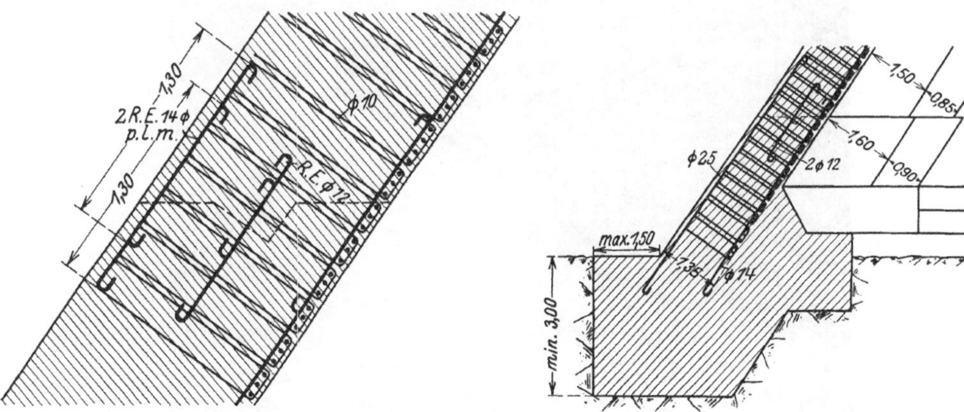

Abb. 166. Combamala. Ausbildung der Stoßfuge.   Abb. 167. Combamala. Plattenfundament.

Die Combamala-Talsperre[1]) (Abb. 162 bis 169). Diese Talsperre ist

---

[1]) Der obigen Beschreibung liegt der Aufsatz von Ing. Luiggi in der Ann. Ing. e d. Architettura, 1917, H. 8 zugrunde. Die hier wiedergegebenen Projekt-Zeichnungen bzw. Bilder sind von der „Società-Elettrica-Negri", Genua, zur Verfügung gestellt worden.

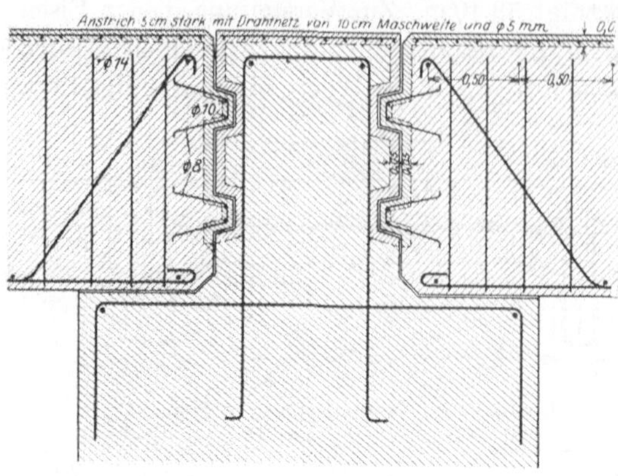

Abb. 168. Combamala. Auflagerung der Platten.

die erste aufgelöste Eisenbeton-Staumauer in Italien. Sie staut das Wasser des Wildbaches Combamala in der Nähe seiner Einmündung in das Mairatal in der Provinz Cuneo. Das Staubecken hat einen Inhalt von 430000 m³. In dem Becken wird außer dem Wasser des Combamalabaches noch die von der Zentrale der 2. Stufe der Wasserkraftanlage der Maira abfließende Wassermenge aufgespeichert. Die ausgenutzte Wassermenge der 2. Stufe beträgt 7 m³/sek, die außerhalb der Betriebszeit in diesem Becken aufgespeichert

Abb. 169. Combamala. Talansicht.

wird. Der Fels, auf dem die Staumauer gegründet ist, ist ein guter Dolomit. Die Höhe der Staumauer beträgt 40 m über dem Fels an der tiefsten Stelle.

Die Mauerkrone liegt in der Höhe von 915 m ü. d. M., das Stauziel 1 m unterhalb der Krone. Der Pfeilerabstand beträgt 5,50 m. Die Pfeiler sind nicht bewehrt. Die wasserseitige Böschung ist 35⁰, d. h. 0,70 m pro Meter Höhe. Die Stärke der Stauwand, wie auch die der Pfeiler nimmt stufenweise zu. Die Kronenlänge der Staumauer beträgt etwa 90 m. Die Pfeilerstärke ist oben 0,35 m, unten 1,35 m. Die Pfeiler sind an der Wasserseite zum Zwecke einer guten Auflagerung der Stauwand verstärkt, wie es bei Ambursendämmen üblich ist. Die Stauwand wurde aus Eisenbetonplatten hergestellt, die quadratisch sind, mit einer Seitenlänge von 5 m. Die Plattenstärke ist stets gleich der Pfeilerstärke, sie nimmt also ebenfalls von 0,35 m bis 1,35 m zu. Zwischen Stauwand und Pfeiler ist an der Berührungsfläche Pappe und geteerte Leinwand eingelegt worden (Abb. 168). Die Stoßstelle der Platten ist wagerecht ausgebildet mit einer Verzahnung in der Mitte, dabei sind die beiden Teile mittels Eiseneinlagen verbunden (Abb. 166). Der für die Platte verwendete Beton enthält 350 kg Portlandzement, 0,4 m³ Sand und 0,8 m³ Kies, während der Beton für die Pfeiler 250 kg Zement enthält. Der verwendete Sand und Kies sind aus Dolomitkalk hergestellt worden. Für die ganze Staumauer wurden 11 500 m³ Beton verwendet. Die Gründungsarbeiten wurden 1915 angefangen und die Staumauer wurde im Herbst 1916 fertig. Was die Kosten der Staumauer anlangt, so können hier keine näheren Angaben mitgeteilt werden, mit Rücksicht darauf, daß das Bauwerk während des Krieges, also unter abnormalen Verhältnissen ausgeführt wurde. Es ist sehr wahrscheinlich, daß eine entsprechende massive Mauer viel mehr gekostet hätte, abgesehen davon, daß die zur Herstellung nötige Zeit ebenfalls viel länger gewesen wäre.

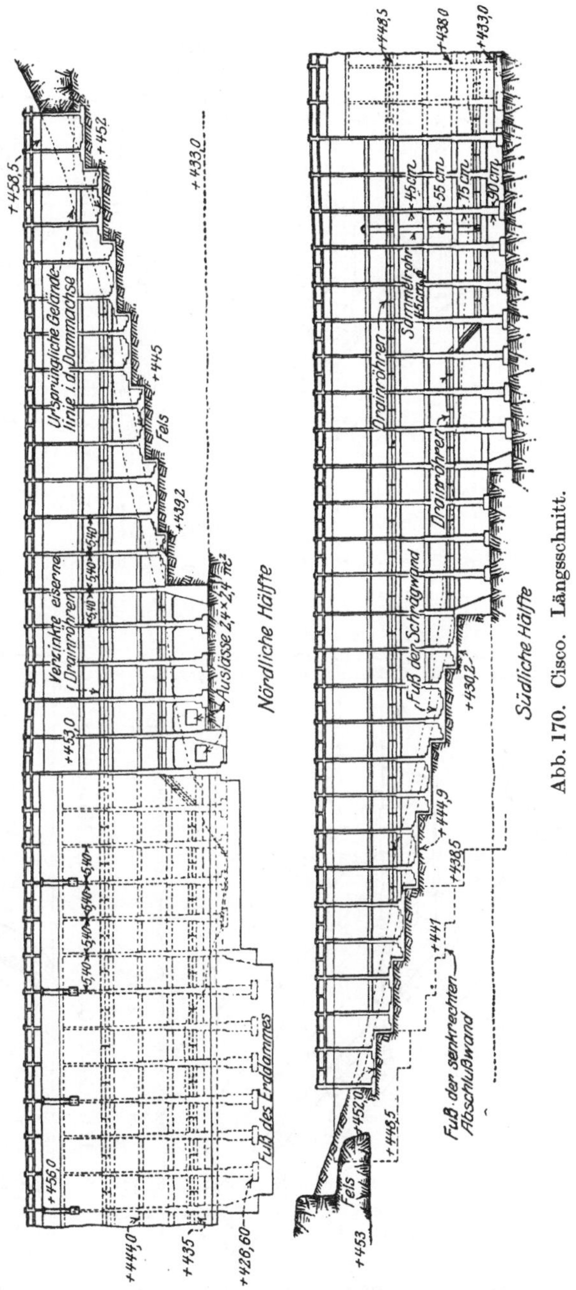

Abb. 170. Cisco. Längsschnitt.

Der Cisco-Damm, Texas (U.S.A.)[1] (Abb. 170 bis 174). Der Damm wurde etwa $6^1/_2$ km nördlich von der Stadt Cisco erbaut. Der Beckeninhalt beträgt 27 Mill. m³, die maximale Dammhöhe etwa 26 m. Der Untergrund besteht aus Ton, Schiefer und Kalk-

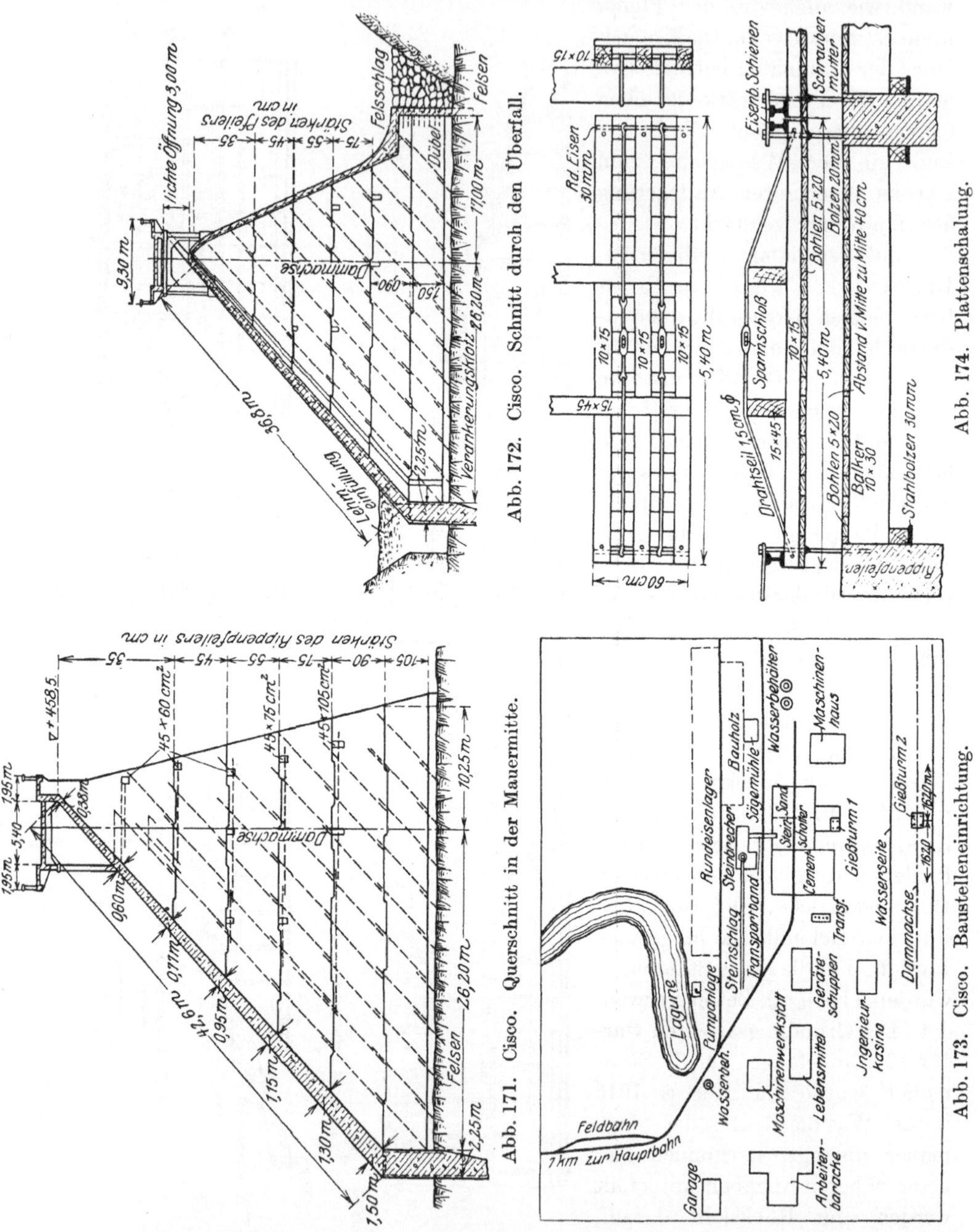

Abb. 172. Cisco. Schnitt durch den Überfall.

Abb. 174. Plattenschalung.

Abb. 171. Cisco. Querschnitt in der Mauermitte.

Abb. 173. Cisco. Baustelleneinrichtung.

stein. Der größte Pfeiler ist auf hartem blauen Schiefer bis etwa 4,60 m unterhalb der Flußsohle gegründet worden. 27 Pfeiler sind auf eine Kalksteinschicht gegründet, deren Dicke etwa 0,90 bis 1,80 m beträgt. Unter dieser Schicht befindet sich harter Ton oder Schiefer. Die anderen 13 Pfeiler an beiden Enden des Damms sind auf

[1] Engg. News. Rec. 1. XI. 1923.

Ton gegründet und sind mit Fundamentplatten versehen. Je eine Fundamentplatte trägt zwei Pfeiler. Die Herdmauer ist wie der ganze Damm aus Eisenbeton hergestellt worden. Ihre größte Tiefe beträgt 16,80 m. Bei der Errichtung dieses Dammes wurde besondere Sorgfalt auf die Ausführung der Herdmauer gelegt. Sie wurde mit der Fundamentplatte bzw. mit der Stauwand biegungsfest verbunden.

Die Pfeiler sind mit einigen, zur Wasserseite parallel verlaufenden Eiseneinlagen versehen, die eine gute Verbindung bei den Arbeitsfugen erzielen. Die Platte wurde in einer Länge von 22 m über vier Felder gegossen. In der Staumauer sind Dehnungsfugen angeordnet, deren Dichtung mittels einer U-förmigen Kupferplatte erfolgt. Die Fugen wurden mit elastischem Material ausgegossen. Das Mischungsverhältnis des Betons beträgt in der Stauwand 1 : 2 : 4, in den Pfeilern 1 : 3 : 6. Zuschlagsstoff ist Flußsand und gemahlener Kalkstein.

Für den Damm sind rund 33 000 m³ Beton und etwa 1000 t Eisen verwendet worden. Fundamentaushub 72 600 m³, Kupfer 16 t. Die Gesamtkosten betrugen etwa 1 300 000 Dollar.

Der Bauplatz lag etwa $6^1/_2$ km von der Eisenbahn entfernt, so daß eine Arbeitsbahn gebaut werden mußte. Zu dem Antrieb der Baumaschinen wurde eine kleine Dampfkraftanlage von 50 PS errichtet. Der Bau des Dammes erfolgte im Gußbetonverfahren; hierfür waren zwei Türme im Betrieb (Abb. 173).

3. Gewölbereihendämme.
a) Ältere Staumauern.

Die Entwicklungsgeschichte dieser Staumauertype reicht, obwohl man ihn als den modernsten anspricht, dennoch 125 Jahre zurück. Etwa im Jahre 1800 wurde in Indien, in der Nähe von Hyderabad eine solche Talsperre errichtet. Sie stellte ein religiöses Dankopfer dar, das mit im Kriege gewonnenem Gelde bezahlt wurde. Der nächste Gewölbereihendamm war der Bellubula-Damm in Neu-Südwales mit etwa 130 m Länge und 11 m Höhe, der in Ziegelmauerwerk errichtet wurde. Der Damm ist 1898 fertiggestellt worden.

1897 hat Henry Goldmark das Projekt für einen Gewölbereihendamm bei Ogden (Utah) aufgestellt.

Auf dieses Projekt folgten später noch andere ähnliche (z. B. 1900 von Wegmann), die jedoch nicht zur Ausführung kamen[1]).

Die Meer Alum Lake-Sperre[2]).

Der Damm staut den Meer Alumsee auf, um Hyderabad mit Wasser zu versehen. Er ist als ein großer Bogen ausgebildet, der aus 21 kleinen Bögen besteht, die den Wasserdruck auf Pfeiler übertragen. Der Damm wurde — wie erwähnt — im Jahre 1800 erbaut.

Das Staubecken hat eine Oberfläche von 3,6 qkm, 12 km Umfang und ca. $8^1/_2$ Mill. m³ Inhalt. Die größte Wassertiefe beträgt 15,24 m. Die Umgebung ist hügelig und mit Urwald bedeckt. Der Hauptzuflußkanal des Sees kommt aus dem Eseefluß und ist 12,87 km lang.

Der Damm ist 805 m lang, 12 m hoch und die 21 senkrechten Bögen haben eine lichte Weite von 21,34 bis 44,81 m. Die Abb. 175 zeigt den größten Bogen, der die Mitte des Dammes bildet. Aus dieser Abbildung gehen die Abmessungen des Gewölbes und der Pfeiler hervor. An einem Ende des Dammes ist ein Überfall angeordnet, bei starkem Regen jedoch wird die ganze Krone überflutet.

---

[1]) Transactions, Bd. 81, S. 890 ff.   [2]) Engg. Rec., 10. I. 1903.

Der Bellubula-Damm, New South Wales, Australien[1]).

Die Talsperre staut das Wasser des Bellubulaflusses, dessen Einzugsgebiet hier 777 qkm mißt, auf. Während die jährliche Niederschlagshöhe 762 mm beträgt, ist

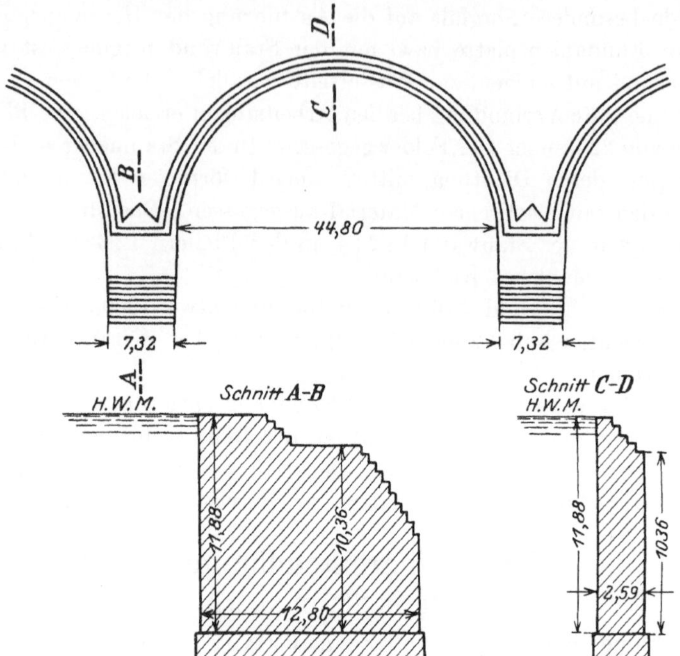

Abb. 175. Meer Alum (Grundriß und Querschnitte).

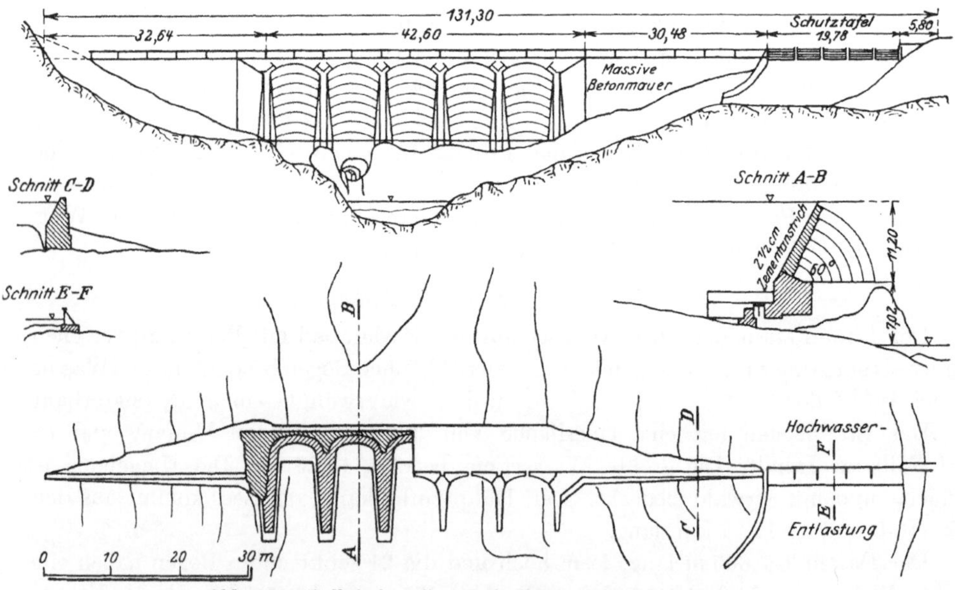

Abb. 176. Bellubula. Grundriß, Talansicht und Schnitte.

das Flußbett im Sommer für etwa 3 Monate fast gänzlich ausgetrocknet. Die Talsperre ist für eine kleine Wasserkraftanlage errichtet worden, die ein Gefälle von

[1]) Engg. News. 8. IX. 1898.

53,30 m hat. Die Stelle, an der die Staumauer errichtet wurde, ist sehr günstig. Das Tal ist hier sehr eng und unmittelbar oberhalb verbreitert es sich derart, daß man mit etwa 4,90 m Höhe $2^1/_2$ Mill. m³ Wasser aufspeichern kann.

Die Talsperre ist als Gewölbereihendamm, und zwar in Ziegelmauerwerk hergestellt worden (Abb. 176). Die Gesamtlänge einschließlich Überfall beträgt 131,30 m an der Krone. Die maximale Höhe der Staumauer über dem tiefsten Punkt des

Fundaments beträgt 18,22 m, während die lichte Höhe über der Talsohle 11,20 m beträgt, da an dieser Stelle eine etwa 7 m tiefe Betongründung notwendig war. Die Staumauer besteht aus 6 Pfeilern, deren Abstand 8,51 m beträgt. Die Pfeilerstärke mißt 3,66 m an der Wasserseite und 1,52 m an der Talseite. Die Pfeiler sind als Kreissegmente von 11 m Halbmesser ausgebildet. Die fünf Gewölbe haben eine untere Wandstärke von 1,22 m, die bis 0,48 m oben abnimmt. Sie sind unter 60° geneigt. Die Zwickel zwischen den Gewölben sind mit Beton ausgefüllt. An der Krone sind die Gewölbe mit einem Steg verbunden, der ebenfalls aus Beton hergestellt wurde. Die an beiden Seiten anschließenden Seitenmauern haben auch eine wasserseitige Neigung von 60°, während sie an der Luftseite senkrecht sind. Sie haben

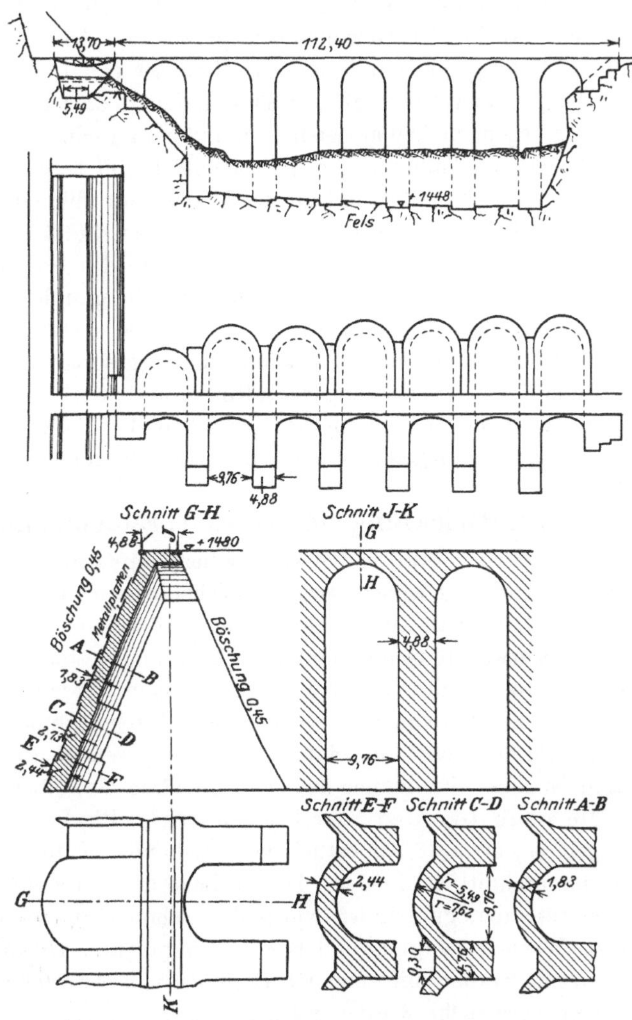

Abb. 177. Ogden. Talansicht, Grundriß und Schnitte.

eine Kronenstärke von 0,61 m. An einer dieser Seitenmauern ist der 19,80 m lange Überfall angeordnet, der mittels fünf Schütztafeln geschlossen ist.

Der Damm enthält etwa 4600 m³ Beton und 500 000 Ziegel. Die Gesamtkosten der Staumauer betrugen etwa 45 000 Dollar.

Der Ogden-Damm (Utah)[1].

Ogden liegt in dem Gebiet des Great Salt Lake in einer Höhe von 1310 m ü. d. M., etwa 56 km nördlich von Salt Lake City. Hier wurde eine Staumauer errichtet

---

[1] Transactions, Dezember 1897.

zur Erzeugung elektrischer Kraft von 12 500 PS, außerdem für Bewässerungszwecke. Das Staubecken hat eine Oberfläche von 810 ha und einen Inhalt von 57 Mill. m³. Die Dammkrone ist 122 m lang und liegt etwa 18,30 m über der Talsohle. Die Gesamthöhe der Mauer beträgt 30 m. Die Gründungstiefe ist also beträchtlich, da der widerstandsfähige Kalksteinfels mit einer 10 bis 12 m hohen Kiesschicht bedeckt ist. Der Damm besteht aus 6 Pfeilern und 2 Widerlagern, auf deren Wasserseite sich die Gewölbe stützen (Abb. 177). Die Pfeiler sind durchwegs 4,88 m stark. Die lichte Weite der Gewölbe beträgt 9,76 m. Die Außenfläche der Gewölbe ist zylindrisch ausgebildet mit einem Halbmesser von 7,62 m. Die Bogenstärke ist veränderlich, und zwar beträgt sie 1,83 m in dem oberen 18 m hohen Teil, 2,13 m für den darunter liegenden 7,60 m tiefen Teil, und hieran schließt sich eine Stärke von 2,44 m. Die Bogen sind halbkreisförmig ausgebildet und tragen oben einen 4,90 m breiten Fahrweg. Die Gewölbe sind an der Wasserseite mit einer $6^1/_2$ mm starken Metallplattenverkleidung versehen. Die Stahlplatten sind 6,70 m lang an den Bögen und 3,20 m lang an den Pfeilern. Die Wasserseite der Gewölbe ist mit einem Asphaltanstrich versehen. Der Damm ist in Beton hergestellt worden mit einer Mischung von 1 : 2 : 4 für die Gewölbe, für die äußere 0,60 m starke Schicht der Pfeiler und für alle diejenigen Teile die dem Wasserdruck ausgesetzt sind. Für die übrigen Teile des Bauwerkes ist ein Mischungsverhältnis von 1 : 3 : 5 verwendet worden. Eine vergleichende Kostenberechnung hat gezeigt, daß mit dieser Staumauer eine Ersparnis von 12 bis 15 % gegenüber einer massiven Staumauer erreicht werden konnte.

b) Entwicklung der Gewölbereihendämme in Amerika.

Die moderne Form der Gewölbereihendämme in Eisenbeton stammt von John S. Eastwood, der selbst etwa 13 solcher Staumauern ausgeführt hat. Als ersten hat er den Hume Lake - Damm im Sierra Nevadagebirge im Jahre 1908 erbaut[1]). Der Damm ist etwa 210 m lang und 20 m hoch und besteht aus 12 vertikalen kreisförmigen Gewölben, die von 13 Pfeilern getragen werden.

Bei der zweiten von Eastwood ausgeführten Staumauer, dem neuen Bear Valleydamm, wurden schon geneigte Gewölbe verwendet (in den Jahren 1910—1911). Damit ist diese Staumauer der erste moderne Gewölbereihendamm.

Die neue Big Bear Valley - Sperre[2]). Big Bear Valley liegt im San Bernardinogebirge, etwa 48 km östlich von Redlands (Kalifornien), auf einer Meereshöhe von durchschnittlich 2080 m. Da die Lage des Tales für die Errichtung einer Staumauer besonders günstig ist, wurde dort schon 1886 eine Gewölbestaumauer gebaut, die zur Wasserversorgung und Bewässerung diente. Dieser Damm ist bereits zweimal überströmt worden mit einer Überfallhöhe von etwa 0,60 m, ohne daß der mindeste Schaden verursacht worden wäre.

In der letzten Zeit hat das aufgespeicherte Wasser für den Bedarf nicht ausgereicht und daher entschloß man sich, ein wenig unterhalb des alten Dammes eine neue Staumauer zu errichten (Abb. 178 bis 180). Die neue Staumauer ist als Gewölbereihendamm erbaut mit 24 m Höhe und der Stauraum beträgt 87 000 m³. Die Mauerkrone liegt auf der Höhe von 2055 m ü. d. M. Die Staumauer besteht aus 10 Gewölben von je 9,76 m Spannweite. Die Kronenlänge beträgt 110,60 m, die größte Höhe rd. 30 m. Die Wasserseite der Gewölbe schließt einen Winkel von 36°52' mit der Senkrechten ein. Der oberste 4,27 m lange Teil der Stauwand ist senkrecht hochgeführt. Die Talseite der

---

[1]) Transactions, Bd. 81, S. 890 ff.   [2]) Engg. News., 25. XII. 1913.

Pfeiler ist unter 2 : 1 geneigt. Die obere Pfeilerstärke beträgt 0,46 m, die Seitenneigung der Pfeiler 1 : 60. Das Gewölbe hat an der Krone eine Stärke von 0,30 m. Diese Gewölbestärke wird in dem senkrechten Teil von 4,27 m Höhe beibehalten. Von dem Knickpunkt an wächst die Gewölbestärke linear im Verhältnis 1 : 72,5. Der Zentriwinkel der Gewölbe beträgt 140°6' mit dem konstanten äußeren Radius von 5,18 m. Die Außenfläche der Gewölbe ist also eine Zylinderfläche, so daß infolge der Zunahme

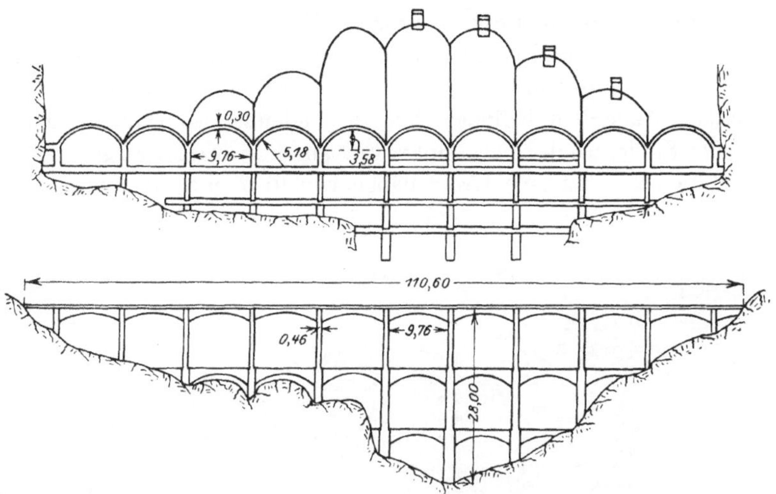

Abb. 178. Big Bear Valley. Grundriß und Talansicht.

der Gewölbestärke die Innenfläche konisch ausgebildet werden mußte. Der Halbmesser des inneren Kreises beträgt an der Krone 4,88 m, der Zentriwinkel 145°8', 24,40 m unterhalb der Krone beträgt der Innenradius 4,50 m und der Zentriwinkel 140°48'. Die Versteifungsträger bestehen aus flachen Eisenbetongewölben, die steife Eiseneinlagen enthalten. Die Pfeiler sind nicht bewehrt. Die Gewölbe haben eine Bewehrung von 19 mm Eiseneinlagen, die 5 cm von der Innenfläche verlegt sind. An der Außenseite sind Eiseneinlagen von 37 mm angeordnet. Das Mischungsverhältnis des im Pfeiler verwendeten Betons war $1 : 2^1/_2 : 5$, in den Gewölben dagegen 1 : 2 : 4.

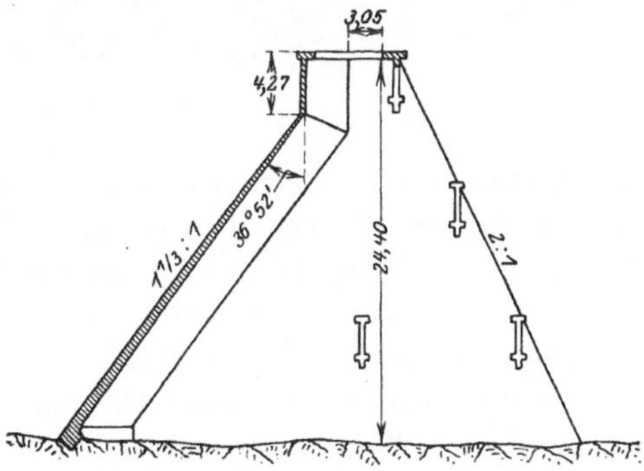

Die 3600 m³ Beton enthaltende Talsperre kostete 133528 Dollar, d. i. 37 Dollar pro Kubikmeter Beton.

Abb. 179. Big Bear Valley. Querschnitt.

Etwa im Jahre 1910 wurde der Garoga-Damm[1]) in den Addison Ducks von Douglas erbaut. Der Damm ist ein Gewölbereihendamm mit einem 60 m langen massiven Überfallwehr. Die Betongewölbe haben eine Höhe von 18 m, die Bogenstärke wächst von 61 cm oben bis 1,22 m unten. Der Damm wurde auf guten Fels gegründet.

In der Nähe des Garoga-Dammes wurde später von demselben Ingenieur ein anderer Gewölbereihendamm, und zwar der Pecks Lake-Damm[1]) erbaut. Die

---

[1]) Transactions Bd. 81, S. 892f.

Höhe dieses Dammes über der Talsohle schwankt von 7,60 bis 13,70 m. Bei dieser Staumauer ist erwähnenswert, daß sie nicht auf Fels erbaut wurde; sie ist auf eine durchgehende Eisenbetonplatte gegründet. Um den Damm gegen Abrutschen zu sichern, dringen die Gewölbe etwa 3 m in den Untergrund hinein. Dieser Teil der Gewölbe ist leicht bewehrt und in die Pfeiler mittels Eiseneinlagen verankert.

Der Goodwin-Damm[1]) auf dem Stanislausgebirge unweit von Stockton, Kalifornien, dient zur Stauung und Speicherung des Wassers für Bewässerungszwecke für die South San Joaquin- und Oakdale-Bewässerungsbezirke. Die bewässerte Fläche beträgt 58000 ha. Der Damm besteht aus 2 Gewölben, die sich in der Mitte auf einen Pfeiler stützen. Außerdem befindet sich am Südende des Dammes ein schmaler Pfeiler an einer Stelle, wo der Fels infolge Einbau eines Kanals ausgebrochen wurde. Das südliche Gewölbe hat eine Kronenlänge von 91 m mit einer maximalen Höhe

Abb. 180. Big Bear Valley.

von 23,75 m. Das nördliche Gewölbe ist 48,60 m lang an der Krone mit einer maximalen Höhe von 12,80 m. Der Pfeiler ist in Mauerwerk hergestellt und besitzt eine Höhe von nur 6,70 m. Die beiden Gewölbe haben einen äußeren Radius von 41,10 m. Die Gewölbestärke ist oben 2,47 m; diese Stärke bleibt konstant bis 2,40 m über der Talsohle, von wo aus die Mauer auf 3,65 m verstärkt ist. Diese untere Verstärkung war mit Rücksicht auf die starke Erosionswirkung notwendig. Die Gewölbe sind zur Aufnahme der Temperaturspannungen mit Eiseneinlagen bewehrt bis zu 1,80 m unterhalb der Krone. Die Stärke des südlichen Gewölbes beträgt bei der Gründung 3,72 m. Der Damm wurde 1912 fertiggestellt und seitdem ist er öfters überflutet worden mit einer Überfallhöhe von mehr als 1,80 m. Der Damm liegt in einer Höhe von 106 m über NN. Das Einzugsgebiet des Flusses an dieser Stelle beträgt 2370 qkm.

Surgis-Damm[2]). Erbaut für die städtische Wasserkraftanlage Surgis in Michigan. Dammhöhe 7,30 m, Kronenlänge 94 m. Der Damm besteht aus 15 Gewölben, der Pfeilerabstand beträgt 6,10 m. Die beiden Endbogen haben eine Spannweite

---

[1]) Transactions Bd. 81, S. 895.　　　[2]) Engg. Rec., 2. III. 1912, S. 230.

von je 7 m. Die größte Höhe der Staumauer über dem tiefsten Punkt des Fundaments beträgt 9,10 m. Die untere Pfeilerbreite ist 14,30 m. Die wagerechten Schnitte der Gewölbe sind Kreisbogen mit einer Bogenstärke von 0,30 m. Die Neigung der Wasserseite beträgt 40° gegen die Horizontale. An der Talseite des Dammes befindet sich ein Gegenwehr. Der Damm kostete 22 000 Dollar.

Three Miles Falls-Damm, Oregon[1]). Der Damm wurde vom 7. Juli bis 28. November 1914 erbaut. Mauerhöhe 7,30 m. Die Staumauer ist im Grundriß mit einem Halbmesser von 365 m krummlinig angeordnet. Der Damm besteht aus 20 Gewölben mit einem Pfeilerabstand von 6,10 m. Die Bogenstärke an der Krone beträgt 0,30 m. Wasserseitige Böschung 5 : 4, talseitige Böschung 1 : 12. Die Herdmauer ist 1,80 m stark und 1,80 bis 3 m tief. Die Pfeilerstärke beträgt 0,46 m. Die Pfeiler sind an beiden Seiten mittels 12 mm starken Eiseneinlagen bewehrt, deren Abstand 0,65 m beträgt. Die Außenfläche der Gewölbe ist zylinderförmig ausgebildet mit 5,50 m Halbmesser. (S. Abb. 181).

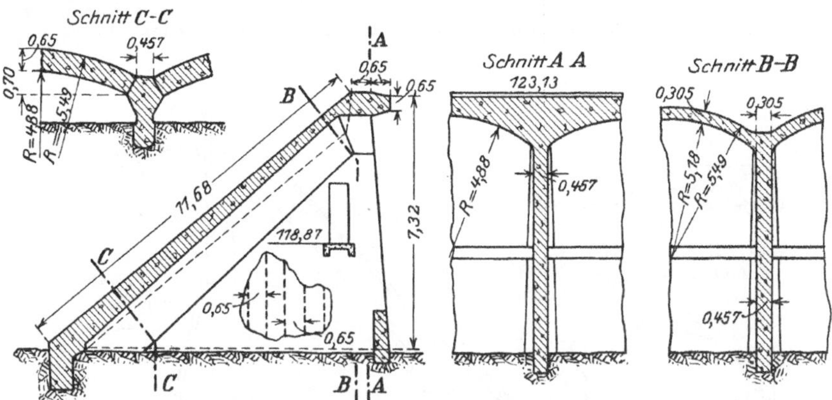

Abb. 181. Three Miles Falls. Querschnitt und Feldmitte.

Der Kennedy-Damm[2]). Der Damm ist für eine Quarzmühle errichtet worden. Die Abmessungen sind die folgenden: Kronenlänge 148 m, Höhe über Talsohle 9,12 m, Höhe über der Fundamentebene 13,35 m, Zahl der Pfeiler 5, Spannweite 12,20 m, Zentriwinkel der Außenfläche 133°34′, Halbmesser der Außenfläche 6,65 m, Pfeilerstärke 0,30 m. Die Gewölbe sind als Dreigelenkbogen ausgebildet. Bogenstärke oben 0,30 m; sie nehmen nach unten und gegen die Kämpfer hin zu. Die Bewehrung der Gewölbe besteht aus Kabeln. Die Versteifungsträger sind ebenfalls mittels Kabel bewehrt. Zuerst sind die Pfeiler erbaut worden und nach Fertigstellung derselben die Gewölbe, und zwar alle gleichzeitig. Der Erbauer der Talsperre ist I. S. Eastwood.

Die Erhöhung dieser Talsperre begann im Juli 1916[3]). Die Erhöhung erfolgte auf 15,20 m. Der obere Teil der Gewölbe ist senkrecht hochgezogen worden. Der Deckbalken wurde 1,20 m breit gemacht, um zugleich als Fußweg dienen zu können.

Dieses Bauwerk steht auf einem Flußbett aus Schiefer, die Schichten laufen quer zur Richtung des Dammes. Dadurch war es notwendig, den Fuß des Dammes fest in dem Flußbett zu verankern, um zu großes Durchsickern zu verhindern.

Die Kosten des 9,12 m hohen Dammes betrugen 25 658 Dollar, diejenigen für die Erhöhung 26 367 Dollar, insgesamt 52 025 Dollar.

---

[1]) Engg. News., 27. V. 1915.　　[2]) Engg. News., 29. IV. 1915.　　[3]) Engg. Min. Journ., 24. I. 1917.

Ein ähnlicher Damm wurde im Jahre 1916 für die Argonaut Mining Co. in Jackson (Kalifornien) errichtet. Die Dammhöhe ist 15,24 m, es ist jedoch eine Erhöhung auf 24,20 m Höhe vorgesehen. Der Damm besteht aus 14 Bögen von je 9,73 m Spannweite. Die Kronenlänge beträgt 137 m. Die Staumauer wurde von März bis Juli 1916 ausgeführt. Die Gesamtkosten betrugen 21 680 Dollar[1]).

Der Lake Hodges-Damm[2]) am San Dieguitofluß in Südkalifornien (Abb. 182 bis 186). Die Staumauer liegt etwa 30 Meilen entfernt von San Diego; sie bildet einen Stau

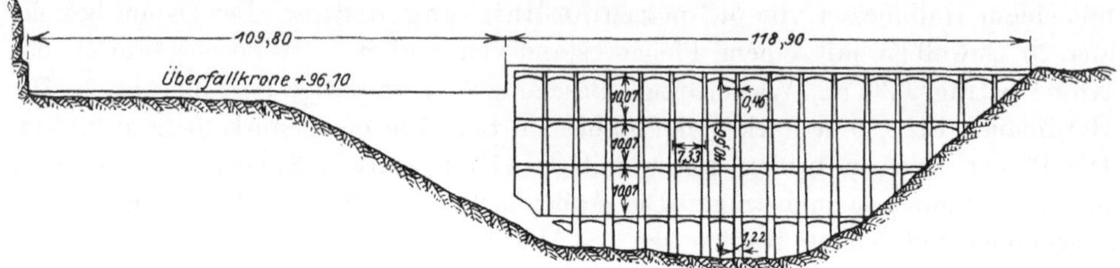

Abb. 182. Lake Hodges-Sperre. Ansicht von der Talseite.

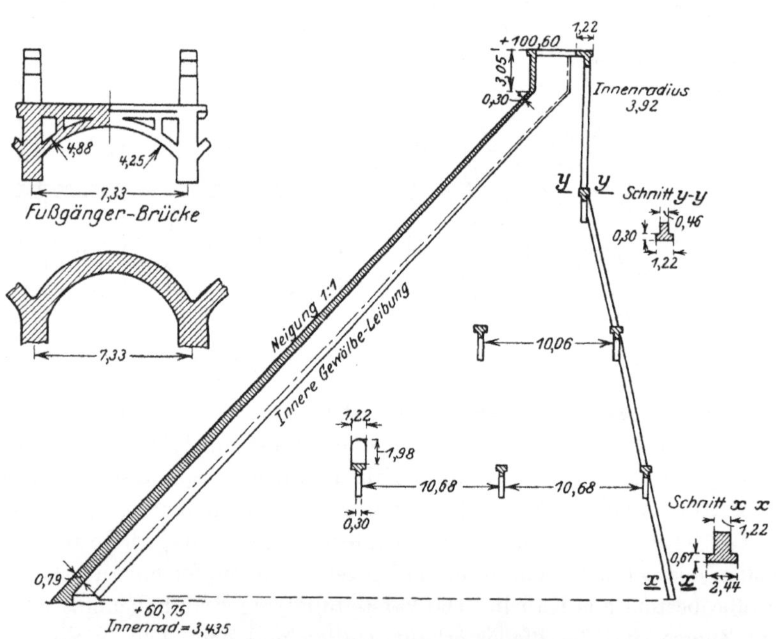

Abb. 183. Lake Hodges. Querschnitt.

von 47 Mill. m³ und dient zur Bewässerung. Seine größte Höhe beträgt 41,50 m. Der eigentliche Damm ist 170 m lang. Außerdem wurde noch ein 58,60 m langer Überfall an der Talseite ausgesprengt, wodurch 2000 m³ Hochwasser abgeführt werden können. Die Gesamtlänge des Überfalls beträgt 109,80 m. Der Stauraum in den oberen 4,57 m zwischen Dammkrone und Überfallkrone beträgt 47 Mill. m³, d. h. ebensoviel wie der gesamte übrige Stauraum. An der tiefsten Stelle des Dammes sind vier Grundablässe von je 0,61 m Durchmesser angebracht. Die Pfeiler ruhen auf dem Felsboden. Sie sind nur dort bewehrt, wo die Bogen und die Versteifungsträger einmünden. Der

---

[1]) Engg. Min. Journ., 24. I. 1917.   [2]) Engg. News. Rec., 4. IX. 1919.

Pfeilerabstand beträgt 7,33 m, die Pfeilerstärke ändert sich von 0,46 oben bis 1,22 m an der Sohle des größten Pfeilers. An dem oberen, 14,35 m langen Teil ist die Pfeiler-

Abb. 184. Lake Hodges-Sperre im Bau.

Abb. 185. Lake Hodges. Wasserseite.

stärke konstant. Jeder Pfeiler ist an der Talseite versteift, wie das aus Abb. 183 ersichtlich ist. Die Breite dieser Versteifung beträgt oben 1,22 m und unten 2,44 m.

Die Gewölbestärke beträgt oben 0,30 m und 15,20 m unterhalb der Krone 0,79 m;
von hier ab bleibt die Gewölbestärke konstant. An der Krone sind die Gewölbe verstärkt. Die Wasserseite der Gewölbe hat eine Neigung von 1 : 1. Der äußere Bogenradius beträgt 4,22 m, der innere Bogenradius ist veränderlich. Der größte Teil der
Eiseneinlagen besteht aus 13 mm Rundeisen. Die Gewölbe sind symmetrisch bewehrt.
Der Abstand der Eiseneinlagen beträgt 0,30 m. Sowohl an der Außen- wie an der

Abb. 186. Lake Hodges. Talseite.

Innenseite der Gewölbe laufen senkrechte Eiseneinlagen, die einen Abstand von
0,61 m haben. Die Eiseneinlagen sind $6^1/_2$ cm von der Oberfläche angeordnet. Das
Mischungsverhältnis für den Gewölbebeton ist 1 : 2 : 4. Die Oberfläche der Gewölbe
ist mit einer Torkretschicht versehen.

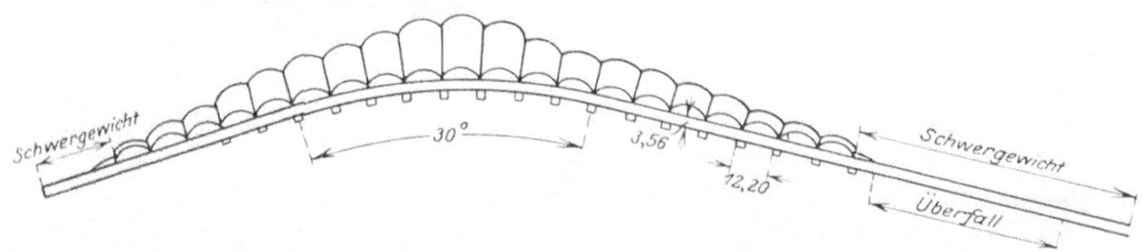

Abb. 187. Lake Eleanor. Grundriß.

Der Lake Eleanor-Damm bei San Franzisko[1]) (Abb. 187, 188). Der Damm
liegt im Sierra-Nevadagebirge, 1418 m ü. d. M. und bildet ein wichtiges Glied des
großen Hetch-Hetchyprojektes. Der Hauptzweck dieser Talsperre ist die Krafterzeugung
für Bauzwecke. Die Staumauer besteht aus 20 Gewölben von 12,20 m Spannweite,
die eine Neigung von 50° gegen die Horizontale besitzen. Die acht mittleren Gewölbe
liegen in einer Kurve mit rechts und links anschließenden gradlinigen Teilen. An
beiden Enden ist der Damm als massive Staumauer ausgebildet, von denen an dem
einen der Überfall angeordnet ist. Der Untergrund ist widerstandsfähiger Fels. Die

---

[1]) Engg. News. Rec., 4. IX. 1919.

Höhe der mittleren Gewölbe ist 21 m. Dieser Damm wird einen Teil des wasserseitigen Fußes eines zukünftigen Erddammes bilden, der eine endgültige Höhe von 46 bis 53 m haben wird. Der äußere Radius der Gewölbe beträgt 7,02 m, der Zentriwinkel ist 120°50'. Die Gewölbe sind in den wagerechten Schnitten kreisförmig ausgebildet. Die Gewölbestärke beträgt oben 0,38 m. Bei einer maximalen Tiefe von 21 m beträgt die Gewölbestärke 1,22 m im wagerechten Schnitt und 0,93 m im normalen Schnitt. Die Pfeiler sind an der Krone durch einen 3,65 m breiten Steg miteinander verbunden.

Zu bemerken ist, daß die Seitenböschung der niedrigeren Pfeiler kleiner ist als bei den höheren, eine verkehrte Anordnung also, wie aus dem IV. Kapitel hervorgeht.

Die Gem Lake-Sperre[1]) (Abb. 189 bis 195). Zur Sommerszeit der Jahre 1915 bis 1916 sind zwei Gewölbereihendämme für die Pacific Power Corporation auf dem Rush Creek, Kalifornien, ausgeführt worden: die Gem Lake- und die kleine Agnew Lake-Sperre. Die zweite hat nur eine geringe Bedeutung.

Das Staubecken der ersten hat einen Inhalt von 21 Mill. m³. Dadurch kann eine mittlere Wassermenge des Rush Creek von 1270 Sekundenliter ausgenützt werden. Das Einzugsgebiet bei der Sperrenstelle beträgt 57¹/₂ qkm und liegt auf dem östlichen Abhang des Sierra Nevadagebirges. Von diesem

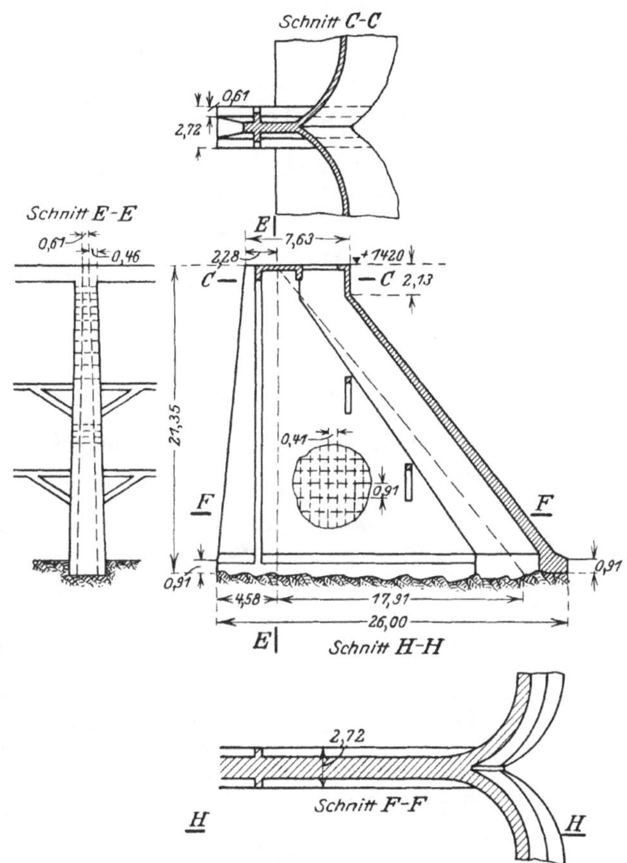

Abb. 188. Lake Eleanor. Schnitte.

Damm aus führt eine Rohrleitung von 1,24 m Durchmesser zum Krafthaus, das 560 m unter dem Wasserspiegel des Staubeckens liegt. Die größte Höhe des Staudammes beträgt 26 m, der vertikale Abstand von der tiefsten Stelle der Gründung bis zur Mauerkrone etwa 35 m. Die Länge des Dammes an der Krone, die in 2800 m Meereshöhe liegt, mißt 217 m. Auf Grund einer Wirtschaftlichkeitsberechnung hat Jorgensen für den wirtschaftlich günstigsten Pfeilerabstand 9 bis 15 m gefunden. Für eine mittlere Höhe — wie in diesem Falle — wurde eine Spannweite von 12 m gewählt. Der Zentriwinkel des äußeren Bogens beträgt 120°, und der Radius 7,20 m. Dieser Radius ist mit Rücksicht auf die leichte Herstellung der Schalung für das ganze Gewölbe konstant beibehalten worden. Die Scheitellinie der äußeren Gewölbefläche schließt einen Winkel von 50° mit der Horizontalen ein.

[1]) Jorgensen: Multiple Arch Dams of Rush Creek, Calif. Transactions Bd. 81, S. 850ff. 1917.

Der Fels an den Talhängen ist von glacialen Wirkungen abgeschliffen, doch waren noch einige Felsaushübe notwendig. Das Material für die Herstellung des Dammes wurde in der Nähe gefunden. Sand konnte man am Ufer des natürlichen

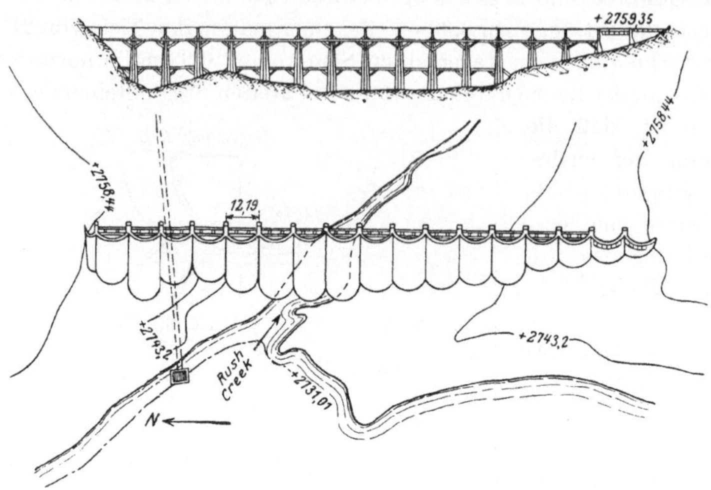

Abb. 189. Gem Lake. Längsschnitt und Grundriß.

Sees gewinnen. Alle in der Nähe zu beschaffenden Materialien, besonders die verschiedenen Sandarten, wurden geprüft, bevor man sie für den Bau auswählte. Da

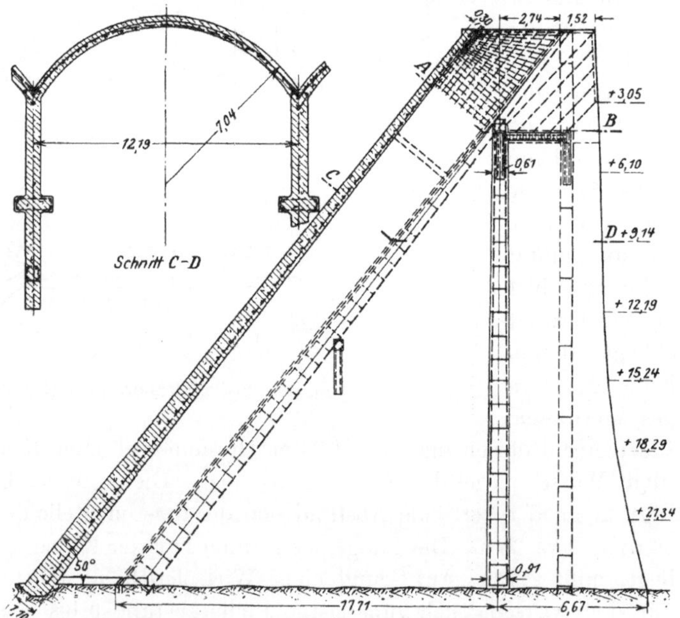

Abb. 190. Gem Lake. Querschnitt in der Feldmitte.

man den Sand vom Ufer des Gem Lake als geeignet fand, kam er zur Verwendung. Dieser Seesand, der $3^1/_2\,^0/_0$ Lehm und $1\,^0/_0$ Schlamm enthielt, wurde mit dem Sand aus dem zermahlenen Fels im Verhältnis von etwa $^3/_4$ Seesand und $^1/_4$ Felssand gemischt. Das Mischungsverhältnis des für die Gewölbe verwendeten Betons war

1 : 2 : 4, dasjenige für die Pfeiler 1 : 2¹/₂ : 5. Das Mischungsverhältnis wurde allerdings häufig geändert, der Zementgehalt für die Gewölbe und für die Pfeiler wurde aber immer beibehalten. Das Holz bei der Baustelle erwies sich als gut genug für die Schalung, und wurde unbearbeitet verwendet. Eine Zementmörtelschicht

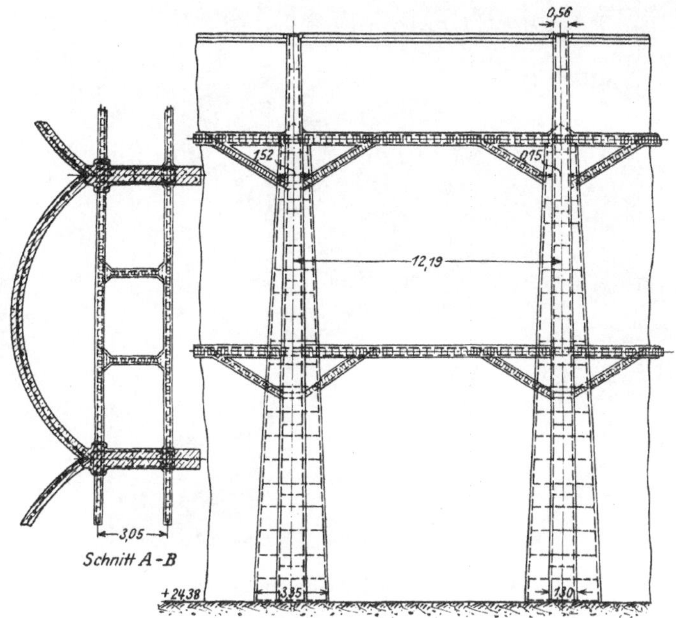

Abb. 191. Gem Lake. Längsschnitt durch die Pfeiler.

in der Mischung 1 : 2 in einer Stärke von 6 mm an der Krone, die auf 19 mm bei der Gründung wächst, wurde mit dem Torkretverfahren an der Wasserseite der Gewölbe aufgebracht. An der Südseite wurden die beiden letzten Bogen mit Überfallöffnungen versehen, die man mit losen Schützenbrettern verschließen kann.

Der Gem Lake-Damm enthält 6520 m³ Beton und 82 t Bewehrungsstahl. Der Preis betrug 29 Dollar pro Kubikmeter einschließlich Zement, Schalung und aller Gerätekosten außer den Eiseneinlagen, die mit 110 Dollar pro Tonne bezahlt wurden. Die hohen Kosten erklären sich durch die hohen Frachtsätze und durch die Tatsache, daß die Eisenbahn von der Baustelle fast 100 km entfernt war. Von dem Krafthaus brachte eine Bahn von etwa 1,4 km Länge die Materialien 380 m

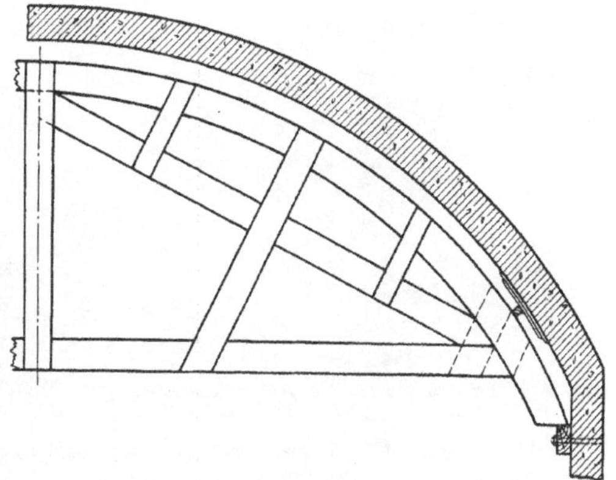

Abb. 192. Gem Lake. Gewölbeschalung.

aufwärts zum Agnew Lake. Am Ausfluß dieses Sees wurde der Agnew-Damm erbaut (Abb. 196, 197), der 10 m hoch und 85 m lang ist, und nach einem ähnlichen Plan wie der Gem Lake-Damm zur gleichen Zeit errichtet wurde, um die Leistungsfähigkeit des natürlichen Sees zu erhöhen.

Mountain Dell-Damm. (Abb. 198 bis 200) Das von diesem Damm gespeicherte

Wasser dient zur Wasserversorgung von Salt Lake City. Der Damm wurde zuerst auf
eine Höhe von 30 m erbaut, was einem Stauinhalt von 1,1 Mill. m³ entspricht. Die

Abb. 193. Gem Lake-Sperre im Bau.

Abb. 194. Gem Lake. Talseite.

Erhöhung der Staumauer auf 44,20 m ist bereits erfolgt. Die Gewölbe sind Kreissegmente von 120⁰ Zentriwinkel, ihre größte Stärke an der Sohle beträgt 1,25 m und nimmt
bis zu 0,38 m an der Krone ab. Die Gewölbe sind unter 10 : 12 geneigt, der Pfeilerabstand

beträgt 10,68 m. Der Pfeiler mißt an der Sohle 2,44 m, die Stärke nimmt nach oben hin um $2^1/_2$ cm pro Meter Höhe ab. Das Mischungsverhältnis des für die Gewölbe verwendeten Betons betrug 1 : 2 : 4 und für die Pfeiler 1 : 3 : 6. Der Abstand der Versteifungsträger beträgt in senkrechter Richtung 6,10 m und in wagerechter Richtung 8,83 m. Sie sind mit Eisen-

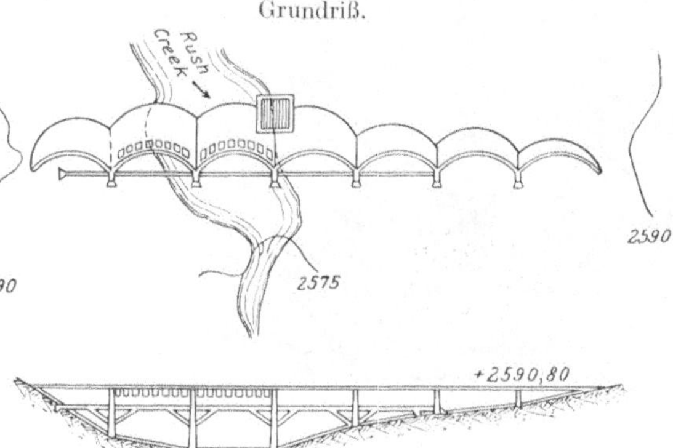

Abb. 196. Agnew Lake.

Abb. 195. Gem Lake. Torkretierung der Wasserseite.

einlagen bewehrt. In dem oberen Teil des erhöhten Dammes steigen die Gewölbe 4,27 m senkrecht an (genau wie bei dem Big Bear Valley-Damm). Interessant ist, daß die Gewölbe als Dreigelenkbogen ausgebildet sind. Die Gelenkwirkung ist derart erzielt, daß die Widerlager kreisförmig ausgerundet wurden; in diese konkaven Flächen passen dann die

Abb. 197. Agnew-Lake-Sperre im Bau.

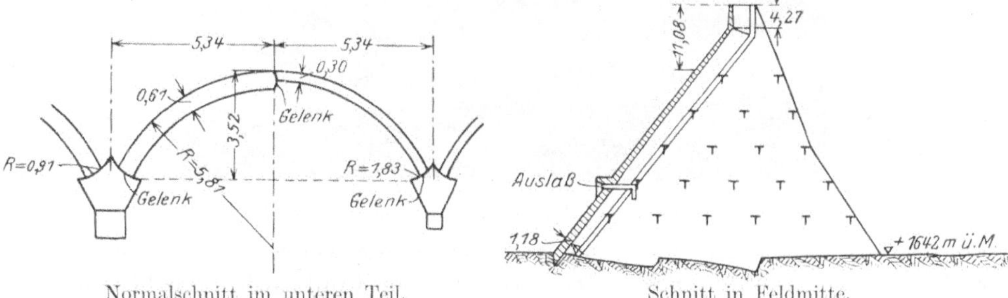

Abb. 198. Mountain Dell-Sperre nach Erhöhung.

Abb. 199. Mountain Dell-Damm vor Erhöhung. Talansicht.

Abb. 200. Mountain Dell-Damm vor Erhöhung. Blick von oben.

Gewölbe. Die Fugen sind mit Blech ausgekleidet, sie wurden vor Einbau der Gewölbe mit Asphalt angestrichen. Diese Konstruktion wurde in dem erhöhten Mauerteil nicht beibehalten.

Die Baukosten der Staumauer betrugen: für 2600 m³ Beton 1 : 2 : 4 für die Gewölbe und Versteifungsträger 11,12 Dollar pro Kubikmeter; 4900 m³ Pfeilerbeton 1 : 3 : 6 9,43 Dollar pro Kubikmeter, Erdaushub 0,73 Dollar pro Kubikmeter, Felsaushub 2,61 Dollar pro Kubikmeter. Die Gesamtkosten stellten sich auf 90000 Dollar.

Palmdale - Damm[1]) (Abb. 201 bis 204). Die Staumauer liegt in der Nähe von Los Angeles, Kalifornien. Sie besteht aus 29 Gewölben, mit einem Pfeilerabstand von 7,30 m. Die Gewölbestärke beträgt oben 0,38 m, unten 1,22 m, während die Pfeilerstärke sich zwischen 0,38 bis 1,68 m bewegt. An einem Ende des Dammes ist ein Eisenbetonsaugüberfall angeordnet. Die größte Mauerhöhe beträgt rd. 50 m. Bemerkenswert ist bei diesem Damm die eigenartige Grundrißanordnung. Wie aus der Abb. 201 ersichtlich, ist in der Dammachse ein Knick vorhanden, um den Damm in dieser Weise besser den Höhenlinien anzupassen.

Die Staumauer enthält 19000 m³ Beton mit einem Einheitspreis von 25 Dollar pro Kubikmeter. Die Gesamtkosten der Talsperre betrugen 550000 Dollar.

------

[1]) Nach Mitteilungen von Dr. F. A. Noetzli, Los Angeles.

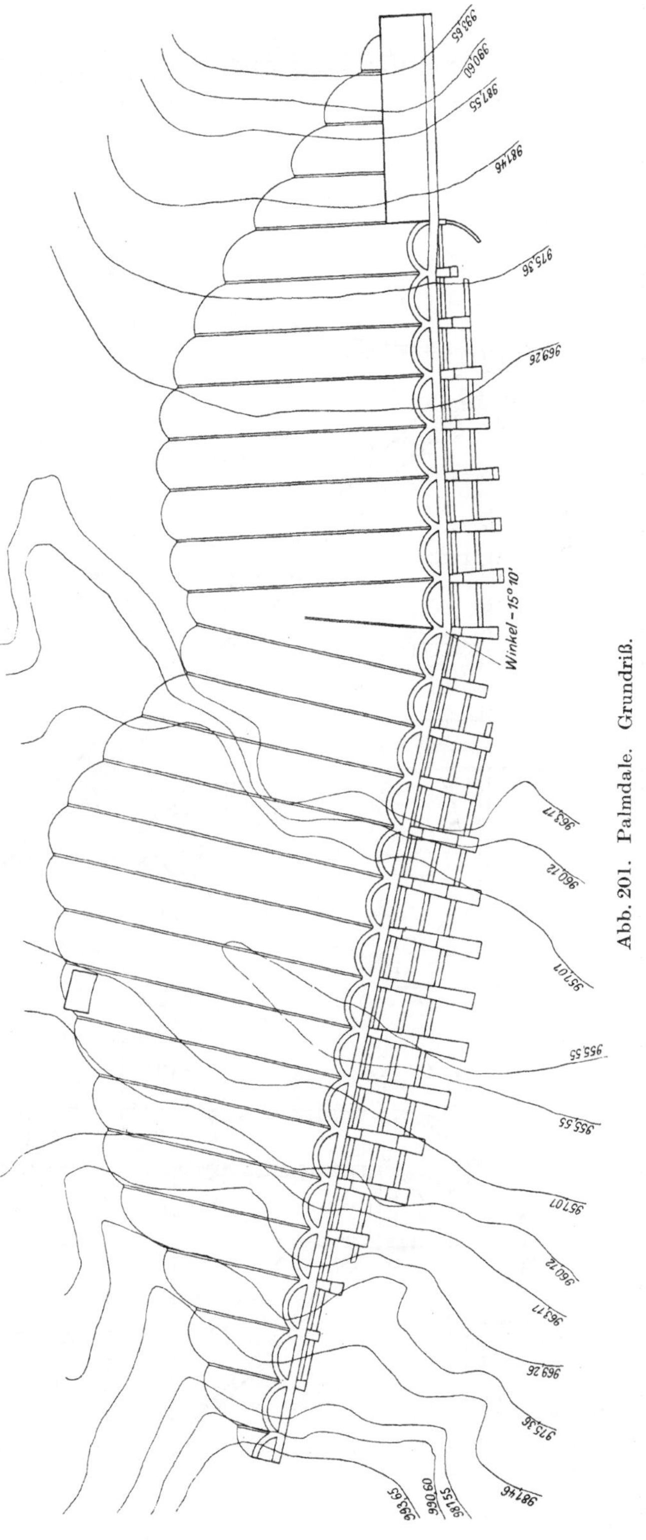

Abb. 201. Palmdale. Grundriß.

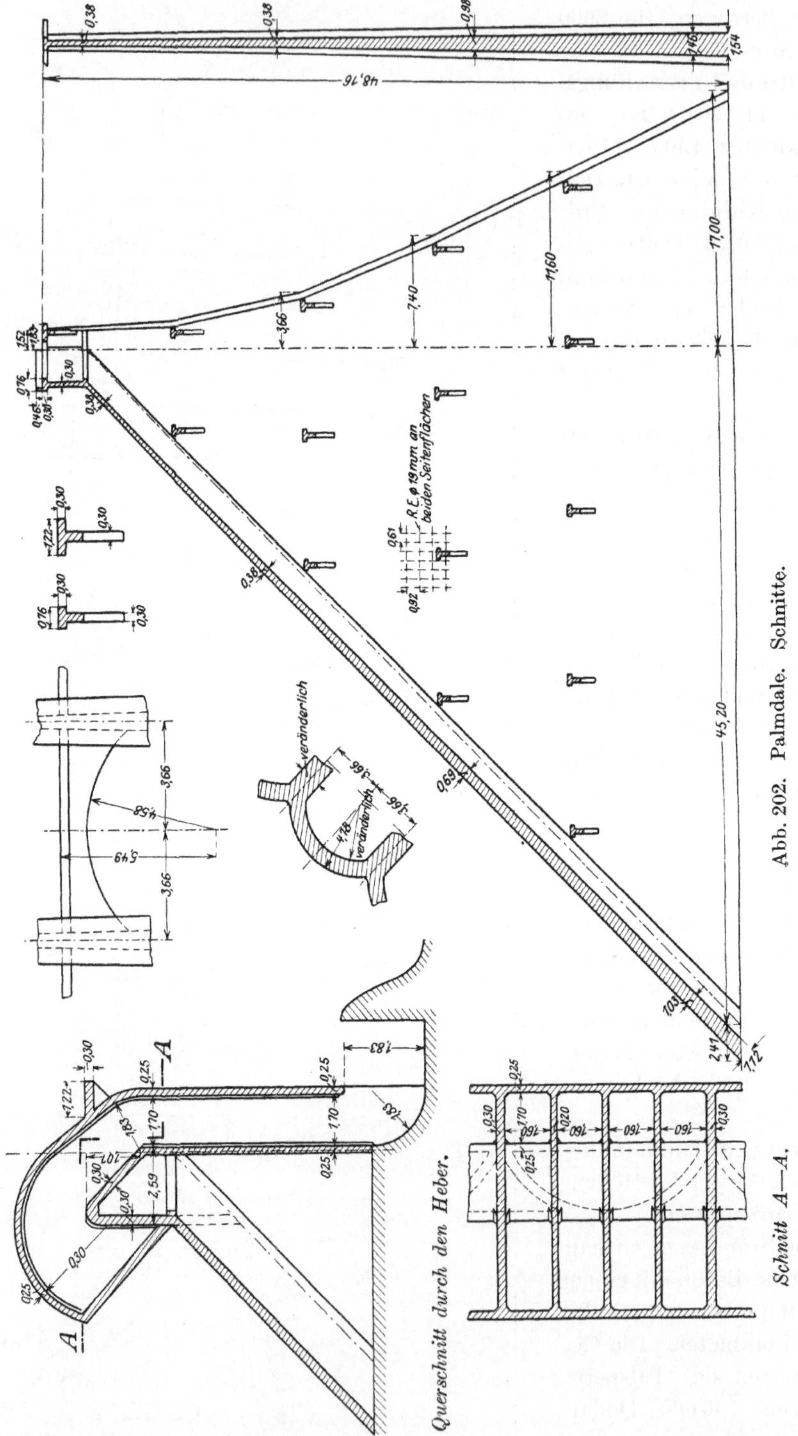

Abb. 202. Palmdale. Schnitte.

Cave Creek-Damm, Arizona (Abb. 205 bis 207)[1]). Der Damm wurde im Jahre 1922 zum Hochwasserschutz der Stadt Phoenix, Arizona, errichtet. Er besteht aus 38 Gewölben mit einem Pfeilerabstand von 13,40 m. Die größte freie Dammhöhe beträgt 18,30 m; da aber der widerstandsfähige Fels mit einer 18,80 m starken Kiesschicht bedeckt ist, mußten die im Flußbett stehenden Pfeiler entsprechend tiefer gegründet werden, so daß die größte Dammhöhe an dieser Stelle 37,10 m beträgt. Die Wasserseite der Gewölbe ist mit veränderlicher Böschung krummlinig ausgebildet worden. Die Bogenstärke beträgt oben 0,30 m, unten 1,29 m. Der

Abb. 203. Palmdale-Sperre im Bau.

Materialaufwand war 14 500 m³ Beton. Die Baukosten einschließlich Aushub von 24 000 m³ Bodenmaterial beliefen sich auf ca. 600 000 Dollar.

Webber Creek-Damm[1]). Erbaut 1922/1923. Die Staumauer besteht aus 3 Gewölben, die fast senkrecht sind. Das mittlere Gewölbe hat eine Spannweite von 42,50 m und die seitlichen je 10,50 m. Die größte Höhe ist 36,50 m. Die Pfeiler sind nicht parallel, sondern sie laufen in einem, an der Bergseite gelegenen Punkt zusammen. Die Gewölbestärke des mittleren Bogens ändert sich von 0,76 bis 3,60 m.

---

[1]) Nach Mitteilungen von Dr. F. A. Noetzli, Los Angeles.

Abb. 204. Palmdale-Sperre kurz nach Fertigstellung.

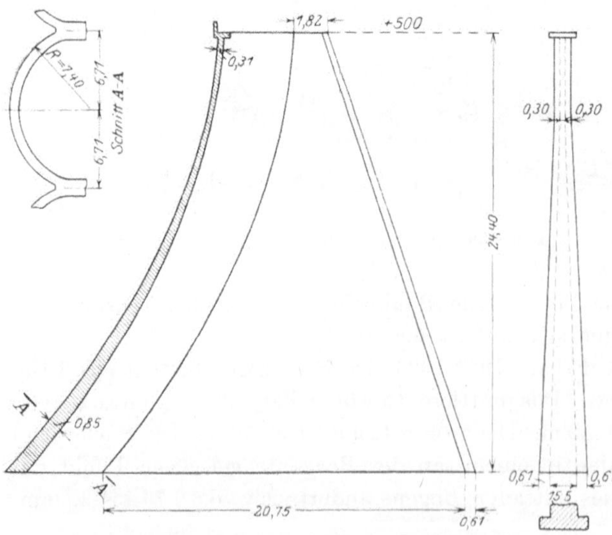

Abb. 205. Cave Creek. Querschnitt.

Der Sherman Island-Damm am Hudson River[1]) dient für eine Wasserkraftanlage von 50000 PS Leistung. Der Fluß fließt an dieser Stelle zwischen Granit und Sandstein. In dem Flußbett lagert eine Kiesschicht von etwa 150 m Breite. Die Tiefe dieser Schicht ist so groß, daß sie nicht festgestellt werden konnte. Der Damm besteht aus mehreren Teilen. Der Hauptdamm ist als aufgelöste Staumauer auf dem Kiesbett des Flusses erbaut worden. Die Länge dieses Dammes beträgt 168 m. Der Fußweg an der Krone liegt 21,40 m oberhalb der starken Längsrippen der Fundamentplatte. Diese Platte ist 31,60 m breit und 0,91 m stark. Die Pfeilerstärke beträgt 1,06 m und der Pfeilerabstand 4,72 m. In den unteren beiden Dritteln der Staumauer beträgt die wasserseitige Böschung 5 : 12 und die Bogenstärke 0,61 m, während in dem oberen Drittel die Böschung 1 : 1 und die Bogenstärke 0,46 m mißt. Die Grundplatte ist bewehrt und mit drei Rippen versehen, deren Tiefe 2,74, 3,05 bzw. 1,83 m ist. Die Fundamentplatte wurde mit Sand überschüttet bis zu einer Höhe von 6 m. Die Durchsickerung unter dem Damm ist mittels zwei Spundwänden, die 16,70 m tief eingetrieben sind, ver-

[1]) Gen. El. Rev., Dezember 1923.

hindert. Diese Spundwände sind in die Wasserseite der Fundamentplatte eingebaut.

Der Anyox-Damm, British-Columbia, ist 1924 fertiggestellt worden. Die größte Dammhöhe mißt 47,50 m, der Pfeilerabstand 7,30 m. Die Gewölbe sind mit

Abb. 206. Cave Creek. Arizona. Wasserseite.

Abb. 207. Cave Creek. Talseite.

veränderlicher Böschung, also krummlinig ausgebildet, ebenso wie bei dem Cave Creek-Damm.

Kurz vor Fertigstellung dieses Dammes kam ein Hochwasser, das über die Krone eines noch nicht fertiggestellten Gewölbes abfloß (Abb. 208). Diese Überflutung dauerte einige Tage, ohne daß der geringste Schaden in der Staumauer entstanden wäre.

Vor kurzer Zeit wurde mit dem Bau des Florence Lake-Gewölbereihendammes begonnen. Die Höhe der Mauer wird etwa 49 m betragen bei einer Gesamtlänge von 1000 m. Pfeilerabstand 15,20 m. Die Stelle der Talsperre liegt in einer Höhe von über 2200 m ü. d. M., wo die Wintertemperaturen unter — 20⁰, — 30⁰ sinken.

Great-Lake-Sperre, Tasmania (Abb. 209 bis 214)[1]). Die Talsperre hat eine Gesamtlänge von 360 m und besteht aus 27 Gewölben mit einem

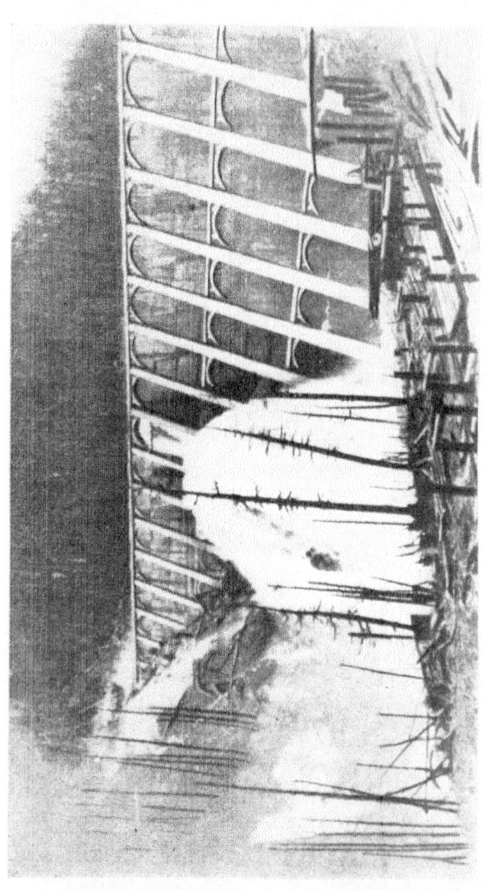

Abb. 208. Anyox-Sperre während des Hochwassers.

Abb. 209. Great Lake. Talansicht.

Abb. 210. Great Lake. Grundriß.

Pfeilerabstand von 12,20 m. Die Pfeilerstärke beträgt 0,55 m an der Krone und 1,52 m am Fuß. Die talseitige Böschung ist 9 %, die wasserseitige 59 %, so daß die relative Pfeilerbreite β auffallend gering ist. Die Seitenböschung der Pfeiler ist 1 : 40. Die Pfeiler sind an der Wasserseite mit 4 R. E. 25 mm Durchmesser und an der Talseite mit 2 R. E. 25 mm Durchmesser, ferner an beiden Seitenflächen mit wagerecht und senkrecht gelegten Eiseneinlagen von 12 mm Durchmesser in Abständen von 60 cm bewehrt.

____

1) Vgl. auch Bauing. 1925, H. 31, woher die Abbildungen entnommen sind.

Die wasserseitige Scheitellinie der Gewölbe ist unter 60⁰ gegen die wagerechte geneigt, ihre Stärke beträgt oben 0,30 m, unten 0,60 m, der Zentriwinkel

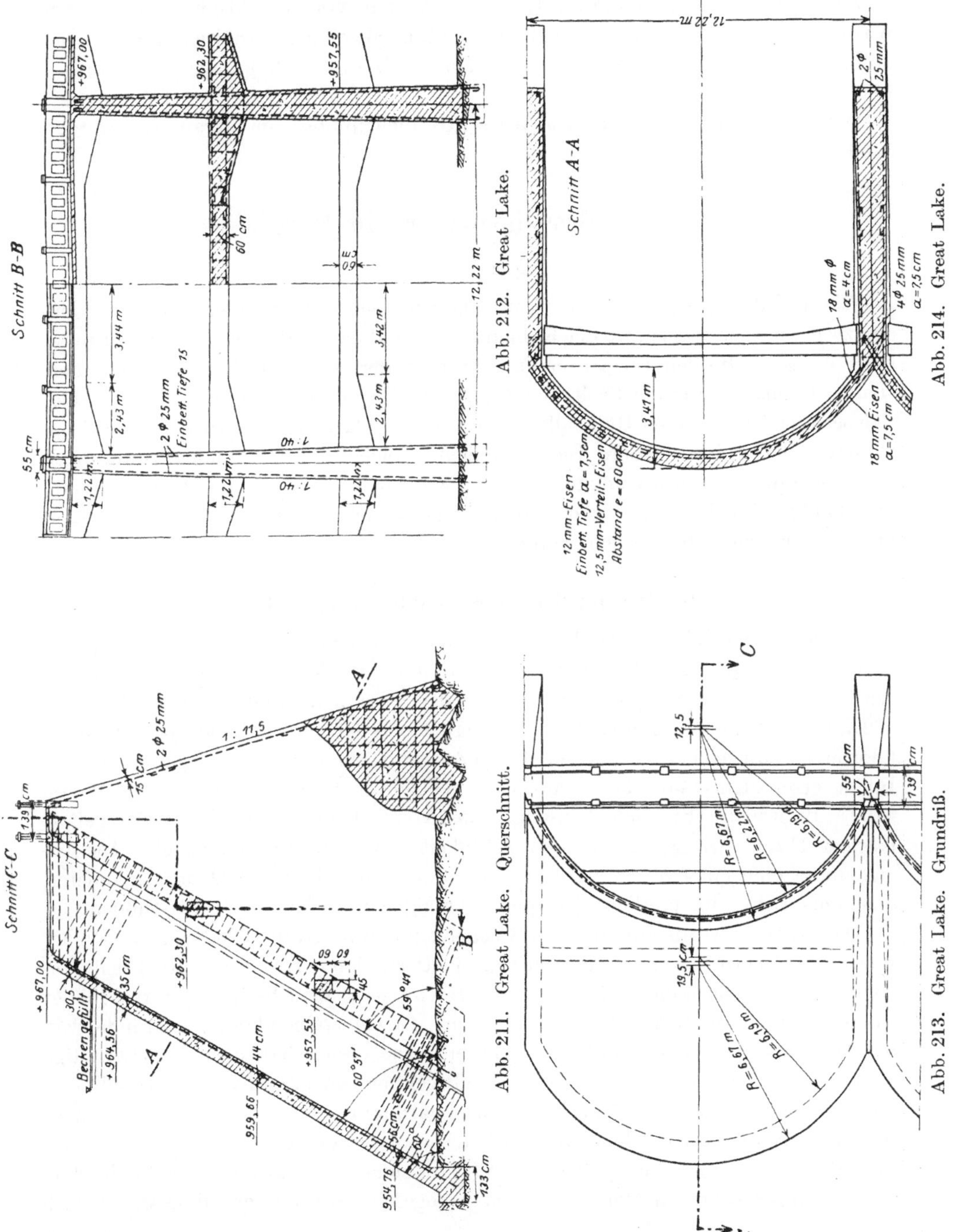

ist etwa 144⁰. Die Wasserseite der Gewölbe ist zylindrisch ausgebildet mit
einem Halbmesser von 6,67 m. Die Gewölbe sind mittels Rundeisen von 18 mm
Durchmesser bewehrt. Der Abstand der Eiseneinlagen ändert sich von 18 bis

30 cm. Die Verteilungseisen mit 12 mm Durchmesser sind 45 cm voneinander entfernt.

Zur Versteifung dienen zwei Eisenbetonbalken von $40 \cdot 60\ \mathrm{cm}^2$, die an der Wasserseite der Pfeiler angeordnet sind. Das Mischungsverhältnis für die Gewölbe betrug $1:2:4$, für die Pfeiler $1:2,5:5$. Die freie Mauerhöhe beträgt etwa 14 m.

Der Zweck der Talsperre ist Wasserkraftgewinnung; im Krafthaus werden 66000 PS erzeugt.

c) Gewölbereihendämme in Europa.

Italien[1]).

Während des Krieges ist dieser Staumauertyp auch in Europa eingeführt worden, und zwar zuerst in Italien, wo der Kohlenmangel und das Vorhandensein gut ausnutzbarer Wasserkräfte den Talsperrenbau ganz besonders gefördert hat. Die erste derartige Staumauer war die Scoltenna-Talsperre. Gleichzeitig wurde auch die Tirso-Talsperre errichtet, deren Höhe alle anderen dieser Gattung übertrifft. Diesen Staumauern folgten bald andere Gewölbereihen. Solche Projekte und Ausführungen haben sich dann rasch zu ungunsten der massiven Mauern verbreitet, bis auf einmal infolge des Einsturzes der Gleno-Talsperre die Errichtung moderner Staumauern plötzlich unterbrochen wurde.

Scoltenna-Talsperre (Abb. 215 bis 224).

Die Scoltenna-Talsperre bei Rio Lunato in der Provinz Modena ist für die Wasserkraftanlage Ponte Strettara errichtet worden. Das Projekt stammt von Ing. Ganassini, Mailand. Der Scoltennafluß hat an der Sperrenstelle ein Einzugsgebiet von 160 qkm, die mittlere Jahresspende beträgt 35 bis 60 l pro Sekunde pro Quadratkilometer. Mit einer 20 m hohen Talsperre wird ein Staubecken von 600000 m³ Inhalt geschaffen. Von dem Staubecken geht ein 5200 m langer Kanal aus (davon 4100 m als Stollen). Er mündet in ein Becken von 6000 m³ Inhalt. Das Bruttogefälle beträgt 112 m. Im Krafthaus sind 2 Einheiten zu je 4000 PS aufgestellt. Die Anlage nutzt eine mittlere Abflußmenge von 30 Sekundenliter pro Quadratkilometer, dem entspricht eine jährliche Energieerzeugung von 30 Mill. Kilowattstunden.

Die Arbeiten wurden im März 1918 begonnen und im April 1920 beendet. Früher war die Talsperre als massive Mauer projektiert, deren Krone mit Rücksicht auf das zu erwartende außerordentlich hohe Hochwasser als Überfallwehr ausgebildet werden sollte. Im neuen Projekt, dem ein Gewölbereihendamm zugrunde lag, wurde dieses Prinzip ebenfalls beibehalten. Die Pfeiler haben eine wasserseitige Böschung von 0,8, während die Talseite eine Böschung von 0,25 aufweist. So ergibt sich eine untere Pfeilerbreite von 21 m. Das Stauziel wurde auf $+687$ über N.N. angenommen; 5 Öffnungen werden nach dem Projekt als Überfall ausgebildet. Die Krone des Überfalls liegt in der Höhe von $+685$ über N. N. demnach beträgt die Überfallhöhe 2 m. Die Öffnungen sollten mittels Nadelwehren abgeschlossen werden, diese sind jedoch

---

[1]) Die meisten Unterlagen über die italienischen Gewölbereihendämme wurden mir durch die freundschaftliche Vermittlung des Herrn Chefingenieur L. Bonamico, Sekretär der Talsperrenkommission im Ministerium für öffentliche Arbeiten in Rom, zur Verfügung gestellt, wofür ihm an dieser Stelle mein wärmster Dank ausgesprochen sei.

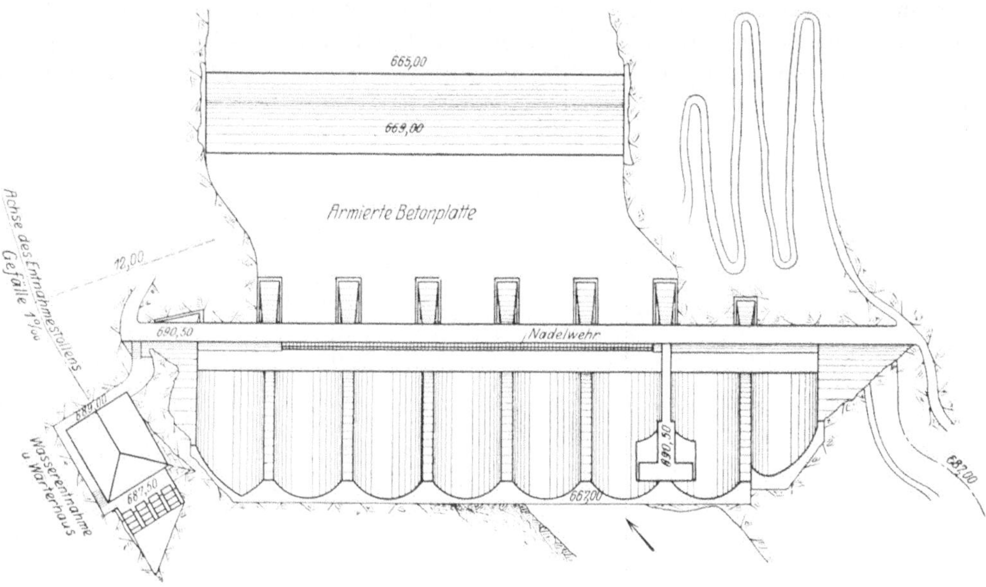

Abb. 215. Scoltenna. Grundriß.

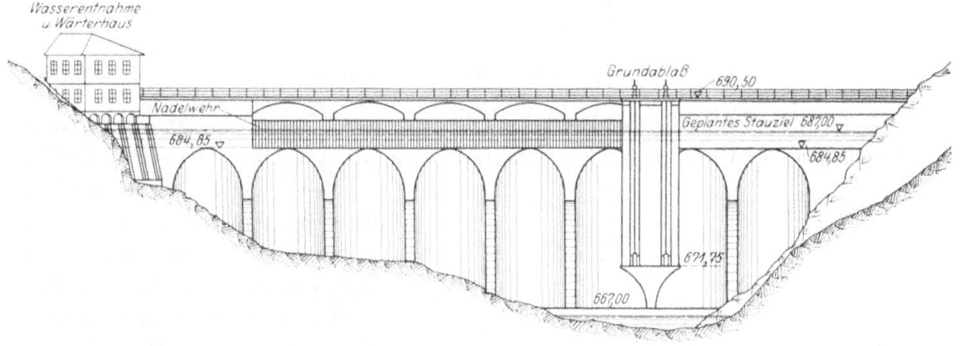

Abb. 216. Scoltenna. Ansicht der Wasserseite.

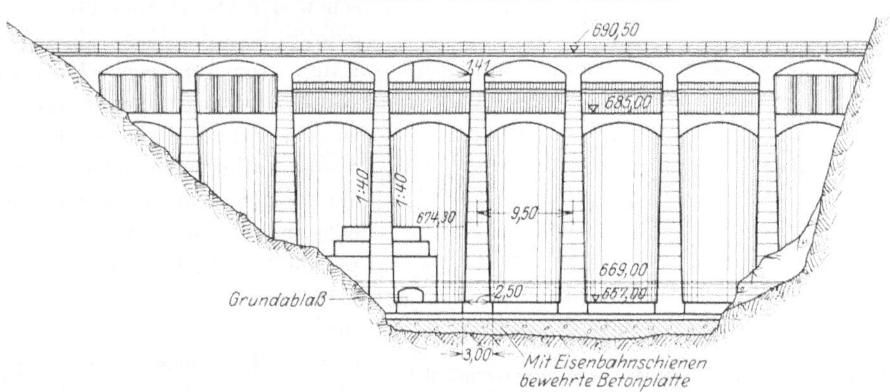

Abb. 217. Ansicht der Talseite.

mit Rücksicht auf die Unsicherheit des Betriebes nicht eingebaut worden, so daß das normale Stauziel auf + 685 über N. N. liegt. Der Damm besteht insgesamt aus 8 Öffnungen. Der Pfeilerabstand beträgt 9,50 m, die lichte Spannweite ändert sich von

7 m unten bis etwa 7,90 m oben. Die Pfeiler haben eine Seitenböschung von 1 : 40. Die Stärke der Pfeiler beträgt unten 2,50 m und oben 1,41 m. Die Mauerkrone liegt in einer Höhe von + 690,50 über N.N. und die obere Kante des Pfeilerfundaments auf + 667 über N. N. mithin beträgt die freie Dammhöhe 23,50 m. Die Innenfläche des Gewölbes ist eine Zylinderfläche, während die Außenfläche mit Rücksicht auf die Zunahme der Bogenstärke konisch ausgebildet wurde. Die Pfeilhöhe des Gewölbes ändert sich von 1,85 m unten bis 2,45 m oben. Der Radius der Innenfläche beträgt 4,25 m, ihre Böschung 0,75, während die Böschung der

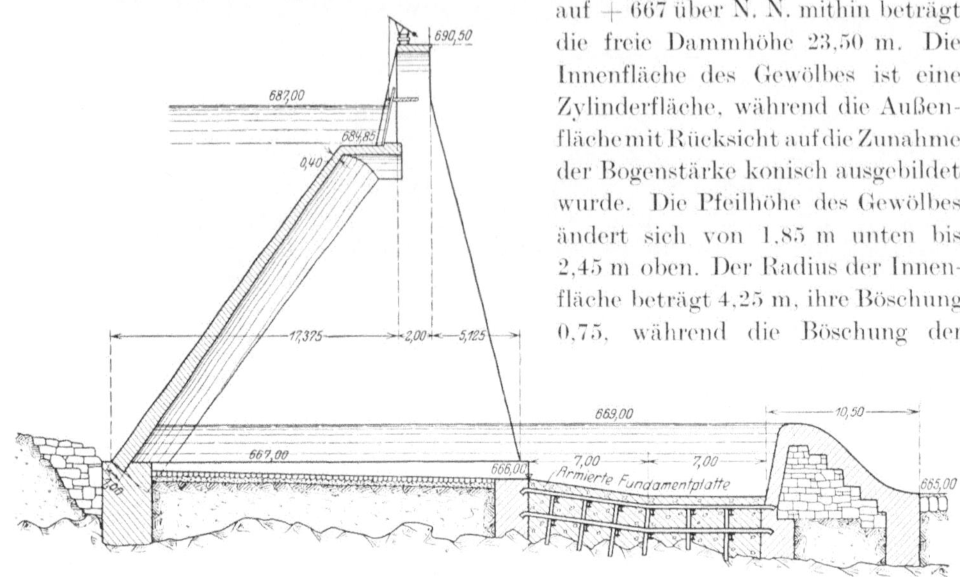

Abb. 218.   Scoltenna.   Schnitt in der Feldmitte.

Außenfläche des Gewölbes 0,81 beträgt. Die Gewölbestärke schwankt dementsprechend zwischen 0,40 und 1 m. Der Überfall ist derart ausgebildet worden, daß die schiefen Gewölbe in wagerechte übergehen, deren oberste Kante in der Höhe + 685 über N. N. liegt. Um einen günstigen Abflußkoeffizienten zu erzielen, wurden diese wagerechten Gewölbe zwischen den Scheitelpunkten ausgefüllt. So entsteht auf die ganze Länge eine wagerechte Überfallkante. Unterhalb der Staumauer ist ein Sturzbecken geschaffen, dessen Abflußwand (ein 4 m hohes Wehr) 23 m von der Staumauer entfernt ist. Mit einer angenommenen Überfallhöhe von 3,50 m kann ein Hochwasser von 700 m³/sec. abgeleitet werden, was einer Abflußmenge von 4,4 m³ pro Quadratkilometer entspricht. Die

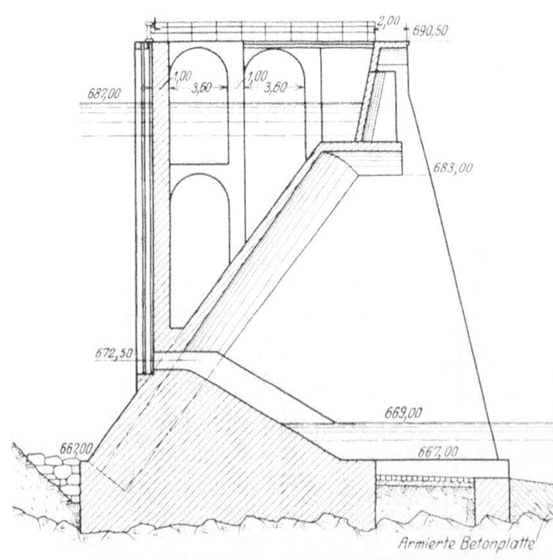

Abb. 219.   Scoltenna.   Schnitt durch den Grundablaß.

Gründung der Mauer ist aus Abb. 220 ersichtlich. Die Ableitung des Hochwassers während des Baues erfolgte durch einen Stollen. Zwei kleine Zentrifugalpumpen genügten, um aus der Fundamentgrube das Wasser zu entfernen. Im Juli 1919 haben heftige Gewitter die Arbeit gestört. Die Baustelle war öfter überströmt, jedoch ist es trotzdem gelungen, 1919 mit den Gründungsarbeiten fertig zu werden[1]). Der Unternehmer hat aus wirtschaftlichen Gründen nur sehr wenige Schalungen hergestellt und wollte diese mehrfach verwenden. Während bei richtiger Disposition das Betonieren der 1300 m³ Beton in wenigen Tagen hätte beendet sein müssen, dauerte die Arbeit durch die geringe vorhandene Schalfläche mehrere Monate. Dadurch wurden die Arbeitsfugen stark sichtbar. Auch ist die Baustelle infolge der Verzögerung noch

vor Fertigstellung von einem außerordentlich heftigen Herbsthochwasser heimgesucht worden. Obwohl, wie oben erwähnt, ein Stollen für die Ableitung des Hochwassers vorhanden war und obwohl außerdem eine Öffnung von 3 m Durchmesser im Mittelgewölbe freigelassen wurde — die zwei Grundablässe waren ebenfalls für den Abfluß offen — genügten

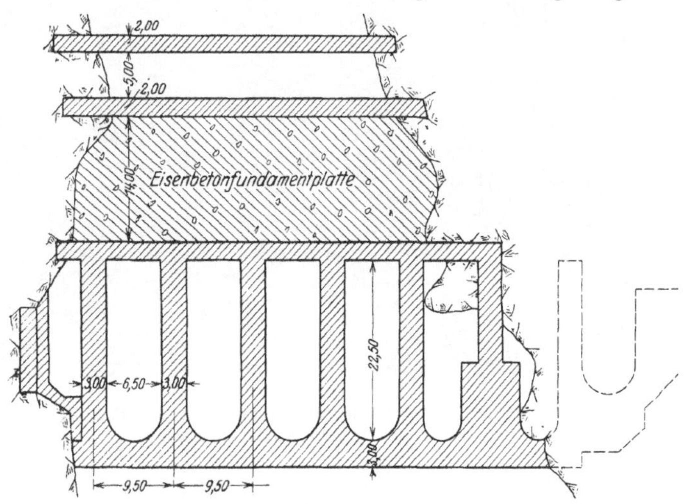

Abb. 220. Scoltenna. Grundriß der Gründung.

doch alle diese Öffnungen zur Abführung des Hochwassers nicht. Die Staumauer wurde überströmt, die Überfallhöhe betrug etwa 3 m. Aus den unteren Öffnungen ist das Wasser mit großer Energie ausgeströmt, Betonblöcke und andere Gegenstände wurden gegen das kleine Wehr geworfen. In der Staumauer selbst entstand jedoch kein Schaden. Die Arbeiten waren noch im Gang, als im Februar ein zweites noch größeres Hochwasser kam. Der Stollen lag während mehrerer Tage unter einem Druck von 18 m Wassersäule. Als der Wasserspiegel sich noch mehr erhöhte, stellte es sich als notwendig heraus, in den unteren Teil eines Gewölbes eine Öffnung zu brechen; denn ein Pfeiler der in der Nähe des Stollens lag, war in seiner Standsicherheit stark gefährdet.

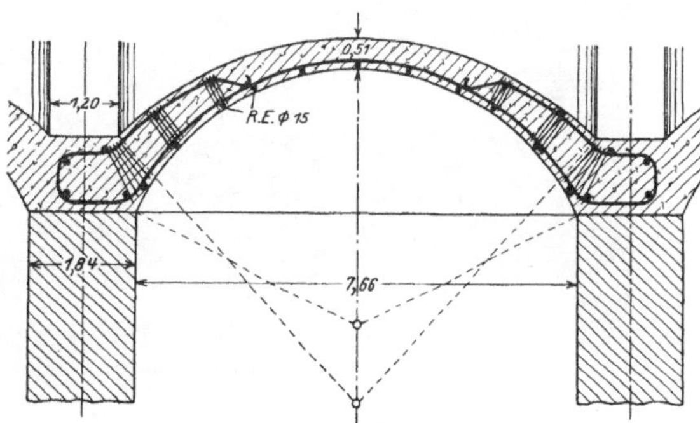

Abb. 221. Scoltenna. Wagerechter Schnitt des Gewölbes in der Höhe von 680,15 + N. N.

Die Abmessungen der Talsperre gehen aus den beigefügten Abbildungen deutlich hervor.

Die Tirso-Talsperre in Sardinien[2]) (Abb. 225 bis 234).

Das Einzugsgebiet des Tirsoflusses bis zur Talsperre mißt 2100 qkm. Die Abflußmenge ist stark veränderlich von fast 0 im Sommer bis 1000 m³/sec. im Winter.

[1]) Ing. Ganassini: Konstruktive Bemerkungen über die Dämme in Trockenmauerwerk und über Gewölbereihendämme. Elettrotecnica 1920, H. 27.

[2]) Kelen: Ausbau der Wasserkräfte Sardiniens und die Tirso-Talsperre. Dtsch. Wasserwirtschaft 1924, H. 3. Die Abbildungen sind teilweise aus Bauing. 1924, H. 22 entnommen.

Abb. 222. Scoltenna. Talseite der Mauer kurz vor der Fertigstellung. (Im Vordergrund das gebrochene Gegenwehr.)

Abb. 223. Scoltenna. Talansicht. (Im Vordergrund das zerstörte Gegenwehr.)

Die mittlere jährliche Wassermenge beträgt 20 m³/sec. Die Talsohle liegt in der Höhe + 50 ü. d. M. und das Wasser wird bis zur Höhe + 109 aufgestaut, so daß die Stauhöhe 59 m beträgt. Dadurch wird eine Wassermasse von 444 Mill. m³ gespeichert mit 416 Mill. m³ nutzbarem Inhalt. Somit ist dieses Staubecken das größte in Europa.

In der Höhe $+$ 109 beträgt die Oberfläche des Stausees 22 qkm, sein Umfang 70 km, die Länge längs des Flusses gemessen 30 km. Die Anlage dient in der Hauptsache der Bewässerung. Es wird eine Fläche von insgesamt 30000 ha bewässert mit einer Wassermenge von 70 sl/ha.

Die Anlage ist in den Händen der Gesellschaft „Imprese idrauliche ed elettriche del Tirso", die die Bauausführung am Ende des Krieges begonnen hat. Diese Anlage hat außer der Größe des Staubeckens noch die weitere bemerkenswerte Eigenschaft, daß die Staumauer bisher die größte ihres Typs auf der ganzen Welt ist.

Die Tirso-Staumauer besteht aus 18 Öffnungen, deren Achsenabstand 15 m beträgt. Die Gesamtlänge der Mauer in der Krone gemessen ist 283 m. Die wasser-

Abb. 224. Scoltenna. Ansicht der Wasserseite.

seitige Böschung der Pfeiler beträgt 0,651 (57°) und an der Luftseite 0,349, so daß die Summe der beiden Böschungen 1 ergibt. Die theoretische Länge der Pfeiler ist in der Höhe 110 über N. N. 5 m und in $+$ 49 über N. N. 66 m und sie ändert sich nach dem Gesetz: $b = 5 + h$, wo h von der Höhe $+$ 110 über N. N. zu messen ist. Die Straße, die über die Talsperre führt, liegt in der Höhe $+$ 112 über N. N., wo die tatsächliche Pfeilerlänge 7,30 m beträgt. Die Straße mit einer Breite von 6 m ist durch Bogen unterstützt, die eine lichte Weite von 12,50 m haben. Die Pfeilerstärke ist veränderlich, sie nimmt — einem parabolischen Gesetz folgend — nach unten hin zu. Die Pfeilerkanten sind jedoch nicht krummlinig, sondern nach gebrochenen Linien ausgebildet: die Knickpunkte befinden sich in den Höhen $+$ 90, $+$ 71, $+$ 52 und die Stärke der Pfeiler beträgt an diesen Stellen 3,40 m, 5,25 m und 7,27 m. In der Höhe $+$ 52 über N. N. stützen sich die Pfeiler auf Fundamente, deren Breite durchwegs 10 m beträgt. In der Höhe $+$ 61 über N. N. geht an der Talseite eine 6 m breite Straße entlang. Sie ruht auf Bogen, die zwischen die Verlängerungen der Pfeiler gespannt

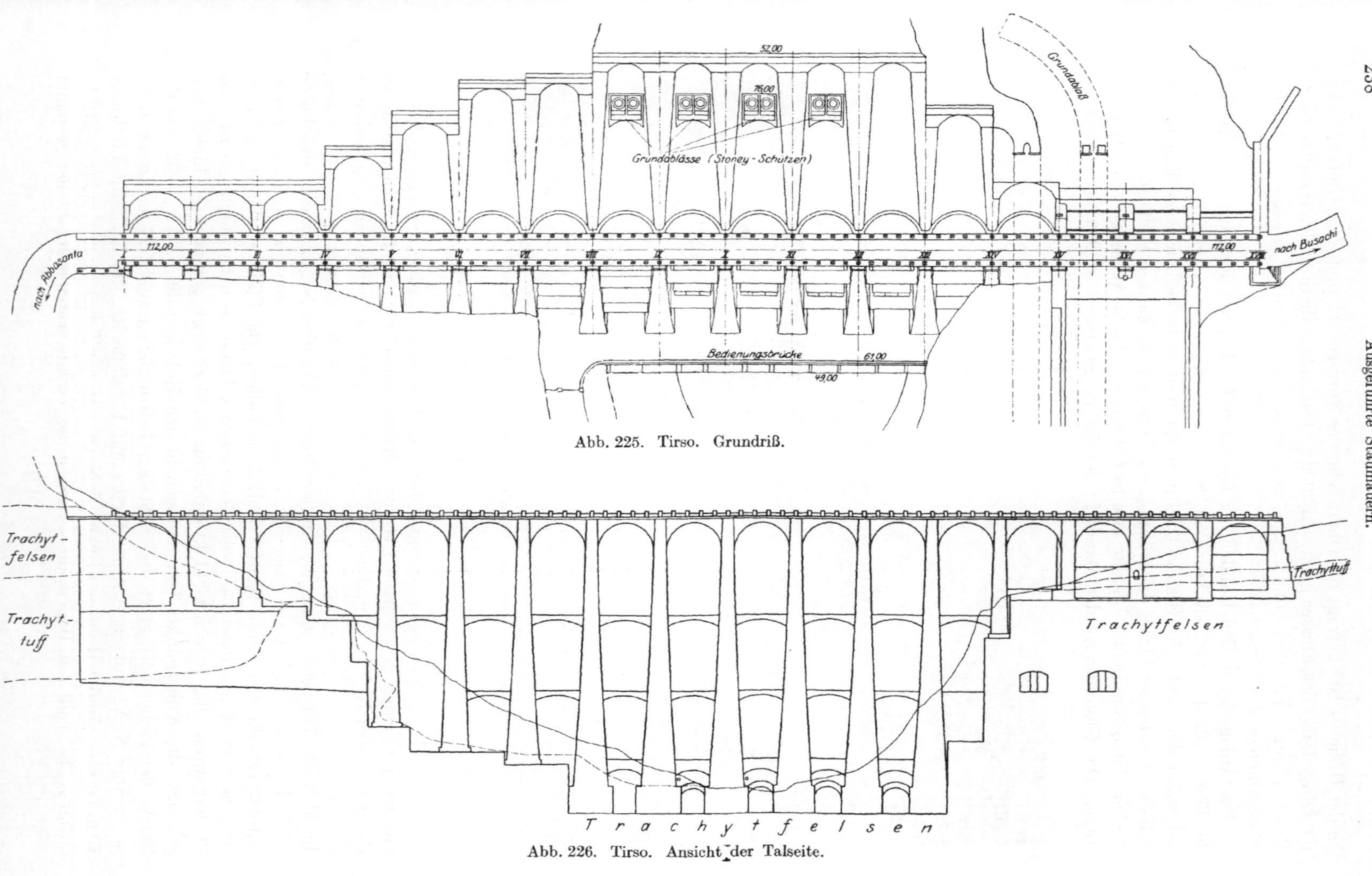

Abb. 225. Tirso. Grundriß.

Abb. 226. Tirso. Ansicht der Talseite.

sind. Außer den erwähnten oberen Halbkreisbogen sind die Pfeiler noch durch andere
Bogen versteift, und zwar in der Höhe + 90 über N. N. durch drei Bogen von je 2,50 m
Breite und in + 73 über N. N. durch vier Bogen von je 3 m Breite. Diese Bogen
dienen gleichzeitig auch als Brücken. In den beiden Höhen + 90 über N. N. und
+ 73 über N. N. befindet sich je eine Öffnung in den Pfeilern, so daß zwei durchgehende
Brücken vorhanden sind. Sie sind mit den anderen Bogen durch Konsolen verbunden,
die längs der Pfeilerwände laufen.

Das Pfeilverhältnis der schiefen Gewölbe ist $^1/_3$. Die zu der wasserseitigen
Böschung normalen Schnitte der Gewölbe sind Kreisringe mit konstanter Dicke. Die

Talseite.   Wasserseite.

Abb. 227. Tirso.

Gewölbestärke ist veränderlich von 0,50 m bis 1,67 m. Die Gewölbe gehen über den
Pfeilern mit gleicher Stärke durch und liegen plattenförmig an. Die Wasserseite der
Pfeiler ist treppenartig ausgeführt, um eine bessere Verbindung zwischen Gewölbe
und Pfeiler zu sichern. Die Gewölbe sind in Eisenbeton hergestellt. Das Mischungsverhältnis ist: 300 kg Portlandzement, 0,90 m³ Kies und Schotter, 0,45 m³ Sand.
Die maximale Korngröße des Kieses beträgt 3 bis 4 cm, die des Sandes 5 mm. Kies
und Sand sind aus Basalt hergestellt worden, da es sich herausgestellt hat, daß der
Basaltsand die Festigkeit des Betons erhöht. Die Betonmischung erfolgte auf mecha-
nischem Wege. Die Betonmasse wurde zuerst gestampft, da aber die Arbeit sehr
langsam ging, hat man sich entschlossen, den Beton flüssig einzubauen, wie es bei
dem Gußbetonverfahren üblich ist, jedoch mit Handbetrieb. Im Gewölbefundament

ist der Beton noch dichter. Die Ableitung des Wassers während des Baues erfolgte zwischen zwei Pfeilern, wo das Gewölbe erst später, im Frühjahr 1923 aufgebaut wurde. Da das Wasser im Staubecken rasch stieg, mußte man mit den Betonierungsarbeiten entsprechend schnell vorwärtsgehen, so daß dieser Bogen, besonders im unteren Teile ein wenig undicht geworden ist trotz der verwendeten fetteren Mischung

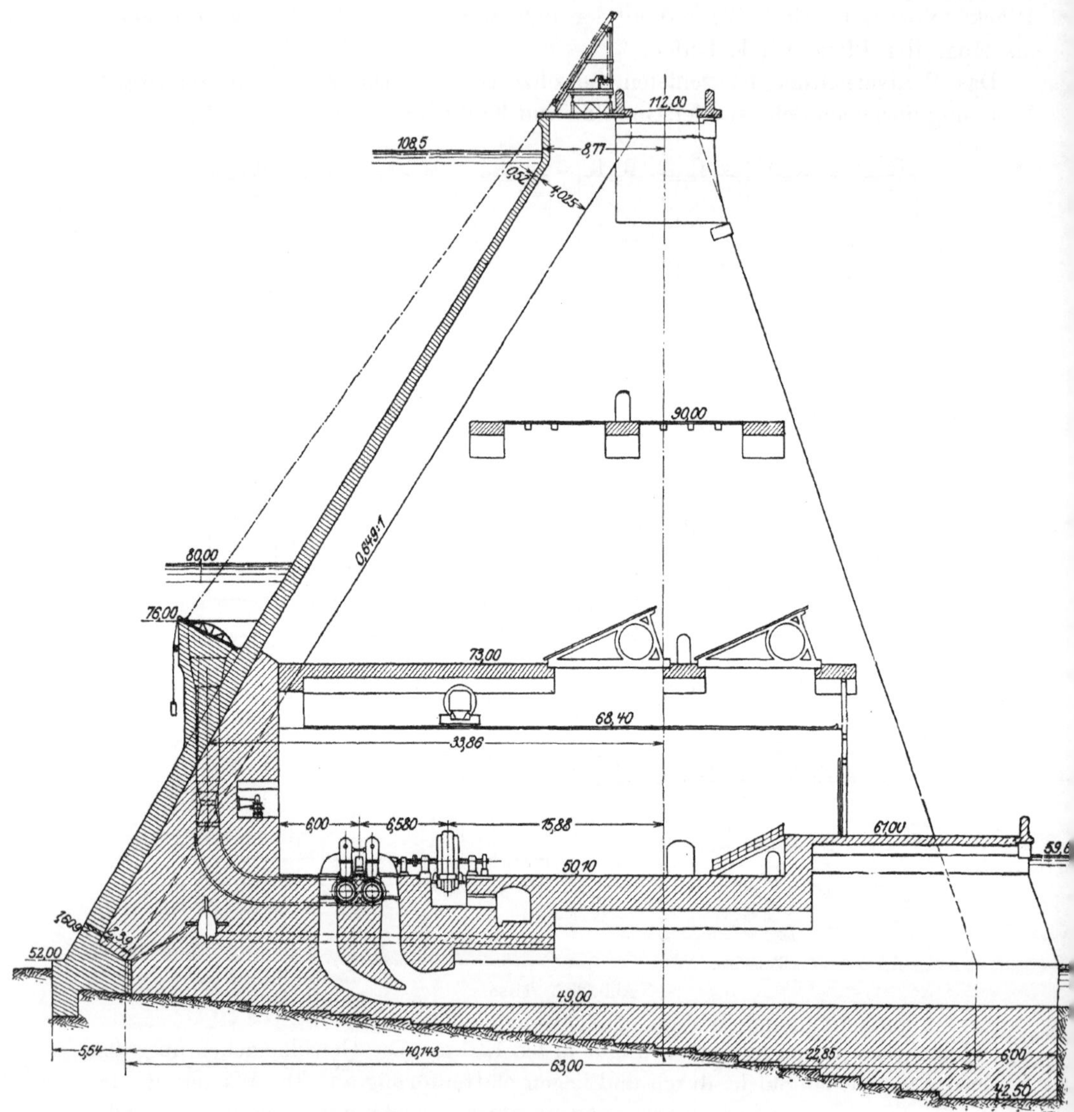

Abb. 228.　Tirso.　Schnitt durch das Krafthaus.

(Zement: 500 bis 600 kg/m³). Die Gewölbe sind bis zur Höhe + 90 über N. N. an der Wasserseite mit einer Asphaltschicht versehen. Im unteren Teile einiger Gewölbe kann man kleinere Durchsickerungen beobachten.

Nach dem ursprünglichen Projekt beabsichtigte man die Gewölbe, die die Zentrale enthalten, oben kuppelförmig abzuschließen. Im Laufe der Ausführung ist dieser Plan geändert worden, so daß jetzt alle Gewölbe oben offen sind

(s. Abb. 228). Diese Anordnung ist schöner und auch richtiger, da die Innenfläche der Gewölbe leichter zugänglich ist.

Die Bewehrung der Gewölbe besteht aus Drahtnetz (Drahtstärke 2 bis 3 mm, Maschenweite 1 cm) in der Nähe der Wasserseite. Die Ringbewehrung besteht aus Rundeisen mit $\varnothing = 10$ mm in 20 cm Abstand. Der Abstand der Längseisen ist 25 cm, $\varnothing = 7$ mm. Verankerungseisen zur Einspannung der Gewölbe in die Pfeiler sind von $\varnothing = 20$ mm in 20 cm Abstand angeordnet.

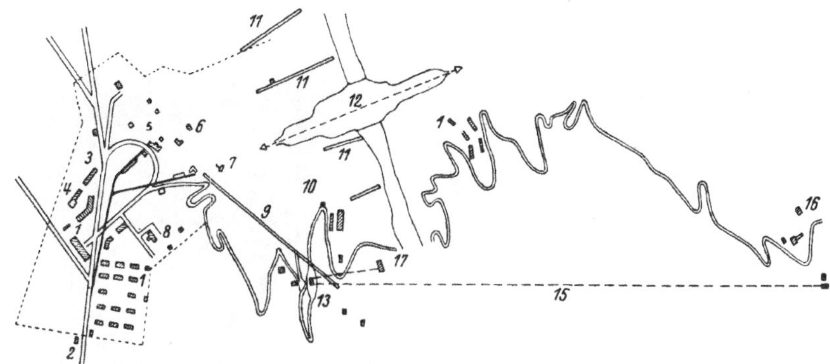

Abb. 229. Tirso. Baustelleneinrichtung, Grundriß.

1 Arbeiterbaracke,	*7* Sprengstofflager,	*13* Zementsilo,
2 Eisenbahn nach Abbasanta,	*8* Krankenhaus,	*14* Dampfzentrale,
3 Schuppen für Kraftwagen,	*9* Hauptbremsberg,	*15* Drahtseilbahn,
4 Stallung und Magazin,	*10* Steinbruch,	*16* Kalkofen,
5 Verwaltungsgebäude,	*11* Bremsberg,	*17* Pegelstelle.
6 Wohnung des Bauleiters,	*12* Seilbahn,	

Die Pfeiler sind in Mauerwerk hergestellt. Die Steine an der Außenseite sind sorgfältig bearbeitet, im Inneren der Pfeiler sind halbbearbeitete Steine verwendet. Die Fugen zwischen den Steinen sind an der Talseite, im unteren Teile, wo die Schubspannungen größer sind, normal zur Böschung angeordnet. 1 m³ Mauerwerk enthält 0,40 bis 0,45 m³ Mörtel. Die beiden Außenflächen der Pfeiler sind durch Rundeisen verbunden („genäht"). Diese Nähte dienen dazu, eine evtl. Trennung des Pfeilers in der Mittelebene und die Knickung der beiden Teile zu verhindern. Diese Vorsichtsmaßregel scheint jedoch dem Verfasser überflüssig zu sein. Da die Eisen an der Außenfläche bügelartig ausgebildet sind, wurden diese Bügel während des Baues zur Befestigung der beweglichen Arbeitsbrücken benutzt.

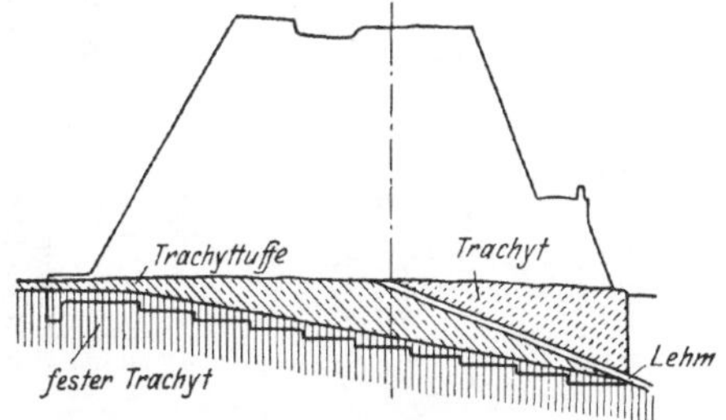

Abb. 230. Tirso. Gründung eines Pfeilers.

Wie erwähnt, sind die Gewölbe an der Wasserseite im unteren Teil mit Asphalt bekleidet, dagegen im oberen Teil mit einem wasserdichten Putz und mit Zementanstrich, der mit Hilfe des Torkretverfahrens hergestellt worden ist. Unterhalb von $+ 73$ stützen sich die Gewölbe an der Innenseite auf Mauerwerk, dessen Außenfläche mit Zementanstrich versehen ist. Zwischen Mauerwerk und Gewölbe ist eine Drainfuge gelassen worden, um evtl. durch das Gewölbe sickerndes Wasser hier zu sammeln und einen Gegendruck auf das Gewölbe ausüben zu lassen. Dadurch wird der auf das Gewölbe wirkende Druck innerhalb der Höhe $+ 73$ konstant gehalten. Die Mauer ist von einem 100 m langen Zugangsstollen durchquert. Unter jedem Pfeiler führt ein

Rohr in den Stollen, um den evtl. Unterdruck zu vermeiden und um den Wasserverlust beobachten zu können.

Die Talsohle und das linke Ufer ist guter Trachytfels, das rechte Ufer besteht aus Basalt. Bei den Beobachtungen hat man unter dem festen Trachytfelsen Trachyt-

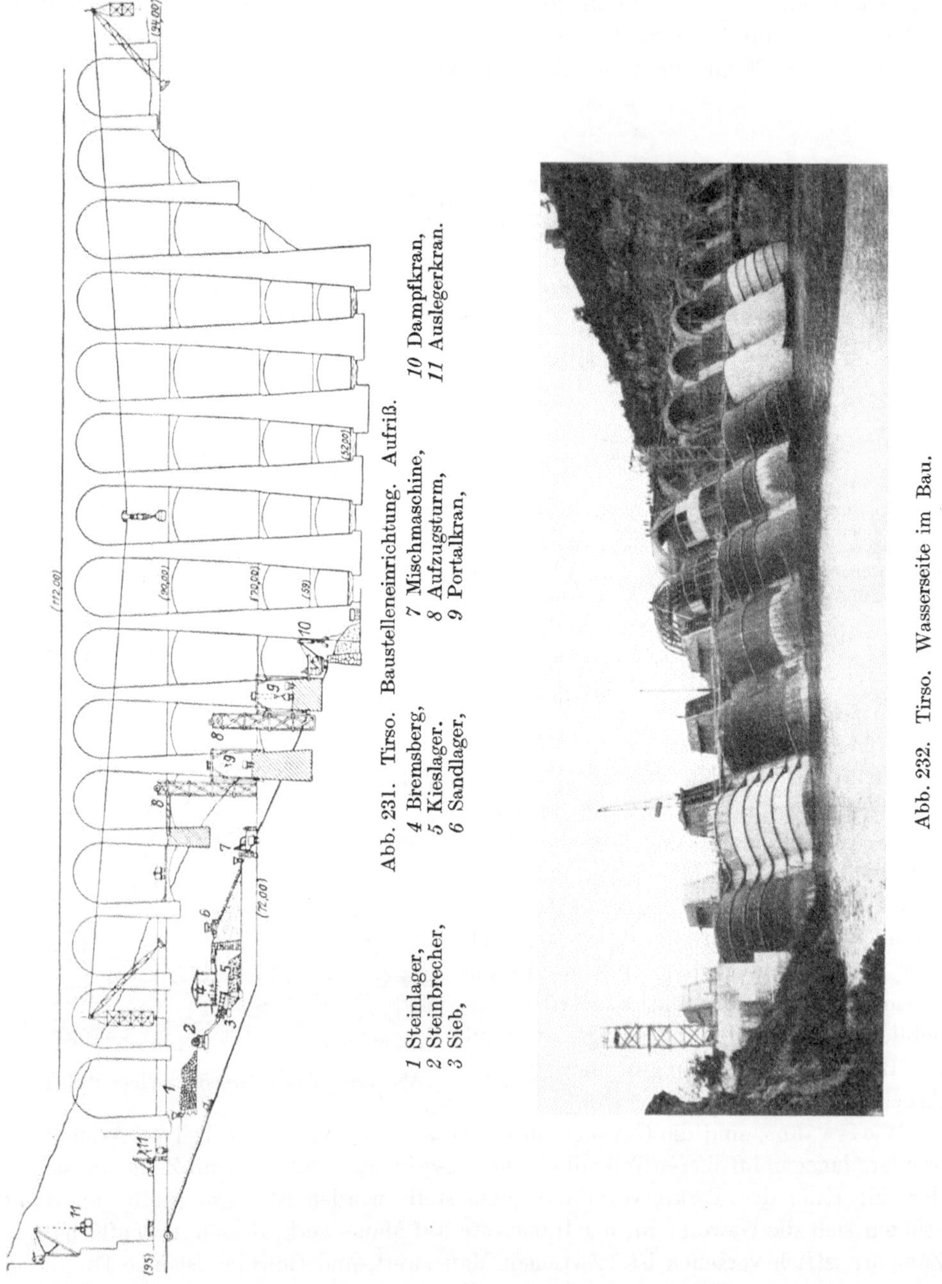

Abb. 231. Tirso. Baustelleneinrichtung. Aufriß.

Abb. 232. Tirso. Wasserseite im Bau.

tuffe gefunden, die zwischen zwei Trachytschichten keilförmig eingeschlossen waren. Diese Tuffe wurden in dem tieferen Teil des Tales ganz abgetragen, so daß hier die Pfeiler viel tiefer gelegt werden mußten (s. Abb. 230). Dieser Umstand hat die Konstruktion außerordentlich verteuert. Am rechten Ufer waren diese Tuffe viel besser und widerstandsfähiger und da hier die größte Wassertiefe nur 14 m beträgt, hat man sich entschlossen, die Pfeiler auf die Tuffe zu gründen. Auf diese Weise sind die ersten 3 Pfeiler am rechten Ufer gegründet. Der Sicherheit halber wurden in diesen Tuffen zwei Zugangstunnel angelegt. Der eine läuft unter dem dritten, auf die Tuffe gegründeten Pfeiler, um das einsickernde Wasser abzuleiten. Der andere geht parallel mit der Dammachse und dringt tief in das Gebirge hinein. Durch vertikale, in den Stollen mündende Schächte wird das Bergwasser aufgefangen. Die Seitenwände dieser beiden Stollen sind mit sehr glattem Zementanstrich versehen, um die eventuellen Pfeilersenkungen durch entstandene Risse beobachten zu können. Diese Stollen sind mit Bohrmaschinen, ohne Verwendung von Explosivstoffen hergestellt worden, um die Stabilität des Felsens nicht zu stören.

Der dritte Stollen, der schon im Projekt vorgesehen war, besitzt — wie oben erwähnt — eine Länge von 100 m. Der Zugang zu diesem Stollen erfolgt von der Zentrale. Das in den Stollen gesammelte Wasser wird in den Unterwasserkanal abgeleitet.

Die Wasserentnahme befindet sich in der Höhe + 73,50 über N. N. Zu diesem Zwecke sind kleinere mit Feinrechen abgedeckte Schächte angeordnet. Hier beginnen die Druckrohre, die zu den Turbinen führen. Sie gehen durch die Gewölbe und die Pfeiler durchquerend, führen sie zu den Turbinen der nächsten Öffnung.

Abb. 233. Tirso. Talseitige Ansicht der Pfeiler.

Diese Anordnung ist nötig gewesen, um die starke Krümmung der Rohre unmittelbar vor der Einmündung in die Turbinen zu vermeiden. Der Bau der Mauer wurde am 2. September 1919 angefangen und im September 1923 beendet, so daß die Ausführung der Staumauer selbst 4 Jahre in Anspruch nahm. Die Einrichtung der Baustelle ist aus den Abb. 229 und 231 ersichtlich. Längs der Mauer lief eine Drahtseilbahn mit 220 m Spannweite und 8 t Leistungsfähigkeit. Mehrere Brücken- und Drehkrane mit Dampf- und elektrischem Betrieb waren aufgestellt, ferner einige Bremsberge errichtet. Am rechten Ufer war eine Sandmühlanlage im Betrieb, deren Leistungsfähigkeit 5 m³/Std. betrug. Der Sand wurde auf einem Bremsberge nach der Baustelle gefördert.

Die mittlere Monatsleistung betrug 500 m³ im 8-Stundenbetrieb. Gegen Ende des Baues hat man mit 2 Schichten gearbeitet. Die Zahl der beschäftigten Arbeiter war max. 1400, im Mittel 1000. Davon entfielen für den Aushub 300, auf die Mauer 400 und der Rest auf sonstige Arbeiten. Es waren insgesamt 1½ Millionen Ar-

16*

Abb. 234. Tirso. Talansicht.

Abb. 235. Tirso. Blick auf die Wasserseite.

beitstage nötig. Der Aushub beträgt 200000 m³. Es wurden insgesamt 163000 m³
Mauerwerk und Beton, 37000 t Zement verbraucht. Der größte Pfeiler enthält

10300 m³ Mauerwerk. Das ganze Bauwerk kostete 85 Mill. Lire. Die Staumauer ist kaum wirtschaftlicher als eine entsprechende Schwergewichtsmauer; die Ursache dafür ist teils in den großen Schwierigkeiten am Anfange des Baues, teils in der unvorhergesehenen Struktur des Untergrundes zu suchen.

Die Pavana-Talsperre (Abb. 236 bis 246).

Die Talsperre liegt in der Nähe von Porretta in den Appeninen und ist für die italienischen Staatseisenbahnen zum Zwecke der Elektrisierung der Eisenbahnlinie Bologna—Firenze gebaut worden. Die Talsperre ist ein Teil eines einheitlichen Planes der Staatseisenbahnen im Renotal und besteht aus einer Schwer-

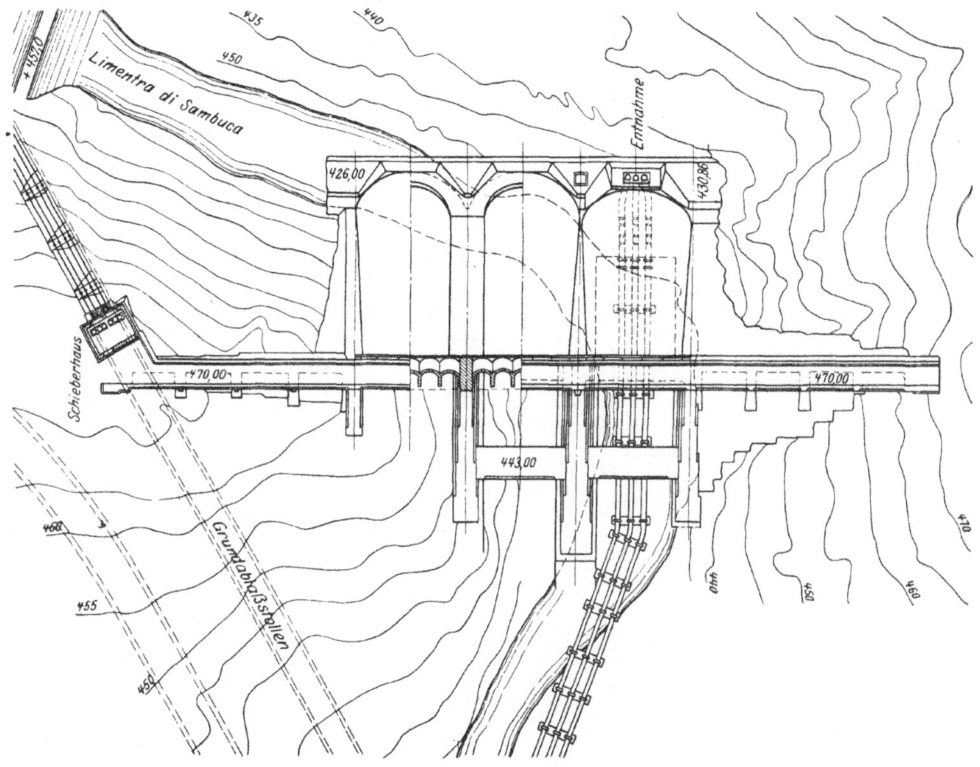

Abb. 236. Pavana. Grundriß.

gewichtsmauer die den Renofluß absperrt etwa 1500 m talabwärts von der Eisenbahnstation Molino di Pallone. Die Talsperre speichert das Wasser des Renoflusses, der an dieser Stelle ein Einzugsgebiet von 29 qkm hat, auf. Von hier aus wird das Wasser in einen Stollen, dessen Länge 2048 m beträgt, in den Bach Limentra di Sambuca übergeführt. Der Stollen ist ein Freispiegelstollen mit einer Wasserförderung von 24 m³/sec. In dem erwähnten Becken wird außer diesem Wasser noch die Wassermenge des Baches selbst, aus einem Einzugsgebiet von 41 qkm, gesammelt. Diese Talsperre, deren Beschreibung unten folgt, trägt den Namen Pavana-Staumauer. Die Länge des Staubeckens beträgt 1200 m bei dem größten Stauziel von + 470 über N. N. Von hier aus wird das Wasser durch Stollen von 2796 m Länge in den Bach Limentra di Treppio übergeführt. Die Wasserführung

dieses Stollens mag etwa 36 m³ betragen. An jenem
Bache sollen dann zwei weitere Talsperren erbaut
werden, die Suviana- und die Castrola-Talsperre,
von denen die erstere eine Höhe von 28 m haben
wird, die zweite eine Höhe von 60 m. Beide werden
als Schwergewichtsmauern gebaut. Die Suviana-
sperre wurde vor kurzem begonnen.

Die Pavanatalsperre ist in ihrer Art eine der inter-
essantesten Staumauern. Sie
ist nämlich die Kombination
von zwei modernen Typen.
Der mittlere Teil — die Höhe
der Staumauer über dem
Fundament beträgt hier 54 m
— ist durch 3 Gewölbe ab-
geschlossen, während die
rechts und links anschließenden Flügel der Staumauer
als Gewichtsstaumauer mit
inneren Hohlräumen nach
System Figari ausgebildet
sind. Hier kommt dieses
System zum ersten Male
zur Verwendung. Die Pfei-
ler haben einen Abstand
von 16,50 m voneinander.
Die wasserseitige Böschung
der Pfeiler beträgt 0,594,
die der Talseite 0,52. Die Gewölbestärke ist unten 1,70 m,
oben 0,65 m; sie nimmt gegen die Kämpfer hin zu.
Die untere Pfeilerbreite beträgt etwa 48 m. Das Stauziel liegt in der Höhe + 468
über N. N.

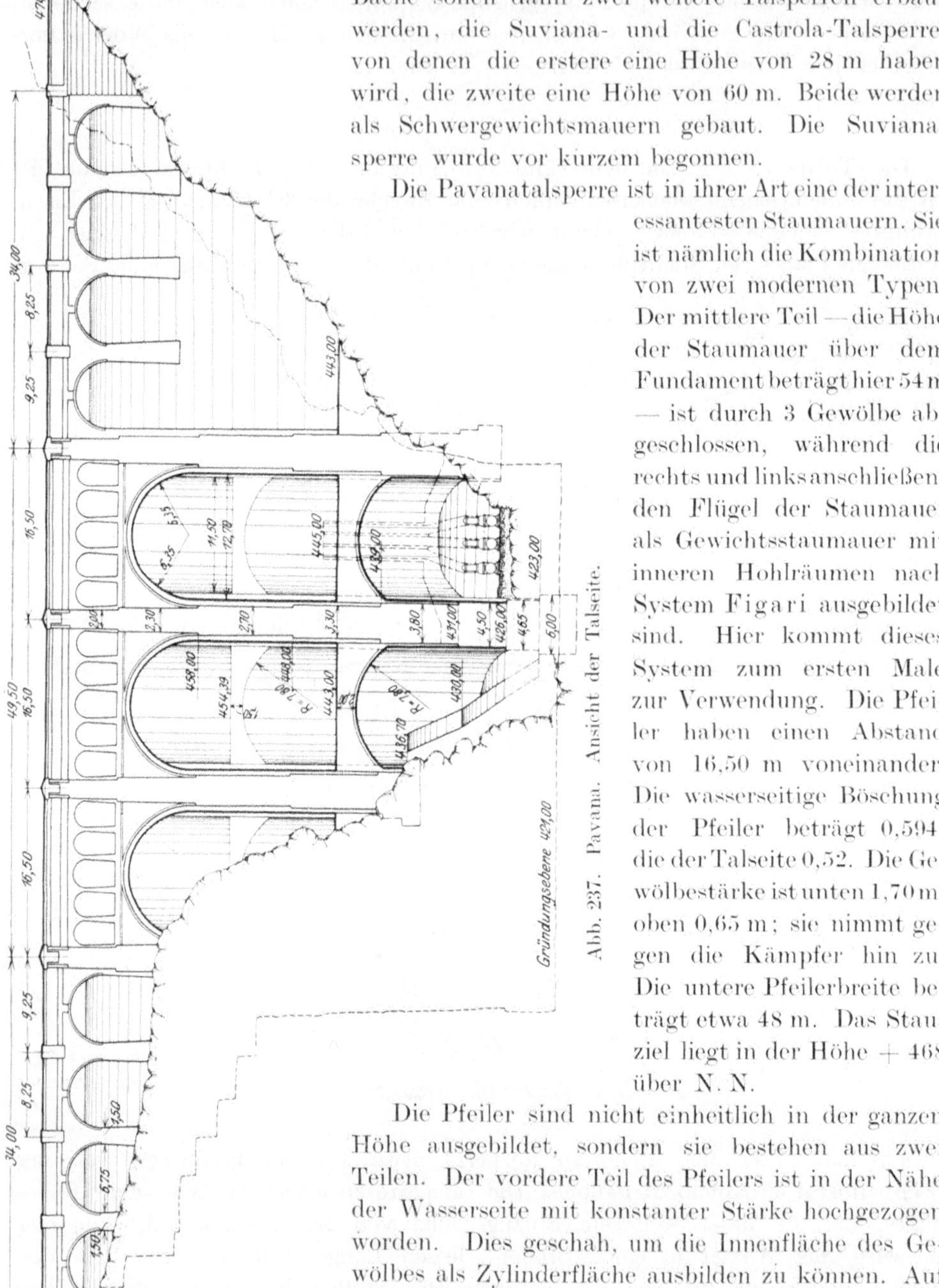

Abb. 237. Pavana. Ansicht der Talseite.

Die Pfeiler sind nicht einheitlich in der ganzen
Höhe ausgebildet, sondern sie bestehen aus zwei
Teilen. Der vordere Teil des Pfeilers ist in der Nähe
der Wasserseite mit konstanter Stärke hochgezogen
worden. Dies geschah, um die Innenfläche des Gewölbes als Zylinderfläche ausbilden zu können. Auf
diese Weise sollte an Schalung gespart werden.
Was aber so an Schalung gespart werden konnte,
wurde durch den Mehraufwand an Material ausgeglichen. Der obere Teil der Gewölbe ist kuppelförmig abgeschlossen. Die Staumauer wurde ja zu
dem Zweck gebaut, das Wasser aufzustauen und

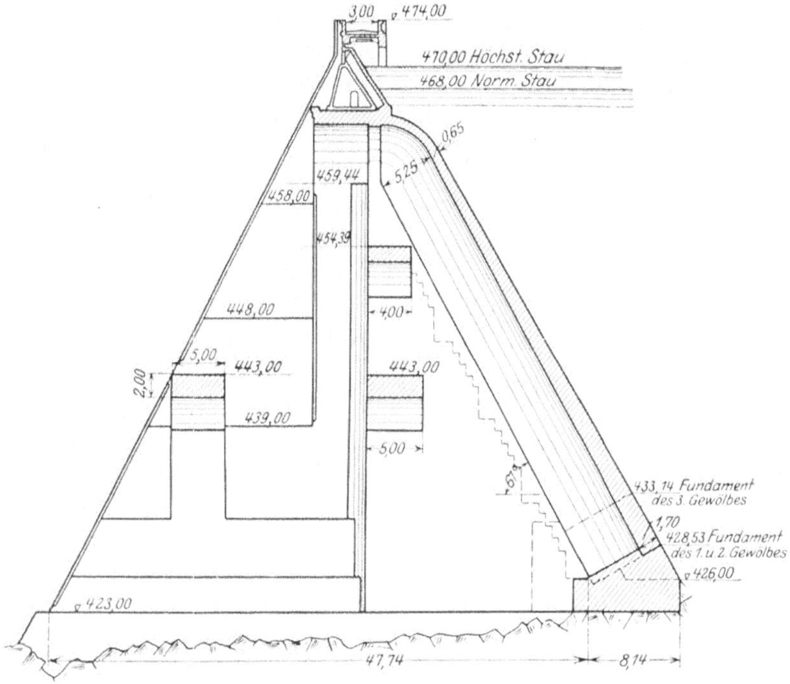

Abb. 238. Pavana. Schnitt in der Feldmitte.

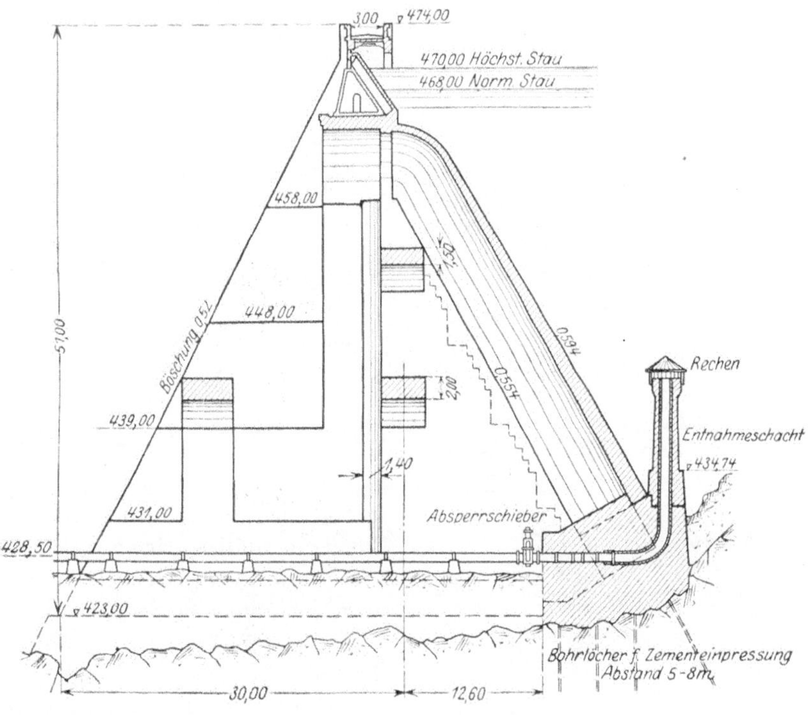

Abb. 239. Pavana. Schnitt durch die Wasserentnahme.

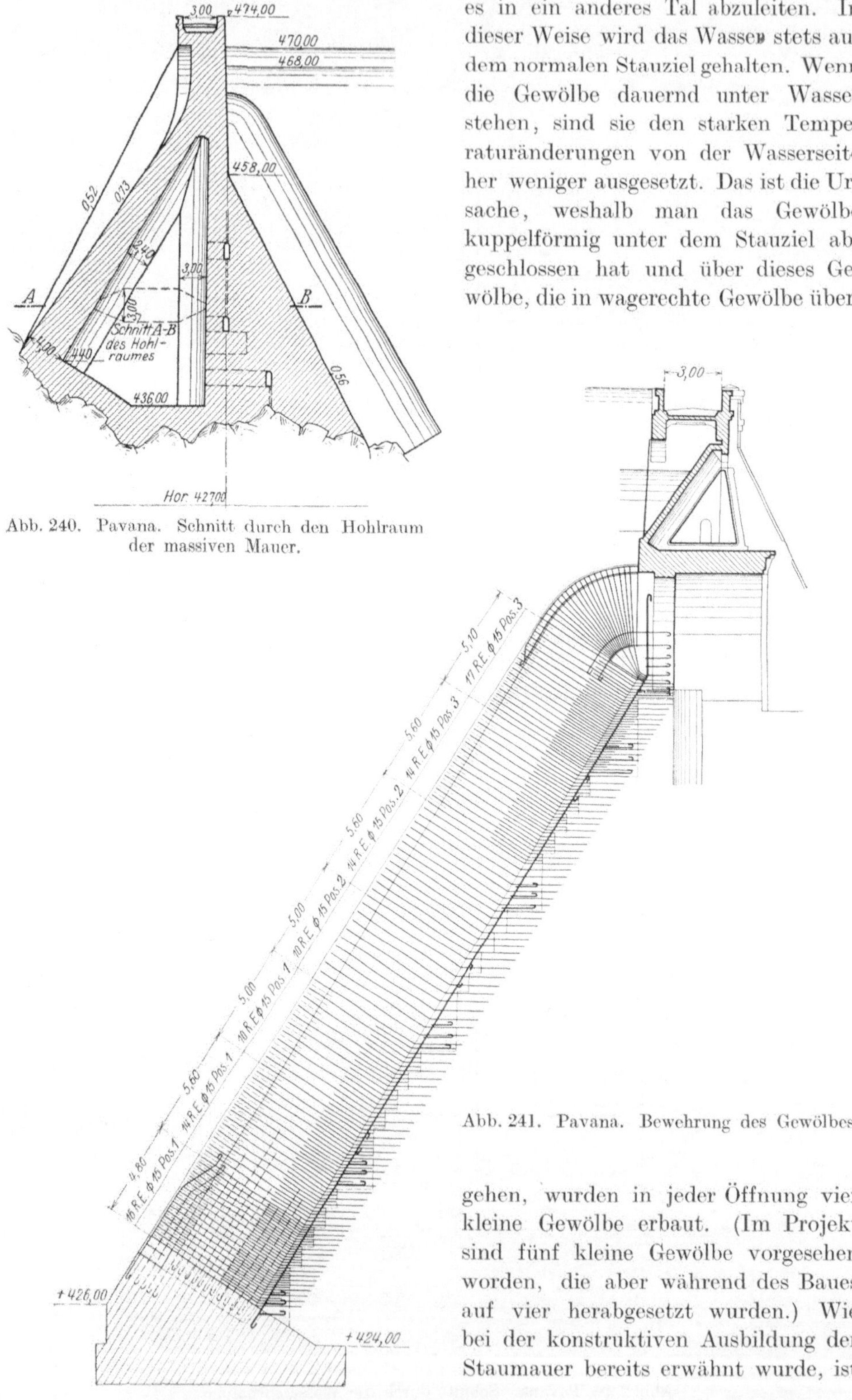

Abb. 240. Pavana. Schnitt durch den Hohlraum
der massiven Mauer.

Abb. 241. Pavana. Bewehrung des Gewölbes.

es in ein anderes Tal abzuleiten. In
dieser Weise wird das Wasser stets auf
dem normalen Stauziel gehalten. Wenn
die Gewölbe dauernd unter Wasser
stehen, sind sie den starken Temperaturänderungen von der Wasserseite
her weniger ausgesetzt. Das ist die Ursache, weshalb man das Gewölbe
kuppelförmig unter dem Stauziel abgeschlossen hat und über dieses Gewölbe, die in wagerechte Gewölbe über-

gehen, wurden in jeder Öffnung vier
kleine Gewölbe erbaut. (Im Projekt
sind fünf kleine Gewölbe vorgesehen
worden, die aber während des Baues
auf vier herabgesetzt wurden.) Wie
bei der konstruktiven Ausbildung der
Staumauer bereits erwähnt wurde, ist

es viel richtiger, die Gewölbe nicht abzuschließen, sondern sie oben offen zu
halten, wodurch die Innenflächen der Gewölbe leichter zugänglich sind. Diese

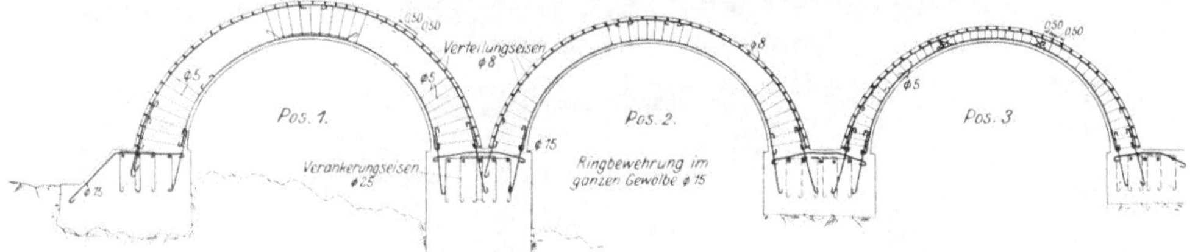

Abb. 242. Pavana. Bewehrung der Gewölbe. Normalschnitte.

Abb. 243. Pavana. Gründung der Gewölbe.

Art der Ausführung ist auch für den Anblick schöner als der kuppelförmige Abschluß.
Das ganze Bauwerk wurde in Beton ausgeführt. Der Pfeiler ist unbewehrt, die Gewölbe

Abb. 244.　Pavana.　Bau der Gewölbe.

Abb. 245.　Pavana.　Wasserseite.

sind nach dem in Abb. 241 und 242 dargestellten Bewehrungsplane armiert. Die ganze Staumauer enthält 34 000 m³ Beton. Ein Kostenvergleich zeigt, daß der aufgelöste Teil der Staumauer wesentlich billiger ist als wenn er als Schwergewichtsmauer ausgeführt worden wäre. Der Beton in den Gewölben kostete in fertigem Zustande 250 Lire pro Kubikmeter ohne Bewehrung, während der für die Pfeiler verwendete Beton etwa 140 bis 150 Lire pro Kubikmeter gekostet hat. Der Beton in den beiden massiven Flügeln hat etwa 130 bis 140 Lire gekostet[1]). Der Kubikmeterpreis des Betons für die zu errichtende Suviana-Sperre (260 000 m³) wurde auf 110 bis 115 Lire pro Kubikmeter veranschlagt. Unter solchen Umständen hätte also mit einer aufgelösten Staumauer eine wesentliche Wirtschaftlichkeit erzielt werden können.

Die Festigkeit des für die Pfeiler verwendeten Betons betrug nach 28 Tagen 160 bis 180 kg/cm² diejenige des Gewölbebetons in den unteren Teilen 280 bis

Abb. 246. Pavana. Talseite.

300 kg/cm², während die Festigkeit des Betons in den mittleren und oberen Teilen der Gewölbe 230 bis 250 kg/cm² nach 28 Tagen erreichte. Zur Erzielung einer entsprechenden Wasserdichtigkeit wurde noch eine 3 bis 4 cm starke Torkretschicht, die ein Metallnetz enthält, auf die Gewölbe aufgebracht.

Gegen Mitte April 1925, als der Verfasser diese Staumauer besichtigte, war sie fast fertig, es fehlten nur die kleineren oberen Gewölbe, die Krone und das Torkretieren. Die Staumauer macht, wie aus den Photographien ersichtlich ist, einen sehr ruhigen Eindruck. Die Wasserseite der Mauer war ständiger starker Sonnenbestrahlung ausgesetzt. Es wäre daher richtig gewesen, wenn man die Wasserseite der Gewölbe mit Rücksicht auf die Schwindwirkungen bis zum Aufstau feuchtgehalten hätte. Die Entwürfe sind von Manfredini, Ingenieur der italienischen Staatseisenbahnen, sehr sorgfältig und schön ausgearbeitet worden[2]).

Die Talsperre Piano Sapeio in der Provinz Genova, ausgeführt von der Ferrobeton A.-G. Rom. Die Abmessungen dieser Staumauer gehen aus den Abb. 247 bis 251 hervor.

---

[1]) Nach Angaben des Projektverfassers.
[2]) Es sei ihm an dieser Stelle für die Überlassung der Entwürfe und der Lichtbilder gedankt.

In Italien sind außer den erwähnten noch zwei Gewölbereihendämme im Bau. Der eine befindet sich im Tidonetal neben Piacenza mit einer maximalen Höhe von 50 m. Die andere Staumauer, die Veninasperre in den Alpen, befindet sich in

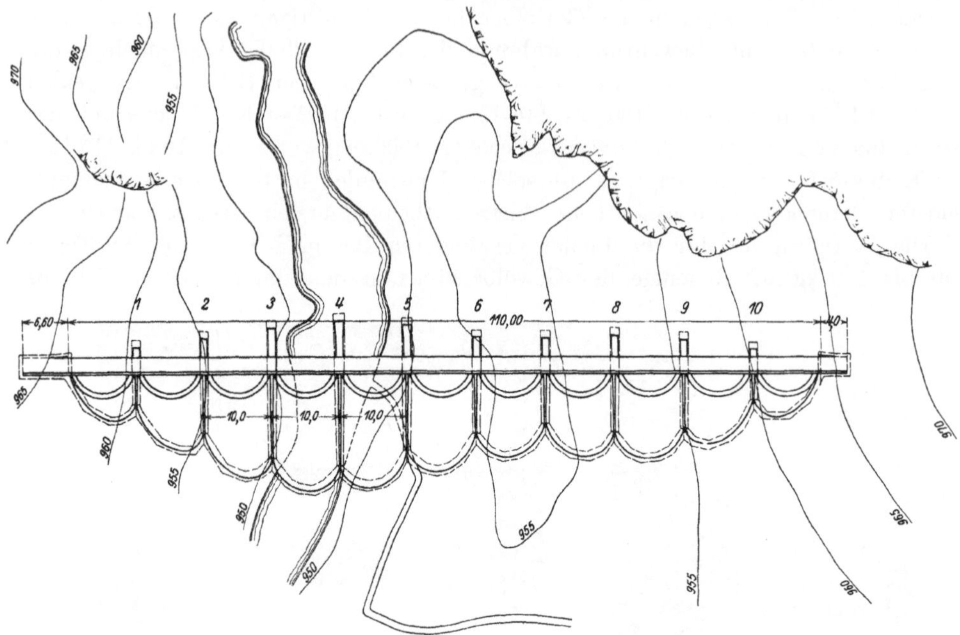

Abb. 247. Piano Sapcio. Grundriß.

fortgeschrittenem Bauzustande. Interessant ist bei dieser Staumauer, deren Querschnitt in Abb. 252 ersichtlich ist, daß die Wasserseite der Gewölbe nicht geneigt, sondern entsprechend der alten Meeralumsee-Sperre senkrecht ausgeführt ist. Eine

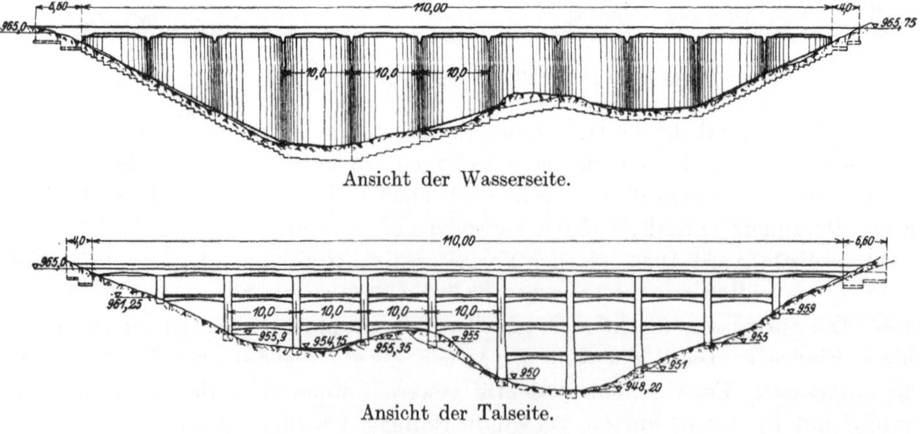

Ansicht der Wasserseite.

Ansicht der Talseite.

Abb. 248. Piano Sapeio.

große Materialersparnis läßt sich auf diese Weise kaum erzielen, da, wie aus der Theorie des Pfeilers ersichtlich, die Gleitsicherheit eine starke wasserseitige Neigung erfordert, und falls eine solche nicht vorhanden ist, so ist eine wesentlich größere Pfeilermasse notwendig, um die erwünschte Gleitsicherheit zu erzielen.

Die Beschreibung der eingestürzten Gleno-Talsperre befindet sich auf S. 275.

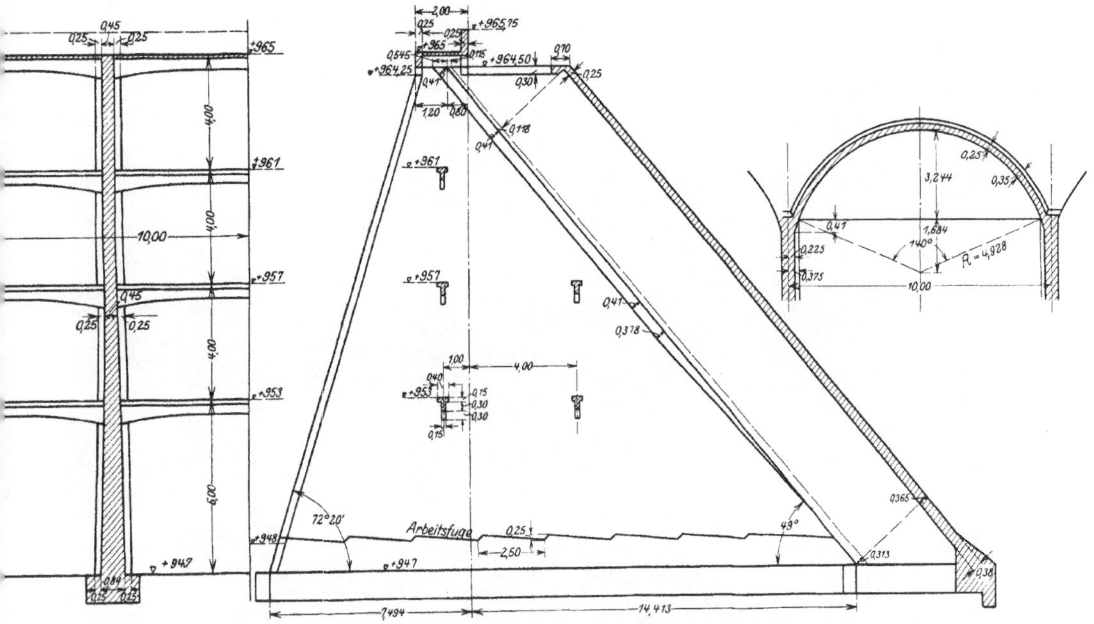

Abb. 249. Piano Sapeio. Querschnitte.

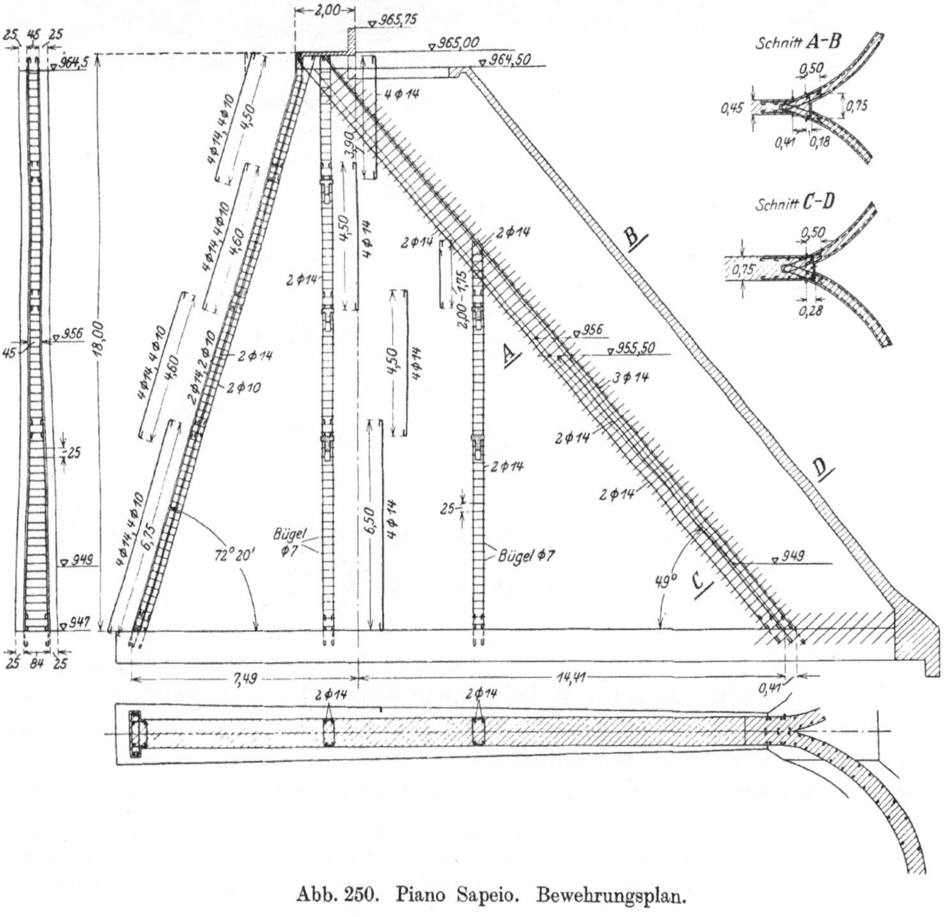

Abb. 250. Piano Sapeio. Bewehrungsplan.

Abb. 251. Piano Sapeio-Sperre im Bau. Bergansicht.

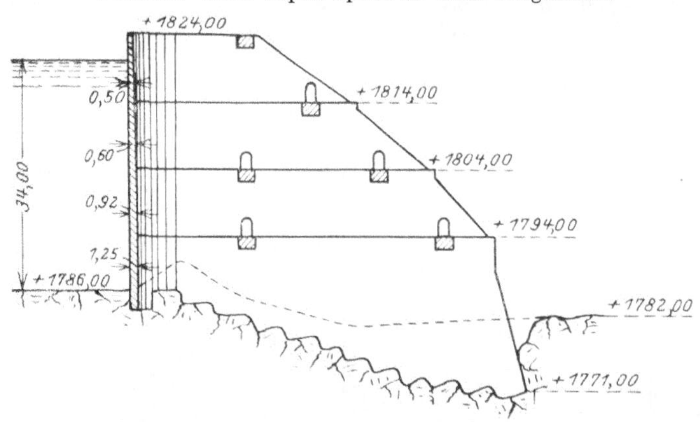

Abb. 252. Venina. Schnitt in der Feldmitte.

Deutschland.

Die Vöhrenbach-Talsperre[1]).

Sie ist die erste und bis jetzt einzige aufgelöste Eisenbetontalsperre Deutschlands.
Die Wasserkraftanlage, zu der diese Talsperre erbaut wird, gehört der Stadtgemeinde
Vöhrenbach in Baden. Die Anlage ist ein Hochdruck-Speicherwerk und nützt die Wasser-
kraft der Linach, eines kleinen Seitenflusses der Breg aus. Die Linach liegt in dem
Zuflußgebiet der oberen Donau. Das Wasser des Baches wird aus einem Einzugsgebiet

[1]) Nach dem Aufsatz der Projektverfasser Dr. Fritz Maier und Dr. Kammüller im Bauing. 1923,
H. 4. Über die statische Berechnung dieser Staumauer siehe Beton u. Eisen 1924, H. 2 u. 3. Die Unterlagen sind von der ausführenden Firma Dyckerhoff und Widmann zur Verfügung gestellt worden.

von 11,7 qkm, etwa 2 km oberhalb ihrer Einmündung in die Breg in einem Staubecken und von diesem durch einen 340 m langen Stollen, und daran anschließend durch eine 1650 m lange Hangrohrleitung dem Wasserschloß zugeführt, von da durch eine Druckrohrleitung von 234 m nach dem Krafthaus geleitet, das dicht beim Einfluß der Linach in

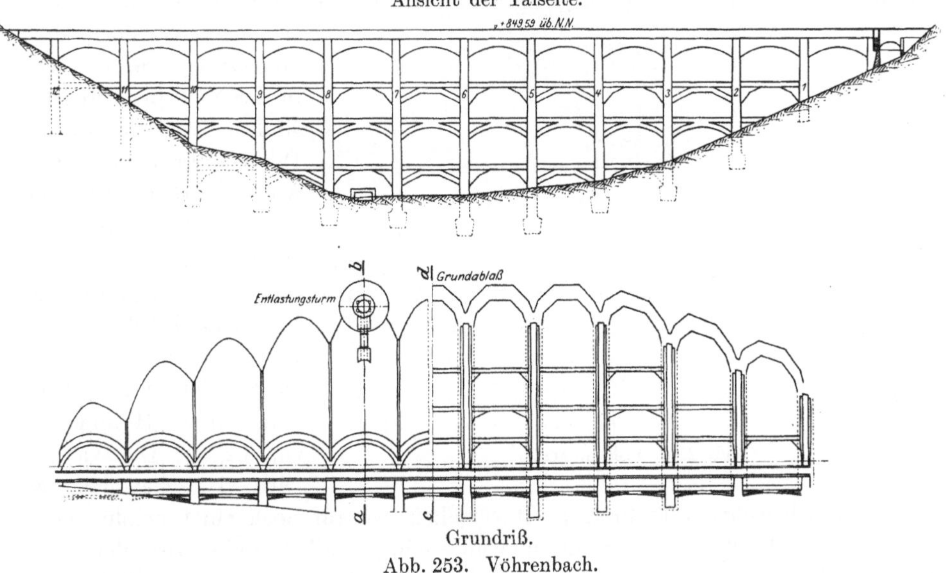

Abb. 253. Vöhrenbach.

die Breg steht. Das Gefälle beträgt rd. 80 m. Die Anlage befindet sich bei ihrer mittleren Höhenlage von + 900 m über N. N. in einem sehr niederschlagsreichen Gebiet. Die

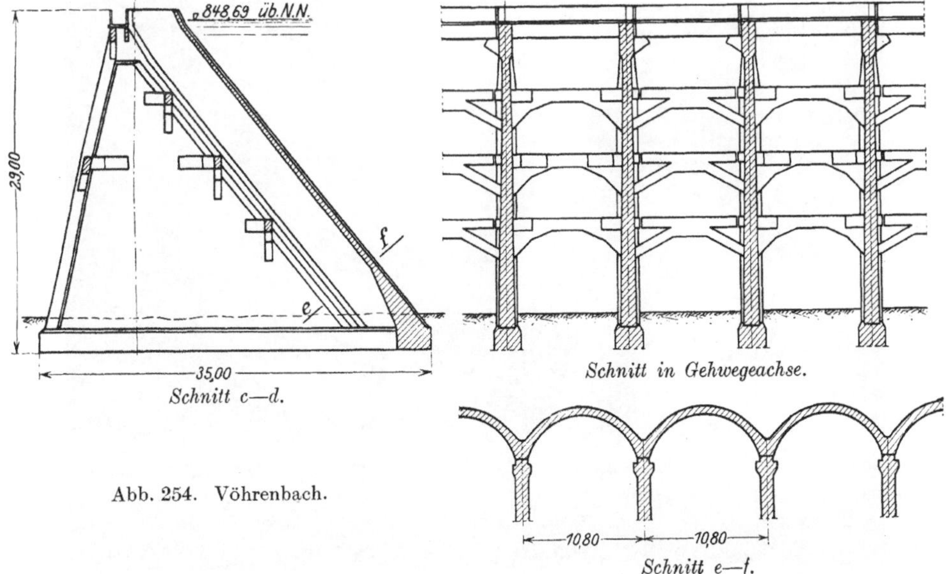

Abb. 254. Vöhrenbach.

mittlere Jahresspende beträgt 32,3 l/sec. pro qkm. Das Staubecken faßt 1,1 Mill. m³, also nur etwa 9 % des Jahreszuflusses. Dies ermöglicht einen Ausgleich von 72 % und die stets vorhandene mittlere Kraftleistung beträgt 1,2 Mill. Kilowattstunden pro Jahr.

Vor dem Entwurf der Talsperre wurde eine vergleichende Kostenberechnung gemacht. Dabei stellte sich heraus, daß bei einer Mauerlänge von 145 m und einer
Höhe von 25 m eine massive Mauer 32 500 m³ erfordert, während für einen Gewölbereihendamm rund 6500 m³, also etwa nur ¹/₅ notwendig sind. Die Gewölbe liegen
unter einem Winkel von 50° gegen die Horizontale, in dem normalen Schnitte haben

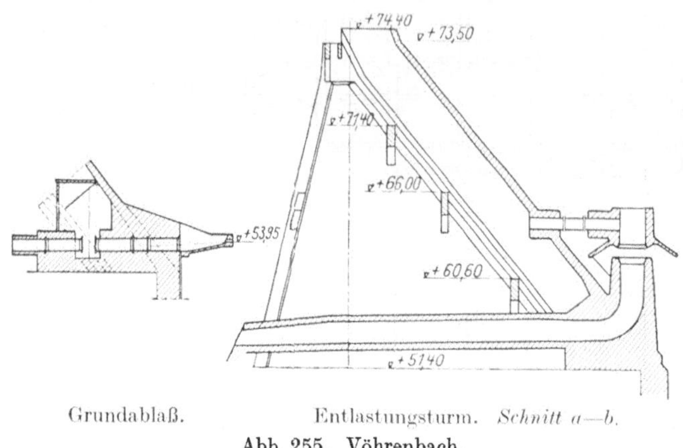

Grundablaß.   Entlastungsturm.   Schnitt a—b.
                   Abb. 255. Vöhrenbach.

sie eine Kreisform mit
konstanter Stärke. Nur
in der Nähe der Kämpfer
sind sie etwas verstärkt.
Der Zentriwinkel der Ge-
wölbe beträgt 130°. Die
Bogenstärke erreicht oben
40 cm, sie nimmt linear
bis zu 60 cm unten zu.
Die innere Fläche der Ge-
wölbe ist zylinderförmig
ausgebildet mit einem
konstanten Halbmesser
von 5,20 m. Die Wasser-
seite der Gewölbe ist

mit einer drahtbewehrten Torkretschicht versehen, worauf noch ein Inertolüberzug
aufgetragen ist. Die statische Berechnung wurde sehr gründlich und gewissenhaft aufgestellt. Nach dieser Berechnung wurde eine zulässige Druckspannung von 35 kg/cm²

Abb. 256. Vöhrenbach. Herdmaueranschluß an die Gewölbe.

eingehalten. Eine wirtschaftliche Voruntersuchung hat gezeigt, daß der günstigste
Pfeilerabstand zwischen 9 und 12 m liegt. Das Bauwerk wurde mit einem Pfeilerabstand von 10,80 m ausgeführt. Die Pfeilerstärke beträgt oben 0,80 m und nimmt

linear bis 1,20 m unten zu. Die Wasserseite der Pfeiler ist verstärkt und an den Stellen, wo die Gewölbe sich anschließen, bewehrt. Zur weiteren Verstärkung sind

Abb. 257. Vöhrenbach. Gewölbe im Bau.

Abb. 258. Vöhrenbach. Bauzustand am 22. Dezember 1924.

noch Eiseneinlagen in die Pfeiler eingelegt. Sowohl bei den Pfeilern als auch bei den Gewölben ist Traßzusatz zum Beton vorgesehen worden, weil der Traß den Abbindevorgang verzögert und den Beton auf längere Zeit elastisch erhält. Dadurch gleichen sich nachträgliche Bewegungen leichter aus. An dem fertigen Bauwerk sind umfangreiche Messungen geplant. So soll die Einsenkung der Gewölbe ermittelt werden, außerdem sollen die Temperaturänderungen in Gewölben und Pfeilern an zahlreichen Stellen bemessen werden, ebenso die gegenseitigen Bewegungen der Pfeiler, sowie auch die Spannungen. Die Staumauer wird von einem Grundablaß durchbrochen, dessen lichte Weite 1 m beträgt. Die Hochwasserentlastung ist ein kastenförmig auf der rechten Seite in das Becken eingebauter Überlauf.

Abb. 259. Vöhrenbach. Die Staumauer mit Entlastungsturm. Der Einstau am 22. Dezember 1924.

Frankreich.

In Frankreich sind bis jetzt zwei Gewölbereihendämme ausgeführt worden. Beide Staumauern unterscheiden sich von den üblichen Ausführungen insofern, als sie von besonders leichter Konstruktion sind.

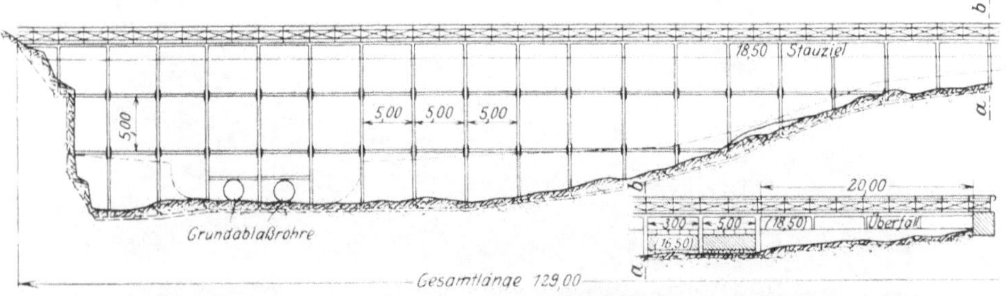

Abb. 260. Sélune. Talseite.

Die Sélune-Sperre[1]). (Abb. 260 bis 264.)

Der Sélunefluß entspringt aus dem Saint-Cyr du Bailleul in 170 m Meereshöhe. Die Abflußmenge des Flusses beträgt durchschnittlich 20 bis 23 m³ pro Sek. Die Niederwasserperioden sind ziemlich kurz. An einer starken Kurve des Flusses baute die Société des forces de la Sélune in Ducey eine Wasserkraftanlage, die bei einem Gefälle von 12 m eine Mindestkraft von 500 PS liefert. Die Staumauer ist ein Gewölbereihendamm mit

---

[1]) Génie Civil, 12. V. 1917.

129 m Gesamtlänge. Seine maximale Höhe beträgt 15 m. Die Kämpferlinie der Bogen hat eine Neigung von 45°. Der Pfeilerabstand beträgt 5 m. Besonders beachtenswert ist die außerordentlich geringe Stärke der Pfeiler, sie beträgt nämlich durchweg bloß 20 cm. Die Versteifungsträger sind 22 cm breit und 30 cm hoch und liegen 5 m weit voneinander. Die Pfeiler sind oben durch einen Fußsteg miteinander verbunden. Die Staumauer ist an der Wasserseite mit Metallplatten bedeckt, um die erforderliche Wasserdichtigkeit zu erzielen. Die Bewehrung der Pfeiler besteht aus vertikalen und horizontalen Rundeisen von 10 mm Durchmesser, die 20 cm Abstand haben. Die ganze Staumauer besteht aus 17 Gewölben. Die Gewölbestärke beträgt oben 12 cm und unten 16 cm. Das Gewölbe ist mit 10 mm Rundeisen armiert, die an der Außen- und Innenseite verlegt sind. Die Längseisen haben einen Durchmesser von 6 mm. Für die Herstellung der Staumauer wurde ein Beton von 400 kg Zement pro Kubikmeter verwendet. An einem Ende der Stau-

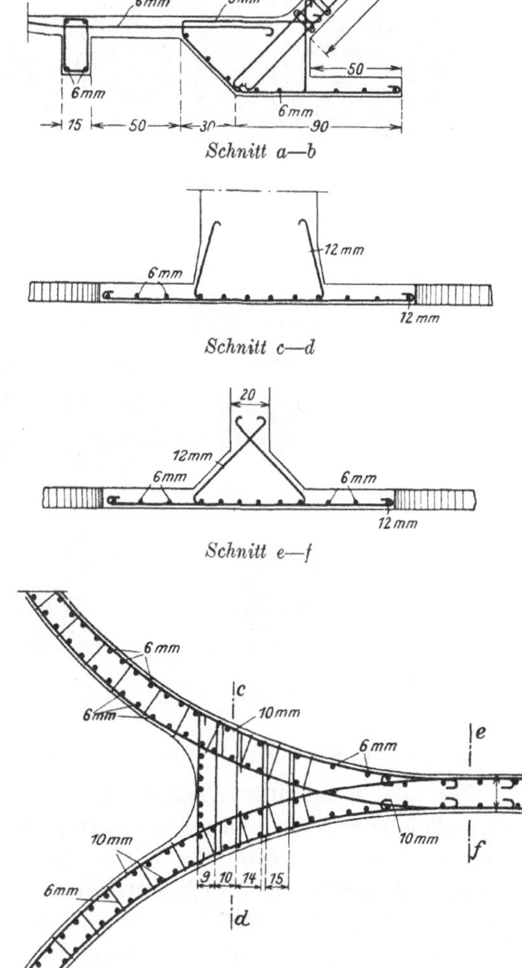

Grundriß.

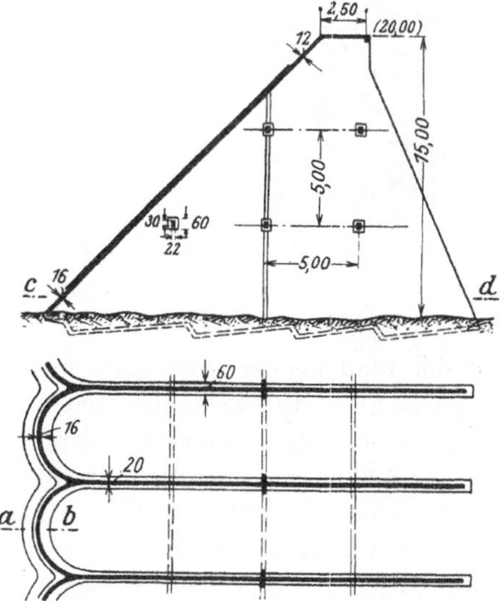

Abb. 261. Sélune. Querschnitt und Grundriß   Abb. 262. Sélune. Bewehrung des Gewölbekämpfers.

mauer ist ein Überfall von 20 m Länge angeordnet, der mittels fünf Schützen abgesperrt werden kann. In der Nähe des anderen Staumauerendes sind zwei Grundablaßrohre angeordnet. Aus den beigefügten Abbildungen sind alle Abmessungen der Staumauer zu ersehen.

Abb. 263. Sélune-Sperre im Bau. Wasserseite.

Abb. 264. Sélune. Talseite mit Grundablaß (im Bau).

Die Staumauer Bel Isle en Terre, Cotes du Nord (Abb. 265 bis 267).

Zur Errichtung einer Wasserkraftanlage wurde der Fluß Legner aufgestaut, um ein Gefälle von 13,50 m zu erhalten. Das dadurch geschaffene Staubecken ist 3100 m lang mit einer Oberfläche von 26 ha. Die Staumauer ist ein dünner Gewölbereihendamm und besteht aus 15 Pfeilern, deren Mittelebenen 4,86 m voneinander entfernt sind. Die Stärke der Pfeiler beträgt nur 0,20 m. Die maximale Höhe des Dammes mißt 16,35 m. Die Gewölbe sind unter 45° geneigt. Die Talseite der Pfeiler schließt einen Winkel von 60° mit der Horizontalen ein, mit Ausnahme derjenigen, zwischen denen das Krafthaus angeordnet ist, und die 50° Neigung haben. Die Pfeiler sind mit Rundeisen von $7^1/_2$ mm $\varnothing$ bewehrt. Besonders stark sind die Pfeiler armiert, welche die Zentrale enthalten. 1,50 m oberhalb des Stauziels führt ein Weg. Die Bogenstärke ändert sich von 0,12 bis 0,18 m. Die Gewölbe bestehen aus Eisenbeton mit doppelter Bewehrung. Der Querschnitt ist halbkreisförmig ausgebildet worden mit einem inneren Halbmesser von 2,33 m. Das Krafthaus befindet sich in der Staumauer selbst, es liegt zwischen 5 Pfeilern. Luftseitig ist das Krafthaus mit einer Eisenbetonwand abgeschlossen, in die große Fenster eingebaut wurden. Die Zentrale ist in drei Stockwerke eingeteilt.

Vorläufig befinden sich zwei Turbinen von 220 und 290 PS in Betrieb, während eine dritte von 840 PS noch aufgestellt wird[1]).

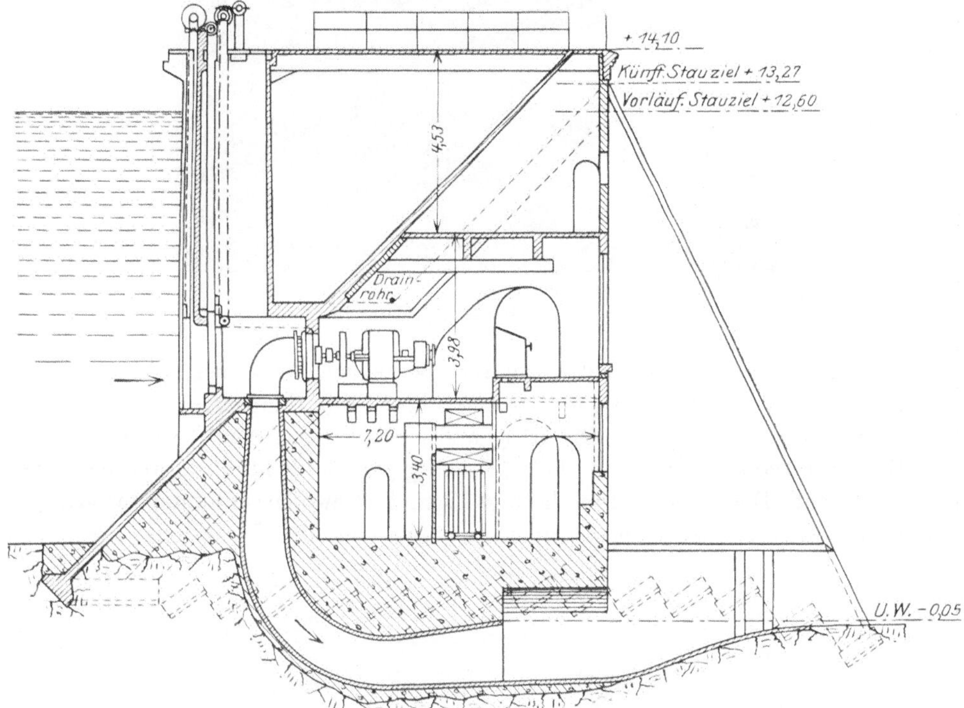

Abb. 265. Belle Isle. Schnitt durch das Krafthaus.

Abb. 266. Belle-Isle-Sperre im Bau. Wasserseite.

Schweden.

Hier sind bisher drei niedrigere Gewölbereihendämme erbaut, und zwar die zwei Suorva-Dämme und der Melby-Damm.

[1]) Houille Bl., März-April 1924.

Abb. 267. Belle-Isle. Talansicht.

Die zwei Suorva-Staumauern[1]) sperren die beiden Arme des Lule-Flusses in Lapland ab, und sie liegen an einem Ort, wo die Wintertemperatur manchmal bis — 40 ∿ — 60 ⁰ C herabsinkt. Die Längen der Staumauern sind 240 bzw. 168 m. Die Höhe der Dämme beträgt in beiden Fällen gegenwärtig 14 m, sie werden später um 7 m erhöht. Der Pfeilerabstand beträgt 12 m, die Gewölbe sind unter 45 ⁰ geneigt. Die Gewölbestärke beträgt oben 0,80 m, unten 1,70 m. Die Versteifungsträger sind

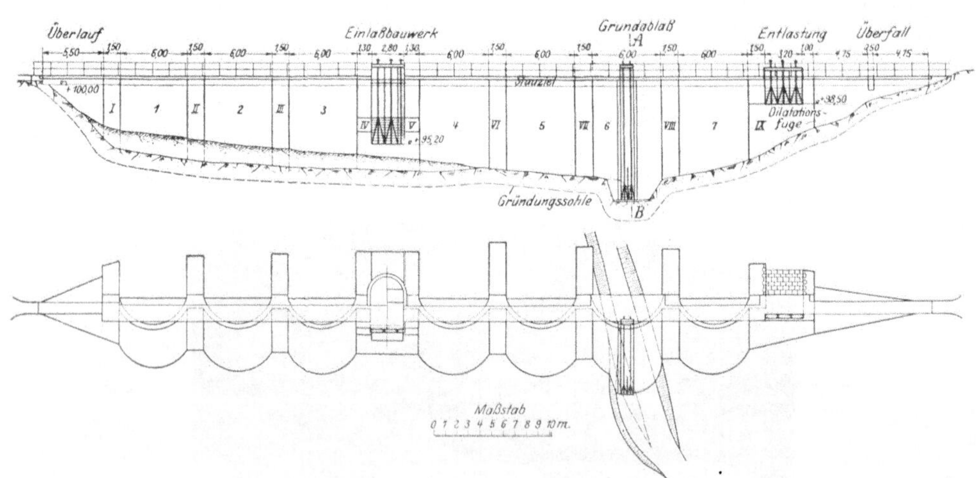

Abb. 268. Melby. Längsschnitt und Grundriß.

an der Wasserseite angeordnet; der Zweck dieser Anordnung ist, die Standfestigkeit der Staumauern zu bewahren, falls ein Gewölbe beschädigt wird. Die Gewölbe sind stark bewehrt.

Das Mischungsverhältnis für die Gewölbe war 1 : 2,5 : 3, für die Pfeiler 1 : 5 : 6,5. Die Wasserseite der Gewölbe ist mit einer 1 cm starken Torkretschicht verputzt. Mit Rücksicht auf die strengen Wintertemperaturen ist von der Talseite der Gewölbe ein 2,50 m hohe Erdschüttung angebracht.

---

[1]) Vortrag von Hellström auf der Weltenergiewirtschaftskonferenz in London 1924.

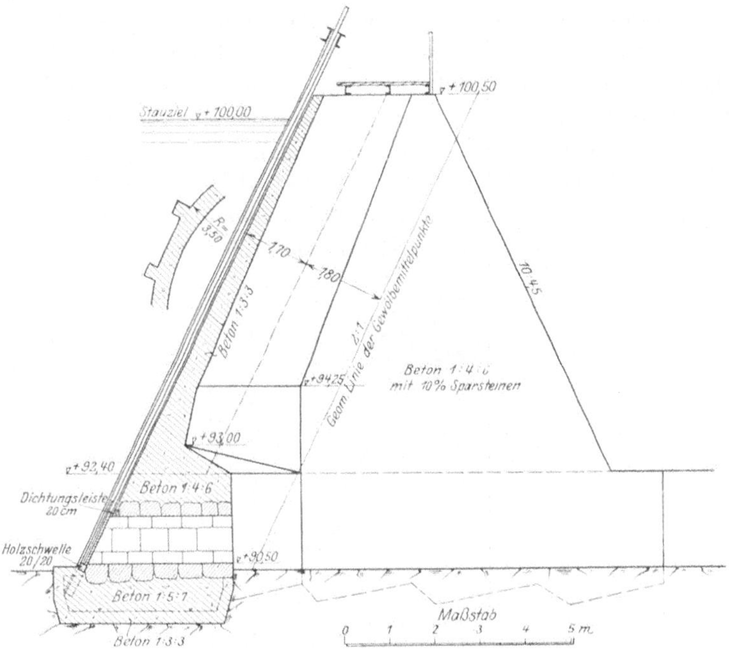

Abb. 269. Melby. *Schnitt A—B.*

Der Melby-Damm[1]) (Abb. 268—270) ist 78 m lang, seine größte Höhe beträgt etwa 11 m. Die Gewölbe sind unter 2 : 1 geneigt, sie sind stark bewehrt. Die Abmessungen der Staumauern sind in den Abb. 268 und 269 ersichtlich.

Abb. 270. Melby. Ansicht der Wasserseite.

Indien.

Zum Schluß möge noch erwähnt sein, daß in Indien außer der Meer Alum-Sperre noch ein zweiter Gewölbereihendamm erbaut wurde. Die Talsperre liegt bei Alwar, Rajputana und hat eine größte Höhe von 18 m[2]).

d) Neuere Entwürfe.

Aufgelöste Staumauer nach System Rossin (Abb. 271 bis 272). Die Stauwand dieser Mauer wird von flachen Gewölben gebildet, während die Pfeiler

<hr>

[1]) Hellström: Serie-valvdamm vid Melby. Tekn. Tidskr. Väg-och Vatten, 1923, H. 2.
[2]) Transactions, Bd. 78, S. 565, 1915.

rahmenartig aufgelöst sind. Durch eine solche Anordnung können unter Umständen
noch größere Materialersparnisse erzielt werden als bei üblichen Gewölbereihendämmen, die Schalungskosten werden dagegen nicht unwesentlich höher ausfallen,
und die Art der Herstellung wird ebenfalls schwieriger, so daß die Wirtschaftlichkeit
der Rossinschen Staumauer gegenüber den einfachen Gewölbereihendämmen bezwei-
felt werden kann. Andererseits steht es aber fest, daß die statischen Verhältnisse
in einem aufgelösten Pfeiler noch klarer sind als in den massiven Pfeilern, und
dieser Umstand spricht zugunsten der Rossinschen Mauer. Die Pfeilerfundamente

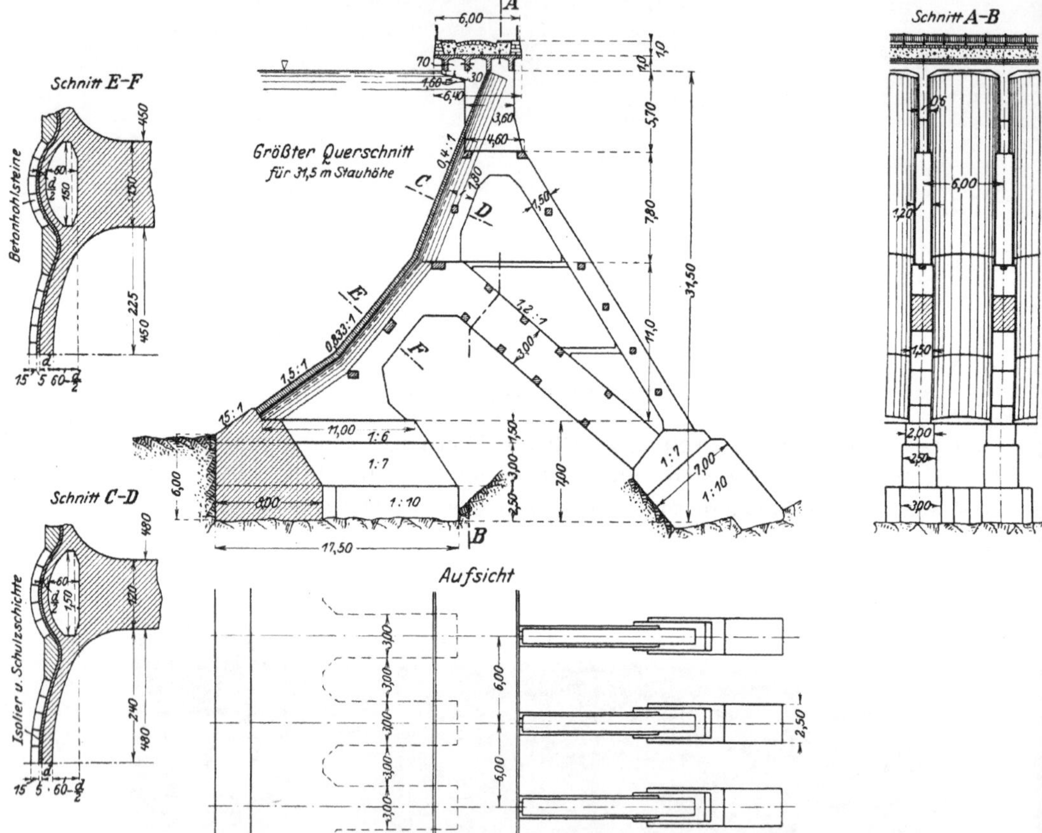

Abb. 271. Projekt einer aufgelösten Staumauer nach System Dr. Rossin.

müssen besonders sorgfältig ausgearbeitet werden, um zu hohe Bodenpressungen
zu vermeiden.

Abb. 271 zeigt den Entwurf der Saale-Talsperre bei Katzenhammer, Abb. 272
die statische Untersuchung der projektierten Podmoll-Talsperre.

Das Projekt des Horseshoe-Gewölbereihendammes am Rio Verde, Arizona[1]
(Abb. 273 bis 275). Es handelt sich um einen neuen Typ der Gewölbereihendämme, bei dem
zwecks Vermeidung der Knickgefahr die Pfeiler selbst aufgelöst ausgebildet sind. Die
Einzelheiten des Projektes gehen aus den Abb. 274—275 hervor. Die Stelle, an der die
Talsperre errichtet werden soll, liegt etwa 64 km oberhalb des Granite Riff Diversion Dam

---

[1] Noetzli, Fred. A.: Improved Type of Multiple Arch Dam. Transactions 1924, Bd. 87, S. 342 ff.

des Salt River-Projektes in Arizona. Der Damm soll zu Bewässerungszwecken dienen.
Eine vergleichende Kostenberechnung zeigte, daß eine aufgelöste Staumauer ungefähr halb so viel kosten würde
als eine entsprechende massive
Staumauer. Der Fels wird aus
einer festen Lavaschicht gebildet, die für die Gründung einer
Staumauer besonders geeignet
sein soll. Die größte Höhe der
projektierten Staumauer beträgt 64 m. Der Pfeilerabstand
ist 18,30 m. Die Wasserseite
der Pfeiler schließt einen Winkel von 48° mit der Horizontalen ein. Die Innenfläche des
Bogens ist als Korbbogen ausgebildet. Die Bogen erhalten
eine kleine Verstärkung in der
Nähe des Kämpfers. In den
tieferen Schnitten des Gewölbes ist die Außenfläche kreisförmig ausgebildet mit einem
Halbmesser von 8,68 m. Die
obere Bogenstärke beträgt
0,91 m und die untere 2,05 m.
Die Gewölbe sind oben mittels
12 mm starken Rundeisen bewehrt, deren Abstand 0,46 m
beträgt. Unten ist die Bewch-
rung 25 mm stark und die Ent-

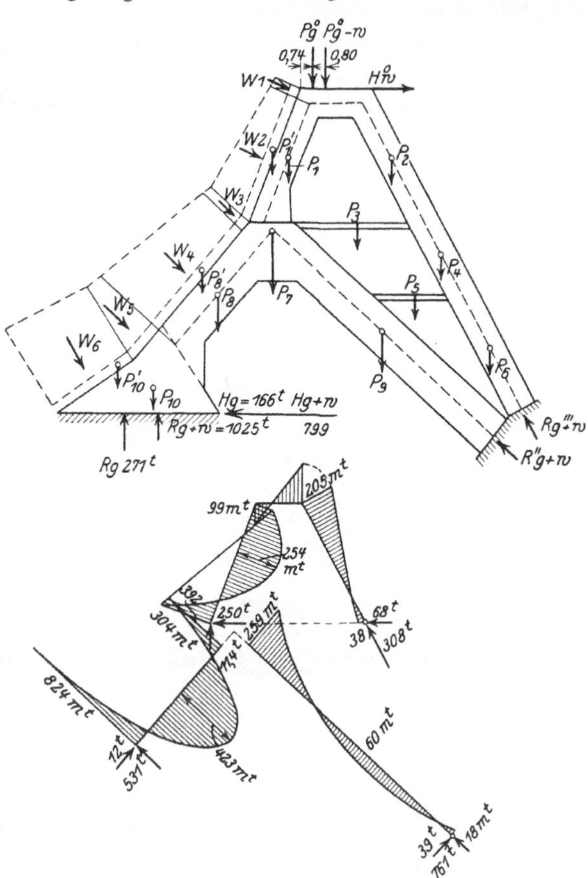

Abb. 272. Statische Untersuchung eines Pfeilers nach System
Dr. Rossin.

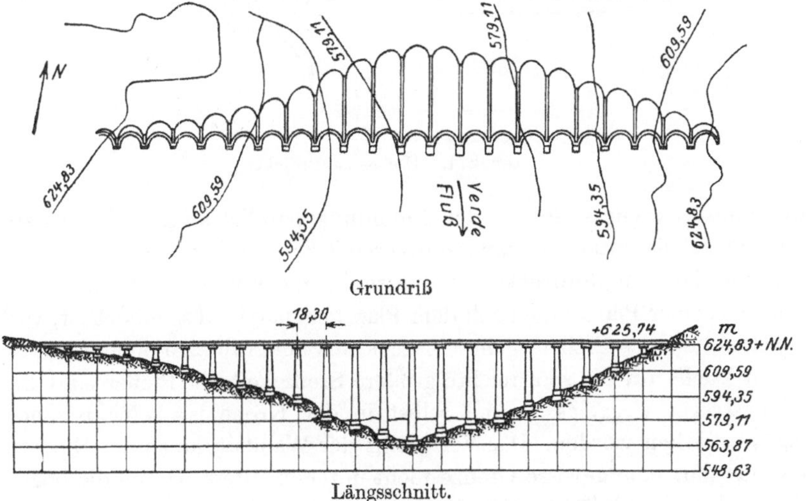

Grundriß

Längsschnitt.
Abb. 273. Horseshoe-Projekt nach Dr. Noetzli.

fernung der Eiseneinlagen beträgt hier 23 cm. In dem oberen Teile, etwa 10 m unterhalb der Krone, ist zur Querversteifung der Gewölbe eine Rippe angeordnet, um
dem Einfluß des veränderlichen Wasserdrucks entgegenzuwirken.

Die wichtigste Einzelheit dieser Staumauer ist die Ausbildung der Pfeiler. Jeder
Pfeiler besteht aus 2 Eisenbetonseitenwänden, die mittels durchgehender vertikaler
Wände, außerdem durch einige wagerechte Träger miteinander verbunden sind. Die

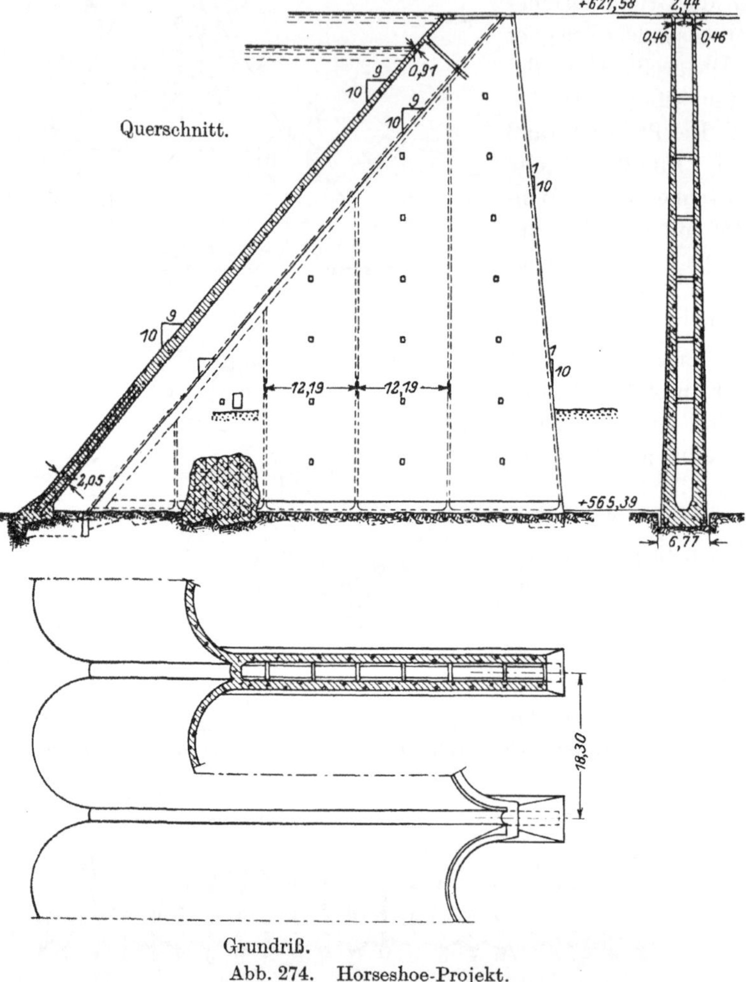

Grundriß.
Abb. 274.　Horseshoe-Projekt.

Seitenwände des Pfeilers sind in der Abbildung parallel ausgebildet, es steht aber
nichts im Wege, sie unter Umständen divergent zu gestalten, um sie dadurch besser
der Richtung des Kämpferdruckes anzupassen. An der Wasserseite sind diese Seitenwände mittels einer Platte, die nach dem Plan bogenartig ausgebildet ist, verbunden.
Die Konstruktion des Pfeilers geht übrigens aus der Abb. 275 ohne weiteres hervor.

Mit Rücksicht auf die so erreichte größere Steifigkeit der Pfeiler sind die Längs-
versteifungsträger weggelassen und selbst in der Krone ist keine besondere Versteifung vorgesehen worden. Das Verhältnis der Wandstärke zu der Entfernung der
Seitenwände darf eine gewisse Grenze nicht unterschreiten. Durch die bogenförmige
Ausbildung der Abschlußplatte für die 2 Seitenwände kann erreicht werden, daß die

Resultierende der Kämpferdrücke aus dem großen und dem kleinen Bogen parallel mit den Seitenwänden läuft. Bei der Berechnung der Pfeiler ist der Winddruck mit etwa 75 kg pro Quadratmeter berücksichtigt worden. Die Richtung des Winddruckes wurde unter einem Winkel von 45° gegen die Ebene der Pfeiler angenommen.

Die Querwände der Pfeiler müssen entsprechend stark bemessen werden, um die aus den Biegungsmomenten entstehende Längsschubkraft $\left(\dfrac{S}{J}\int Q\,dx\right)$ aufnehmen zu können. Außerdem werden die dünnen Pfeilerwände mit entsprechender Eisenbewehrung versehen werden müssen. Treten bei der Ermittelung der Knickkraft eines normalen Pfeilers große mathematische Schwierigkeiten auf, so ist zu erwarten daß diese Schwierigkeiten bei dem aufgelösten Pfeiler noch viel größer werden. Über die Wirtschaftlichkeit eines solchen Dammes kann bis jetzt noch nichts gesagt werden, da die diesbezüglichen Erfahrungen fehlen.

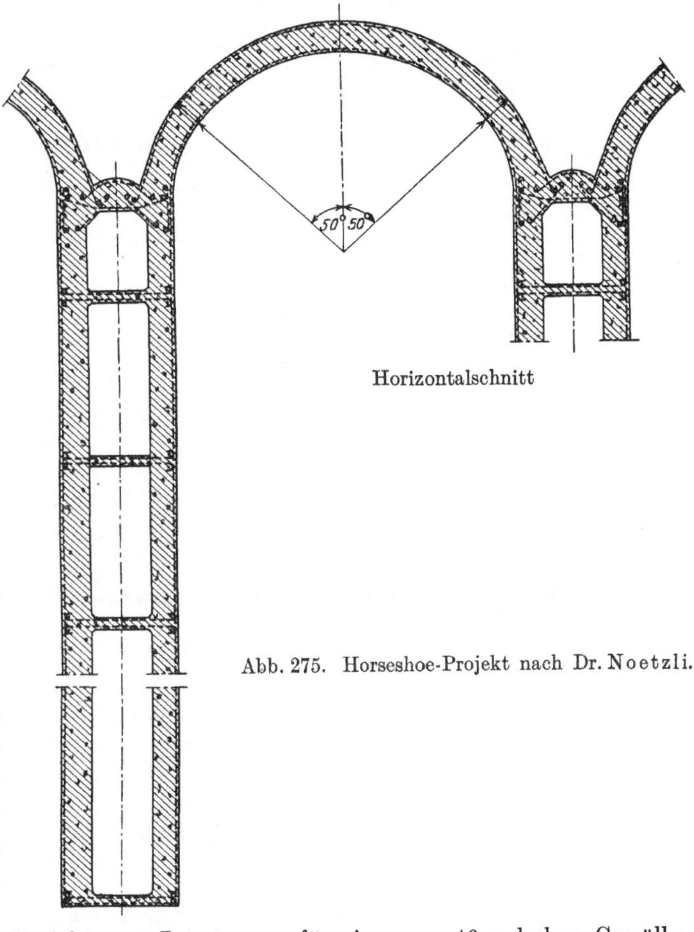

Ein ähnlicher Vorschlag stammt von V. H. Cochrane[1]) (Abb. 276, 277), der die Pfeiler zellenförmig auszubilden versuchte, wodurch eine ganz leichte Konstruktion entsteht.

Horizontalschnitt

Abb. 275. Horseshoe-Projekt nach Dr. Noetzli.

Abb. 278 zeigt ein Projekt von Jorgensen für einen ca. 46 m hohen Gewölbereihendamm.

Entwurf der Sira-Talsperre, Norwegen (Abb. 279 bis 281)[2]). Die Talsperre soll zur Krafterzeugung für die Stadt Stavanger errichtet werden. Das Einzugsgebiet des Flusses an der Sperrenstelle beträgt 1920 km² und die mittlere Jahresabflußmenge 835 m³/sec. Durch die Talsperre wird der Wasserspiegel des Lundesees (Oberfläche 27,2 qkm) um 9,70 m und der Wasserspiegel des Sirdasees (Oberfläche 19,6 qkm) um 0,40 m erhöht; dadurch wird ein Stauinhalt von 291 Millionen

---

[1]) Transactions 1924 Bd. 87, S. 371.

[2]) Die Unterlagen sind von dem Begutachter des Projektes, Herrn Baudirektor Dr. Ing. E. Link, Essen, zur Verfügung gestellt worden.

Kubikmeter gewonnen, der mittels Seeregulierung noch erhöht wird. Das Stauziel liegt in + 51,70, die Krone auf + 53,00, die Talsohle auf + 3,00. Die Sohle des Unterwasserkanals liegt auf — 5,00, so daß die größte Mauerhöhe 58 m beträgt. Der Untergrund ist unverwitterter Labrador ohne Überlagerung.

Die Staumauer, deren Projektverfasser N. Haavardsholm ist, besitzt folgende Abmessungen: Pfeilerabstand 13 m, Zahl der Felder 8, die Mauerkrone ist 140 m

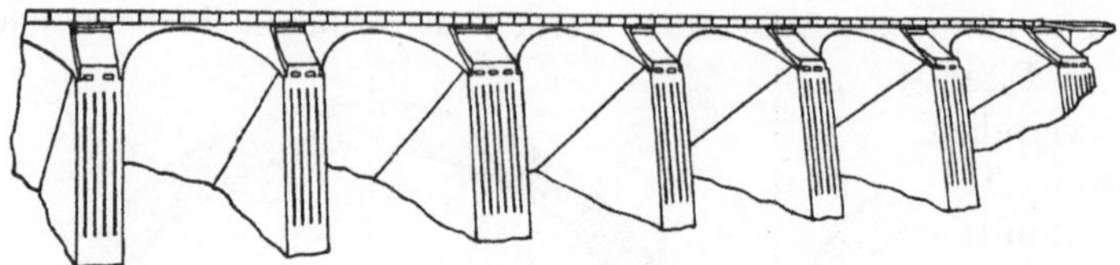

Abb. 276. Entwurf von Cochrane. Perspektivische Ansicht der Talseite.

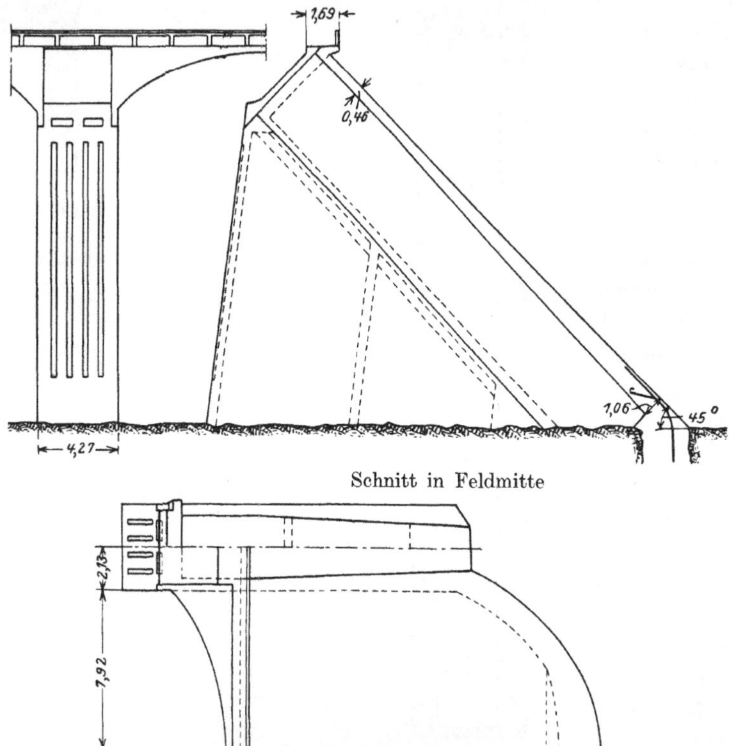

Schnitt in Feldmitte

Grundriß

Abb. 277. Entwurf von Cochrane.

lang einschließlich Überfall. Die Pfeilerstärke beträgt oben zwischen + 53 und + 50 : 0,60 m, dann nimmt sie bis zu 2,50 m geradlinig zu bei + 0,00. Die Gewölbestärke beträgt zwischen + 53 und + 48 : 0,40 m und nimmt nach unten hin linear zu bis + 0,00, wo sie 1,90 m beträgt. (Dieses Maß wird evtl. noch geändert.) Die Pfeiler haben ein Dreieckprofil mit 52 m unterer Breite. Die wasserseitige Böschung beträgt unten $\mu = 0,783$ bis zur Höhe + 30, von hier ab 0,60, während die oberen 5 m senkrecht sind. Die luftseitige Böschung beträgt unten 0,38 bis + 20, von hier ab 0,34, der obere 8 m hohe Teil ist senkrecht, und der Übergang ist mit einem Radius von 25 m kreisförmig abgerundet. Die Wasserseite der Pfeiler ist verstärkt.

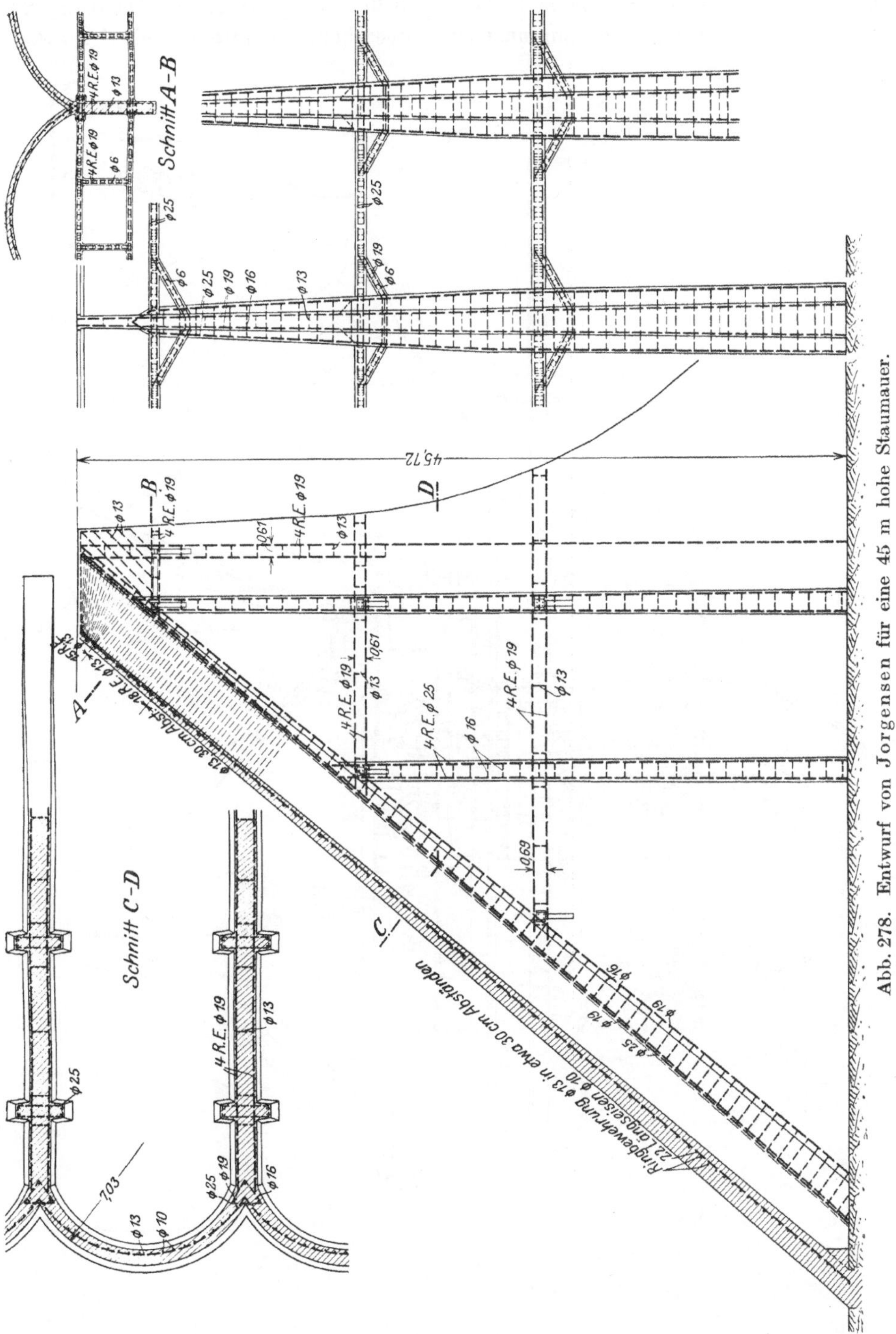

Abb. 278. Entwurf von Jorgensen für eine 45 m hohe Staumauer.

Der Zentriwinkel der Bögen ist mit etwa 130° vorgesehen. Als Versteifung dient oben eine 3 m breite Kronenbrücke, in der Höhe + 26,50 an der Luftseite der Mauer die kräftige Kranbahn, außerdem sechs Eisenbetonbalken mit T-förmigem Quer-

schnitt von 1,50 m Breite, 1,50 m Höhe und 0,50 m Stegstärke. Als Dichtung ist
eine Torkretschicht mit Dichtungsanstrich vorgesehen, im unteren Teil der Stau-

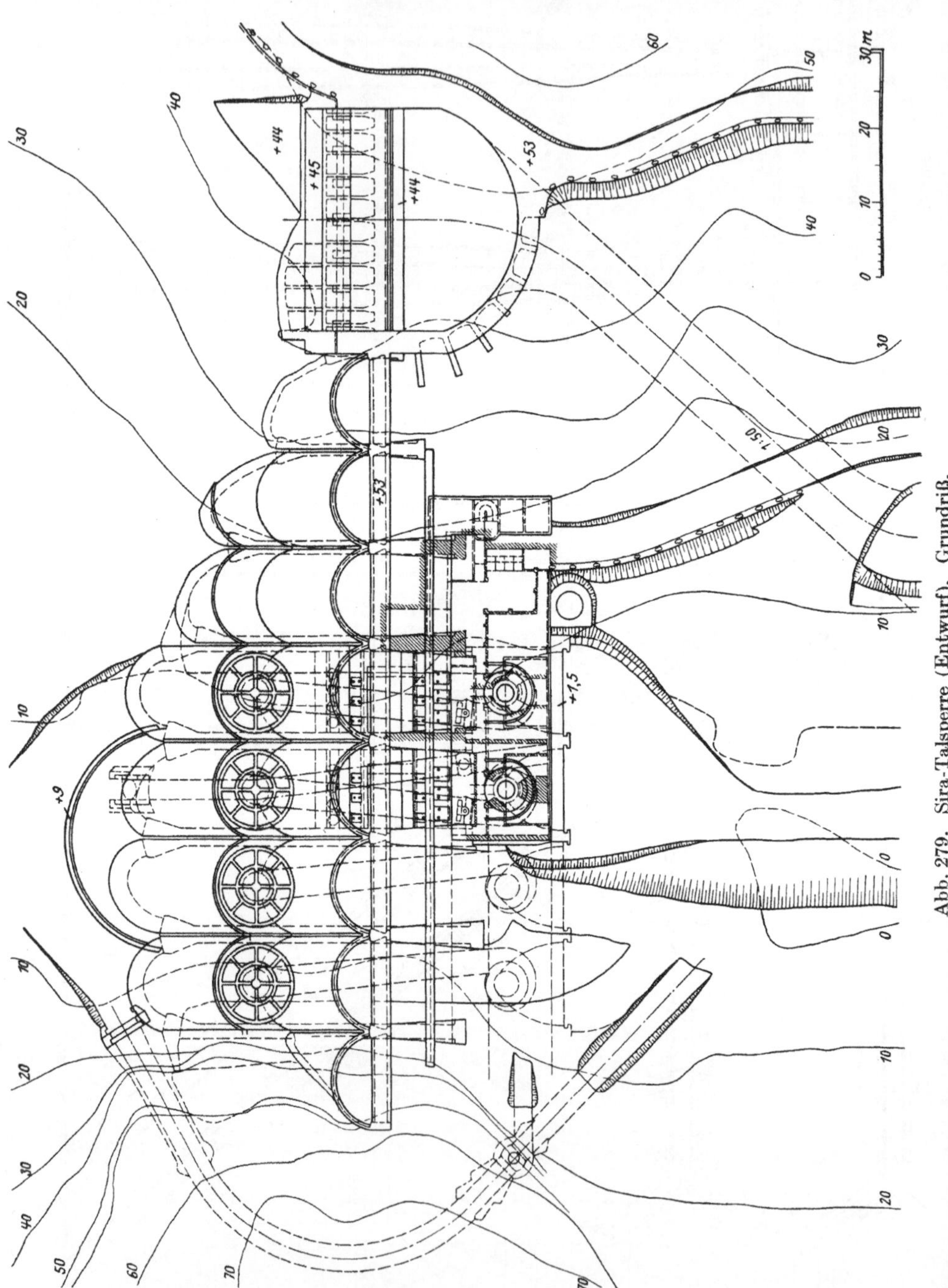

Abb. 279. Sira-Talsperre (Entwurf). Grundriß.

mauer von + 22 bis — 2 (Unterkante Sporn) eine doppelte Putzschicht mit zwischen-
liegender Ziegelverblendung. Die erforderliche Betonmasse beträgt 26 000 m³.

Das größte beobachtete Hochwasser betrug 835 m³/Sek., für den Entwurf
wurde ein solches von 1000 m³/sec. zugrunde gelegt. Für die Hochwasserent-

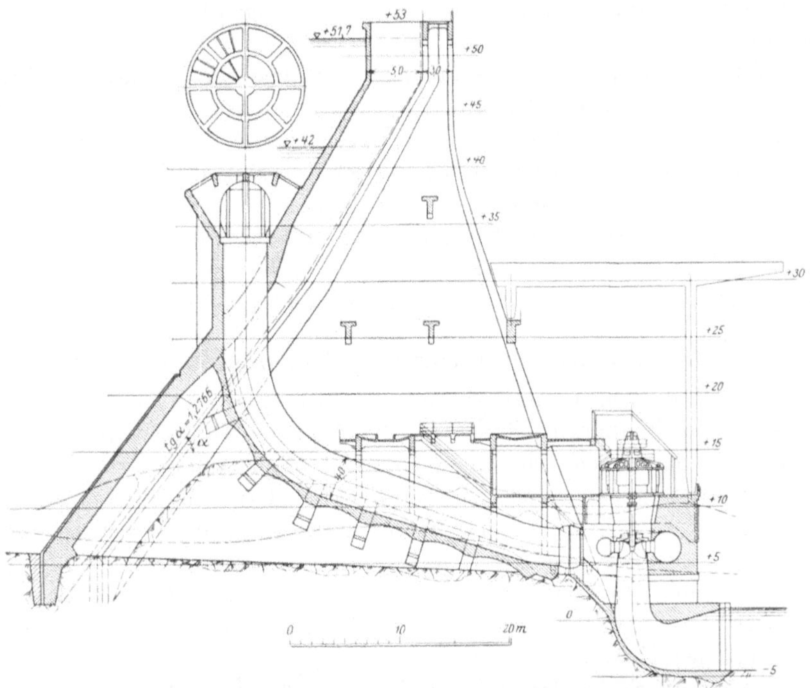

Abb. 280. Sira-Talsperre (Entwurf). Schnitt durch das Krafthaus.

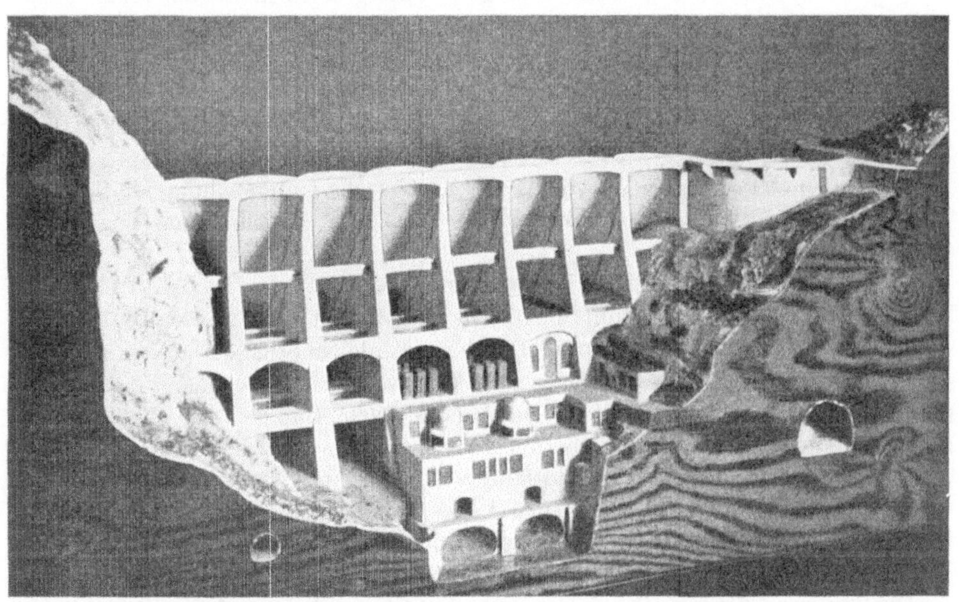

Abb. 281. Sira-Talsperre. Ansicht von der Talseite (Modell).

lastung dienen ein Eisenbetonsektorwehr am linken Mauerende von 30 m Länge
und 6,70 m Höhe für 1000 m³/sec. und ein Abfallschacht mit anschließendem
Ablaufstollen von 66 m² lichter Fläche und 2 %/₀ Gefälle. An der rechten Talseite

ist der Grundablaßstollen vorgesehen mit 8 m² lichter Fläche und 2 °/₀ Gefälle, der von einem Schieberschacht bedient wird.

Das Krafthaus liegt vor der Staumauer, während die Räume zwischen den Pfeilern für die elektrischen Einrichtungen verwendet werden. Die Wasserentnahme erfolgt mittels 4 kegelförmiger Einlauföffnungen, die mit einer Eisenbetonhaube versehen sind, worauf die Rechen aufliegen. Der Rohreinlauf liegt auf + 38,50, der Durchmesser der Entnahmerohre ist 4,00 m. Die Rohre sind mit Drosselklappen verschließbar. Die Ausbaugröße beträgt 4·65 = 260 m³/Sek. Es sind 4 Turbinen von je 35000 PS Höchstleistung mit senkrechter Welle und von 5,40 m Saughöhe vorgesehen. Die mittlere Jahresleistung soll ca. 40000 PS betragen.

e) Beschädigte und eingestürzte Eisenbetonstaumauern.

In einem Aufsatz von Jorgensen im Journal of Electricity vom 15. III. 1920 befindet sich eine Zusammenstellung von 100 eingestürzten Talsperren. Daraus ist ersichtlich, daß von diesen 100 Staumauern auf Erddämme 66, Schwergewichtsmauern 20, Schwergewichtsmauern mit gekrümmtem Grundriß 3, Dämme in Steinschüttung 3, Staumauern aus Stahl 1, Holzdämme 2 und auf Eisenbetondämme 5 Fälle entfallen. Diese letzteren sind:

1. Ashley-Damm. Ambursentyp, eingestürzt am 7. I. 1909. Ort Pittsfield, Mass., U.S.A. Mauerlänge 122 m, Mauerhöhe 12 m. Ursache Unterspülung des Dammes. Beschreibung Engg. News I. IV. 1909.

2. Canaseraga Creek bei Densville, N. Y. Eingestürzt im Dezember 1909. Ursache Überflutung. Struktur Eisenbeton. Beschreibung Engg. Rec. 1. I. 1910.

3. Janesville, Wisconsin. Auswaschung des Untergrundes im Januar 1912, in einer Breite von 15 m, ohne daß die Staumauer eingestürzt wäre. Veröffentlicht in Engg. Rec. vom 13. I. 1912.

4. Stoney River-Damm. Ambursentyp. Ursache des Einsturzes Unterspülung. Mauerlänge 325 m. Mauerhöhe 15,50 m. Eingestürzt 15. I. 1914. Beschreibung Engg. News 22. I. 1914.

5. Plattsburg-Damm bei Westbrook, N. Y. Ursache Unterspülung. Einsturz am 15. V. 1916. Mauerlänge 100 m, Mauerhöhe etwa 30 m. Beschreibung Engg. News 8. VI. 1916.

Ashley-Damm bei Pittsfield, Massachusets[1]) (Abb. 282). Der Damm ist 122 m lang und 12 m hoch und kostete 70000 Dollar. Die Talsperre ist in den Jahren 1907 bis 1908 als Ambursentyp ausgeführt worden. Durch sie wurde ein Staubecken von 87000 m³ geschaffen. Der Zweck dieser Anlage ist die Wasserversorgung von Pittsfield. Die erste Füllung des Staubeckens erfolgte Anfang 1909. Infolge eines Wolkenbruchs stieg das Wasser am 7. Januar über die Krone, dabei wurde der Damm überflutet. Da der Untergrund nicht widerstandsfähig war, nahm das Wasser seinen Weg unter dem Damm und hat den Boden in einer Länge von 15 m ausgewaschen. Die Staumauer ist jedoch nicht eingestürzt, sondern hat, wie eine Brücke, auch weiter Stand gehalten. Sie wurde dann mittels Holzbalken unterstützt.

Die Stauwand hat eine Stärke von 0,25 bis 0,56 m. Die Mauerkrone, deren Breite etwa 0,60 m beträgt, liegt um 0,60 m höher als die Krone des 14,60 m langen Überfalls. Die wasserseitige Herdmauer ist 0,92 m stark und 2,44 m tief, während die talseitige Herdmauer bis 1,53 m in den Untergrund reicht. Der ganze Damm ist mit einer Grundplatte versehen.

---

[1]) Engg. News. 1. IV. 1909.

Nach der Ausspülung sind Bohrungen gemacht worden. In der
Nähe der Auswaschung fand man den Fels in einer Tiefe von 2,14 m
unter der Auswaschung, also 7,60 m unterhalb der Grundplatte.
Bei anderen Probebohrungen hat man keinen Fels gefunden, der
Untergrund war wasserdurchlässig.

Die Ursache dieser Katastrophe war also die nicht
sorgfältige Gründung, denn die Herdmauer sollte überall bis
zum gesunden Fels hinabgeführt werden. Daß die Staumauer trotz
der Unterspülung standgehalten hat, zeigt die große Zuverlässigkeit
solcher Bauwerke.

Einsturz des Stoney-River-Dammes[1] (Abb. 283). Dieser
Damm war als Ambursenmauer erbaut. Seine Gesamtlänge einschließlich der Erddämme betrug 324,60 m mit einer Maximalhöhe
von 15,54 m. Der Damm staute den Potomacfluß auf. Das Einzugs-

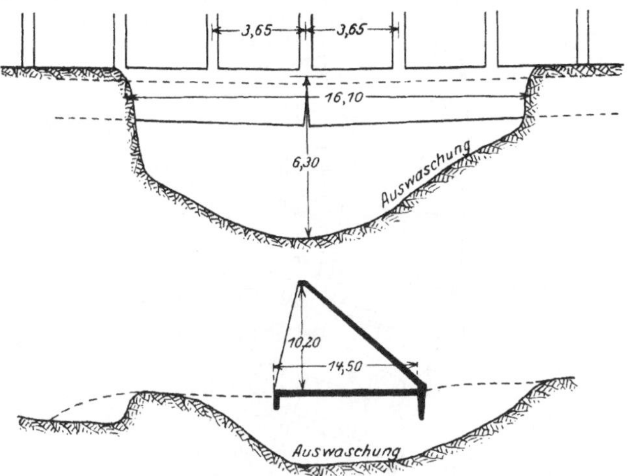

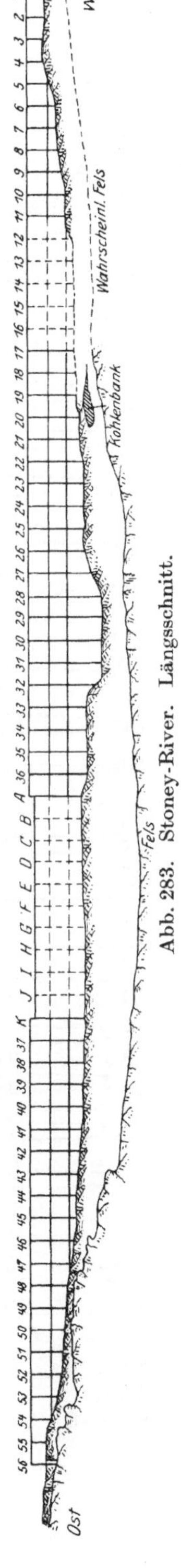

Abb. 282. Ashley-Damm nach dem Bruch. Längs- und Querschnitt.

Abb. 283. Stoney-River. Längsschnitt.

gebiet dieses Flusses betrug bei der Talsperre 30 qkm. Die Oberfläche
des Staubeckens hat ein Ausmaß von 194 ha, der Stauinhalt umfaßt
11 Mill. m³. Der Damm bestand aus 67 Pfeilern, die eine Stärke
von 0,46 m hatten. Die Schwelle des Überfalls lag 0,91 m unterhalb der Dammkrone. Der ganze Damm wurde mit einer 0,31 m
starken durchgehenden Fundamentplatte versehen.

Am 14. Januar 1914 beobachtete man einen Riß am Pfeiler 13.
Die Klappen der Hochwasserentlastung konnten nicht geöffnet
werden, da sie eingefroren waren. Der Damm wurde unterspült.
Dieser Vorgang erfolgte derart schnell, daß am nächsten Tage
schon eine 9 bis 12 m breite Strecke ausgewaschen war. Hier suchte
das Wasser mit großer Gewalt seinen Ausweg. Am Mittag des
15. Januar begann der Pfeiler 13 langsam zu sinken und sich zu
drehen, so daß durch diese Bewegung der Zusammenhang mit der
Untergrundplatte aufgehoben wurde. Jener Pfeiler hat sich mit den

---

[1] Engg. Rec., S. 115, 24. I. 1914.

Kelen, Staumauern.

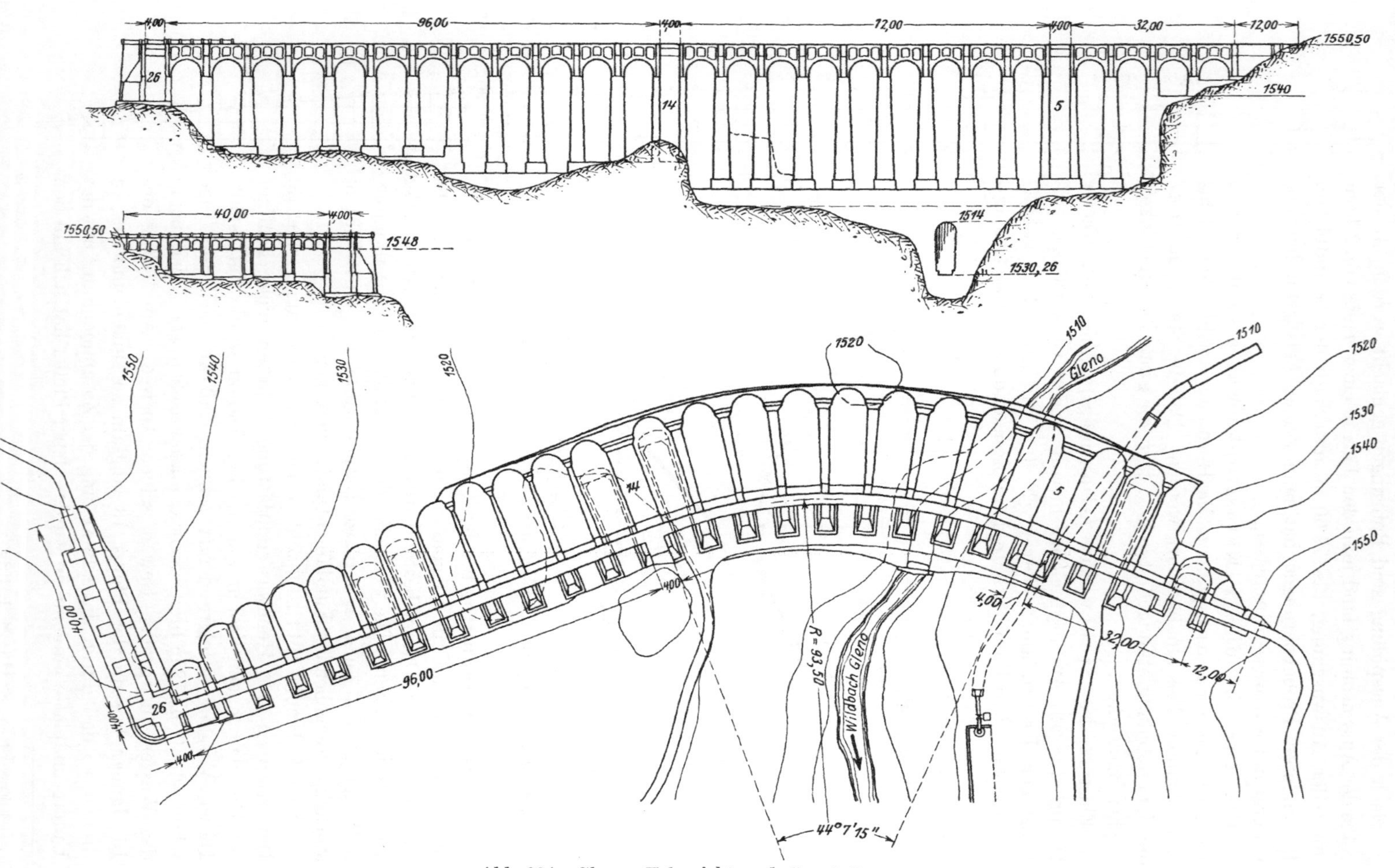

Abb. 284. Gleno. Talansicht und Grundriß.

anschließenden Platten talabwärts verschoben und stand nach dem Einsturz etwa 46 m von seiner ursprüglichen Stelle entfernt. Die Wucht des zwischen den Pfeilern 12 und 14 herabstürzenden Wassers zerstörte auch die anschließenden Pfeiler 16, 17, 18.

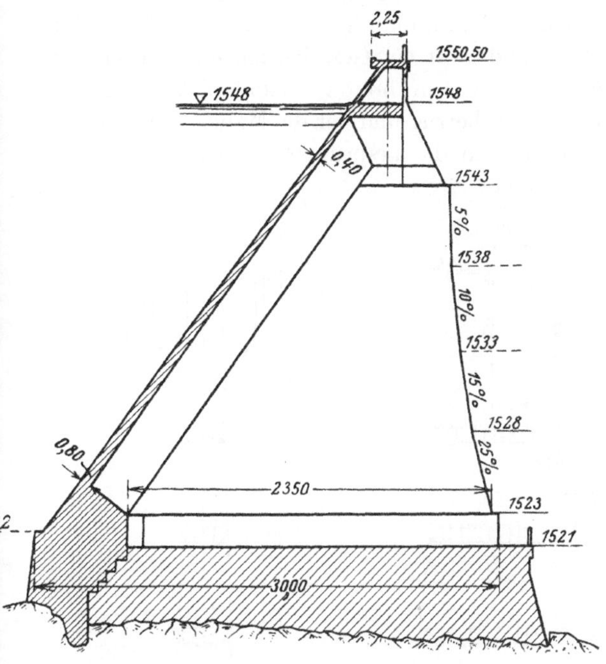

Abb. 285. Gleno. Schnitt in der Feldmitte.

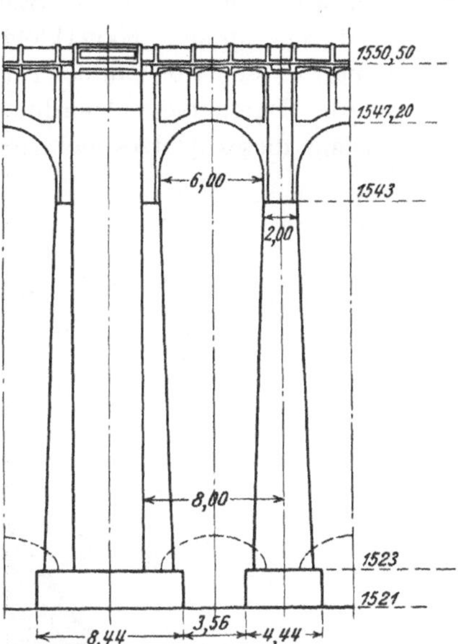

Abb. 286. Gleno. Ansicht von der Talseite.

Eine genaue Prüfung ergab, daß die Ursache des Einsturzes in der schlechten Gründung zu suchen ist. Zwischen den Pfeilern 12 und 13, wo die Herdmauer nur bis zu einer Tiefe von 1,50 m hinabreichte, ist eine durchlässige Schicht vorhanden, die aus Kohle, Sand und Ton besteht. Diese Schicht lag nur etwa 20 cm unterhalb der Unterkante der Gründung.

Auch aus diesem Fall ist ersichtlich, eine wie wichtige Rolle die Gründung einer Staumauer spielt. Falls die Staumauer nicht auf den widerstandsfähigen Fels gegründet ist, muß wenigstens die wasserseitige Herdmauer bis zum gesunden Fels hinabreichen und die Fundamentplatte entsprechend bemessen werden.

Die Glenotalsperre (Abb. 284—293). Über die Beschreibung und über den Einsturz dieser Talsperre ist bereits eine umfangreiche Literatur vorhanden[1]), hier soll deshalb nur auf die wichtigsten Einzelheiten eingegangen werden. Die Talsperre lag in 1 500 m Meereshöhe in den Bergamasker Alpen, und

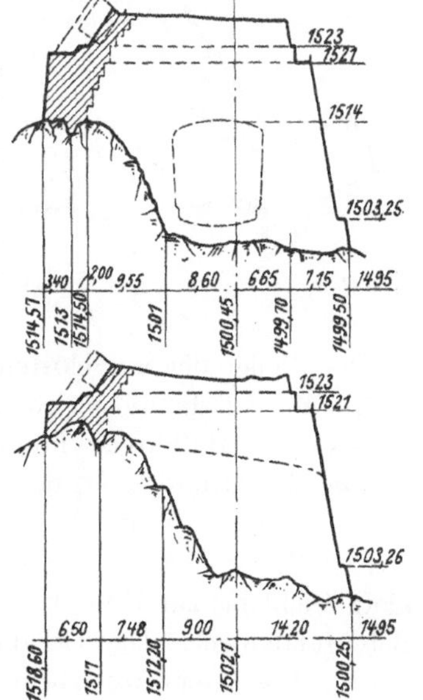

Abb. 287. Gleno. Schnitte durch den Mauerklotz. (Im Schnitt a) ist der Grundablaß, im Schnitt b) die Bruchfläche gestrichelt eingezeichnet.)

<hr>

[1]) S. Dtsch. Wasserwirtsch., Beton Eisen, Schweiz. Bauztg., Ann. dei Lavori Pubblici usw.

staute das Wasser des Glenobaches auf. Das Tal ist an dieser Stelle in dem unteren Teile sehr schmal, oben verbreitet es sich aber dann plötzlich. So ergab sich die Lösung, die untere schmale Schlucht durch einen Mauerwerkklotz abzuschließen und darüber eine Staumauer zu errichten. In der endgültigen Ausführung ist diese untere schmale Schlucht mittels eines im Grundriß krummlinigen Klotzes ausgefüllt, darüber wurde eine aufgelöste Staumauer, und zwar ein Gewölbereihendamm, erbaut. In diesem unteren Mauerklotz ist ein etwa 4 m breiter Grundablaßstollen ausgespart, dessen Höhe an der Talseite 10,74 m betrug und der die Mauer schräg durchquerte. Durch diese Anordnung konnte also die ursprünglich geplante Gewölbewirkung dieses Klotzes nicht mehr eintreten.

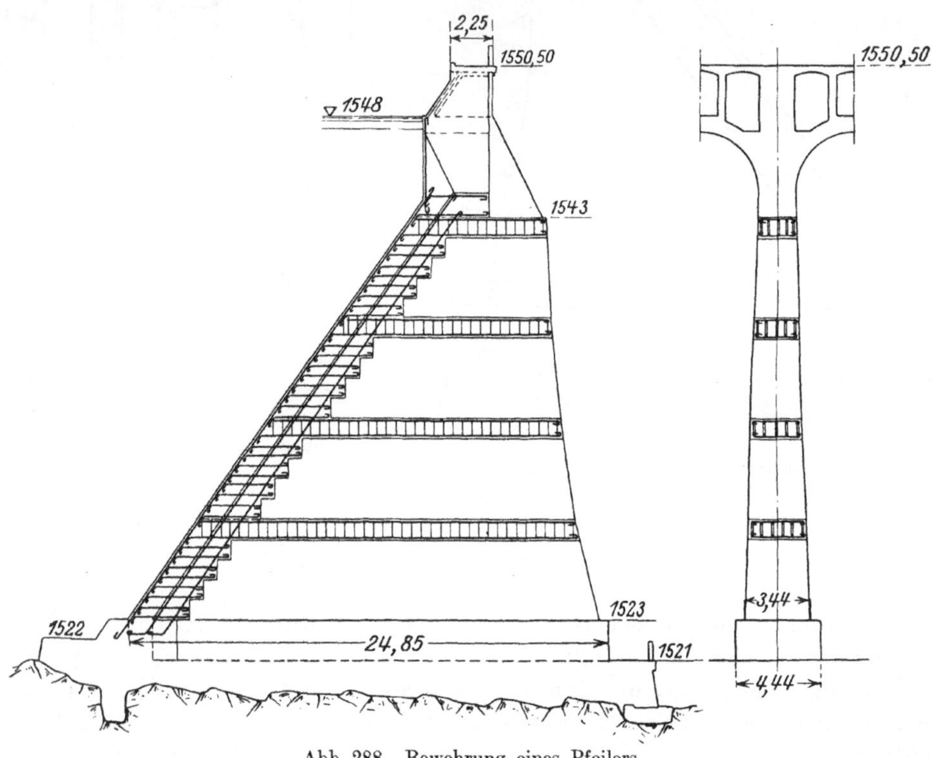

Abb. 288. Bewehrung eines Pfeilers.

Die Pfeiler der aufgelösten Staumauer haben eine wasserseitige Böschung von 0,75, während die talseitige Böschung veränderlich ist. Die Innenfläche des Gewölbes ist als Halbkreiszylinder ausgebildet. Die Gewölbestärke wächst von 0,35 bis 0,80 m. Im Grundriß ist der mittlere Teil der Staumauer bogenförmig angeordnet, an den sich rechts und links gradlinige Flügel anschließen. Am Ende des rechtsufrigen Mauerteiles schließt im rechten Winkel der Überfall an. Der untere Mauerklotz reicht bis zur Höhe von + 1517,50 m und darüber kommt ein 3,50 m starkes Betonfundament. Die Gesamtlänge des Dammes einschließlich Überfall beträgt 267 m. Die Mauerkrone liegt in einer Höhe von 1550,50 m und damit beträgt die Höhe der aufgelösten Staumauer 29,50 m, während die maximale Gesamthöhe der Mauer in der ausgespülten Schlucht an der Talseite 50 m beträgt. Die Abmessungen des Gewölbereihendammes sind verschieden, je nachdem sie im bogenförmigen oder im gradlinigen Mauerteil liegen. Im gradlinigen Teil beträgt der Pfeilerabstand 8 m,

Abb. 289. Gleno. Aufsetzen der Pfeiler auf das glatte Betonfundament.

Abb. 290. Gleno. Bauart der Pfeiler.

die Pfeilerstärke ändert sich von 2 m bis 3,44 m. Da man die Leitlinie der Innenfläche in Halbkreisform und mit 6 m Durchmesser durchweg konstant halten wollte,

mußte die Pfeilerstärke beim Anschluß der Gewölbe auch durchweg auf 2 m gehalten werden. So entstand eine Pfeilerform, die in den wagerechten Schnitten eine von der Talseite nach der Wasserseite hin zunehmende Stärke aufweist. Im krummlinigen Teil war eine solche Ausbildung der Pfeiler nicht nötig, denn Krümmung, Pfeilerabstand und die nach unten hin linear zunehmende Pfeilerstärke stehen miteinander in einem solchen Verhältnis, daß der Zentriwinkel und der innere Durchmesser konstant bleiben konnten.

In der Höhe + 1548 über N. N. gehen die Gewölbe in wagerechte Bogen über, die die 2 m breite Mauerkrone tragen. Das Stauziel liegt auf + 1548 und der größte rechnungsmäßige Wasserspiegel auf + 1549 über N. N.

Die üblichen Abmessungen und die Anordnung der Staumauer gehen aus den beiliegenden Abbildungen hervor. Der untere Mauerklotz und der Gewölbereihendamm sind in zwei verschiedenen Zeiten ausgeführt worden. Die Zwischenzeit zwischen den beiden Ausführungen betrug etwa drei Jahre.

Der Bruch erfolgte am 1. Dezember 1923 in der Früh. Das Staubecken war voll. Der ganze mittlere Teil der aufgelösten Staumauer, also derjenige, der auf den Mauerklotz gegründet wurde, ist weggerissen worden und die 5,4 Mill. m³ Wasser des Staubeckens sind in wenigen Minuten herabgestürzt. Dieser Einsturz hat 500 Menschenleben gekostet und etwa 150 Mill. Lire Schaden verursacht.

Abb. 291. Gleno. Talansicht.

Was die Ursache dieses Unglücks anlangt, so ist es schwer zu entscheiden, welche von den zahlreichen Ursachen den unmittelbaren Einsturz hervorgerufen hat. Als wichtigste Ursachen sind folgende hervorzuheben:

1. Die Stelle, wo die Talsperre errichtet wurde, war schlecht gewählt, denn, wie

Abb. 292. Gleno. Talansicht nach dem Bruch.

aus den Querschnitten der Staumauer (Abb. 287) hervorgeht, ist der Untergrund gegen die Talseite stark geneigt.

2. Die Wasserseite der Staumauer ist mit keiner richtigen Herdmauer versehen worden.

3. Wie aus dem dritten Kapitel ersichtlich, spielt die Gleitsicherheit der Pfeiler die wichtigste Rolle bei der Standsicherheit des ganzen Dammes. Die Gleitgefahr

kann durch entsprechende Verzahnung wesentlich herabgesetzt werden. Bei der Glenostaumauer wurde dieser Umstand aber nicht beachtet, da die Pfeiler im mittleren Teil der Staumauer auf das glatte Betonfundament einfach aufgesetzt worden sind (s. Abb. 289). Wir sehen also, daß weder die Pfeiler auf dem Mauerklotz, noch der Mauerklotz auf dem Fels gleitsicher ausgebildet waren.

4. Die Bauausführung war äußerst schlecht. Der untere Mauerklotz war sozusagen schwammartig, er ist in Kalkmörtel hergestellt worden, der nach dem Einsturz noch nicht vollständig abgebunden hatte. Die Pfeiler selbst waren ungeheuer leichtfertig ausgeführt: sie waren nämlich kastenartig ausgebildet. Man hatte die Seitenwände in Beton hergestellt und den Zwischenraum mit Sparsteinen ausgefüllt. Diese Ausfüllungsmasse wurde ab und zu mit Mörtel abgegossen. Aus Abb. 290 ist die Herstellungsart deutlich zu erkennen.

Zerstörung des Betons an der Gem Lake-Sperre. Die Nr. vom 2. Juli 1925 der Engg. News. Rec. berichtet über Zerstörungserscheinungen im Beton der Gewölbe der Gem Lake-Sperre, deren Beschreibung auf S. 219 wiedergegeben ist. Infolge langsamer Zerstörung des Betons mußte diese Staumauer im Jahre 1924 teilweise umgebaut werden. Die Talsperre liegt, wie bei der Beschreibung erwähnt wurde, in etwa 2750 m Meereshöhe, wo die Temperatur öfters unter — 25°

Abb. 293. Gleno. Seitenansicht nach dem Bruch.

sinkt. Während der 2 ersten Betriebsjahre waren keine wesentlichen Durchsickerungen beobachtet worden. Später wurden sie bedeutender, sie haben eine weiße Ablagerung an der Talseite zurückgelassen. Im dritten und vierten Betriebsjahr wurden Beschädigungen der Betonstruktur beobachtet, die dem Frost zugeschrieben wurden. Diese Erscheinung wurde im nächsten Winter bedenklicher, so daß eine genauere Untersuchung der Staumauer notwendig erschien. Es zeigte sich dabei, daß eine Verwitterung in der Nähe des Wasserspiegels aufgetreten war. Untersuchungen, die bis zu einer Tiefe von 10 bis 12 m gemacht wurden, ergaben, daß die Wasserseite des Dammes bis zu einer Tiefe von 2,50 bis 3 m unter dem Wasserspiegel mit einer dünnen Eisschicht bedeckt war. Die Ursache der Zerstörung wurde so erklärt, daß die Temperatur in der Nähe der Außenfläche der dünnen Stauwand so niedrig gesunken ist, daß sie eine Eisbildung an der Wasserseite verursachte, wodurch der Frost immer tiefer in den Beton eindrang.

Demzufolge wurde die Erhaltung des Bauwerks in der Weise angestrebt, daß man die Oberfläche wasserdicht zu gestalten versuchte. Zuerst wurde die ganze Oberfläche des Dammes sorgfältig geprüft. An Stellen, an denen Risse oder Verwitterungen beobachtet werden konnten, wurde der Beton mittels Meißel entfernt. Diese Stellen waren nur unter dem Wasserspiegel zu finden. Die Dichtungsarbeit erforderte große Summen, da der Beton an manchen Stellen bis 20 cm tief und auf beträchtlichen Flächen abgelöst werden mußte.

Die herausgenommenen Betonstücke wurden sorgfältig durch neuen Beton ersetzt, dabei achtete man darauf, die statischen Verhältnisse des Bogens nicht zu stören. Man legte ebenfalls sehr großen Wert darauf, eine einheitliche Verbindung zwischen altem und neuem Beton zu erzielen. Die neue Oberfläche wurde mit Ironiteanstrich versehen. Nach dieser Behandlung war der Damm für kurze Zeit wasserdicht. Die erste niedrige Temperatur jedoch hat wieder Haarrisse verursacht, die zerstörende Wirkung der Verwitterung setzte wieder ein. In der Niederwasserperiode 1924 wurde eine neue Untersuchung vorgenommen, dabei hat sich gezeigt, daß der Beton bis zu 9 m unter der Krone in gutem Zustand war, das Fundament zeigte auch keinen Schaden. Die Zone zwischen den beiden Höhen, die an der tiefsten Stelle des Tales etwa 12 m beträgt, war nicht nur verwittert, sondern die Gewölbe hatten ihre Widerstandsfähigkeit vollständig verloren. Die Betonstärke in dieser Zone beträgt 0,60 bis 1,00 m. An verschiedenen Stellen dieser Zonen wurden Versuchsöffnungen im Beton an der Talseite ausgesprengt und die Löcher waren manchmal 46 cm tief. Das herausgenommene Material war derart schlecht, daß es in großen Stücken mit dem Meißel leicht gelöst werden konnte. Es ähnelte dem harten Lehm. Bei Niederwasserstand sickerte durch diese Löcher wenig Wasser durch, bei höherem Wasserstand hätten beträchtliche Durchsickerungen beobachtet werden können. Die Verwitterung der erwähnten mittleren Zone wird dadurch erklärt, daß einmal die extreme Wintertemperatur etwa 6 m oder noch mehr unter den Wasserspiegel eingedrungen ist, und daß sich gleichzeitig hohe Schneemassen an der Talseite anlagerten. Der obere Rand des verwitterten Betons fällt mit dem Winterwasserspiegel zusammen, während der untere Rand von der Höhe der Gewölbe abhängig ist und sich meistens etwa 3 m über dem Fundament befindet. Versuche an 2 Probekörpern, die aus den oberen, unbeschädigten Teilen der Gewölbe entnommen waren, zeigten eine Druckfestigkeit von 132 bzw. 153 kg/cm². Das Mischungsverhältnis war 1 : 2 : 4. Der Zuschlagsstoff wurde aus dem dort befindlichen Fels in drei verschiedenen Korngrößen von 6, 19 und 37 mm hergestellt. Der auf dieselbe Weise hergestellte Sand, dessen Korngröße unter 6 mm war, war mit dem aus dem See entnommenen Sand gemischt, der $3^1/_2\%$ Lehm und 1% Schlamm enthielt. Das Mischungsverhältnis war 75% Seesand und 25% Steinsand. Eine chemische Analyse des Zements und des Betons ist während des Baues nicht gemacht worden.

Nachdem festgestellt worden war, daß der Beton seine Festigkeit in den Gewölben vollständig verloren hatte, mußte ein Umbau vorgenommen werden. Die Absicht, hinter der Mauer eine Steinschüttung herzustellen, wurde verworfen, da infolge Setzung der Schüttung diese sich von den Gewölben abgelöst hätte, so daß das gewünschte Ziel nicht erreicht worden wäre. Es wurde schließlich beschlossen, hinter der Mauer eine Schwergewichtsmauer zu bauen, die etwa 9 m unterhalb der Krone aufhört (Abb. 294). Diese Lösung hatte den Vorteil, daß der Bau in einer Jahreszeit ausgeführt werden konnte und dabei kein Wasser verlorenging. Die Kräfte, die auf den oberen Teil des Dammes wirken, werden nicht der neuen Gewichtsmauer, sondern den Pfeilern übertragen, wodurch die neue Mauer sparsamer ausgebildet werden konnte. Ein wagerechter Riß, der in den Gewölben an der Stelle wo die neue massive Mauer aufhört, eventuell auftreten könnte, wird die statische Sicherheit des Bauwerks nicht stören. In den wasserseitigen Fuß der Gewichtsmauer sind poröse Beton-Drainrohre von 10 cm Innendurchmesser eingebaut worden. Ähnliche Drainrohre sind auch längs der Wasserseite der Gewölbe am Fundament angeordnet, die zu den Drainrohren der Mauer führen.

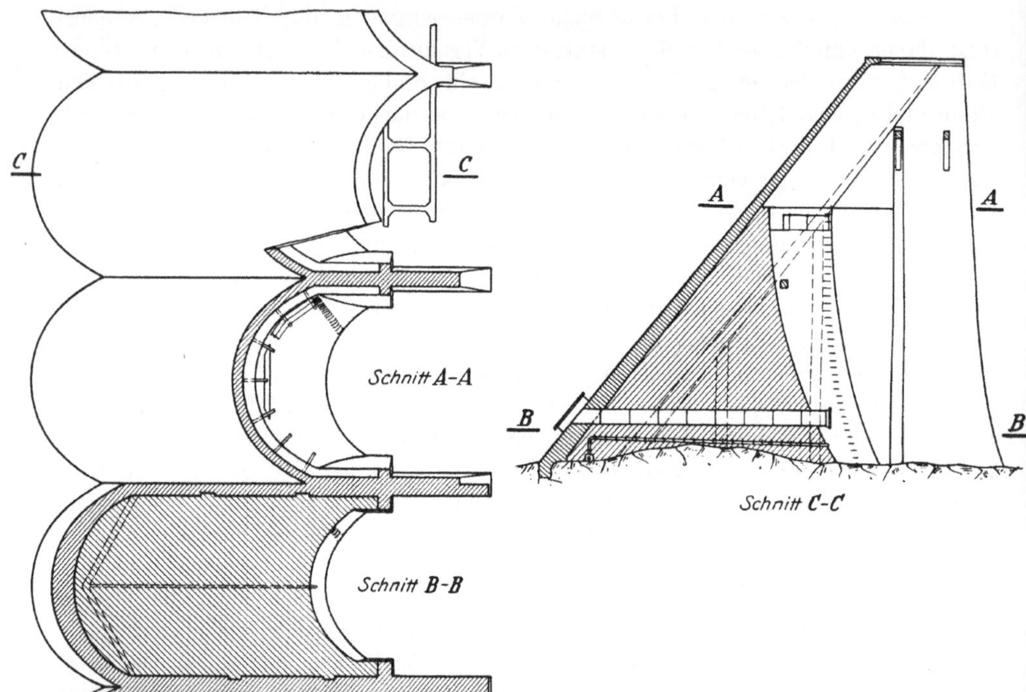

Abb. 294. Gem Lake. Grundriß und Querschnitt nach dem Umbau.

Zu diesem Aufsatz in dem Engg. News Rec. nahm O'Shaughnessy, der Leiter des großen Hetch-Hetchy- Projektes, in der Nr. vom 30. VII. 1925 Stellung. Der zu diesem Projekt gehörende Lake Eleanor-Damm liegt über $+ 1400$ m ü. d. M. (s. Beschreibung auf S. 218), also ebenfalls in beträchtlicher Höhe. Trotzdem wurden noch keinerlei Beschädigungen an dem Damm beobachtet, obwohl dieser Ort ebenfalls strengen Frostwirkungen ausgesetzt ist. O'Shaughnessy glaubt die Ursache der Zerstörung der Gem Lake-Sperre darin zu sehen, daß bei der Herstellung des Dammes verwitterter Granitsand verwendet wurde. Durch den großen Glimmergehalt einiger verwitterter Granite werden die daraus gewonnenen Sande oder Kiese für derartige Bauzwecke vollkommen unbrauchbar.

Risse in den Pfeilern der Lake Hodges-Sperre[1]). In einigen Pfeilern dieser Staumauer sind Risse beobachtet worden, die normal zur wasserseitigen Böschung verlaufen, also typische Zugrisse darstellen. Über die genauen Ursachen dieser Risseerscheinungen konnte bis jetzt nichts Positives festgestellt werden, da sie ganz un-

---

[1]) Nach Privatmitteilungen von Dr. Noetzli.

regelmäßig auftreten. Es scheint kein Zusammenhang zwischen dem Wasserdruck und diesen Rissen zu bestehen. Einige Risse waren im Winter bei vollem Becken offen. Im Sommer, bei teilweise gefülltem oder bei leerem Becken waren diese Risse bald offen, bald geschlossen. Bei einem anderen amerikanischen Gewölbereihendamm sind Risse im Winter noch während des Baues, vor der ersten Füllung der Staumauer beobachtet worden.

Aus diesen Erscheinungen folgt, was auch bei der konstruktiven Ausbildung der Gewölbereihendämme betont wurde, daß es sich stets empfiehlt, die Wasserseite der Pfeiler mit einer entsprechenden Eisenbewehrung zu versehen.

VII. Temperatur- und Spannungsmessungen an bestehenden Staumauern.

Solche Messungen sind früher nur an einzelnen Staumauern gemacht worden. Mit der Schaffung immer höher werdenden Staumauern und mit entsprechender Zunahme der Beckeninhalte wurde die außerordentliche Bedeutung dieser Messungen erkannt, so daß heute bei allen neuerbauten größeren Talsperren entsprechende Vorrichtungen eingebaut und die Messungen planmäßig fortgesetzt werden. In dieser Weise wird man hoffentlich bald zu einer einheitlichen Auswertung sämtlicher Messungsergebnisse gelangen. Im folgenden sollen die an einigen Staumauern vorgenommenen Messungen kurz beschrieben werden.

Temperaturmessungen in der Waldecker Talsperre[1]).

Die 46 m hohe Sperrmauer der Waldecker Talsperre ist aus Grauwacken-Bruchsteinen in Kalk-Traßmörtel hergestellt und nach dem auf Abb. 295 dargestellten Querschnitt geformt. Die Thermometer sind in der linken und rechten Seite der Mauer, je fünf auf etwa halber Mauerhöhe, untergebracht. Die Breite der Mauer in der Höhenlage der Thermometer beträgt 15,3 m.

Als Thermometer sind elektrische Widerstands-Fernthermometer verwendet, in denen die Wärme durch die mit der Temperatur veränderliche Leitfähigkeit eines Metallwiderstandes gemessen wird.

Die Meßeinrichtung setzt sich aus dem eigentlichen Meßkörper, der Fernleitung und der Meß- und Anzeigevorrichtung zusammen. Der im Mauerinnern liegende Meßkörper enthält eine in Quarzglas eingeschmolzene Platindrahtspirale mit Widerstand von 100 Ohm bei 0° C, der sich für je $2^1/_2$° C Wärmeänderung fast genau

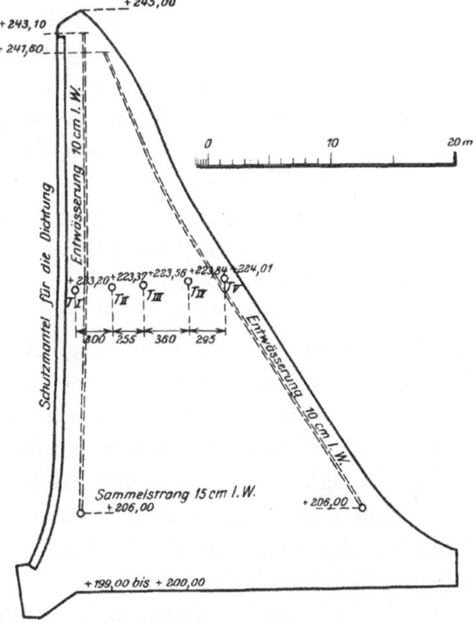

Abb. 295. Temperaturmessungen an der Waldecker Talsperre.

<hr>

[1]) Thürnau: Die Bewegung der Temperatur in der Sperrmauer der Waldecker Talsperre. Dtsch. Wasserwirtsch. 1924.

um 1 Ohm ändert. Von den Meßkörpern führt die Fernleitung in Gestalt eines durch Eisenrohr gesicherten Kupferdrahtkabels aus der Mauer zu den in den Schieberhäusern untergebrachten Meß- und Anzeigevorrichtungen. Beide, Meßkörper und Fernleitung, sind auf das Sorgfältigste gegen das Eindringen von Feuchtigkeit gesichert.

Die Thermometer arbeiten mit einer Genauigkeit von 0,1° C.

Als größte Werte und größter Jahresunterschied der Außentemperaturen sind beobachtet:

    a) für die mittlere Tagestemperatur:

Höchstwert	$+$ 26,8°	im Jahre 1915
Tiefstwert	$-$ 16,0°	im Jahre 1917
Größter Jahresunterschied	39,5°	im Jahre 1917

    b) für die mittlere Monatstemperatur:

Höchstwert	$+$ 18,9°	im Jahre 1915
Tiefstwert	$-$ 3,7°	,, ,, 1917
Größter Jahresunterschied	22,5°	,, ,, 1917

Die Wassertemperatur konnte nur an der Oberfläche gemessen werden. Infolgedessen ist es nicht möglich gewesen, ein einwandfreies Bild für die Zufuhr von Wärme aus der Wassermasse zu gewinnen. Nur soviel ist sicher, daß im Sommer der unter Wasser liegende Teil der Mauer weniger, im Winter dagegen stärker erwärmt wird als der von der Luft bedeckte Teil der Mauer.

Die Temperatur des Bodens an der Sohle der Mauer ist nicht gemessen worden. Sie kann aber wohl mit ziemlicher Sicherheit das ganze Jahr über als gleichbleibend angenommen werden.

Bei der Waldecker Talsperre hat sich in den vier Beobachtungsjahren der Wasserspiegel durchweg auf solcher Höhe gehalten, daß die Einwirkung des Betriebes auf die Wärmezufuhr in den Aufzeichnungen der Thermometer nicht zu verfolgen ist. Selbst die in November 1915 stattgefundene Absenkung, welche den Thermometerstreifen in den Bereich des Wasserspiegels gelangen ließ, war nicht groß genug gewesen, um eine scharf hervortretende Änderung der Temperaturlinien hervorzubringen.

Die Größe der Mauermassen wirkt dämpfend auf die Bewegung der Mauertemperaturen ein. Je größer die Masse, um so größer wird auch im positven oder negativen Sinne die Wärmezufuhr sein müssen, die zur Änderung der Temperaturen im Innern der Mauer erforderlich ist.

Die Innentemperaturen der Sperrmauer bewegen sich ähnlich den Außentemperaturen in Wellen, die in ihren Längen ziemliche Übereinstimmung, in ihren übrigen Teilen aber Unterschiede zeigen.

Das Hintereinanderlaufen der Wellen hat nun zur Folge, daß in der Darstellung die Wellenlinien sich schneiden (vgl. Abb. 296). Im Laufe des Jahres treten zwei Hauptschnittstellen hervor, an denen die Temperaturlinien besonders dicht beieinander liegen. Diese Hauptschnittstellen entstehen in der Nähe der Schnittpunkte der Wellen T_I und T_V und fallen mit großer Regelmäßigkeit in die Monate Oktober und Mai.

Beim Vergleich zwischen den Wellen der Thermometerreihen der rechten und linken Mauerseite zeigt sich in Form und Verlauf der Wellen eine solche Übereinstimmung, daß es genügt, die Beobachtungen an den Thermometern auf der rechten Seite der Mauer zu betrachten.

Die der Lufteinwirkung am stärksten ausgesetzte Welle T_V weist die größten Unterschiede in den Scheitelhöhen auf und läßt in ihrer Form die Einwirkung der Lufttemperatur deutlich erkennen. Manche Abweichungen zeigen, daß noch andere Faktoren wie Sonnenbestrahlung usw. auf den Verlauf der Welle von Einfluß sind.

Die Welle T_I nimmt einen wesentlich gestreckteren Verlauf. An- und Ablauf der Welle gehen ziemlich gleichmäßig vor sich und kennzeichnen dadurch die Einwirkung der gleichmäßigen Bewegung der Wassertemperatur. Nur wenn der Wasserspiegel

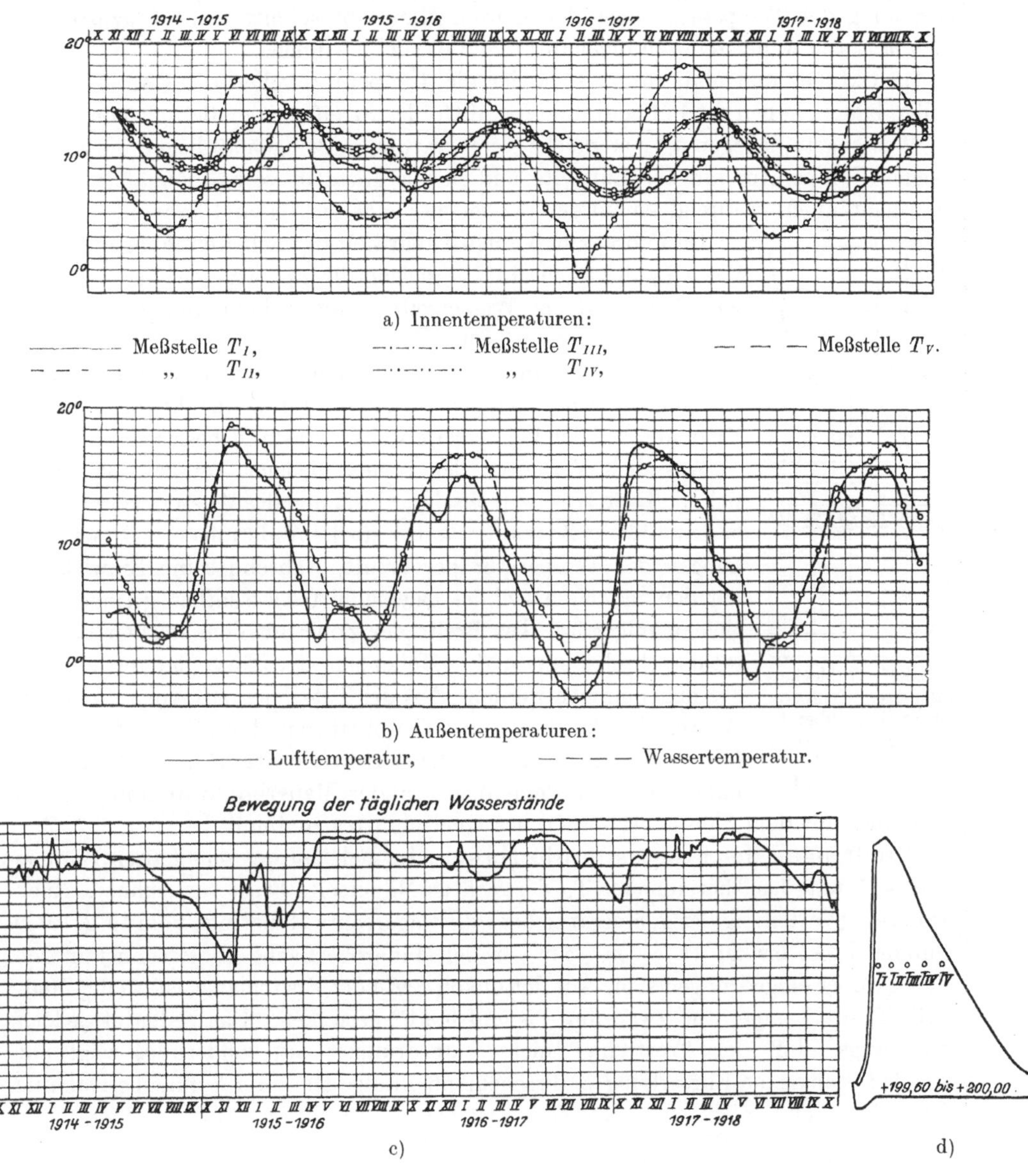

Abb. 296. Temperaturmessungen an der Waldecker-Talsperre.

soweit sinkt, daß die Meßstelle in den Bereich der Wasseroberfläche oder gar der Luft kommt, kann die Gleichmäßigkeit etwas gestört werden.

Von den zwischen T_I und T_V befindlichen Thermometern verzeichnen T_{III} und T_{IV} in Form und Höhe sowie in Zeit des Scheiteleintrittes derart wenig voneinander abweichende Wellen, daß diese als gleich angesehen werden können.

Die Welle T_{II} besitzt die gestrecktere Form und demzufolge auch die geringsten Scheitelhöhen.

Die Verteilung der Temperatur über die wagerechte Mauerfuge nimmt einen eigenartigen, durch das Hintereinanderlaufen der Wellen bedingten Gang.

Aus den Beobachtungen in dem schmalen Querschnittsstreifen ist natürlich die Verteilung der Temperatur über den ganzen Mauerquerschnitt nicht festzustellen, doch läßt sich wenigstens ein ungefähres Bild davon gewinnen.

Im Oktober und Mai, zur Zeit, in der die Temperaturwellen die Hauptschnittstellen bilden, haben die Luftseite und die Mitte des Streifens ziemlich gleichmäßige, die Wasserseite dagegen sehr ungleiche Temperaturen. Demgemäß liegen die Linien gleicher Temperatur auf der Luftseite und in der Mitte in verhältnismäßig weiten Zwischenräumen, während sie auf der Wasserseite engeren Abstand haben.

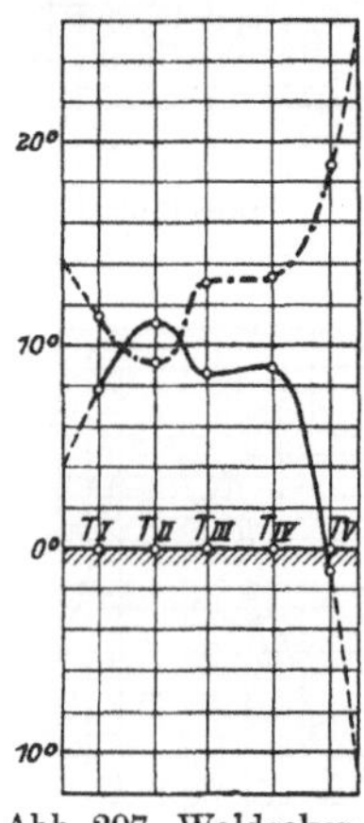

Abb. 297. Waldecker-Talsperre. Temperaturverteilung über die wagerechte Mauerfuge.
——— am 10.2.1917,
—·—· „ 26.2.1917.

Im Februar und August, zur Zeit des Scheiteldurchganges der Welle T_V, liegen die Linien gleicher Temperatur auf der Luftseite sehr dicht, auf der Wasserseite weniger dicht und in der Mitte weit voneinander entfernt.

Im November und Juni herrscht ein Zwischenzustand, bei dem die Linien gleicher Temperatur auf der Luftseite sehr engen, in der Mitte und auf der Wasserseite weiten Abstand besitzen.

Aus dem Verhalten der Linien gleicher Temperatur ergibt sich, daß der Wärmewechsel der Luft und des Wassers vorwiegend in den äußeren Zonen der Mauer starke Änderungen und Schwankungen der Temperatur hervorruft, während seine Einwirkung auf den mittleren Teil des Querschnittes wesentlich geringer und gleichmäßiger ist. Die Breite der Zone mit dem starken Temperaturwechsel kann in der Höhenlage der Thermometer zu etwa 3 m angenommen werden. Aus der Tatsache, daß Anhäufung von Wasser die Bewegung der Temperaturen dämpft, darf aber gefolgert werden, daß im allgemeinen die Stärke jener Zone nach unten hin mit dem Wachsen der Mauerbreite abnimmt, nach oben aber mit dem Schwächerwerden des Querschnittes zunimmt.

Eindringen des Frostes in die Mauer. Im Februar des sehr kalten Winters 1916—17 hat das Thermometer T_V der rechten Mauerseite Frost verzeichnet. Nach Abb. 297 (Verteilung der Temperatur über die wagerechte Mauerfuge vom 10.2.1917) muß der Frost bis zur Tiefe von 1,5 m von der Maueroberfläche ab gerechnet in den Mauerkörper eingedrungen sein. Auf der linken Seite der Sperrmauer ist an der Meßstelle T_V die Temperatur zwar nur bis auf 0,3 C⁰ gesunken. Das bedeutet jedoch keineswegs, daß der Frost hier nicht eingedrungen ist, sondern es zeigt nur an, daß sich seine Einwirkung, wahrscheinlich infolge stärkerer Sonnenbestrahlung der linken Seite, nicht in solche Tiefe erstrecken konnte wie auf der rechten Seite.

Temperaturmessungen an der Montsalvens-Sperre.

Die Messungen erstrecken sich auf eine verhältnismäßig kurze Zeitdauer, sie liefern jedoch interessante Ergebnisse über die Erwärmung des Betons während des Abbindens und über die nachfolgende Abkühlung. Die Abb. 300 zeigt den Verlauf der Temperatur, der auf einem Thermometer abgelesen wurde. Die Messung beginnt mit der Betonierung. Aus dieser Kurve ergibt sich, daß die Temperaturerhöhung infolge Abbindewärme sehr beträchtlich sein kann. Die meisten Thermometer zeigten eine Temperaturzunahme von 30⁰ bis 35⁰ C. Während die höchste Temperatur im allgemeinen in einigen Tagen erreicht wurde, geht die Abkühlung sehr langsam vor sich, wie das die Kurve zeigt. Es sind mehrere Monate verlaufen, bis die Temperatur auf den normalen Wert zurückkehrte. Eine Ausnahme wurde nur bei der Krone nahe der Oberfläche festgestellt.

Aus diesem Umstand folgt, daß Arbeitsfugen, die lediglich aus statischen Gründen offengelassen werden, erst nach einigen Monaten (etwa nach einem halben Jahr) zubetoniert werden sollen, falls man den Zweck vollständig erreichen will.

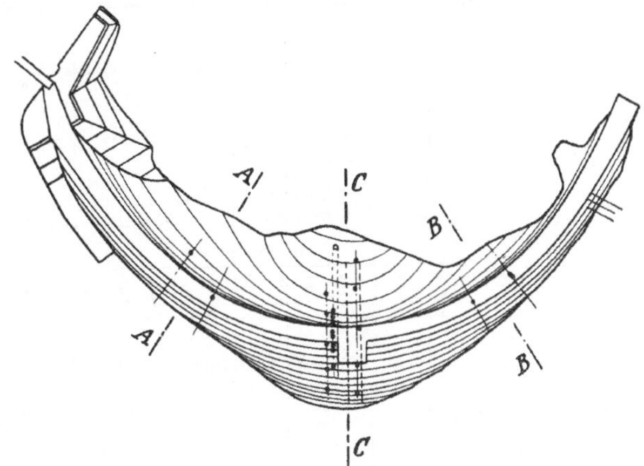

Abb. 298. Montsalvens. Anordnung der Thermometer. Grundriß.

In der Staumauer wurden 28 elektrische Widerstandsthermometer eingebaut, deren Anordnung aus Abb. 298 und 299 hervorgeht[1]). Abb. 301 zeigt den Verlauf der Tempera-

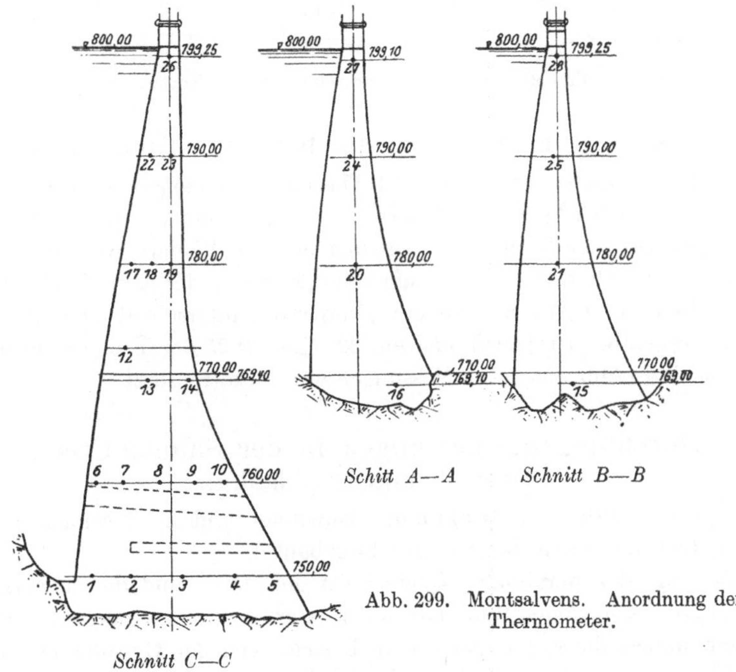

Abb. 299. Montsalvens. Anordnung der Thermometer.

tur in den Thermometern *2* und *27*, ferner die Lufttemperatur in der Zeit von November 1920 bis Mai 1921. Daraus ist ersichtlich, daß die Temperaturänderung des Thermometers *2*, der im unteren Teil der Mauer angeordnet ist, nur sehr gering ist, während

---

[1]) Recherches sur les variations et la répartition de la température dans le barrage de Montsalvens. Bull. Techn. de la Suisse Rom. 1922. Sonderabdruck.

der in der Nähe der Krone befindliche Thermometer 27 sich den äußeren Temperaturschwankungen viel mehr anpaßt.

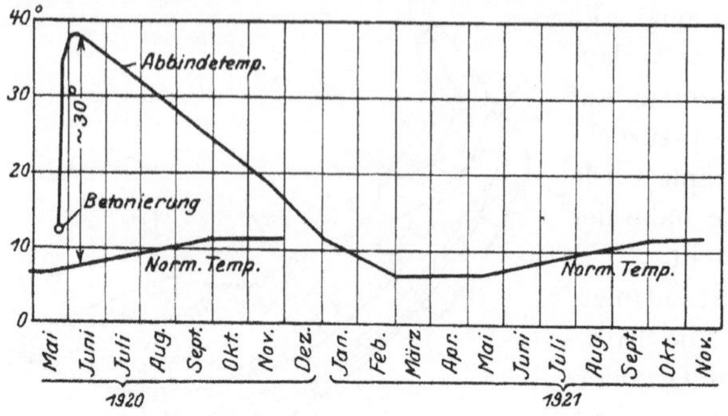

Abb. 300. Montsalvens. Einfluß der Abbindewässer.

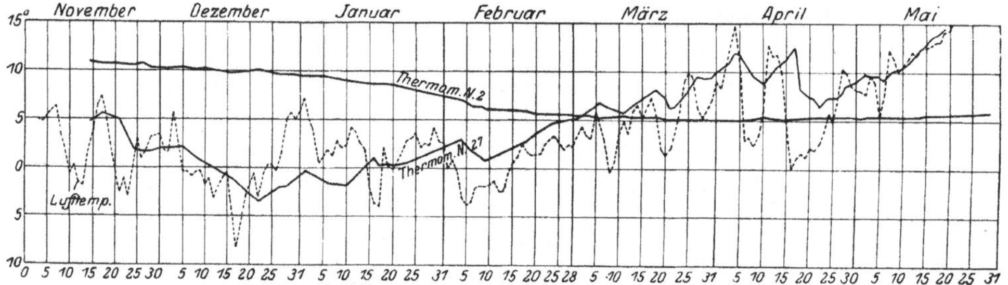

Abb. 301. Montsalvens. Ergebnis der Temperaturmessungen von November 1920 bis Mai 1921.

Temperaturmessungen an der Tirso-Talsperre[1]).

In den Pfeilern dieser Talsperre sind Thermometer eingebaut worden, die 0,50, 1 und 2 m von der Oberfläche des Mauerwerkes sich befinden. In den Abb. 302, 303 sind die Ergebnisse der Temperaturmessungen eines Pfeilers wiedergegeben. Aus Abb. 302 ist ersichtlich, daß in einer Tiefe von 0,50 m von der Seitenfläche des Pfeilers zwischen Talseite und Wasserseite ein Temperaturunterschied von 9° vorhanden war am 21. September 1924, während am 22. März 1925 der Temperaturunterschied nur 2° ausmachte (Abb. 303). Die Messungen werden fortgesetzt.

Durchbiegungsmessungen in der Salmon-Creek Gewölbemauer (Alaska).

Diese Sperre wurde von Jorgensen berechnet und nach seinem Patent und unter seiner Leitung in den Jahren 1913/14 gebaut[2]).

Abb. 304 zeigt den maximalen Querschnitt der Mauer und die zu verschiedenen Zeiten und in 8 verschiedenen Mauerhöhen gemessenen Durchbiegungen. Die Biegungslinien dieser Mauer, die alle ungefähr die Bewegungen der Gewölbescheitel wiedergeben, sind aus verschiedenen Gründen höchst bemerkenswert.

Am auffallendsten ist wohl die Größe des Winkels, den die Achse des deformierten Kragträgers zur Senkrechten bildet; ferner das „Knie" in der Biegungslinie ungefähr

---

[1]) Kambo: Confronti tra le dighe a gravità e le dighe ad archi multipli. Energia Elettrica, Juni 1925.

[2]) Jorgensen, L.: The Constant Angle Arch Dam. Transaction Am. Soc. C. E. Bd. 78, 1915; ferner vom selben Autor: Improving Arch Actions in Curved Dams. Transactions Am. Soc. C. E. Bd. 83.

in halber Höhe der Mauer, sowie die markanten Durchbiegungen in der Nähe der Mauerkrone, die den großen Einfluß der Lufttemperatur wiederspiegeln.

Analytische Untersuchungen dieser Biegungslinien haben gezeigt[1]), daß sehr wahrscheinlich horizontale Risse in der Mauer bestehen, sowohl in der Nähe des Fundaments, wie in der Höhe des „Knies" und ebenfalls wenige Meter unterhalb der Mauerkrone. Anders lassen sich die Eigenheiten der Biegungslinie dieser Mauer, die keine Eisenbewehrung hat, kaum erklären.

Laut Angabe von Jorgensen hatten sich von der ersten Füllung des Stausees die vertikalen Konstruktionsfugen in der Mauer infolge niederer Temperatur (Alaska!) nicht unwesentlich geöffnet und das Wasser mußte im Stausee auf fast $^2/_3$ der vollen Mauerhöhe steigen, bevor die sichtbaren vertikalen Spalten und Risse sich unter dem Druck des steigenden Wassers schlossen. Der Betrag dieser ursprünglichen Durchbiegung ist leider nicht gemessen worden. Das „Knie" der Biegungslinien in halber Höhe der Mauer findet seine Erklärung darin, daß ungefähr in jener Höhe die Arbeit während des Winters unterbrochen worden war; die Gewölbepartie, die die untere Hälfte des „Knies" bildet, war während der bereits sehr kühlen Herbsttage 1913 gegossen worden. Wie aus der Abbildung ersichtlich ist, waren die Wassertiefen im Stausee für die Kurven Nr. 6 und 7 an

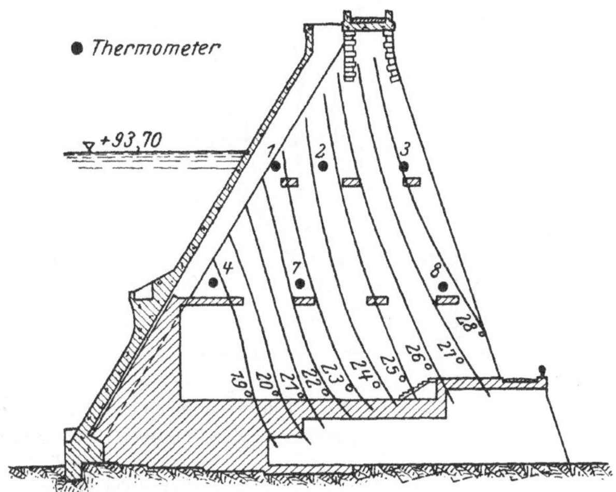

Abb. 302. Temperaturverteilung in einem Pfeiler der Tirso-Sperre am 21. September 1924.

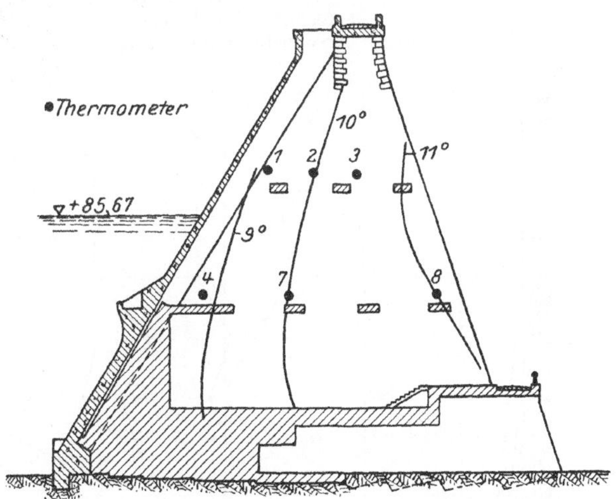

Abb. 303. Temperaturverteilung in einem Pfeiler der Tirso-Sperre am 22. März 1925.

den beiden Messungstagen (25. Juni und 27. Okt. 1915) ungefähr die gleichen. Die verschiedene Größe der Durchbiegungen ist deshalb wohl hauptsächlich den Temperaturunterschieden in der Mauer zuzuschreiben. Ausgeführte Messungen haben gezeigt, daß an jenen beiden Messungstagen in der Mauer eine durchschnittliche Temperaturdifferenz von ungefähr 10° bis 12° C an der Krone und etwa 5° bis 6° C

---

[1]) Noetzli, F. A.: The Relation between Deflections and Stresses in Arch Dams. Proceedings Am. Soc. C. E., S. 261, Oktober 1921.

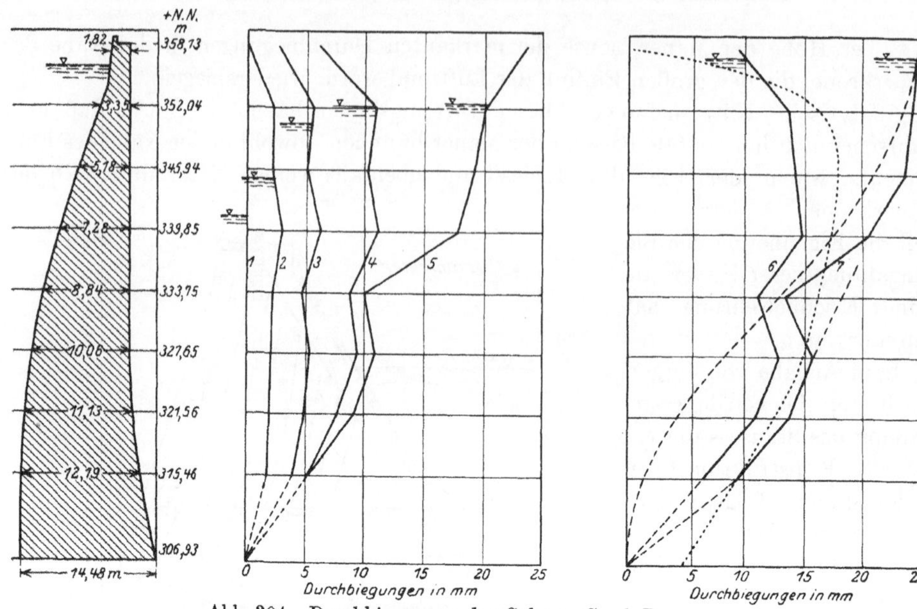

Abb. 304. Durchbiegungen des Salmon Creek-Dammes.

Kurve *1* gemessen am 8. Oktober 1914 (Vergleichswert)
  ,, *2*   ,,   ,, 26. Oktober 1914,
  ,, *3*   ,,   ,, 24. November 1914,
  ,, *4*   ,,   ,, 18. Mai   1915,
  ,, *5*   ,,   ,, 2. Dezember 1915,
  ,, *6*   ,,   ,, 25. Juni   1915,
  ,, *7*   ,,   ,, 27. Oktober 1915,
········ gerechnete Durchbiegungen aus Bogenwirkung
— — — gerechnete Durchbiegungen aus Stützmauerwirkung.

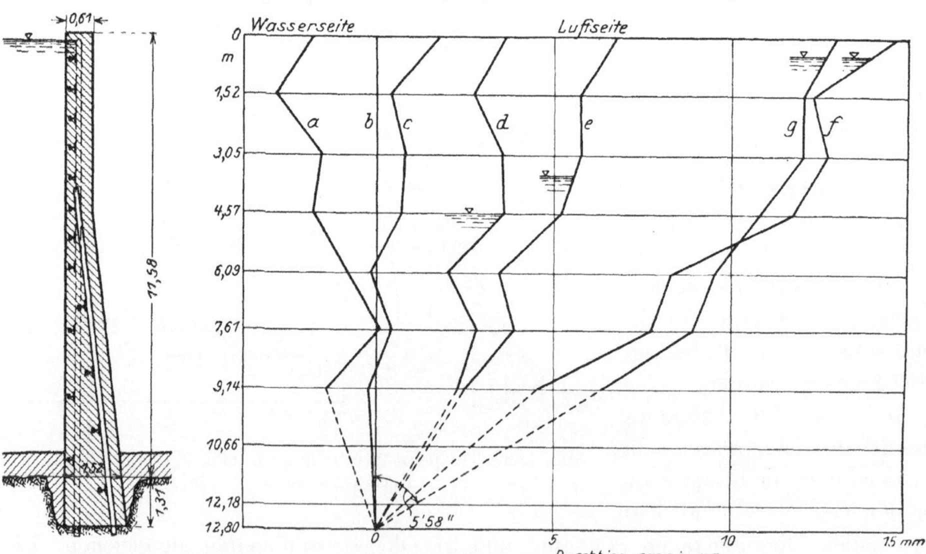

Abb. 305. Durchbiegungen des Barren Jack-Dammes.

Kurve *a*: gemessen am 31. Dezember 1908, Temperatur 38° C, Becken leer
  ,, *b*:   ,,   ,, 24. Dezember 1908,   ,,   31° C,   ,,   ,,
  ,, *c*:   ,,   ,, 26. Dezember 1908,   ,,   14° C, Becken leer
  ,, *d*:   ,,   ,, 2. März   1909,   ,,   26° C, Becken halbvoll
  ,, *e*:   ,,   ,, 14. Juni   1909,   ,,   10° C, (Vergleichswert)
  ,, *f*:   ,,   ,, 25. Mai   1909,   ,,   8° C,   ,,   voll
  ,, *g*:   ,,   ,, 25. Mai   1909,   ,,   16° C,   ,,   ,,

in der Nähe der Gründung vorkamen. Weit größere Temperaturunterschiede würden zweifellos vorkommen, z. B. für die Monate Februar und August, doch sind darüber bisher noch keine Messungsergebnisse bekannt.

Durchbiegungsmessungen am Barren Jack-Damm, New South Wales[1]).

Der Damm wurde 1907 gebaut. Er ist aus Beton hergestellt mit einer leichten Bewehrung mittels senkrechter Stahlschienen (9 kg pro laufenden Meter). Der Abstand dieser Eiseneinlagen beträgt 3 m und sie sind 30 cm von der Oberfläche entfernt. Die Durchbiegung des Dammes, die in Abb. 305 zu sehen ist, wurde unter verschiedenen Temperaturverhältnissen und Wasserständen bestimmt. Die Beobachtungen, die bei leerem Becken und bei einer Lufttemperatur von 31° C vorgenommen waren, wurden als die zuverlässigsten bei dieser Temperatur angesehen und als gerade Linie eingezeichnet (Kurve b), die übrigen Beobachtungen wurden auf diese bezogen.

Wie die Abb. 305 zeigt, geht die elastische Linie nicht tangential von dem Ausgangspunkt aus. Daraus folgt, daß die untere Einspannung entweder unterhalb der Felssohle anzunehmen ist, oder auch das Gewölbe müßte sich vom Fundament abgelöst haben, falls nicht ein wagerechter Riß in der Mauer selbst in der Nähe der Gründung vorhanden ist. Die Messungen am 10. August 1909 ergaben z. B. 3,66 m über der Sohle die Durchbiegung von 6,4 mm, so daß der elastische Drehwinkel am Fundament sich auf

$$\mathrm{tg}\,\varphi = \frac{6,4}{3660} = 0,00175$$

berechnet, der Winkel also etwa $\varphi = 6'$ betrug.

Arbeitsprogramm der Kommission zur Untersuchung von Gewölbestaumauern in den Vereinigten Staaten.

Da das Problem der Spannungsverhältnisse in Gewölbestaumauern für die zukünftige Errichtung solcher Talsperren von ausschlaggebender Wichtigkeit ist, hat die Engineering Foundation eine Sonderkommission mit dem Sitz in San Franzisko gebildet, welche die Aufgabe erhielt, umfangreiche Messungen an ausgeführten und auszuführenden Staumauern vorzunehmen. Man hofft auf diese Weise zu erfahrungsmäßigen Formeln zu gelangen, die den späteren Entwurfsberechnungen zugrunde zu legen sind.

Die Messungen sind bisher auf folgenden Dämmen begonnen worden:

Clear Creek Dam, Yakima Project, U. S. Bureau of Reclamation,

Gerber Dam (in Bau), U. S. Bureau of Reclamation,

Emigrant Creek Dam, Talent Irrigation District, Oregon,

Damm Nr. 6 der Southern Calif. Edison Co.,

Lake Spaulding Damm der Pacific Gas u. Electric Co.,

Lake Eleanor Gewölbereihendamm der Stadt San Franzisko.

Die Messungen sind 1924 begonnen worden, also erst vor kurzem, so daß bis jetzt noch nichts Näheres über die Ergebnisse bekannt ist. Die Messungen sollen auf eine immer größere Anzahl von Talsperren ausgedehnt werden. Die Kommission hat die besondere Aufgabe, in jedem neu zu errichtenden Gewölbe- und Gewölbereihendamm Messungsapparate einzubauen.

---

[1]) Transactions Bd. 85, S. 295. 1922.

Außer diesen Messungen werden noch Laboratoriumsversuche gemacht, die den Einfluß der Temperaturschwankungen, des Schwindens, der Feuchtigkeit usw. auf den Beton feststellen sollen. Ferner soll der Einfluß der Plastizität bzw. des unelastischen Nachgebens des Betons (Flow of concrete) auf die Spannungsverhältnisse untersucht werden.

Es wurde ferner beschlossen, eine Gewölbestaumauer lediglich für Versuchszwecke zu errichten. Dieser Versuchsdamm soll an dem Stevenson-Creek, einem Nebenflusse des San Joaquin River, in Kalifornien erbaut werden (Abb. 306, 307).

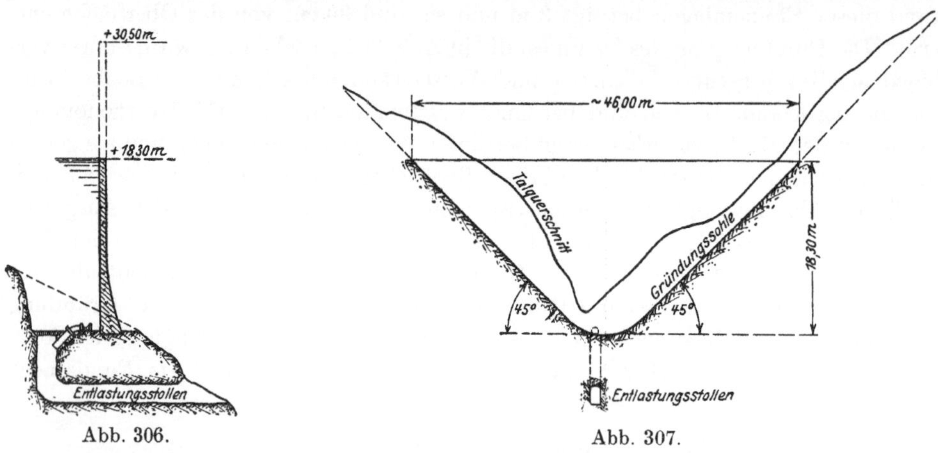

Abb. 306.   Abb. 307.

Die Dammhöhe soll zuerst 18 m über Gründungssohle betragen, sie wird später auf 30 m erhöht. Das senkrechte Gewölbe erhält einen Krümmungsradius von 30,5 m. Die Gewölbestärke wird an der Sohle 2,29 m, 9,20 m über dem Fundament 0,61 m stark sein und von hier an bleibt die Bogenstärke konstant. Der Inhalt des geschaffenen Staubeckens bei 18 m Mauerhöhe wird nur 4350 m³ betragen.

Während des Baues werden rund 150 elektrische Fern-Spannungsmesser einbetoniert. Es handelt sich dabei um neuartige Spannungsmesser, deren Wirkung darauf beruht, daß der elektrische Widerstand eines Kohlenstabes sich mit dem auf ihn ausgeübten Druck ändert. Jeder Spannungsmesser ist mit einem elektrischen Thermometer versehen. Außerdem werden die Durchbiegungen des Gewölbes bei verschiedenen Wasserständen und Temperaturen gemessen[1]). Die Gründungsarbeiten wurden bereits begonnen.

---

[1]) Näheres über die geplanten Messungen s. Schw. Bztg. Bd. 87, H. 2. 1926: Über die Versuchs-Gewölbestaumauer am Stevenson-Creek in Californien von Dr. Ing. F. A. Noetzli, Sekretär der obengenannten Kommission.

Sachverzeichnis.